基层农产品质量安全检测人员指导用书

植物源性食品中农药最大残留限量查询手册

2018 版

欧阳喜辉　　刘伟　主编

中国农业出版社

北　京

编 写 人 员 名 单

主　　编：欧阳喜辉　刘　伟
副 主 编：肖志勇　王　艳　刘潇威
参编人员：郭　阳　黄宝勇　张国光
　　　　　王跃华　杨红菊

前　言

2016 年 12 月 18 日，国家卫生和计划生育委员会、农业部、国家食品药品监督管理总局联合发布了中华人民共和国国家标准《食品安全国家标准　食品中农药最大残留限量》(GB 2763—2016)。该版标准于 2017 年 6 月 18 日正式实施。该版标准取代了 2014 版，规定了食品中 2,4 -滴等 433 种农药的 4 140 项最大残留限量。GB 2763—2016 沿用了 2014 版的基本格式，但在农药品种、方法标准、残留限量的数量上有较大提升，基本涵盖了我国已批准使用的常用农药和居民消费的主要农产品。GB 2763—2016 的实施，不仅规范了全社会科学合理使用农药的行为，也为检验检测机构提供了限量指标和方法标准，同时为政府监督部门提供了执法依据。

GB 2763—2016 按照食品中残留农药的顺序进行编排，如果查找某一农药在所列食品中的最大残留限量，根据目录查到具体农药即可，相对简单。但如果查找某一食品中所有农药的最大残留限量，不仅需要将 433 种农药全部查询一遍，而且还要将其所在食品类别中的限量标准汇总，方可最终确定。这给广大采标单位带来诸多不便。鉴于此，我们编写了本书。

本书从应用角度出发，按照食品类别及名称，将 2016 版标准中对应的所有农药最大残留限量整合在一起进行编写。读者查询某一食品中所有农药最大残留限量时，只需按目录查找到指定的食品类别及名称即可将其定位，或者按书后索引食品名称首字母进行定位，应用十分简便。本书按照 GB 2763—2016 所明确的食品类别和测定部位列出其残留限量，每一种食品中农药最大残留限量都包括其通用指标和食品类别指标。例如，"小黑麦"农药残留限量标准包括"谷物""麦类"通用标准及"小黑麦"特定标准，还包括"谷物单列的除外""小麦除外"等特定标准，涵盖的指标明晰而完整。为避免歧义，对其他参照执行的指标未明确列明。此外，本书只列明了植物源性食品中农药最大残留限量，而对于动物源性食品中农药最大残留限量，我们会在指标进一步完善后予以增补。

本书包括谷物类、油料作物类、蔬菜类、水果类、糖料类、饮料类、食用菌类、调味料类、药用植物类共 9 类、200 个植物源性食品品种。本书适合广大食品安全检验检测部门、食品安全监管部门、食品生产经营等单位使用，同时可供广大消费者参考。

书中所有数据均来源于 GB 2763—2016，并经过专家严格审核。受编者水平所限，如有遗漏或冲突，请以《食品安全国家标准　食品中农药最大残留限量》(GB 2763—2016) 为准。本书会根据 GB 2763 的进一步完善而修订再版。

特别说明：本书表格中带星号（*）的最大残留限量为临时限量。

编　者

2017 年 6 月

目　　录

1 谷 物 类

1.1 稻谷

稻谷中农药最大残留限量见表1-1。

表1-1 稻谷中农药最大残留限量

序号	农药中文名	最大残留限量（mg/kg）	农药主要用途	检测方法
1	氯丹	0.02	杀虫剂	GB/T 5009.19
2	百菌清	0.2	杀菌剂	SN/T 2320
3	倍硫磷	0.05	杀虫剂	GB/T 5009.145
4	苯线磷	0.02	杀虫剂	GB/T 20770
5	吡蚜酮	1	杀虫剂	GB/T 20770
6	丙硫多菌灵	0.1*	杀菌剂	无指定
7	丙森锌	2	杀菌剂	SN 0139
8	草甘膦	0.1	除草剂	GB/T 23750
9	虫酰肼	5	杀虫剂	GB/T 20769
10	除虫脲	0.01	杀虫剂	GB/T 5009.147
11	敌百虫	0.1	杀虫剂	GB/T 20770
12	敌敌畏	0.1	杀虫剂	SN/T 2324、GB/T 5009.20
13	敌磺钠	0.5*	杀菌剂	无指定
14	敌菌灵	0.2	杀菌剂	GB/T 5009.220
15	地虫硫磷	0.05	杀虫剂	无指定
16	丁虫腈	0.1*	杀虫剂	无指定
17	丁硫克百威	0.5	杀虫剂	SN/T 2149
18	丁香菌酯	0.5*	杀菌剂	无指定
19	毒草胺	0.05	除草剂	GB 23200.34
20	毒死蜱	0.5	杀虫剂	GB/T 5009.145、SN/T 2158
21	对硫磷	0.1	杀虫剂	GB/T 5009.145
22	多杀霉素	1	杀虫剂	GB/T 20769、NY/T 1379、NY/T 1453

（续）

序号	农药中文名	最大残留限量 (mg/kg)	农药主要用途	检测方法
23	多效唑	0.5	植物生长调节剂	SN/T 1477
24	噁草酮	0.05	除草剂	GB/T 5009.180
25	噁唑酰草胺	0.05*	除草剂	无指定
26	二甲戊灵	0.2	除草剂	GB 23200.24、GB 23200.9
27	二嗪磷	0.1	杀虫剂	GB/T 5009.107
28	呋虫胺	2	杀虫剂	GB/T 20770
29	氟苯虫酰胺	0.5*	杀虫剂	无指定
30	氟啶虫胺腈	5*	杀虫剂	无指定
31	氟硅唑	0.2	杀菌剂	GB 23200.9、GB/T 20770
32	福美双	0.1	杀菌剂	SN 0139
33	环酯草醚	0.1	除草剂	GB/T 20770、GB 23200.9
34	甲拌磷	0.05	杀虫剂	GB/T 5009.20、GB 23200.9、GB/T 14553
35	甲基毒死蜱	5*	杀虫剂	GB 23200.9
36	甲基对硫磷	0.2	杀虫剂	GB/T 5009.20
37	甲基硫环磷	0.03*	杀虫剂	NY/T 761
38	甲基嘧啶磷	5	杀虫剂	GB/T 5009.145
39	甲氧虫酰肼	0.2	杀虫剂	GB/T 20770
40	井冈霉素	0.5	杀菌剂	GB 23200.74
41	久效磷	0.02	杀虫剂	GB/T 5009.20
42	抗蚜威	0.05	杀虫剂	GB/T 20770、GB 23200.9、SN/T 0134
43	乐果	0.05*	杀虫剂	GB/T 5009.20
44	磷胺	0.02	杀虫剂	SN 0701
45	磷化铝	0.05	杀虫剂	GB/T 5009.36、GB/T 25222
46	磷化镁	0.05	杀虫剂	GB/T 5009.36、GB/T 25222
47	硫酰氟	0.05*	杀虫剂	无指定
48	硫线磷	0.02	杀虫剂	GB/T 20770
49	氯虫苯甲酰胺	0.5*	杀虫剂	无指定
50	氯啶菌酯	5*	杀菌剂	无指定
51	氯氟吡氧乙酸和氯氟吡氧乙酸异辛酯	0.2	除草剂	GB/T 22243

（续）

序号	农药中文名	最大残留限量 （mg/kg）	农药 主要用途	检测方法
52	氯化苦	0.1	熏蒸剂	GB/T 5009.36
53	氯菊酯	2	杀虫剂	GB/T 5009.146、SN/T 2151
54	氯氰菊酯和高效氯氰菊酯	2	杀虫剂	GB/T 5009.110、GB 23200.9
55	氯噻啉	0.1*	杀虫剂	无指定
56	马拉硫磷	8	杀虫剂	GB/T 5009.145、GB/T 5009.20、
57	咪鲜胺和咪鲜胺锰盐	0.5	杀菌剂	NY/T 1456
58	醚菌酯	1	杀菌剂	GB 23200.9、GB/T 20770
59	嘧苯胺磺隆	0.05*	除草剂	无指定
60	嘧啶肟草醚	0.05*	除草剂	无指定
61	嘧菌环胺	0.2	杀菌剂	GB/T 20769、GB 23200.9
62	嘧菌酯	1	杀菌剂	GB/T 20770、NY/T 1453、GB 23200.46
63	灭草松	0.1	除草剂	SN/T 0292
64	宁南霉素	0.2*	杀菌剂	无指定
65	嗪氨灵	0.1	杀菌剂	SN 0695
66	氰氟虫腙	0.5*	杀虫剂	无指定
67	噻虫胺	0.5	杀虫剂	GB/T 20770
68	噻虫啉	10	杀虫剂	GB/T 20770
69	噻呋酰胺	7	杀菌剂	GB 23200.9
70	噻嗪酮	0.3	杀虫剂	GB/T 5009.184、GB 23200.34
71	噻唑锌	0.2*	杀菌剂	无指定
72	三苯基乙酸锡	5*	杀菌剂	无指定
73	三环唑	2	杀菌剂	GB/T 5009.115
74	三唑醇	0.5	杀菌剂	GB 23200.9、SN/T 2232
75	三唑磷	0.05	杀虫剂	GB/T 20770、GB 23200.9
76	三唑酮	0.5	杀菌剂	GB/T 5009.126、GB/T 20770、GB 23200.9
77	杀虫脒	0.01	杀虫剂	GB/T 20770

（续）

序号	农药中文名	最大残留限量 （mg/kg）	农药 主要用途	检测方法
78	杀螺胺乙醇胺盐	2*	杀虫剂	无指定
79	杀螟硫磷	5*	杀虫剂	GB/T 14553、GB/T 5009.20
80	杀扑磷	0.05	杀虫剂	NY/T 761
81	莎稗磷	0.1	除草剂	GB 23200.9、GB/T 20770、 NY/T 761
82	水胺硫磷	0.05	杀虫剂	GB 23200.9
83	四氯苯酞	0.5*	杀菌剂	GB 23200.9
84	特丁硫磷	0.01	杀虫剂	SN 0522
85	调环酸钙	0.05	植物生长调节剂	SN/T 0931
86	肟菌酯	0.1	杀菌剂	GB/T 20770
87	五氟磺草胺	0.02*	除草剂	无指定
88	烯丙苯噻唑	1*	杀菌剂	无指定
89	烯啶虫胺	0.5*	杀虫剂	GB/T 20770
90	烯肟菌胺	1*	杀菌剂	无指定
91	烯唑醇	0.05	杀菌剂	GB/T 20770
92	硝磺草酮	0.05	除草剂	GB/T 20770
93	辛硫磷	0.05	杀虫剂	GB/T 5009.102、SN/T 0209
94	溴甲烷	5	熏蒸剂	无指定
95	溴氰虫酰胺	0.2*	杀虫剂	无指定
96	溴氰菊酯	0.5	杀虫剂	GB/T 5009.110、GB 23200.9
97	亚胺硫磷	0.5	杀虫剂	GB/T 5009.131
98	乙基多杀菌素	0.5*	杀虫剂	无指定
99	乙硫磷	0.2	杀虫剂	GB/T 5009.20
100	乙蒜素	0.05*	杀菌剂	无指定
101	茚虫威	0.1	杀虫剂	GB/T 20770
102	增效醚	30	增效剂	GB 23200.34
103	仲丁威	0.5	杀虫剂	GB/T 5009.145
104	艾氏剂	0.02	杀虫剂	GB/T 5009.19
105	滴滴涕	0.1	杀虫剂	GB/T 5009.19

（续）

序号	农药中文名	最大残留限量（mg/kg）	农药主要用途	检测方法
106	狄氏剂	0.02	杀虫剂	GB/T 5009.19
107	毒杀芬	0.01*	杀虫剂	YC/T 180
108	六六六	0.05	杀虫剂	GB/T 5009.19
109	灭蚁灵	0.01	杀虫剂	GB/T 5009.19
110	七氯	0.02	杀虫剂	GB/T 5009.19
111	异狄氏剂	0.01	杀虫剂	GB/T 5009.19

1.2 小麦

小麦中农药最大残留限量见表1-2。

表1-2 小麦中农药最大残留限量

序号	农药中文名	最大残留限量（mg/kg）	农药主要用途	检测方法
1	氯丹	0.02	杀虫剂	GB/T 5009.19
2	苯线磷	0.02	杀虫剂	GB/T 20770
3	敌敌畏	0.1	杀虫剂	SN/T 2324、GB/T 5009.20
4	地虫硫磷	0.05	杀虫剂	无指定
5	对硫磷	0.1	杀虫剂	GB/T 5009.145
6	多杀霉素	1	杀虫剂	GB/T 20769、NY/T 1379、NY/T 1453
7	氟硅唑	0.2	杀菌剂	GB 23200.9、GB/T 20770
8	甲胺磷	0.05	杀虫剂	GB/T 5009.103、GB/T 20770
9	甲基毒死蜱	5*	杀虫剂	GB 23200.9
10	甲基对硫磷	0.02	杀虫剂	GB/T 5009.20
11	甲基硫环磷	0.03*	杀虫剂	NY/T 761
12	甲基异柳磷	0.02*	杀虫剂	GB/T 5009.144
13	甲霜灵和精甲霜灵	0.05	杀菌剂	GB 23200.9、GB/T 20770
14	腈菌唑	0.1	杀菌剂	GB/T 20770
15	精噁唑禾草灵	0.1	除草剂	NY/T 1379
16	久效磷	0.02	杀虫剂	GB/T 5009.20

（续）

序号	农药中文名	最大残留限量（mg/kg）	农药主要用途	检测方法
17	克百威	0.05	杀虫剂	NY/T 761
18	磷化铝	0.05	杀虫剂	GB/T 5009.36、GB/T 25222
19	硫线磷	0.02	杀虫剂	GB/T 20770
20	绿麦隆	0.1	除草剂	GB/T 5009.133
21	氯虫苯甲酰胺	0.02*	杀虫剂	无指定
22	氯化苦	0.1	熏蒸剂	GB/T 5009.36
23	氯菊酯	2	杀虫剂	GB/T 5009.146、SN/T 2151
24	马拉硫磷	8	杀虫剂	GB/T 5009.145、GB/T 5009.20、GB 23200.9
25	灭草松	0.1	除草剂	SN/T 0292
26	灭多威	0.2	杀虫剂	SN/T 0134
27	灭线磷	0.05	杀线虫剂	NY/T 761
28	嗪氨灵	0.1	杀菌剂	SN 0695
29	三唑磷	0.05	杀虫剂	GB/T 20770、GB 23200.9
30	杀虫脒	0.01	杀虫剂	GB/T 20770
31	杀螟硫磷	5*	杀虫剂	GB/T 14553、GB/T 5009.20
32	杀扑磷	0.05	杀虫剂	NY/T 761
33	水胺硫磷	0.05	杀虫剂	GB 23200.9
34	特丁硫磷	0.01	杀虫剂	SN 0522
35	酰嘧磺隆	0.01*	除草剂	无指定
36	辛硫磷	0.05	杀虫剂	GB/T 5009.102、SN/T 0209
37	溴甲烷	5	熏蒸剂	无指定
38	溴氰菊酯	0.5	杀虫剂	GB/T 5009.110、GB 23200.9
39	氧乐果	0.02	杀虫剂	GB/T 20770
40	野燕枯	0.1	除草剂	GB/T 5009.200
41	增效醚	30	增效剂	GB 23200.34
42	艾氏剂	0.02	杀虫剂	GB/T 5009.19
43	滴滴涕	0.1	杀虫剂	GB/T 5009.19
44	狄氏剂	0.02	杀虫剂	GB/T 5009.19
45	毒杀芬	0.01*	杀虫剂	YC/T 180

（续）

序号	农药中文名	最大残留限量（mg/kg）	农药主要用途	检测方法
46	六六六	0.05	杀虫剂	GB/T 5009.19
47	灭蚁灵	0.01	杀虫剂	GB/T 5009.19
48	七氯	0.02	杀虫剂	GB/T 5009.19
49	异狄氏剂	0.01	杀虫剂	GB/T 5009.19
50	2，4-滴和2，4-滴钠盐	2	除草剂	GB/T 5009.175
51	2，4-滴丁酯	0.05	除草剂	GB/T 5009.165、GB/T 5009.175
52	2甲4氯（钠）	0.1	除草剂	SN/T 2228
53	2甲4氯异辛酯	0.1*	除草剂	无指定
54	阿维菌素	0.01	杀虫剂	GB 23200.20
55	矮壮素	5	植物生长调节剂	GB/T 5009.219
56	氨氯吡啶酸	0.05*	除草剂	无指定
57	百菌清	0.1	杀菌剂	SN/T 2320
58	倍硫磷	0.05	杀虫剂	GB/T 5009.145
59	苯磺隆	0.05	除草剂	SN/T 2325
60	苯醚甲环唑	0.1	杀菌剂	GB 23200.9
61	苯锈啶	1	杀菌剂	GB/T 20770
62	吡草醚	0.03	除草剂	GB 23200.8、NY/T 1379
63	吡虫啉	0.05	杀虫剂	SN/T 1017.8、GB/T 20770
64	吡氟酰草胺	0.05	除草剂	GB 23200.24
65	吡蚜酮	0.02	杀虫剂	GB/T 20770
66	苄嘧磺隆	0.02	除草剂	SN/T 2212、SN/T 2325
67	丙草胺	0.05	除草剂	GB 23200.24
68	丙环唑	0.05	杀菌剂	GB/T 20770、GB 23200.9
69	丙硫菌唑	0.1*	杀菌剂	无指定
70	草甘膦	5	除草剂	GB/T 23750
71	除虫脲	0.2	杀虫剂	GB/T 5009.147
72	代森联	1	杀菌剂	SN/T 0139
73	单嘧磺隆	0.1*	除草剂	无指定
74	敌百虫	0.1	杀虫剂	GB/T 20770

（续）

序号	农药中文名	最大残留限量（mg/kg）	农药主要用途	检测方法
75	敌草快	2	除草剂	GB/T 5009.221
76	丁苯吗啉	0.5	杀菌剂	GB/T 20770、GB 23200.37
77	啶虫脒	0.5	杀虫剂	GB/T 20770
78	毒死蜱	0.5	杀虫剂	GB/T 5009.145、SN/T 2158
79	多菌灵	0.5	杀菌剂	GB/T 20770
80	多效唑	0.5	植物生长调节剂	SN/T 1477
81	噁唑菌酮	0.1	杀菌剂	GB/T 20769
82	二氯吡啶酸	2	除草剂	NY/T 1434
83	二嗪磷	0.1	杀虫剂	GB/T 5009.107
84	粉唑醇	0.5	杀菌剂	GB 23200.9
85	氟啶虫胺腈	0.2*	杀虫剂	无指定
86	氟环唑	0.05	杀菌剂	GB/T 20770
87	氟唑磺隆	0.01*	除草剂	无指定
88	福美双	1	杀菌剂	SN 0139
89	复硝酚钠	0.2*	植物生长调节剂	无指定
90	禾草灵	0.1	除草剂	SN/T 0687
91	环丙唑醇	0.2	杀菌剂	GB/T 20770、GB 23200.9
92	己唑醇	0.1	杀菌剂	GB/T 20770、GB 23200.8
93	甲拌磷	0.02	杀虫剂	GB/T 5009.20、GB 23200.9、GB/T 14553
94	甲磺隆	0.05	除草剂	SN/T 2325
95	甲基碘磺隆钠盐	0.02*	除草剂	无指定
96	甲基二磺隆	0.02*	除草剂	无指定
97	甲基硫菌灵	0.5	杀菌剂	NY/T 1680
98	甲基嘧啶磷	5	杀虫剂	GB/T 5009.145
99	甲硫威	0.05	杀软体动物剂	SN/T 2560
100	甲哌鎓	0.5*	植物生长调节剂	无指定
101	甲氰菊酯	0.1	杀虫剂	GB 23200.9、GB/T 20770、SN/T 2233

（续）

序号	农药中文名	最大残留限量（mg/kg）	农药主要用途	检测方法
102	腈苯唑	0.1	杀菌剂	GB 23200.9、GB/T 20770
103	井冈霉素	0.5	杀菌剂	GB 23200.74
104	抗倒酯	0.05	植物生长调节剂	GB/T 20770
105	抗蚜威	0.05	杀虫剂	GB/T 20770、GB 23200.9、SN/T 0134
106	喹氧灵	0.01*	杀菌剂	无指定
107	乐果	0.05*	杀虫剂	GB/T 5009.20
108	联苯菊酯	0.5	杀虫/杀螨剂	SN/T 2151
109	联苯三唑醇	0.05	杀菌剂	GB 23200.9、GB/T 20770
110	硫环磷	0.03	杀虫剂	GB/T 20770
111	硫酰氟	0.1*	杀虫剂	无指定
112	氯氨吡啶酸	0.1*	除草剂	无指定
113	氯啶菌酯	0.2*	杀菌剂	无指定
114	氯氟吡氧乙酸和氯氟吡氧乙酸异辛酯	0.2	除草剂	GB/T 22243
115	氯氟氰菊酯和高效氯氟氰菊酯	0.05	杀虫剂	GB/T 5009.146、GB 23200.9、SN/T 2151
116	氯磺隆	0.1	除草剂	GB/T 20770
117	氯氰菊酯和高效氯氰菊酯	0.2	杀虫剂	GB/T 5009.110、GB 23200.9
118	氯噻啉	0.2*	杀虫剂	无指定
119	麦草畏	0.5	除草剂	SN/T 1606、SN/T 2228
120	咪鲜胺和咪鲜胺锰盐	0.5	杀菌剂	NY/T 1456
121	醚苯磺隆	0.05	除草剂	SN/T 2325
122	醚菌酯	0.05	杀菌剂	GB 23200.9、GB/T 20770
123	嘧菌环胺	0.5	杀菌剂	GB/T 20769、GB 23200.9
124	灭幼脲	3	杀虫剂	GB/T 5009.135
125	萘乙酸和萘乙酸钠	0.05	植物生长调节剂	SN/T 2228、SN 0346
126	氰戊菊酯和S-氰戊菊酯	2	杀虫剂	GB/T 5009.110

（续）

序号	农药中文名	最大残留限量（mg/kg）	农药主要用途	检测方法
127	氰烯菌酯	0.05*	杀菌剂	无指定
128	炔草酯	0.1	除草剂	GB 23200.60
129	噻虫啉	0.1	杀虫剂	GB/T 20770
130	噻虫嗪	0.1	杀虫剂	GB 23200.9
131	噻吩磺隆	0.05	除草剂	GB/T 20770
132	三唑醇	0.2	杀菌剂	GB 23200.9、SN/T 2232
133	三唑酮	0.2	杀菌剂	GB/T 5009.126、GB/T 20770、GB 23200.9
134	杀虫双	0.2	杀菌剂	GB/T 5009.114
135	生物苄呋菊酯	1	杀虫剂	SN/T 2151、GB/T 20770
136	双氟磺草胺	0.01	除草剂	GB/T 20769
137	五氯硝基苯	0.01	杀菌剂	GB/T 5009.136、GB/T 5009.19
138	戊唑醇	0.05	杀菌剂	GB/T 20770
139	烯肟菌胺	0.1*	杀菌剂	无指定
140	烯效唑	0.05	植物生长调节剂	GB 23200.9、GB/T 20770
141	烯唑醇	0.2	杀菌剂	GB/T 20770
142	辛酰溴苯腈	0.1*	除草剂	无指定
143	溴苯腈	0.05	除草剂	SN/T 2228
144	亚砜磷	0.02	杀虫剂	GB/T 5009.131
145	野麦畏	0.05	除草剂	GB/T 20770
146	乙羧氟草醚	0.05	除草剂	GB 23200.2
147	乙烯利	1	植物生长调节剂	GB 23200.16
148	乙酰甲胺磷	0.2	杀虫剂	GB/T 5009.103、SN 0585
149	异丙隆	0.05	除草剂	GB/T 20770
150	抑霉唑	0.01	杀菌剂	GB/T 20770
151	唑草酮	0.1	除草剂	GB 23200.15
152	唑啉草酯	0.1*	除草剂	无指定
153	林丹	0.05	杀虫剂	GB/T 5009.146、GB/T 5009.19

1.3 大麦

大麦中农药最大残留限量见表1-3。

表1-3 大麦中农药最大残留限量

序号	农药中文名	最大残留限量（mg/kg）	农药主要用途	检测方法
1	氯丹	0.02	杀虫剂	GB/T 5009.19
2	苯线磷	0.02	杀虫剂	GB/T 20770
3	敌敌畏	0.1	杀虫剂	SN/T 2324、GB/T 5009.20
4	地虫硫磷	0.05	杀虫剂	无指定
5	对硫磷	0.1	杀虫剂	GB/T 5009.145
6	多杀霉素	1	杀虫剂	GB/T 20769、NY/T 1379、NY/T 1453
7	氟硅唑	0.2	杀菌剂	GB 23200.9、GB/T 20770
8	甲胺磷	0.05	杀虫剂	GB/T 5009.103、GB/T 20770
9	甲基毒死蜱	5*	杀虫剂	GB 23200.9
10	甲基对硫磷	0.02	杀虫剂	GB/T 5009.20
11	甲基硫环磷	0.03*	杀虫剂	NY/T 761
12	甲基异柳磷	0.02*	杀虫剂	GB/T 5009.144
13	甲霜灵和精甲霜灵	0.05	杀菌剂	GB 23200.9、GB/T 20770
14	腈菌唑	0.1	杀菌剂	GB/T 20770
15	精噁唑禾草灵	0.1	除草剂	NY/T 1379
16	久效磷	0.02	杀虫剂	GB/T 5009.20
17	克百威	0.05	杀虫剂	NY/T 761
18	磷化铝	0.05	杀虫剂	GB/T 5009.36、GB/T 25222
19	硫线磷	0.02	杀虫剂	GB/T 20770
20	绿麦隆	0.1	除草剂	GB/T 5009.133
21	氯虫苯甲酰胺	0.02*	杀虫剂	无指定
22	氯化苦	0.1	熏蒸剂	GB/T 5009.36
23	氯菊酯	2	杀虫剂	GB/T 5009.146、SN/T 2151
24	马拉硫磷	8	杀虫剂	GB/T 5009.145、GB/T 5009.20、GB 23200.9
25	灭草松	0.1	除草剂	SN/T 0292

（续）

序号	农药中文名	最大残留限量（mg/kg）	农药主要用途	检测方法
26	灭多威	0.2	杀虫剂	SN/T 0134
27	灭线磷	0.05	杀线虫剂	NY/T 761
28	嗪氨灵	0.1	杀菌剂	SN 0695
29	三唑磷	0.05	杀虫剂	GB/T 20770、GB 23200.9
30	杀虫脒	0.01	杀虫剂	GB/T 20770
31	杀螟硫磷	5*	杀虫剂	GB/T 14553、GB/T 5009.20
32	杀扑磷	0.05	杀虫剂	NY/T 761
33	水胺硫磷	0.05	杀虫剂	GB 23200.9
34	特丁硫磷	0.01	杀虫剂	SN 0522
35	酰嘧磺隆	0.01*	除草剂	无指定
36	辛硫磷	0.05	杀虫剂	GB/T 5009.102、SN/T 0209
37	溴甲烷	5	熏蒸剂	无指定
38	溴氰菊酯	0.5	杀虫剂	GB/T 5009.110、GB 23200.9
39	氧乐果	0.02	杀虫剂	GB/T 20770
40	野燕枯	0.1	除草剂	GB/T 5009.200
41	增效醚	30	增效剂	GB 23200.34
42	艾氏剂	0.02	杀虫剂	GB/T 5009.19
43	滴滴涕	0.1	杀虫剂	GB/T 5009.19
44	狄氏剂	0.02	杀虫剂	GB/T 5009.19
45	毒杀芬	0.01*	杀虫剂	YC/T 180
46	六六六	0.05	杀虫剂	GB/T 5009.19
47	灭蚁灵	0.01	杀虫剂	GB/T 5009.19
48	七氯	0.02	杀虫剂	GB/T 5009.19
49	异狄氏剂	0.01	杀虫剂	GB/T 5009.19
50	福美双	0.3	杀菌剂	SN 0139
51	甲拌磷	0.02	杀虫剂	GB/T 5009.20、GB 23200.9、GB/T 14553
52	咪鲜胺和咪鲜胺锰盐	2	杀菌剂	NY/T 1456
53	三唑醇	0.2	杀菌剂	GB 23200.9、SN/T 2232
54	三唑酮	0.2	杀菌剂	GB/T 5009.126、GB/T 20770、GB 23200.9

（续）

序号	农药中文名	最大残留限量 （mg/kg）	农药 主要用途	检测方法
55	矮壮素	2	植物生长调节剂	GB/T 5009.219
56	丙环唑	0.2	杀菌剂	GB/T 20770、GB 23200.9
57	丙硫菌唑	0.2*	杀菌剂	无指定
58	丁苯吗啉	0.5	杀菌剂	GB/T 20770、GB 23200.37
59	多菌灵	0.5	杀菌剂	GB/T 20770
60	噁唑菌酮	0.2	杀菌剂	GB/T 20769
61	甲硫威	0.05	杀软体动物剂	SN/T 2560
62	腈苯唑	0.2	杀菌剂	GB 23200.9、GB/T 20770
63	抗蚜威	0.05	杀虫剂	GB/T 20770、GB 23200.9、SN/T 0134
64	喹氧灵	0.01*	杀菌剂	无指定
65	联苯菊酯	0.05	杀虫/杀螨剂	SN/T 2151
66	联苯三唑醇	0.05	杀菌剂	GB 23200.9、GB/T 20770
67	氯氨吡啶酸	0.1*	除草剂	无指定
68	氯氟氰菊酯和高效氯氟氰菊酯	0.5	杀虫剂	GB/T 5009.146、GB 23200.9、SN/T 2151
69	氯氰菊酯和高效氯氰菊酯	2	杀虫剂	GB/T 5009.110、GB 23200.9
70	醚菌酯	0.1	杀菌剂	GB 23200.9、GB/T 20770
71	嘧菌环胺	3	杀菌剂	GB/T 20769、GB 23200.9
72	五氯硝基苯	0.01	杀菌剂	GB/T 5009.136、GB/T 5009.19
73	戊唑醇	2	杀菌剂	GB/T 20770
74	亚砜磷	0.02	杀虫剂	GB/T 5009.131
75	林丹	0.01	杀虫剂	GB/T 5009.146、GB/T 5009.19

1.4 燕麦

燕麦中农药最大残留限量见表1-4。

表1-4　燕麦中农药最大残留限量

序号	农药中文名	最大残留限量 （mg/kg）	农药 主要用途	检测方法
1	氯丹	0.02	杀虫剂	GB/T 5009.19

（续）

序号	农药中文名	最大残留限量（mg/kg）	农药主要用途	检测方法
2	苯线磷	0.02	杀虫剂	GB/T 20770
3	敌敌畏	0.1	杀虫剂	SN/T 2324、GB/T 5009.20
4	地虫硫磷	0.05	杀虫剂	无指定
5	对硫磷	0.1	杀虫剂	GB/T 5009.145
6	多杀霉素	1	杀虫剂	GB/T 20769、NY/T 1379、NY/T 1453
7	氟硅唑	0.2	杀菌剂	GB 23200.9、GB/T 20770
8	甲胺磷	0.05	杀虫剂	GB/T 5009.103、GB/T 20770
9	甲基毒死蜱	5*	杀虫剂	GB 23200.9
10	甲基对硫磷	0.02	杀虫剂	GB/T 5009.20
11	甲基硫环磷	0.03*	杀虫剂	NY/T 761
12	甲基异柳磷	0.02*	杀虫剂	GB/T 5009.144
13	甲霜灵和精甲霜灵	0.05	杀菌剂	GB 23200.9、GB/T 20770
14	腈菌唑	0.1	杀菌剂	GB/T 20770
15	精噁唑禾草灵	0.1	除草剂	NY/T 1379
16	久效磷	0.02	杀虫剂	GB/T 5009.20
17	克百威	0.05	杀虫剂	NY/T 761
18	磷化铝	0.05	杀虫剂	GB/T 5009.36、GB/T 25222
19	硫线磷	0.02	杀虫剂	GB/T 20770
20	绿麦隆	0.1	除草剂	GB/T 5009.133
21	氯虫苯甲酰胺	0.02*	杀虫剂	无指定
22	氯化苦	0.1	熏蒸剂	GB/T 5009.36
23	氯菊酯	2	杀虫剂	GB/T 5009.146、SN/T 2151
24	马拉硫磷	8	杀虫剂	GB/T 5009.145、GB/T 5009.20、GB 23200.9
25	灭草松	0.1	除草剂	SN/T 0292
26	灭多威	0.2	杀虫剂	SN/T 0134
27	灭线磷	0.05	杀线虫剂	NY/T 761
28	嗪氨灵	0.1	杀菌剂	SN 0695
29	三唑磷	0.05	杀虫剂	GB/T 20770、GB 23200.9

（续）

序号	农药中文名	最大残留限量 （mg/kg）	农药 主要用途	检测方法
30	杀虫脒	0.01	杀虫剂	GB/T 20770
31	杀螟硫磷	5*	杀虫剂	GB/T 14553、GB/T 5009.20
32	杀扑磷	0.05	杀虫剂	NY/T 761
33	水胺硫磷	0.05	杀虫剂	GB 23200.9
34	特丁硫磷	0.01	杀虫剂	SN 0522
35	酰嘧磺隆	0.01*	除草剂	无指定
36	辛硫磷	0.05	杀虫剂	GB/T 5009.102、SN/T 0209
37	溴甲烷	5	熏蒸剂	无指定
38	溴氰菊酯	0.5	杀虫剂	GB/T 5009.110、GB 23200.9
39	氧乐果	0.02	杀虫剂	GB/T 20770
40	野燕枯	0.1	除草剂	GB/T 5009.200
41	增效醚	30	增效剂	GB 23200.34
42	艾氏剂	0.02	杀虫剂	GB/T 5009.19
43	滴滴涕	0.1	杀虫剂	GB/T 5009.19
44	狄氏剂	0.02	杀虫剂	GB/T 5009.19
45	毒杀芬	0.01*	杀虫剂	YC/T 180
46	六六六	0.05	杀虫剂	GB/T 5009.19
47	灭蚁灵	0.01	杀虫剂	GB/T 5009.19
48	七氯	0.02	杀虫剂	GB/T 5009.19
49	异狄氏剂	0.01	杀虫剂	GB/T 5009.19
50	福美双	0.3	杀菌剂	SN 0139
51	甲拌磷	0.02	杀虫剂	GB/T 5009.20、GB 23200.9、GB/T 14553
52	咪鲜胺和咪鲜胺锰盐	2	杀菌剂	NY/T 1456
53	三唑醇	0.2	杀菌剂	GB 23200.9、SN/T 2232
54	三唑酮	0.2	杀菌剂	GB/T 5009.126、GB/T 20770、GB 23200.9
55	矮壮素	10	植物生长调节剂	GB/T 5009.219
56	丙硫菌唑	0.05*	杀菌剂	无指定
57	丁苯吗啉	0.5	杀菌剂	GB/T 20770、GB 23200.37

（续）

序号	农药中文名	最大残留限量（mg/kg）	农药主要用途	检测方法
58	抗蚜威	0.05	杀虫剂	GB/T 20770、GB 23200.9、SN/T 0134
59	联苯三唑醇	0.05	杀菌剂	GB 23200.9、GB/T 20770
60	氯氨吡啶酸	0.1*	除草剂	无指定
61	氯氟氰菊酯和高效氯氟氰菊酯	0.05	杀虫剂	GB/T 5009.146、GB 23200.9、SN/T 2151
62	氯氰菊酯和高效氯氰菊酯	2	杀虫剂	GB/T 5009.110、GB 23200.9
63	戊唑醇	2	杀菌剂	GB/T 20770
64	林丹	0.01	杀虫剂	GB/T 5009.146、GB/T 5009.19

1.5 黑麦

黑麦中农药最大残留限量见表 1-5。

表 1-5 黑麦中农药最大残留限量

序号	农药中文名	最大残留限量（mg/kg）	农药主要用途	检测方法
1	氯丹	0.02	杀虫剂	GB/T 5009.19
2	苯线磷	0.02	杀虫剂	GB/T 20770
3	敌敌畏	0.1	杀虫剂	SN/T 2324、GB/T 5009.20
4	地虫硫磷	0.05	杀虫剂	无指定
5	对硫磷	0.1	杀虫剂	GB/T 5009.145
6	多杀霉素	1	杀虫剂	GB/T 20769、NY/T 1379、NY/T 1453
7	氟硅唑	0.2	杀菌剂	GB 23200.9、GB/T 20770
8	甲胺磷	0.05	杀虫剂	GB/T 5009.103、GB/T 20770
9	甲基毒死蜱	5*	杀虫剂	GB 23200.9
10	甲基对硫磷	0.02	杀虫剂	GB/T 5009.20
11	甲基硫环磷	0.03*	杀虫剂	NY/T 761
12	甲基异柳磷	0.02*	杀虫剂	GB/T 5009.144
13	甲霜灵和精甲霜灵	0.05	杀菌剂	GB 23200.9、GB/T 20770

（续）

序号	农药中文名	最大残留限量 （mg/kg）	农药 主要用途	检测方法
14	腈菌唑	0.1	杀菌剂	GB/T 20770
15	精噁唑禾草灵	0.1	除草剂	NY/T 1379
16	久效磷	0.02	杀虫剂	GB/T 5009.20
17	克百威	0.05	杀虫剂	NY/T 761
18	磷化铝	0.05	杀虫剂	GB/T 5009.36、GB/T 25222
19	硫线磷	0.02	杀虫剂	GB/T 20770
20	绿麦隆	0.1	除草剂	GB/T 5009.133
21	氯虫苯甲酰胺	0.02*	杀虫剂	无指定
22	氯化苦	0.1	熏蒸剂	GB/T 5009.36
23	氯菊酯	2	杀虫剂	GB/T 5009.146、SN/T 2151
24	马拉硫磷	8	杀虫剂	GB/T 5009.145、GB/T 5009.20、GB 23200.9
25	灭草松	0.1	除草剂	SN/T 0292
26	灭多威	0.2	杀虫剂	SN/T 0134
27	灭线磷	0.05	杀线虫剂	NY/T 761
28	嗪氨灵	0.1	杀菌剂	SN 0695
29	三唑磷	0.05	杀虫剂	GB/T 20770、GB 23200.9
30	杀虫脒	0.01	杀虫剂	GB/T 20770
31	杀螟硫磷	5*	杀虫剂	GB/T 14553、GB/T 5009.20
32	杀扑磷	0.05	杀虫剂	NY/T 761
33	水胺硫磷	0.05	杀虫剂	GB 23200.9
34	特丁硫磷	0.01	杀虫剂	SN 0522
35	酰嘧磺隆	0.01*	除草剂	无指定
36	辛硫磷	0.05	杀虫剂	GB/T 5009.102、SN/T 0209
37	溴甲烷	5	熏蒸剂	无指定
38	溴氰菊酯	0.5	杀虫剂	GB/T 5009.110、GB 23200.9
39	氧乐果	0.02	杀虫剂	GB/T 20770
40	野燕枯	0.1	除草剂	GB/T 5009.200
41	增效醚	30	增效剂	GB 23200.34
42	艾氏剂	0.02	杀虫剂	GB/T 5009.19

（续）

序号	农药中文名	最大残留限量 （mg/kg）	农药 主要用途	检测方法
43	滴滴涕	0.1	杀虫剂	GB/T 5009.19
44	狄氏剂	0.02	杀虫剂	GB/T 5009.19
45	毒杀芬	0.01*	杀虫剂	YC/T 180
46	六六六	0.05	杀虫剂	GB/T 5009.19
47	灭蚁灵	0.01	杀虫剂	GB/T 5009.19
48	七氯	0.02	杀虫剂	GB/T 5009.19
49	异狄氏剂	0.01	杀虫剂	GB/T 5009.19
50	福美双	0.3	杀菌剂	SN 0139
51	甲拌磷	0.02	杀虫剂	GB/T 5009.20、GB 23200.9、GB/T 14553
52	咪鲜胺和咪鲜胺锰盐	2	杀菌剂	NY/T 1456
53	三唑醇	0.2	杀菌剂	GB 23200.9、SN/T 2232
54	三唑酮	0.2	杀菌剂	GB/T 5009.126、GB/T 20770、GB 23200.9
55	2，4-滴和 2，4-滴钠盐	2	除草剂	GB/T 5009.175
56	矮壮素	3	植物生长调节剂	GB/T 5009.219
57	丙环唑	0.02	杀菌剂	GB/T 20770、GB 23200.9
58	丙硫菌唑	0.05*	杀菌剂	无指定
59	丁苯吗啉	0.5	杀菌剂	GB/T 20770、GB 23200.37
60	多菌灵	0.05	杀菌剂	GB/T 20770
61	腈苯唑	0.1	杀菌剂	GB 23200.9、GB/T 20770
62	抗蚜威	0.05	杀虫剂	GB/T 20770、GB 23200.9、SN/T 0134
63	联苯三唑醇	0.05	杀菌剂	GB 23200.9、GB/T 20770
64	氯氟氰菊酯和高效氯氟氰菊酯	0.05	杀虫剂	GB/T 5009.146、GB 23200.9、SN/T 2151
65	氯氰菊酯和高效氯氰菊酯	2	杀虫剂	GB/T 5009.110、GB 23200.9
66	醚菌酯	0.05	杀菌剂	GB 23200.9、GB/T 20770
67	戊唑醇	0.15	杀菌剂	GB/T 20770
68	亚砜磷	0.02	杀虫剂	GB/T 5009.131
69	乙烯利	1	植物生长调节剂	GB 23200.16
70	林丹	0.01	杀虫剂	GB/T 5009.146、GB/T 5009.19

1.6 小黑麦

小黑麦中农药最大残留限量见表1-6。

表1-6 小黑麦中农药最大残留限量

序号	农药中文名	最大残留限量（mg/kg）	农药主要用途	检测方法
1	氯丹	0.02	杀虫剂	GB/T 5009.19
2	氯氰菊酯和高效氯氰菊酯	0.3	杀虫剂	GB/T 5009.110、GB 23200.9
3	苯线磷	0.02	杀虫剂	GB/T 20770
4	敌敌畏	0.1	杀虫剂	SN/T 2324、GB/T 5009.20
5	地虫硫磷	0.05	杀虫剂	无指定
6	对硫磷	0.1	杀虫剂	GB/T 5009.145
7	多杀霉素	1	杀虫剂	GB/T 20769、NY/T 1379、NY/T 1453
8	氟硅唑	0.2	杀菌剂	GB 23200.9、GB/T 20770
9	甲胺磷	0.05	杀虫剂	GB/T 5009.103、GB/T 20770
10	甲基毒死蜱	5*	杀虫剂	GB 23200.9
11	甲基对硫磷	0.02	杀虫剂	GB/T 5009.20
12	甲基硫环磷	0.03*	杀虫剂	NY/T 761
13	甲基异柳磷	0.02*	杀虫剂	GB/T 5009.144
14	甲霜灵和精甲霜灵	0.05	杀菌剂	GB 23200.9、GB/T 20770
15	腈菌唑	0.1	杀菌剂	GB/T 20770
16	精噁唑禾草灵	0.1	除草剂	NY/T 1379
17	久效磷	0.02	杀虫剂	GB/T 5009.20
18	克百威	0.05	杀虫剂	NY/T 761
19	磷化铝	0.05	杀虫剂	GB/T 5009.36、GB/T 25222
20	硫线磷	0.02	杀虫剂	GB/T 20770
21	绿麦隆	0.1	除草剂	GB/T 5009.133
22	氯虫苯甲酰胺	0.02*	杀虫剂	无指定
23	氯化苦	0.1	熏蒸剂	GB/T 5009.36
24	氯菊酯	2	杀虫剂	GB/T 5009.146、SN/T 2151
25	马拉硫磷	8	杀虫剂	GB/T 5009.145、GB/T 5009.20、GB 23200.9

（续）

序号	农药中文名	最大残留限量（mg/kg）	农药主要用途	检测方法
26	灭草松	0.1	除草剂	SN/T 0292
27	灭多威	0.2	杀虫剂	SN/T 0134
28	灭线磷	0.05	杀线虫剂	NY/T 761
29	嗪氨灵	0.1	杀菌剂	SN 0695
30	三唑磷	0.05	杀虫剂	GB/T 20770、GB 23200.9
31	杀虫脒	0.01	杀虫剂	GB/T 20770
32	杀螟硫磷	5*	杀虫剂	GB/T 14553、GB/T 5009.20
33	杀扑磷	0.05	杀虫剂	NY/T 761
34	水胺硫磷	0.05	杀虫剂	GB 23200.9
35	特丁硫磷	0.01	杀虫剂	SN 0522
36	酰嘧磺隆	0.01*	除草剂	无指定
37	辛硫磷	0.05	杀虫剂	GB/T 5009.102、SN/T 0209
38	溴甲烷	5	熏蒸剂	无指定
39	溴氰菊酯	0.5	杀虫剂	GB/T 5009.110、GB 23200.9
40	氧乐果	0.02	杀虫剂	GB/T 20770
41	野燕枯	0.1	除草剂	GB/T 5009.200
42	增效醚	30	增效剂	GB 23200.34
43	艾氏剂	0.02	杀虫剂	GB/T 5009.19
44	滴滴涕	0.1	杀虫剂	GB/T 5009.19
45	狄氏剂	0.02	杀虫剂	GB/T 5009.19
46	毒杀芬	0.01*	杀虫剂	YC/T 180
47	六六六	0.05	杀虫剂	GB/T 5009.19
48	灭蚁灵	0.01	杀虫剂	GB/T 5009.19
49	七氯	0.02	杀虫剂	GB/T 5009.19
50	异狄氏剂	0.01	杀虫剂	GB/T 5009.19
51	福美双	0.3	杀菌剂	SN 0139
52	甲拌磷	0.02	杀虫剂	GB/T 5009.20、GB 23200.9、GB/T 14553
53	咪鲜胺和咪鲜胺锰盐	2	杀菌剂	NY/T 1456
54	三唑醇	0.2	杀菌剂	GB 23200.9、SN/T 2232

（续）

序号	农药中文名	最大残留限量（mg/kg）	农药主要用途	检测方法
55	三唑酮	0.2	杀菌剂	GB/T 5009.126、GB/T 20770、GB 23200.9
56	矮壮素	3	植物生长调节剂	GB/T 5009.219
57	丙环唑	0.02	杀菌剂	GB/T 20770、GB 23200.9
58	丙硫菌唑	0.05*	杀菌剂	无指定
59	联苯三唑醇	0.05	杀菌剂	GB 23200.9、GB/T 20770
60	氯氨吡啶酸	0.1*	除草剂	无指定
61	氯氟氰菊酯和高效氯氟氰菊酯	0.05	杀虫剂	GB/T 5009.146、GB 23200.9、SN/T 2151
62	戊唑醇	0.15	杀菌剂	GB/T 20770

1.7 玉米

玉米中农药最大残留限量见表 1-7。

表 1-7 玉米中农药最大残留限量

序号	农药中文名	最大残留限量（mg/kg）	农药主要用途	检测方法
1	氯丹	0.02	杀虫剂	GB/T 5009.19
2	苯线磷	0.02	杀虫剂	GB/T 20770
3	敌敌畏	0.1	杀虫剂	SN/T 2324、GB/T 5009.20
4	地虫硫磷	0.05	杀虫剂	无指定
5	对硫磷	0.1	杀虫剂	GB/T 5009.145
6	多杀霉素	1	杀虫剂	GB/T 20769、NY/T 1379、NY/T 1453
7	氟硅唑	0.2	杀菌剂	GB 23200.9、GB/T 20770
8	甲胺磷	0.05	杀虫剂	GB/T 5009.103、GB/T 20770
9	甲基毒死蜱	5*	杀虫剂	GB 23200.9
10	甲基对硫磷	0.02	杀虫剂	GB/T 5009.20
11	甲基硫环磷	0.03*	杀虫剂	NY/T 761
12	甲基异柳磷	0.02*	杀虫剂	GB/T 5009.144

（续）

序号	农药中文名	最大残留限量（mg/kg）	农药主要用途	检测方法
13	久效磷	0.02	杀虫剂	GB/T 5009.20
14	克百威	0.05	杀虫剂	NY/T 761
15	磷化铝	0.05	杀虫剂	GB/T 5009.36、GB/T 25222
16	硫酰氟	0.05*	杀虫剂	无指定
17	硫线磷	0.02	杀虫剂	GB/T 20770
18	氯化苦	0.1	熏蒸剂	GB/T 5009.36
19	氯菊酯	2	杀虫剂	GB/T 5009.146、SN/T 2151
20	马拉硫磷	8	杀虫剂	GB/T 5009.145、GB/T 5009.20、GB 23200.9
21	咪鲜胺和咪鲜胺锰盐	2	杀菌剂	NY/T 1456
22	灭多威	0.05	杀虫剂	SN/T 0134
23	灭线磷	0.05	杀线虫剂	NY/T 761
24	嗪氨灵	0.1	杀菌剂	SN 0695
25	三唑磷	0.05	杀菌剂	GB/T 20770、GB 23200.9
26	杀虫脒	0.01	杀虫剂	GB/T 20770
27	杀螟硫磷	5*	杀虫剂	GB/T 14553、GB/T 5009.20
28	杀扑磷	0.05	杀虫剂	NY/T 761
29	水胺硫磷	0.05	杀虫剂	GB 23200.9
30	特丁硫磷	0.01	杀虫剂	SN 0522
31	辛硫磷	0.05	杀虫剂	GB/T 5009.102、SN/T 0209
32	溴甲烷	5	熏蒸剂	无指定
33	氧乐果	0.05	杀虫剂	GB/T 20770
34	增效醚	30	增效剂	GB 23200.34
35	艾氏剂	0.02	杀虫剂	GB/T 5009.19
36	滴滴涕	0.1	杀虫剂	GB/T 5009.19
37	狄氏剂	0.02	杀虫剂	GB/T 5009.19
38	毒杀芬	0.01*	杀虫剂	YC/T 180
39	六六六	0.05	杀虫剂	GB/T 5009.19
40	灭蚁灵	0.01	杀虫剂	GB/T 5009.19
41	七氯	0.02	杀虫剂	GB/T 5009.19
42	异狄氏剂	0.01	杀虫剂	GB/T 5009.19

（续）

序号	农药中文名	最大残留限量（mg/kg）	农药主要用途	检测方法
43	2，4-滴和2，4-滴钠盐	0.05	除草剂	GB/T 5009.175
44	2，4-滴丁酯	0.05	除草剂	GB/T 5009.165、GB/T 5009.175
45	2，4-滴异辛酯	0.1*	除草剂	无指定
46	2甲4氯（钠）	0.05	除草剂	SN/T 2228
47	矮壮素	5	植物生长调节剂	GB/T 5009.219
48	胺鲜酯	0.2*	植物生长调节剂	无指定
49	百草枯	0.1*	除草剂	无指定
50	苯醚甲环唑	0.1	杀菌剂	GB 23200.9
51	吡虫啉	0.05	杀虫剂	SN/T 1017.8、GB/T 20770
52	丙硫克百威	0.05*	杀虫剂	无指定
53	草甘膦	1	除草剂	GB/T 23750
54	除虫脲	0.2	杀虫剂	GB/T 5009.147
55	敌敌畏	0.2	杀虫剂	SN/T 2324、GB/T 5009.20
56	丁草胺	0.5	除草剂	GB/T 5009.164、GB 23200.9、GB/T 20770
57	丁硫克百威	0.1	杀虫剂	SN/T 2149
58	毒死蜱	0.05	杀虫剂	GB 5009.145、SN/T 2158
59	多菌灵	0.5	杀菌剂	GB/T 20770
60	二甲戊灵	0.1	除草剂	GB 23200.24、GB 23200.9
61	二氯吡啶酸	1	除草剂	NY/T 1434
62	二嗪磷	0.02	杀虫剂	GB/T 5009.107
63	砜嘧磺隆	0.1	除草剂	SN/T 2325
64	氟虫腈	0.1	杀虫剂	SN/T 1982
65	氟啶虫酰胺	0.7*	杀虫剂	无指定
66	氟乐灵	0.05	除草剂	GB 23200.9
67	福美双	0.1	杀菌剂	SN 0139
68	磺草酮	0.05*	除草剂	无指定
69	甲拌磷	0.05	杀虫剂	GB/T 5009.20、GB 23200.9、GB/T 14553
70	甲草胺	0.2	除草剂	GB/T 20770、GB 23200.9
71	甲基异柳磷	0.02*	杀虫剂	GB/T 5009.144

（续）

序号	农药中文名	最大残留限量（mg/kg）	农药主要用途	检测方法
72	甲硫威	0.05	杀软体动物剂	SN/T 256
73	腈菌唑	0.02	杀菌剂	GB/T 20770
74	精二甲吩草胺	0.01	除草剂	GB 23200.9、GB/T 20770
75	联苯菊酯	0.05	杀虫/杀螨剂	SN/T 2151
76	绿麦隆	0.1	除草剂	GB/T 5009.133
77	氯吡嘧磺隆	0.05	除草剂	SN/T 2325
78	氯虫苯甲酰胺	0.02*	杀虫剂	无指定
79	氯氟吡氧乙酸和氯氟吡氧乙酸异辛酯	0.05*	除草剂	GB/T 22243
80	氯氟氰菊酯和高效氯氟氰菊酯	0.02	杀虫剂	GB/T 5009.146、GB 23200.9、SN/T 2151
81	氯氰菊酯和高效氯氰菊酯	0.05	杀虫剂	GB/T 5009.110、GB 23200.9
82	麦草畏	0.5	除草剂	SN/T 1606、SN/T 2228
83	醚菊酯	0.05	杀虫剂	GB 23200.9、SN/T 2151
84	嘧菌酯	0.02	杀菌剂	GB/T 20770、NY/T 1453、GB 23200.46
85	灭草松	0.2	除草剂	SN/T 0292
86	扑草净	0.02	除草剂	GB 23200.9
87	嗪草酸甲酯	0.05*	除草剂	无指定
88	嗪草酮	0.05	除草剂	GB 23200.9
89	氰草津	0.05	除草剂	SN/T 1605
90	氰戊菊酯和S-氰戊菊酯	0.02	杀虫剂	GB/T 5009.110
91	噻吩磺隆	0.05	除草剂	GB/T 20770
92	三唑醇	0.5	杀菌剂	GB 23200.9、SN/T 2232
93	三唑酮	0.5	杀菌剂	GB/T 5009.126、GB/T 20770、GB 23200.9
94	杀虫双	0.2	杀虫剂	GB/T 5009.114
95	特丁津	0.1	除草剂	GB/T 20770、GB 23200.9
96	萎锈灵	0.2	杀菌剂	GB 23200.9、GB/T 20770
97	五氯硝基苯	0.01	杀菌剂	GB/T 5009.136、GB/T 5009.19

（续）

序号	农药中文名	最大残留限量（mg/kg）	农药主要用途	检测方法
98	西玛津	0.1	除草剂	GB 23200.8、NY/T 761、NY/T 1379
99	烯唑醇	0.05	杀菌剂	GB/T 20770
100	硝磺草酮	0.01	除草剂	GB/T 20770
101	辛酰溴苯腈	0.05*	除草剂	无指定
102	溴苯腈	0.1	除草剂	SN/T 2228
103	亚胺硫磷	0.05	杀虫剂	GB/T 5009.131
104	烟嘧磺隆	0.1	除草剂	NY/T 1616
105	乙草胺	0.05	除草剂	GB/T 20770、GB 23200.9、SN/T 2322
106	乙烯利	0.5	植物生长调节剂	GB 23200.16
107	乙酰甲胺磷	0.2	杀虫剂	GB/T 5009.103、SN 0585
108	异丙草胺	0.1*	除草剂	GB 23200.9
109	异丙甲草胺和精异丙甲草胺	0.1	除草剂	GB 23200.9
110	莠去津	0.05	除草剂	GB/T 5009.132
111	唑嘧磺草胺	0.05*	除草剂	无指定
112	林丹	0.01	杀虫剂	GB/T 5009.146、GB/T 5009.19
113	甲霜灵和精甲霜灵	0.05	杀菌剂	GB 23200.9、GB/T 20770
114	抗蚜威	0.05	杀虫剂	GB/T 20770、GB 23200.9、SN/T 0134
115	溴氰菊酯	0.5	杀虫剂	GB/T 5009.110、GB 23200.9

1.8 高粱

高粱中农药最大残留限量见表1-8。

表1-8 高粱中农药最大残留限量

序号	农药中文名	最大残留限量（mg/kg）	农药主要用途	检测方法
1	氯丹	0.02	杀虫剂	GB/T 5009.19

（续）

序号	农药中文名	最大残留限量（mg/kg）	农药主要用途	检测方法
2	氯氰菊酯和高效氯氰菊酯	0.3	杀虫剂	GB/T 5009.110、GB 23200.9
3	苯线磷	0.02	杀虫剂	GB/T 20770
4	敌敌畏	0.1	杀虫剂	SN/T 2324、GB/T 5009.20
5	地虫硫磷	0.05	杀虫剂	无指定
6	对硫磷	0.1	杀虫剂	GB/T 5009.145
7	多杀霉素	1	杀虫剂	GB/T 20769、NY/T 1379、NY/T 1453
8	氟硅唑	0.2	杀菌剂	GB 23200.9、GB/T 20770
9	甲胺磷	0.05	杀虫剂	GB/T 5009.103、GB/T 20770
10	甲基毒死蜱	5*	杀虫剂	GB 23200.9
11	甲基对硫磷	0.02	杀虫剂	GB/T 5009.20
12	甲基硫环磷	0.03*	杀虫剂	NY/T 761
13	甲基异柳磷	0.02*	杀虫剂	GB/T 5009.144
14	久效磷	0.02	杀虫剂	GB/T 5009.20
15	克百威	0.05	杀虫剂	NY/T 761
16	磷化铝	0.05	杀虫剂	GB/T 5009.36、GB/T 25222
17	硫酰氟	0.05*	杀虫剂	无指定
18	硫线磷	0.02	杀虫剂	GB/T 20770
19	氯化苦	0.1	熏蒸剂	GB/T 5009.36
20	氯菊酯	2	杀虫剂	GB/T 5009.146、SN/T 2151
21	马拉硫磷	8	杀虫剂	GB/T 5009.145、GB/T 5009.20、GB 23200.9
22	咪鲜胺和咪鲜胺锰盐	2	杀菌剂	NY/T 1456
23	灭多威	0.05	杀虫剂	SN/T 0134
24	灭线磷	0.05	杀线虫剂	NY/T 761
25	嗪氨灵	0.1	杀菌剂	SN 0695
26	三唑磷	0.05	杀虫剂	GB/T 20770、GB 23200.9
27	杀虫脒	0.01	杀虫剂	GB/T 20770
28	杀螟硫磷	5*	杀虫剂	GB/T 14553、GB/T 5009.20
29	杀扑磷	0.05	杀虫剂	NY/T 761
30	水胺硫磷	0.05	杀虫剂	GB 23200.9

（续）

序号	农药中文名	最大残留限量（mg/kg）	农药主要用途	检测方法
31	特丁硫磷	0.01	杀虫剂	SN 0522
32	辛硫磷	0.05	杀虫剂	GB/T 5009.102、SN/T 0209
33	溴甲烷	5	熏蒸剂	无指定
34	氧乐果	0.05	杀虫剂	GB/T 20770
35	增效醚	30	增效剂	GB 23200.34
36	艾氏剂	0.02	杀虫剂	GB/T 5009.19
37	滴滴涕	0.1	杀虫剂	GB/T 5009.19
38	狄氏剂	0.02	杀虫剂	GB/T 5009.19
39	毒杀芬	0.01*	杀虫剂	YC/T 180
40	六六六	0.05	杀虫剂	GB/T 5009.19
41	灭蚁灵	0.01	杀虫剂	GB/T 5009.19
42	七氯	0.02	杀虫剂	GB/T 5009.19
43	异狄氏剂	0.01	杀虫剂	GB/T 5009.19
44	2，4-滴和2，4-滴钠盐	0.01	除草剂	NY/T 1434
45	百草枯	0.03*	除草剂	无指定
46	丁硫克百威	0.1	杀虫剂	SN/T 2149
47	腈菌唑	0.02	杀菌剂	GB/T 20770
48	精二甲吩草胺	0.01	除草剂	GB 23200.9、GB/T 20770
49	灭草松	0.1	除草剂	SN/T 0292
50	三唑醇	0.1	杀菌剂	GB 23200.9、SN/T 2232
51	烯唑醇	0.05	杀菌剂	GB/T 20770
52	林丹	0.01	杀虫剂	GB/T 5009.146、GB/T 5009.19
53	甲霜灵和精甲霜灵	0.05	杀菌剂	GB 23200.9、GB/T 20770
54	抗蚜威	0.05	杀虫剂	GB/T 20770、GB 23200.9、SN/T 0134
55	溴氰菊酯	0.5	杀虫剂	GB/T 5009.110、GB 23200.9
56	甲拌磷	0.02	杀虫剂	GB/T 5009.20、GB 23200.9、GB/T 14553
57	氯虫苯甲酰胺	0.02*	杀虫剂	无指定
58	三唑酮	0.2	杀菌剂	GB/T 5009.126、GB/T 20770、GB 23200.9

1.9 粟

粟中农药最大残留限量见表 1-9。

表 1-9 粟中农药最大残留限量

序号	农药中文名	最大残留限量（mg/kg）	农药主要用途	检测方法
1	氯丹	0.02	杀虫剂	GB/T 5009.19
2	氯氰菊酯和高效氯氰菊酯	0.3	杀虫剂	GB/T 5009.110、GB 23200.9
3	苯线磷	0.02	杀虫剂	GB/T 20770
4	敌敌畏	0.1	杀虫剂	SN/T 2324、GB/T 5009.20
5	地虫硫磷	0.05	杀虫剂	无指定
6	对硫磷	0.1	杀虫剂	GB/T 5009.145
7	多杀霉素	1	杀虫剂	GB/T 20769、NY/T 1379、NY/T 1453
8	氟硅唑	0.2	杀菌剂	GB 23200.9、GB/T 20770
9	甲胺磷	0.05	杀虫剂	GB/T 5009.103、GB/T 20770
10	甲基毒死蜱	5*	杀虫剂	GB 23200.9
11	甲基对硫磷	0.02	杀虫剂	GB/T 5009.20
12	甲基硫环磷	0.03*	杀虫剂	NY/T 761
13	甲基异柳磷	0.02*	杀虫剂	GB/T 5009.144
14	久效磷	0.02	杀虫剂	GB/T 5009.20
15	克百威	0.05	杀虫剂	NY/T 761
16	磷化铝	0.05	杀虫剂	GB/T 5009.36、GB/T 25222
17	硫酰氟	0.05*	杀虫剂	无指定
18	硫线磷	0.02	杀虫剂	GB/T 20770
19	氯化苦	0.1	熏蒸剂	GB/T 5009.36
20	氯菊酯	2	杀虫剂	GB/T 5009.146、SN/T 2151
21	马拉硫磷	8	杀虫剂	GB/T 5009.145、GB/T 5009.20、GB 23200.9
22	咪鲜胺和咪鲜胺锰盐	2	杀菌剂	NY/T 1456
23	灭多威	0.05	杀虫剂	SN/T 0134
24	灭线磷	0.05	杀线虫剂	NY/T 761
25	嗪氨灵	0.1	杀菌剂	SN 0695

（续）

序号	农药中文名	最大残留限量（mg/kg）	农药主要用途	检测方法
26	三唑磷	0.05	杀虫剂	GB/T 20770、GB 23200.9
27	杀虫脒	0.01	杀虫剂	GB/T 20770
28	杀螟硫磷	5*	杀虫剂	GB/T 14553、GB/T 5009.20
29	杀扑磷	0.05	杀虫剂	NY/T 761
30	水胺硫磷	0.05	杀虫剂	GB 23200.9
31	特丁硫磷	0.01	杀虫剂	SN 0522
32	辛硫磷	0.05	杀虫剂	GB/T 5009.102、SN/T 0209
33	溴甲烷	5	熏蒸剂	无指定
34	氧乐果	0.05	杀虫剂	GB/T 20770
35	增效醚	30	增效剂	GB 23200.34
36	艾氏剂	0.02	杀虫剂	GB/T 5009.19
37	滴滴涕	0.1	杀虫剂	GB/T 5009.19
38	狄氏剂	0.02	杀虫剂	GB/T 5009.19
39	毒杀芬	0.01*	杀虫剂	YC/T 180
40	六六六	0.05	杀虫剂	GB/T 5009.19
41	灭蚁灵	0.01	杀虫剂	GB/T 5009.19
42	七氯	0.02	杀虫剂	GB/T 5009.19
43	异狄氏剂	0.01	杀虫剂	GB/T 5009.19
44	单嘧磺隆	0.1*	除草剂	无指定
45	丁硫克百威	0.1	杀虫剂	SN/T 2149
46	甲霜灵和精甲霜灵	0.05	杀菌剂	GB 23200.9、GB/T 20770
47	腈菌唑	0.02	杀菌剂	GB/T 20770
48	灭幼脲	3	杀虫剂	GB/T 5009.135
49	烯唑醇	0.05	杀菌剂	GB/T 20770
50	抗蚜威	0.05	杀虫剂	GB/T 20770、GB 23200.9、SN/T 0134
51	溴氰菊酯	0.5	杀虫剂	GB/T 5009.110、GB 23200.9
52	三唑醇	0.2	杀菌剂	GB 23200.9、SN/T 2232
53	甲拌磷	0.02	杀虫剂	GB/T 5009.20、GB 23200.9、GB/T 14553

（续）

序号	农药中文名	最大残留限量（mg/kg）	农药主要用途	检测方法
54	氯虫苯甲酰胺	0.02*	杀虫剂	无指定
55	三唑酮	0.2	杀菌剂	GB/T 5009.126、GB/T 20770、GB 23200.9

1.10 稷

稷中农药最大残留限量见表1-10。

表1-10 稷中农药最大残留限量

序号	农药中文名	最大残留限量（mg/kg）	农药主要用途	检测方法
1	氯丹	0.02	杀虫剂	GB/T 5009.19
2	氯氰菊酯和高效氯氰菊酯	0.3	杀虫剂	GB/T 5009.110、GB 23200.9
3	苯线磷	0.02	杀虫剂	GB/T 20770
4	敌敌畏	0.1	杀虫剂	SN/T 2324、GB/T 5009.20
5	地虫硫磷	0.05	杀虫剂	无指定
6	对硫磷	0.1	杀虫剂	GB/T 5009.145
7	多杀霉素	1	杀虫剂	GB/T 20769、NY/T 1379、NY/T 1453
8	氟硅唑	0.2	杀菌剂	GB 23200.9、GB/T 20770
9	甲胺磷	0.05	杀虫剂	GB/T 5009.103、GB/T 20770
10	甲基毒死蜱	5*	杀虫剂	GB 23200.9
11	甲基对硫磷	0.02	杀虫剂	GB/T 5009.20
12	甲基硫环磷	0.03*	杀虫剂	NY/T 761
13	甲基异柳磷	0.02*	杀虫剂	GB/T 5009.144
14	久效磷	0.02	杀虫剂	GB/T 5009.20
15	克百威	0.05	杀虫剂	NY/T 761
16	磷化铝	0.05	杀虫剂	GB/T 5009.36、GB/T 25222
17	硫酰氟	0.05*	杀虫剂	无指定
18	硫线磷	0.02	杀虫剂	GB/T 20770
19	氯化苦	0.1	熏蒸剂	GB/T 5009.36

（续）

序号	农药中文名	最大残留限量 （mg/kg）	农药 主要用途	检测方法
20	氯菊酯	2	杀虫剂	GB/T 5009.146、SN/T 2151
21	马拉硫磷	8	杀虫剂	GB/T 5009.145、GB/T 5009.20、GB 23200.9
22	咪鲜胺和咪鲜胺锰盐	2	杀菌剂	NY/T 1456
23	灭多威	0.05	杀虫剂	SN/T 0134
24	灭线磷	0.05	杀线虫剂	NY/T 761
25	嗪氨灵	0.1	杀菌剂	SN 0695
26	三唑磷	0.05	杀虫剂	GB/T 20770、GB 23200.9
27	杀虫脒	0.01	杀虫剂	GB/T 20770
28	杀螟硫磷	5*	杀虫剂	GB/T 14553、GB/T 5009.20
29	杀扑磷	0.05	杀虫剂	NY/T 761
30	水胺硫磷	0.05	杀虫剂	GB 23200.9
31	特丁硫磷	0.01	杀虫剂	SN 0522
32	辛硫磷	0.05	杀虫剂	GB/T 5009.102、SN/T 0209
33	溴甲烷	5	熏蒸剂	无指定
34	氧乐果	0.05	杀虫剂	GB/T 20770
35	增效醚	30	增效剂	GB 23200.34
36	艾氏剂	0.02	杀虫剂	GB/T 5009.19
37	滴滴涕	0.1	杀虫剂	GB/T 5009.19
38	狄氏剂	0.02	杀虫剂	GB/T 5009.19
39	毒杀芬	0.01*	杀虫剂	YC/T 180
40	六六六	0.05	杀虫剂	GB/T 5009.19
41	灭蚁灵	0.01	杀虫剂	GB/T 5009.19
42	七氯	0.02	杀虫剂	GB/T 5009.19
43	异狄氏剂	0.01	杀虫剂	GB/T 5009.19
44	烯唑醇	0.05	杀菌剂	GB/T 20770
45	甲霜灵和精甲霜灵	0.05	杀菌剂	GB 23200.9、GB/T 20770
46	抗蚜威	0.05	杀虫剂	GB/T 20770、GB 23200.9、SN/T 0134
47	溴氰菊酯	0.5	杀虫剂	GB/T 5009.110、GB 23200.9

（续）

序号	农药中文名	最大残留限量（mg/kg）	农药主要用途	检测方法
48	三唑醇	0.2	杀菌剂	GB 23200.9、SN/T 2232
49	甲拌磷	0.02	杀虫剂	GB/T 5009.20、GB 23200.9、GB/T 14553
50	氯虫苯甲酰胺	0.02*	杀虫剂	无指定
51	三唑酮	0.2	杀菌剂	GB/T 5009.126、GB/T 20770、GB 23200.9

1.11 鲜食玉米

鲜食玉米中农药最大残留限量见表 1-11。

表 1-11 鲜食玉米中农药最大残留限量

序号	农药中文名	最大残留限量（mg/kg）	农药主要用途	检测方法
1	氯丹	0.02	杀虫剂	GB/T 5009.19
2	苯线磷	0.02	杀虫剂	GB/T 20770
3	敌敌畏	0.1	杀虫剂	SN/T 2324、GB/T 5009.20
4	地虫硫磷	0.05	杀虫剂	无指定
5	对硫磷	0.1	杀虫剂	GB/T 5009.145
6	多杀霉素	1	杀虫剂	GB/T 20769、NY/T 1379、NY/T 1453
7	氟硅唑	0.2	杀菌剂	GB 23200.9、GB/T 20770
8	甲胺磷	0.05	杀虫剂	GB/T 5009.103、GB/T 20770
9	甲基毒死蜱	5*	杀虫剂	GB 23200.9
10	甲基对硫磷	0.02	杀虫剂	GB/T 5009.20
11	甲基硫环磷	0.03*	杀虫剂	NY/T 761
12	甲基异柳磷	0.02*	杀虫剂	GB/T 5009.144
13	久效磷	0.02	杀虫剂	GB/T 5009.20
14	克百威	0.05	杀虫剂	NY/T 761
15	磷化铝	0.05	杀虫剂	GB/T 5009.36、GB/T 25222
16	硫酰氟	0.05*	杀虫剂	无指定

（续）

序号	农药中文名	最大残留限量（mg/kg）	农药主要用途	检测方法
17	硫线磷	0.02	杀虫剂	GB/T 20770
18	氯化苦	0.1	熏蒸剂	GB/T 5009.36
19	氯菊酯	2	杀虫剂	GB/T 5009.146、SN/T 2151
20	马拉硫磷	8	杀虫剂	GB/T 5009.145、GB/T 5009.20、GB 23200.9
21	咪鲜胺和咪鲜胺锰盐	2	杀菌剂	NY/T 1456
22	灭多威	0.05	杀虫剂	SN/T 0134
23	灭线磷	0.05	杀线虫剂	NY/T 761
24	嗪氨灵	0.1	杀菌剂	SN 0695
25	三唑磷	0.05	杀虫剂	GB/T 20770、GB 23200.9
26	杀虫脒	0.01	杀虫剂	GB/T 20770
27	杀螟硫磷	5*	杀虫剂	GB/T 14553、GB/T 5009.20
28	杀扑磷	0.05	杀虫剂	NY/T 761
29	水胺硫磷	0.05	杀虫剂	GB 23200.9
30	特丁硫磷	0.01	杀虫剂	SN 0522
31	辛硫磷	0.05	杀虫剂	GB/T 5009.102、SN/T 0209
32	溴甲烷	5	熏蒸剂	无指定
33	氧乐果	0.05	杀虫剂	GB/T 20770
34	增效醚	30	增效剂	GB 23200.34
35	艾氏剂	0.02	杀虫剂	GB/T 5009.19
36	滴滴涕	0.1	杀虫剂	GB/T 5009.19
37	狄氏剂	0.02	杀虫剂	GB/T 5009.19
38	毒杀芬	0.01*	杀虫剂	YC/T 180
39	六六六	0.05	杀虫剂	GB/T 5009.19
40	灭蚁灵	0.01	杀虫剂	GB/T 5009.19
41	七氯	0.02	杀虫剂	GB/T 5009.19
42	异狄氏剂	0.01	杀虫剂	GB/T 5009.19
43	2，4-滴和2，4-滴钠盐	0.1	除草剂	GB/T 5009.175
44	2，4-滴异辛酯	0.1*	除草剂	无指定
45	百菌清	5	杀菌剂	SN/T 2320

（续）

序号	农药中文名	最大残留限量（mg/kg）	农药主要用途	检测方法
46	吡虫啉	0.05	杀虫剂	SN/T 1017.8、GB/T 20770
47	丙硫克百威	0.05*	杀虫剂	无指定
48	草甘膦	1	除草剂	GB/T 23750
49	代森锰锌	1	杀菌剂	SN 0319
50	氟虫腈	0.1	杀虫剂	SN/T 1982
51	氟氰戊菊酯	0.2	杀虫剂	GB 23200.9
52	腐霉利	5	杀菌剂	GB 23200.9
53	抗蚜威	0.05	杀虫剂	GB/T 20770、GB 23200.9、SN/T 0134
54	乐果	0.5*	杀虫剂	GB/T 5009.20
55	氯氟氰菊酯和高效氯氟氰菊酯	0.2	杀虫剂	GB/T 5009.146、GB 23200.9、SN/T 2151
56	氯氰菊酯和高效氯氰菊酯	0.5	杀虫剂	GB/T 5009.110、GB 23200.9
57	马拉硫磷	0.5	杀虫剂	GB/T 5009.145、GB/T 5009.20、GB 23200.9
58	扑草净	0.02	除草剂	GB 23200.9
59	嗪草酸甲酯	0.05*	除草剂	无指定
60	氰戊菊酯和S-氰戊菊酯	0.2	杀虫剂	GB/T 5009.110
61	杀虫双	0.2	杀虫剂	GB/T 5009.114
62	双甲脒	0.5	杀螨剂	GB/T 5009.143
63	特丁津	0.1	除草剂	GB/T 20770、GB 23200.9
64	五氯硝基苯	0.1	杀菌剂	GB/T 5009.136、GB/T 5009.19
65	溴氰菊酯	0.2	杀虫剂	GB/T 5009.110、GB 23200.9
66	林丹	0.01	杀虫剂	GB/T 5009.146、GB/T 5009.19
67	甲霜灵和精甲霜灵	0.05	杀菌剂	GB 23200.9、GB/T 20770
68	三唑醇	0.2	杀菌剂	GB 23200.9、SN/T 2232
69	甲拌磷	0.02	杀虫剂	GB/T 5009.20、GB 23200.9、GB/T 14553
70	氯虫苯甲酰胺	0.02*	杀虫剂	无指定
71	三唑酮	0.2	杀菌剂	GB/T 5009.126、GB/T 20770、GB 23200.9

1.12 绿豆

绿豆中农药最大残留限量见表 1-12。

表 1-12 绿豆中农药最大残留限量

序号	农药中文名	最大残留限量（mg/kg）	农药主要用途	检测方法
1	氯丹	0.02	杀虫剂	GB/T 5009.19
2	氯氰菊酯和高效氯氰菊酯	0.3	杀虫剂	GB/T 5009.110、GB 23200.9
3	百草枯	0.5*	除草剂	无指定
4	苯线磷	0.02	杀虫剂	GB/T 20770
5	丙硫菌唑	1*	杀菌剂	无指定
6	敌敌畏	0.1	杀虫剂	SN/T 2324、GB/T 5009.20
7	地虫硫磷	0.05	杀虫剂	无指定
8	对硫磷	0.1	杀虫剂	GB/T 5009.145
9	多菌灵	0.5	杀菌剂	GB/T 20770
10	氟酰脲	0.1	杀虫剂	GB 23200.34
11	甲胺磷	0.05	杀虫剂	GB/T 5009.103、GB/T 20770
12	甲拌磷	0.05	杀虫剂	GB/T 5009.20、GB 23200.9、GB/T 14553
13	甲基毒死蜱	5*	杀虫剂	GB 23200.9
14	甲基对硫磷	0.02	杀虫剂	GB/T 5009.20
15	甲基硫环磷	0.03*	杀虫剂	NY/T 761
16	甲基异柳磷	0.02*	杀虫剂	GB/T 5009.144
17	精二甲吩草胺	0.01	除草剂	GB 23200.9、GB/T 20770
18	久效磷	0.02	杀虫剂	GB/T 5009.20
19	抗蚜威	0.2	杀虫剂	GB/T 20770、GB 23200.9、SN/T 0134
20	克百威	0.05	杀虫剂	NY/T 761
21	联苯肼酯	0.3	杀螨剂	GB 23200.34
22	联苯菊酯	0.3	杀虫/杀螨剂	SN/T 2151
23	磷化铝	0.05	杀虫剂	GB/T 5009.36、GB/T 25222
24	硫线磷	0.02	杀虫剂	GB/T 20770
25	螺虫乙酯	2*	杀虫剂	无指定

（续）

序号	农药中文名	最大残留限量（mg/kg）	农药主要用途	检测方法
26	氯化苦	0.1	熏蒸剂	GB/T 5009.36
27	氯菊酯	2	杀虫剂	GB/T 5009.146、SN/T 2151
28	氯氰菊酯和高效氯氰菊酯	0.05	杀虫剂	GB/T 5009.110、GB 23200.9
29	马拉硫磷	8	杀虫剂	GB/T 5009.145、GB/T 5009.20、GB 23200.9
30	醚菊酯	0.05	杀虫剂	GB 23200.9、SN/T 2151
31	灭草松	0.05	除草剂	SN/T 0292
32	灭多威	0.2	杀虫剂	SN/T 0134
33	灭线磷	0.05	杀线虫剂	NY/T 761
34	杀虫脒	0.01	杀虫剂	GB/T 20770
35	杀螟硫磷	5*	杀虫剂	GB/T 14553、GB/T 5009.20
36	杀扑磷	0.05	杀虫剂	NY/T 761
37	水胺硫磷	0.05	杀虫剂	GB 23200.9
38	特丁硫磷	0.01	杀虫剂	SN 0522
39	戊唑醇	0.3	杀菌剂	GB/T 20770
40	烯草酮	2	除草剂	GB 23200.9、GB/T 20770
41	辛硫磷	0.05	杀虫剂	GB/T 5009.102、SN/T 0209
42	溴甲烷	5	熏蒸剂	无指定
43	亚砜磷	0.1	杀虫剂	GB/T 5009.131
44	氧乐果	0.05	杀虫剂	GB/T 20770
45	增效醚	0.2	增效剂	GB 23200.34
46	艾氏剂	0.02	杀虫剂	GB/T 5009.19
47	滴滴涕	0.05	杀虫剂	GB/T 5009.19
48	狄氏剂	0.02	杀虫剂	GB/T 5009.19
49	毒杀芬	0.01*	杀虫剂	YC/T 180
50	六六六	0.05	杀虫剂	GB/T 5009.19
51	灭蚁灵	0.01	杀虫剂	GB/T 5009.19
52	七氯	0.02	杀虫剂	GB/T 5009.19
53	异狄氏剂	0.01	杀虫剂	GB/T 5009.19
54	百菌清	0.2	杀菌剂	SN/T 2320

（续）

序号	农药中文名	最大残留限量 （mg/kg）	农药 主要用途	检测方法
55	氟氰戊菊酯	0.05	杀虫剂	GB 23200.9
56	溴氰菊酯	0.5	杀虫剂	GB/T 5009.110、GB 23200.9
57	五氯硝基苯	0.02	杀菌剂	GB/T 5009.136、GB/T 5009.19

1.13 豌豆

豌豆中农药最大残留限量见表 1-13。

表 1-13 豌豆中农药最大残留限量

序号	农药中文名	最大残留限量 （mg/kg）	农药 主要用途	检测方法
1	氯丹	0.02	杀虫剂	GB/T 5009.19
2	氯氰菊酯和高效氯氰菊酯	0.3	杀虫剂	GB/T 5009.110、GB 23200.9
3	百草枯	0.5*	除草剂	无指定
4	苯线磷	0.02	杀虫剂	GB/T 20770
5	丙硫菌唑	1*	杀菌剂	无指定
6	敌敌畏	0.1	杀虫剂	SN/T 2324、GB/T 5009.20
7	地虫硫磷	0.05	杀虫剂	无指定
8	对硫磷	0.1	杀虫剂	GB/T 5009.145
9	多菌灵	0.5	杀菌剂	GB/T 20770
10	氟酰脲	0.1	杀虫剂	GB 23200.34
11	甲胺磷	0.05	杀虫剂	GB/T 5009.103、GB/T 20770
12	甲拌磷	0.05	杀虫剂	GB/T 5009.20、GB 23200.9、 GB/T 14553
13	甲基毒死蜱	5*	杀虫剂	GB 23200.9
14	甲基对硫磷	0.02	杀虫剂	GB/T 5009.20
15	甲基硫环磷	0.03*	杀虫剂	NY/T 761
16	甲基异柳磷	0.02*	杀虫剂	GB/T 5009.144
17	精二甲吩草胺	0.01	除草剂	GB 23200.9、GB/T 20770
18	久效磷	0.02	杀虫剂	GB/T 5009.20
19	抗蚜威	0.2	杀虫剂	GB/T 20770、GB 23200.9、 SN/T 0134

（续）

序号	农药中文名	最大残留限量（mg/kg）	农药主要用途	检测方法
20	克百威	0.05	杀虫剂	NY/T 761
21	联苯肼酯	0.3	杀螨剂	GB 23200.34
22	联苯菊酯	0.3	杀虫/杀螨剂	SN/T 2151
23	磷化铝	0.05	杀虫剂	GB/T 5009.36、GB/T 25222
24	硫线磷	0.02	杀虫剂	GB/T 20770
25	螺虫乙酯	2*	杀虫剂	无指定
26	氯化苦	0.1	熏蒸剂	GB/T 5009.36
27	氯菊酯	2	杀虫剂	GB/T 5009.146、SN/T 2151
28	氯氰菊酯和高效氯氰菊酯	0.05	杀虫剂	GB/T 5009.110、GB 23200.9
29	马拉硫磷	8	杀虫剂	GB/T 5009.145、GB/T 5009.20、GB 23200.9
30	醚菊酯	0.05	杀虫剂	GB 23200.9、SN/T 2151
31	灭草松	0.05	除草剂	SN/T 0292
32	灭多威	0.2	杀虫剂	SN/T 0134
33	灭线磷	0.05	杀线虫剂	NY/T 761
34	杀虫脒	0.01	杀虫剂	GB/T 20770
35	杀螟硫磷	5*	杀虫剂	GB/T 14553、GB/T 5009.20
36	杀扑磷	0.05	杀虫剂	NY/T 761
37	水胺硫磷	0.05	杀虫剂	GB 23200.9
38	特丁硫磷	0.01	杀虫剂	SN 0522
39	戊唑醇	0.3	杀菌剂	GB/T 20770
40	烯草酮	2	除草剂	GB 23200.9、GB/T 20770
41	辛硫磷	0.05	杀虫剂	GB/T 5009.102、SN/T 0209
42	溴甲烷	5	熏蒸剂	无指定
43	亚砜磷	0.1	杀虫剂	GB/T 5009.131
44	氧乐果	0.05	杀虫剂	GB/T 20770
45	增效醚	0.2	增效剂	GB 23200.34
46	艾氏剂	0.02	杀虫剂	GB/T 5009.19
47	滴滴涕	0.05	杀虫剂	GB/T 5009.19
48	狄氏剂	0.02	杀虫剂	GB/T 5009.19

（续）

序号	农药中文名	最大残留限量（mg/kg）	农药主要用途	检测方法
49	毒杀芬	0.01*	杀虫剂	YC/T 180
50	六六六	0.05	杀虫剂	GB/T 5009.19
51	灭蚁灵	0.01	杀虫剂	GB/T 5009.19
52	七氯	0.02	杀虫剂	GB/T 5009.19
53	异狄氏剂	0.01	杀虫剂	GB/T 5009.19
54	氟吡禾灵	0.2	除草剂	GB/T 20769
55	甲硫威	0.1	杀软体动物剂	SN/T 2560
56	嘧霉胺	0.5	杀菌剂	GB 23200.9、GB/T 20769
57	五氯硝基苯	0.01	杀菌剂	GB/T 5009.136、GB/T 5009.19
58	溴氰菊酯	1	杀虫剂	GB/T 5009.110、GB 23200.9

1.14 赤豆

赤豆中农药最大残留限量见表 1-14。

表 1-14 赤豆中农药最大残留限量

序号	农药中文名	最大残留限量（mg/kg）	农药主要用途	检测方法
1	氯丹	0.02	杀虫剂	GB/T 5009.19
2	氯氰菊酯和高效氯氰菊酯	0.3	杀虫剂	GB/T 5009.110、GB 23200.9
3	百草枯	0.5*	除草剂	无指定
4	苯线磷	0.02	杀虫剂	GB/T 20770
5	丙硫菌唑	1*	杀菌剂	无指定
6	敌敌畏	0.1	杀虫剂	SN/T 2324、GB/T 5009.20
7	地虫硫磷	0.05	杀虫剂	无指定
8	对硫磷	0.1	杀虫剂	GB/T 5009.145
9	多菌灵	0.5	杀菌剂	GB/T 20770
10	氟酰脲	0.1	杀虫剂	GB 23200.34
11	甲胺磷	0.05	杀虫剂	GB/T 5009.103、GB/T 20770
12	甲拌磷	0.05	杀虫剂	GB/T 5009.20、GB 23200.9、GB/T 14553

（续）

序号	农药中文名	最大残留限量（mg/kg）	农药主要用途	检测方法
13	甲基毒死蜱	5*	杀虫剂	GB 23200.9
14	甲基对硫磷	0.02	杀虫剂	GB/T 5009.20
15	甲基硫环磷	0.03*	杀虫剂	NY/T 761
16	甲基异柳磷	0.02*	杀虫剂	GB/T 5009.144
17	精二甲吩草胺	0.01	除草剂	GB 23200.9、GB/T 20770
18	久效磷	0.02	杀虫剂	GB/T 5009.20
19	抗蚜威	0.2	杀虫剂	GB/T 20770、GB 23200.9、SN/T 0134
20	克百威	0.05	杀虫剂	NY/T 761
21	联苯肼酯	0.3	杀螨剂	GB 23200.34
22	联苯菊酯	0.3	杀虫/杀螨剂	SN/T 2151
23	磷化铝	0.05	杀虫剂	GB/T 5009.36、GB/T 25222
24	硫线磷	0.02	杀虫剂	GB/T 20770
25	螺虫乙酯	2*	杀虫剂	无指定
26	氯化苦	0.1	熏蒸剂	GB/T 5009.36
27	氯菊酯	2	杀虫剂	GB/T 5009.146、SN/T 2151
28	氯氰菊酯和高效氯氰菊酯	0.05	杀虫剂	GB/T 5009.110、GB 23200.9
29	马拉硫磷	8	杀虫剂	GB/T 5009.145、GB/T 5009.20、GB 23200.9
30	醚菊酯	0.05	杀虫剂	GB 23200.9、SN/T 2151
31	灭草松	0.05	除草剂	SN/T 0292
32	灭多威	0.2	杀虫剂	SN/T 0134
33	灭线磷	0.05	杀线虫剂	NY/T 761
34	杀虫脒	0.01	杀虫剂	GB/T 20770
35	杀螟硫磷	5*	杀虫剂	GB/T 14553、GB/T 5009.20
36	杀扑磷	0.05	杀虫剂	NY/T 761
37	水胺硫磷	0.05	杀虫剂	GB 23200.9
38	特丁硫磷	0.01	杀虫剂	SN 0522
39	戊唑醇	0.3	杀菌剂	GB/T 20770
40	烯草酮	2	除草剂	GB 23200.9、GB/T 20770

（续）

序号	农药中文名	最大残留限量 （mg/kg）	农药 主要用途	检测方法
41	辛硫磷	0.05	杀虫剂	GB/T 5009.102、SN/T 0209
42	溴甲烷	5	熏蒸剂	无指定
43	亚砜磷	0.1	杀虫剂	GB/T 5009.131
44	氧乐果	0.05	杀虫剂	GB/T 20770
45	增效醚	0.2	增效剂	GB 23200.34
46	艾氏剂	0.02	杀虫剂	GB/T 5009.19
47	滴滴涕	0.05	杀虫剂	GB/T 5009.19
48	狄氏剂	0.02	杀虫剂	GB/T 5009.19
49	毒杀芬	0.01*	杀虫剂	YC/T 180
50	六六六	0.05	杀虫剂	GB/T 5009.19
51	灭蚁灵	0.01	杀虫剂	GB/T 5009.19
52	七氯	0.02	杀虫剂	GB/T 5009.19
53	异狄氏剂	0.01	杀虫剂	GB/T 5009.19
54	百菌清	0.2	杀菌剂	SN/T 2320
55	氟氰戊菊酯	0.05	杀虫剂	GB 23200.9
56	溴氰菊酯	0.5	杀虫剂	GB/T 5009.110、GB 23200.9
57	五氯硝基苯	0.02	杀菌剂	GB/T 5009.136、GB/T 5009.19

1.15 小扁豆

小扁豆中农药最大残留限量见表 1-15。

表 1-15 小扁豆中农药最大残留限量

序号	农药中文名	最大残留限量 （mg/kg）	农药 主要用途	检测方法
1	氯丹	0.02	杀虫剂	GB/T 5009.19
2	氯氰菊酯和高效氯氰菊酯	0.3	杀虫剂	GB/T 5009.110、GB 23200.9
3	百草枯	0.5*	除草剂	无指定
4	苯线磷	0.02	杀虫剂	GB/T 20770
5	丙硫菌唑	1*	杀菌剂	无指定

（续）

序号	农药中文名	最大残留限量（mg/kg）	农药主要用途	检测方法
6	敌敌畏	0.1	杀虫剂	SN/T 2324、GB/T 5009.20
7	地虫硫磷	0.05	杀虫剂	无指定
8	对硫磷	0.1	杀虫剂	GB/T 5009.145
9	多菌灵	0.5	杀菌剂	GB/T 20770
10	氟酰脲	0.1	杀虫剂	GB 23200.34
11	甲胺磷	0.05	杀虫剂	GB/T 5009.103、GB/T 20770
12	甲拌磷	0.05	杀虫剂	GB/T 5009.20、GB 23200.9、GB/T 14553
13	甲基毒死蜱	5*	杀虫剂	GB 23200.9
14	甲基对硫磷	0.02	杀虫剂	GB/T 5009.20
15	甲基硫环磷	0.03*	杀虫剂	NY/T 761
16	甲基异柳磷	0.02*	杀虫剂	GB/T 5009.144
17	精二甲吩草胺	0.01	除草剂	GB 23200.9、GB/T 20770
18	久效磷	0.02	杀虫剂	GB/T 5009.20
19	抗蚜威	0.2	杀虫剂	GB/T 20770、GB 23200.9、SN/T 0134
20	克百威	0.05	杀虫剂	NY/T 761
21	联苯肼酯	0.3	杀螨剂	GB 23200.34
22	联苯菊酯	0.3	杀虫/杀螨剂	SN/T 2151
23	磷化铝	0.05	杀虫剂	GB/T 5009.36、GB/T 25222
24	硫线磷	0.02	杀虫剂	GB/T 20770
25	螺虫乙酯	2*	杀虫剂	无指定
26	氯化苦	0.1	熏蒸剂	GB/T 5009.36
27	氯菊酯	2	杀虫剂	GB/T 5009.146、SN/T 2151
28	氯氰菊酯和高效氯氰菊酯	0.05	杀虫剂	GB/T 5009.110、GB 23200.9
29	马拉硫磷	8	杀虫剂	GB/T 5009.145、GB/T 5009.20、GB 23200.9
30	醚菊酯	0.05	杀虫剂	GB 23200.9、SN/T 2151
31	灭草松	0.05	除草剂	SN/T 0292
32	灭多威	0.2	杀虫剂	SN/T 0134
33	灭线磷	0.05	杀线虫剂	NY/T 761

（续）

序号	农药中文名	最大残留限量（mg/kg）	农药主要用途	检测方法
34	杀虫脒	0.01	杀虫剂	GB/T 20770
35	杀螟硫磷	5*	杀虫剂	GB/T 14553、GB/T 5009.20
36	杀扑磷	0.05	杀虫剂	NY/T 761
37	水胺硫磷	0.05	杀虫剂	GB 23200.9
38	特丁硫磷	0.01	杀虫剂	SN 0522
39	戊唑醇	0.3	杀菌剂	GB/T 20770
40	烯草酮	2	除草剂	GB 23200.9、GB/T 20770
41	辛硫磷	0.05	杀虫剂	GB/T 5009.102、SN/T 0209
42	溴甲烷	5	熏蒸剂	无指定
43	亚砜磷	0.1	杀虫剂	GB/T 5009.131
44	氧乐果	0.05	杀虫剂	GB/T 20770
45	增效醚	0.2	增效剂	GB 23200.34
46	艾氏剂	0.02	杀虫剂	GB/T 5009.19
47	滴滴涕	0.05	杀虫剂	GB/T 5009.19
48	狄氏剂	0.02	杀虫剂	GB/T 5009.19
49	毒杀芬	0.01*	杀虫剂	YC/T 180
50	六六六	0.05	杀虫剂	GB/T 5009.19
51	灭蚁灵	0.01	杀虫剂	GB/T 5009.19
52	七氯	0.02	杀虫剂	GB/T 5009.19
53	异狄氏剂	0.01	杀虫剂	GB/T 5009.19
54	溴氰菊酯	1	杀虫剂	GB/T 5009.110、GB 23200.9
55	五氯硝基苯	0.02	杀菌剂	GB/T 5009.136、GB/T 5009.19

1.16 鹰嘴豆

鹰嘴豆中农药最大残留限量见表 1-16。

表 1-16 鹰嘴豆中农药最大残留限量

序号	农药中文名	最大残留限量（mg/kg）	农药主要用途	检测方法
1	氯丹	0.02	杀虫剂	GB/T 5009.19
2	氯氰菊酯和高效氯氰菊酯	0.3	杀虫剂	GB/T 5009.110、GB 23200.9

（续）

序号	农药中文名	最大残留限量 （mg/kg）	农药 主要用途	检测方法
3	百草枯	0.5*	除草剂	无指定
4	苯线磷	0.02	杀虫剂	GB/T 20770
5	丙硫菌唑	1*	杀菌剂	无指定
6	敌敌畏	0.1	杀虫剂	SN/T 2324、GB/T 5009.20
7	地虫硫磷	0.05	杀虫剂	无指定
8	对硫磷	0.1	杀虫剂	GB/T 5009.145
9	多菌灵	0.5	杀菌剂	GB/T 20770
10	氟酰脲	0.1	杀虫剂	GB 23200.34
11	甲胺磷	0.05	杀虫剂	GB/T 5009.103、GB/T 20770
12	甲拌磷	0.05	杀虫剂	GB/T 5009.20、GB 23200.9、GB/T 14553
13	甲基毒死蜱	5*	杀虫剂	GB 23200.9
14	甲基对硫磷	0.02	杀虫剂	GB/T 5009.20
15	甲基硫环磷	0.03*	杀虫剂	NY/T 761
16	甲基异柳磷	0.02*	杀虫剂	GB/T 5009.144
17	精二甲吩草胺	0.01	除草剂	GB 23200.9、GB/T 20770
18	久效磷	0.02	杀虫剂	GB/T 5009.20
19	抗蚜威	0.2	杀虫剂	GB/T 20770、GB 23200.9、SN/T 0134
20	克百威	0.05	杀虫剂	NY/T 761
21	联苯肼酯	0.3	杀螨剂	GB 23200.34
22	联苯菊酯	0.3	杀虫/杀螨剂	SN/T 2151
23	磷化铝	0.05	杀虫剂	GB/T 5009.36、GB/T 25222
24	硫线磷	0.02	杀虫剂	GB/T 20770
25	螺虫乙酯	2*	杀虫剂	无指定
26	氯化苦	0.1	熏蒸剂	GB/T 5009.36
27	氯菊酯	2	杀虫剂	GB/T 5009.146、SN/T 2151
28	氯氰菊酯和高效氯氰菊酯	0.05	杀虫剂	GB/T 5009.110、GB 23200.9
29	马拉硫磷	8	杀虫剂	GB/T 5009.145、GB/T 5009.20、GB 23200.9

（续）

序号	农药中文名	最大残留限量（mg/kg）	农药主要用途	检测方法
30	醚菊酯	0.05	杀虫剂	GB 23200.9、SN/T 2151
31	灭草松	0.05	除草剂	SN/T 0292
32	灭多威	0.2	杀虫剂	SN/T 0134
33	灭线磷	0.05	杀线虫剂	NY/T 761
34	杀虫脒	0.01	杀虫剂	GB/T 20770
35	杀螟硫磷	5*	杀虫剂	GB/T 14553、GB/T 5009.20
36	杀扑磷	0.05	杀虫剂	NY/T 761
37	水胺硫磷	0.05	杀虫剂	GB 23200.9
38	特丁硫磷	0.01	杀虫剂	SN 0522
39	戊唑醇	0.3	杀菌剂	GB/T 20770
40	烯草酮	2	除草剂	GB 23200.9、GB/T 20770
41	辛硫磷	0.05	杀虫剂	GB/T 5009.102、SN/T 0209
42	溴甲烷	5	熏蒸剂	无指定
43	亚砜磷	0.1	杀虫剂	GB/T 5009.131
44	氧乐果	0.05	杀虫剂	GB/T 20770
45	增效醚	0.2	增效剂	GB 23200.34
46	艾氏剂	0.02	杀虫剂	GB/T 5009.19
47	滴滴涕	0.05	杀虫剂	GB/T 5009.19
48	狄氏剂	0.02	杀虫剂	GB/T 5009.19
49	毒杀芬	0.01*	杀虫剂	YC/T 180
50	六六六	0.05	杀虫剂	GB/T 5009.19
51	灭蚁灵	0.01	杀虫剂	GB/T 5009.19
52	七氯	0.02	杀虫剂	GB/T 5009.19
53	异狄氏剂	0.01	杀虫剂	GB/T 5009.19
54	氟吡禾灵	0.05	除草剂	GB/T 20769
55	溴氰菊酯	0.5	杀虫剂	GB/T 5009.110、GB 23200.9
56	五氯硝基苯	0.02	杀菌剂	GB/T 5009.136、GB/T 5009.19

1.17　小麦粉

小麦粉中农药最大残留限量见表 1-17。

表 1-17　小麦粉中农药最大残留限量

序号	农药中文名	最大残留限量（mg/kg）	农药主要用途	检测方法
1	氯丹	0.02	杀虫剂	GB/T 5009.19
2	氯氰菊酯和高效氯氰菊酯	0.3	杀虫剂	GB/T 5009.110、GB 23200.9
3	甲基毒死蜱	5*	杀虫剂	GB 23200.9
4	磷化铝	0.05	杀虫剂	GB/T 5009.36、GB/T 25222
5	溴甲烷	5	熏蒸剂	无指定
6	艾氏剂	0.02	杀虫剂	GB/T 5009.19
7	滴滴涕	0.05	杀虫剂	GB/T 5009.19
8	狄氏剂	0.02	杀虫剂	GB/T 5009.19
9	六六六	0.05	杀虫剂	GB/T 5009.19
10	七氯	0.02	杀虫剂	GB/T 5009.19
11	百草枯	0.5*	除草剂	无指定
12	草甘膦	0.5	除草剂	GB/T 23750
13	敌草快	0.5	除草剂	GB/T 5009.221
14	甲基嘧啶磷	2	杀虫剂	GB/T 5009.145
15	硫酰氟	0.1*	杀虫剂	无指定
16	氯菊酯	0.5	杀虫剂	GB/T 5009.146、SN/T 2151
17	氰戊菊酯和 S-氰戊菊酯	0.2	杀虫剂	GB/T 5009.110
18	杀螟硫磷	1*	杀虫剂	GB/T 14553、GB/T 5009.20
19	生物苄呋菊酯	1	杀虫剂	SN/T 2151、GB/T 20770
20	溴氰菊酯	0.2	杀虫剂	GB/T 5009.110、GB 23200.9
21	增效醚	10	增效剂	GB 23200.34

1.18　全麦粉

全麦粉中农药最大残留限量见表 1-18。

表 1-18 全麦粉中农药最大残留限量

序号	农药中文名	最大残留限量（mg/kg）	农药主要用途	检测方法
1	氯丹	0.02	杀虫剂	GB/T 5009.19
2	氯氰菊酯和高效氯氰菊酯	0.3	杀虫剂	GB/T 5009.110、GB 23200.9
3	甲基毒死蜱	5*	杀虫剂	GB 23200.9
4	磷化铝	0.05	杀虫剂	GB/T 5009.36、GB/T 25222
5	溴甲烷	5	熏蒸剂	无指定
6	艾氏剂	0.02	杀虫剂	GB/T 5009.19
7	滴滴涕	0.05	杀虫剂	GB/T 5009.19
8	狄氏剂	0.02	杀虫剂	GB/T 5009.19
9	六六六	0.05	杀虫剂	GB/T 5009.19
10	七氯	0.02	杀虫剂	GB/T 5009.19
11	草甘膦	5	除草剂	GB/T 23750
12	敌草快	2	除草剂	GB/T 5009.221
13	甲基嘧啶磷	5	杀虫剂	GB/T 5009.145
14	硫酰氟	0.1*	杀虫剂	无指定
15	氰戊菊酯和S-氰戊菊酯	2	杀虫剂	GB/T 5009.110
16	杀螟硫磷	5*	杀虫剂	GB/T 14553、GB/T 5009.20
17	生物苄呋菊酯	1	杀虫剂	SN/T 2151、GB/T 20770
18	增效醚	30	增效剂	GB 23200.34
19	溴氰菊酯	0.5	杀虫剂	GB/T 5009.110、GB 23200.9

1.19 玉米糁

玉米糁中农药最大残留限量见表 1-19。

表 1-19 玉米糁中农药最大残留限量

序号	农药中文名	最大残留限量（mg/kg）	农药主要用途	检测方法
1	氯丹	0.02	杀虫剂	GB/T 5009.19
2	氯氰菊酯和高效氯氰菊酯	0.3	杀虫剂	GB/T 5009.110、GB 23200.9
3	甲基毒死蜱	5*	杀虫剂	GB 23200.9
4	磷化铝	0.05	杀虫剂	GB/T 5009.36、GB/T 25222

（续）

序号	农药中文名	最大残留限量（mg/kg）	农药主要用途	检测方法
5	溴甲烷	5	熏蒸剂	无指定
6	艾氏剂	0.02	杀虫剂	GB/T 5009.19
7	滴滴涕	0.05	杀虫剂	GB/T 5009.19
8	狄氏剂	0.02	杀虫剂	GB/T 5009.19
9	六六六	0.05	杀虫剂	GB/T 5009.19
10	七氯	0.02	杀虫剂	GB/T 5009.19
11	硫酰氟	0.1*	杀虫剂	无指定
12	溴氰菊酯	0.5	杀虫剂	GB/T 5009.110、GB 23200.9

1.20 玉米粉

玉米粉中农药最大残留限量见表 1-20。

表 1-20 玉米粉中农药最大残留限量

序号	农药中文名	最大残留限量（mg/kg）	农药主要用途	检测方法
1	氯丹	0.02	杀虫剂	GB/T 5009.19
2	氯氰菊酯和高效氯氰菊酯	0.3	杀虫剂	GB/T 5009.110、GB 23200.9
3	甲基毒死蜱	5*	杀虫剂	GB 23200.9
4	磷化铝	0.05	杀虫剂	GB/T 5009.36、GB/T 25222
5	溴甲烷	5	熏蒸剂	无指定
6	艾氏剂	0.02	杀虫剂	GB/T 5009.19
7	滴滴涕	0.05	杀虫剂	GB/T 5009.19
8	狄氏剂	0.02	杀虫剂	GB/T 5009.19
9	六六六	0.05	杀虫剂	GB/T 5009.19
10	七氯	0.02	杀虫剂	GB/T 5009.19
11	硫酰氟	0.1*	杀虫剂	无指定
12	溴氰菊酯	0.5	杀虫剂	GB/T 5009.110、GB 23200.9

1.21 黑麦粉

黑麦粉中农药最大残留限量见表 1-21。

表 1 - 21   黑麦粉中农药最大残留限量

序号	农药中文名	最大残留限量（mg/kg）	农药主要用途	检测方法
1	氯丹	0.02	杀虫剂	GB/T 5009.19
2	氯氰菊酯和高效氯氰菊酯	0.3	杀虫剂	GB/T 5009.110、GB 23200.9
3	甲基毒死蜱	5*	杀虫剂	GB 23200.9
4	磷化铝	0.05	杀虫剂	GB/T 5009.36、GB/T 25222
5	溴甲烷	5	熏蒸剂	无指定
6	艾氏剂	0.02	杀虫剂	GB/T 5009.19
7	滴滴涕	0.05	杀虫剂	GB/T 5009.19
8	狄氏剂	0.02	杀虫剂	GB/T 5009.19
9	六六六	0.05	杀虫剂	GB/T 5009.19
10	七氯	0.02	杀虫剂	GB/T 5009.19
11	矮壮素	3	植物生长调节剂	GB/T 5009.219
12	硫酰氟	0.1*	杀虫剂	无指定
13	溴氰菊酯	0.5	杀虫剂	GB/T 5009.110、GB 23200.9

1.22   黑麦全粉

黑麦全粉中农药最大残留限量见表 1 - 22。

表 1 - 22   黑麦全粉中农药最大残留限量

序号	农药中文名	最大残留限量（mg/kg）	农药主要用途	检测方法
1	氯丹	0.02	杀虫剂	GB/T 5009.19
2	氯氰菊酯和高效氯氰菊酯	0.3	杀虫剂	GB/T 5009.110、GB 23200.9
3	甲基毒死蜱	5*	杀虫剂	GB 23200.9
4	磷化铝	0.05	杀虫剂	GB/T 5009.36、GB/T 25222
5	溴甲烷	5	熏蒸剂	无指定
6	艾氏剂	0.02	杀虫剂	GB/T 5009.19
7	滴滴涕	0.05	杀虫剂	GB/T 5009.19
8	狄氏剂	0.02	杀虫剂	GB/T 5009.19
9	六六六	0.05	杀虫剂	GB/T 5009.19
10	七氯	0.02	杀虫剂	GB/T 5009.19

（续）

序号	农药中文名	最大残留限量 （mg/kg）	农药 主要用途	检测方法
11	矮壮素	4	植物生长调节剂	GB/T 5009.219
12	硫酰氟	0.1*	杀虫剂	无指定
13	溴氰菊酯	0.5	杀虫剂	GB/T 5009.110、GB 23200.9

1.23　大米

大米中农药最大残留限量见表 1-23。

表 1-23　大米中农药最大残留限量

序号	农药中文名	最大残留限量 （mg/kg）	农药 主要用途	检测方法
1	氯丹	0.02	杀虫剂	GB/T 5009.19
2	氯氰菊酯和高效氯氰菊酯	0.3	杀虫剂	GB/T 5009.110、GB 23200.9
3	甲基毒死蜱	5*	杀虫剂	GB 23200.9
4	磷化铝	0.05	杀虫剂	GB/T 5009.36、GB/T 25222
5	溴甲烷	5	熏蒸剂	无指定
6	艾氏剂	0.02	杀虫剂	GB/T 5009.19
7	滴滴涕	0.05	杀虫剂	GB/T 5009.19
8	狄氏剂	0.02	杀虫剂	GB/T 5009.19
9	六六六	0.05	杀虫剂	GB/T 5009.19
10	七氯	0.02	杀虫剂	GB/T 5009.19
11	苄嘧磺隆	0.05	除草剂	SN/T 2212、SN/T 2325
12	丙草胺	0.1	除草剂	GB 23200.24
13	丙硫克百威	0.2*	杀虫剂	无指定
14	稻丰散	0.05	杀虫剂	GB/T 5009.20
15	稻瘟灵	1	杀菌剂	GB/T 5009.155
16	敌稗	2	除草剂	GB/T 5009.177
17	敌瘟磷	0.1	杀菌剂	GB/T 20770、SN/T 2324
18	丁草胺	0.5	除草剂	GB/T 5009.164、GB 23200.9、GB/T 20770
19	多菌灵	2	杀菌剂	GB/T 20770

（续）

序号	农药中文名	最大残留限量 （mg/kg）	农药 主要用途	检测方法
20	氟酰胺	1	杀菌剂	GB 23200.9
21	禾草敌	0.1	除草剂	GB/T 5009.134
22	甲基嘧啶磷	1	杀虫剂	GB/T 5009.145
23	甲萘威	1	杀虫剂	GB/T 5009.21
24	喹硫磷	0.2*	杀虫剂	GB/T 5009.2
25	硫酰氟	0.1*	杀虫剂	无指定
26	马拉硫磷	0.1	杀虫剂	GB/T 5009.145、GB/T 5009.20、 GB 23200.9
27	杀虫环	0.2	杀虫剂	GB/T 5009.113
28	杀虫双	0.2	杀虫剂	GB/T 5009.114
29	杀螟丹	0.1	杀虫剂	GB/T 20770
30	杀螟硫磷	1*	杀虫剂	GB/T 14553、GB/T 5009.20
31	异丙威	0.2	杀虫剂	GB/T 5009.104
32	溴氰菊酯	0.5	杀虫剂	GB/T 5009.110、GB 23200.9

1.24 糙米

糙米中农药最大残留限量见表1-24。

表1-24 糙米中农药最大残留限量

序号	农药中文名	最大残留限量 （mg/kg）	农药 主要用途	检测方法
1	氯丹	0.02	杀虫剂	GB/T 5009.19
2	氯氰菊酯和高效氯氰菊酯	0.3	杀虫剂	GB/T 5009.110、GB 23200.9
3	甲基毒死蜱	5*	杀虫剂	GB 23200.9
4	磷化铝	0.05	杀虫剂	GB/T 5009.36、GB/T 25222
5	溴甲烷	5	熏蒸剂	无指定
6	艾氏剂	0.02	杀虫剂	GB/T 5009.19
7	滴滴涕	0.05	杀虫剂	GB/T 5009.19
8	狄氏剂	0.02	杀虫剂	GB/T 5009.19
9	六六六	0.05	杀虫剂	GB/T 5009.19

（续）

序号	农药中文名	最大残留限量（mg/kg）	农药主要用途	检测方法
10	七氯	0.02	杀虫剂	GB/T 5009.19
11	2甲4氯（钠）	0.05	除草剂	无指定
12	阿维菌素	0.02	杀虫剂	GB 23200.20
13	苯醚甲环唑	0.5	杀菌剂	GB 23200.9
14	苯噻酰草胺	0.05*	除草剂	GB 23200.9、GB/T 20770、SN/T 23200.24
15	苯线磷	0.02	杀虫剂	GB/T 20770
16	吡虫啉	0.05	杀虫剂	SN/T 1017.8、GB/T 20770
17	吡嘧磺隆	0.1	除草剂	SN/T 2325
18	吡蚜酮	0.2	杀虫剂	GB/T 20770
19	苄嘧磺隆	0.05	除草剂	SN/T 2212、SN/T 2325
20	丙环唑	0.1	杀菌剂	GB/T 20770、GB 23200.9
21	丙硫多菌灵	0.1*	杀菌剂	无指定
22	丙硫克百威	0.2*	杀菌剂	无指定
23	丙炔噁草酮	0.02*	除草剂	无指定
24	丙森锌	1	杀菌剂	SN 0139
25	丙溴磷	0.02	杀虫剂	GB/T 20770、SN/T 2234
26	虫酰肼	2	杀虫剂	GB/T 20769
27	春雷霉素	0.1*	杀菌剂	无指定
28	稻丰散	0.2	杀虫剂	GB/T 5009.20
29	稻瘟酰胺	1	杀菌剂	GB 23200.9、GB/T 20770
30	敌百虫	0.1	杀虫剂	GB/T 20770
31	敌敌畏	0.2	杀虫剂	SN/T 2324、GB/T 5009.20
32	敌磺钠	0.5*	杀菌剂	无指定
33	敌瘟磷	0.2	杀菌剂	GB/T 20770、SN/T 2324
34	丁虫腈	0.02*	杀虫剂	无指定
35	丁硫克百威	0.5	杀虫剂	SN/T 2149
36	丁香菌酯	0.2*	杀菌剂	无指定
37	啶虫脒	0.5	杀虫剂	GB/T 20770
38	毒草胺	0.05	除草剂	GB 23200.34

（续）

序号	农药中文名	最大残留限量（mg/kg）	农药主要用途	检测方法
39	噁草酮	0.05	除草剂	GB/T 5009.180
40	噁霉灵	0.1*	杀菌剂	无指定
41	噁嗪草酮	0.05	除草剂	GB 23200.34
42	噁唑酰草胺	0.05*	除草剂	无指定
43	二甲戊灵	0.1	除草剂	GB 23200.24、GB 23200.9
44	二氯喹啉酸	1	除草剂	GB 23200.43
45	呋虫胺	1	杀虫剂	GB/T 20770
46	氟苯虫酰胺	0.2*	杀虫剂	无指定
47	氟吡磺隆	0.05*	除草剂	无指定
48	氟虫腈	0.02	杀虫剂	SN/T 1982
49	氟啶虫胺腈	2*	杀虫剂	无指定
50	氟环唑	0.5	杀菌剂	GB/T 20770
51	氟酰胺	2	杀菌剂	GB 23200.9
52	福美双	0.1	杀菌剂	SN 0139
53	禾草丹	0.2*	除草剂	无指定
54	禾草敌	0.1	除草剂	GB/T 5009.134
55	环丙嘧磺隆	0.1*	除草剂	SN/T 2325
56	环酯草醚	0.1	除草剂	GB/T 20770、GB 23200.9
57	己唑醇	0.1	杀菌剂	GB/T 20770、GB 23200.8
58	甲氨基阿维菌素苯甲酸盐	0.02*	杀虫剂	GB/T 20769
59	甲胺磷	0.5	杀虫剂	GB/T 5009.103、GB/T 20770
60	甲拌磷	0.05	杀虫剂	GB/T 5009.20、GB 23200.9、GB/T 14553
61	甲草胺	0.05	除草剂	GB/T 20770、GB 23200.9
62	甲磺隆	0.05	除草剂	SN/T 2325
63	甲基立枯磷	0.05	杀菌剂	GB 23200.9、SN/T 2324
64	甲基硫菌灵	1	杀菌剂	NY/T 1680
65	甲基嘧啶磷	2	杀虫剂	GB/T 5009.14
66	甲基异柳磷	0.02*	杀虫剂	GB/T 5009.144
67	甲霜灵和精甲霜灵	0.1	杀菌剂	GB 23200.9、GB/T 20770

（续）

序号	农药中文名	最大残留限量（mg/kg）	农药主要用途	检测方法
68	甲氧虫酰肼	0.1	杀虫剂	GB/T 20770
69	腈苯唑	0.1	杀菌剂	GB 23200.9、GB/T 20770
70	精噁唑禾草灵	0.1	除草剂	NY/T 1379
71	井冈霉素	0.5	杀菌剂	GB 23200.74
72	克百威	0.1	杀虫剂	NY/T 761
73	硫酰氟	0.1*	杀虫剂	无指定
74	氯虫苯甲酰胺	0.5*	杀虫剂	无指定
75	氯啶菌酯	2*	杀菌剂	无指定
76	氯氟氰菊酯和高效氯氟氰菊酯	1	杀虫剂	GB/T 5009.146、GB 23200.9、SN/T 2151
77	氯噻啉	0.1*	杀虫剂	无指定
78	氯唑磷	0.05	杀虫剂	GB 23200.9
79	马拉硫磷	1	杀虫剂	GB/T 5009.145、GB/T 5009.20、GB 23200.9
80	醚磺隆	0.1	除草剂	SN/T 2325
81	醚菊酯	0.01	杀虫剂	GB 23200.9、SN/T 2151
82	醚菌酯	0.1	杀菌剂	GB 23200.9、GB/T 20770
83	嘧苯胺磺隆	0.05*	除草剂	无指定
84	嘧啶肟草醚	0.05*	除草剂	无指定
85	嘧菌环胺	0.2	杀菌剂	GB/T 20769、GB 23200.9
86	嘧菌酯	0.5	杀菌剂	GB/T 20770、NY/T 1453、GB 23200.46
87	灭瘟素	0.1*	杀菌剂	无指定
88	灭线磷	0.02	杀线虫剂	NY/T 761
89	灭锈胺	0.2*	杀菌剂	GB 23200.9
90	萘乙酸和萘乙酸钠	0.1	植物生长调节剂	SN/T 2228、SN 0346
91	宁南霉素	0.2*	杀菌剂	无指定
92	哌草丹	0.05*	除草剂	NY/T 1379
93	氰氟草酯	0.1	除草剂	GB/T 23204
94	氰氟虫腙	0.1*	杀虫剂	无指定

（续）

序号	农药中文名	最大残留限量（mg/kg）	农药主要用途	检测方法
95	噻虫胺	0.2	杀虫剂	GB/T 20770
96	噻虫啉	0.2	杀虫剂	GB/T 20770
97	噻虫嗪	0.1	杀虫剂	GB 23200.9
98	噻呋酰胺	3	杀菌剂	GB 23200.9
99	噻嗪酮	0.3	杀虫剂	GB/T 5009.184、GB 23200.34
100	噻唑锌	0.2*	杀菌剂	无指定
101	三苯基乙酸锡	0.05*	杀菌剂	无指定
102	三唑醇	0.05	杀菌剂	GB 23200.9、SN/T 2232
103	杀虫单	0.5	杀虫剂	GB/T 5009.114
104	杀虫脒	0.01	杀虫剂	GB/T 20770
105	杀螺胺乙醇胺盐	0.5*	杀虫剂	无指定
106	杀螟丹	0.1	杀虫剂	GB/T 20770
107	杀扑磷	0.05	杀虫剂	NY/T 761
108	莎稗磷	0.1	除草剂	GB 23200.9、GB/T 20770、NY/T 761
109	水胺硫磷	0.05	杀虫剂	GB 23200.9
110	四聚乙醛	0.2*	杀螺剂	无指定
111	四氯苯酞	1*	杀菌剂	GB 23200.9
112	调环酸钙	0.05	植物生长调节剂	SN/T 0931
113	萎锈灵	0.2	杀菌剂	GB 23200.9、GB/T 20770
114	肟菌酯	0.1	杀菌剂	GB/T 20770
115	五氟磺草胺	0.02*	除草剂	无指定
116	戊唑醇	0.5	杀菌剂	GB/T 20770
117	西草净	0.05	除草剂	GB/T 20770
118	烯丙苯噻唑	1*	杀菌剂	无指定
119	烯啶虫胺	0.1*	杀虫剂	GB/T 20770
120	烯肟菌胺	1*	杀菌剂	无指定
121	烯效唑	0.1	植物生长调节剂	GB 23200.9、GB/T 20770
122	硝磺草酮	0.05	除草剂	GB/T 20770
123	溴氰虫酰胺	0.2*	杀虫剂	无指定
124	乙草胺	0.05	除草剂	GB/T 20770、GB 23200.9、SN/T 2322

（续）

序号	农药中文名	最大残留限量（mg/kg）	农药主要用途	检测方法
125	乙虫腈	0.2	杀虫剂	GB/T 20769
126	乙基多杀菌素	0.2*	杀虫剂	无指定
127	乙蒜素	0.05*	杀菌剂	无指定
128	乙酰甲胺磷	1	杀虫剂	GB/T 5009.103、SN 058
129	乙氧氟草醚	0.05	除草剂	GB 23200.9、GB/T 20770
130	乙氧磺隆	0.05	除草剂	GB/T 20770
131	异丙甲草胺和精异丙甲草胺	0.1	除草剂	GB 23200.9
132	异丙隆	0.05	除草剂	GB/T 20770
133	异稻瘟净	0.5	杀菌剂	GB 23200.9、GB/T 20770、GB 23200.83
134	异噁草酮	0.02	除草剂	GB 23200.9
135	茚虫威	0.1	杀虫剂	GB/T 20770
136	唑草酮	0.1	除草剂	GB 23200.15
137	溴氰菊酯	0.5	杀虫剂	GB/T 5009.110、GB 23200.9

1.25 麦胚

麦胚中农药最大残留限量见表 1-25。

表 1-25 麦胚中农药最大残留限量

序号	农药中文名	最大残留限量（mg/kg）	农药主要用途	检测方法
1	氯丹	0.02	杀虫剂	GB/T 5009.19
2	氯氰菊酯和高效氯氰菊酯	0.3	杀虫剂	GB/T 5009.110、GB 23200.9
3	甲基毒死蜱	5*	杀虫剂	GB 23200.9
4	磷化铝	0.05	杀虫剂	GB/T 5009.36、GB/T 25222
5	溴甲烷	5	熏蒸剂	无指定
6	艾氏剂	0.02	杀虫剂	GB/T 5009.19
7	滴滴涕	0.05	杀虫剂	GB/T 5009.19
8	狄氏剂	0.02	杀虫剂	GB/T 5009.19

（续）

序号	农药中文名	最大残留限量（mg/kg）	农药主要用途	检测方法
9	六六六	0.05	杀虫剂	GB/T 5009.19
10	七氯	0.02	杀虫剂	GB/T 5009.19
11	硫酰氟	0.1*	杀虫剂	无指定
12	氯菊酯	2	杀虫剂	GB/T 5009.146、SN/T 2151
13	生物苄呋菊酯	3	杀虫剂	SN/T 2151、GB/T 20770
14	增效醚	90	增效剂	GB 23200.34
15	溴氰菊酯	0.5	杀虫剂	GB/T 5009.110、GB 23200.9

1.26 小麦全麦粉

小麦全麦粉中农药最大残留限量见表1－26。

表1－26 小麦全麦粉中农药最大残留限量

序号	农药中文名	最大残留限量（mg/kg）	农药主要用途	检测方法
1	氯丹	0.02	杀虫剂	GB/T 5009.19
2	氯氰菊酯和高效氯氰菊酯	0.3	杀虫剂	GB/T 5009.110、GB 23200.9
3	甲基毒死蜱	5*	杀虫剂	GB 23200.9
4	磷化铝	0.05	杀虫剂	GB/T 5009.36、GB/T 25222
5	溴甲烷	5	熏蒸剂	无指定
6	艾氏剂	0.02	杀虫剂	GB/T 5009.19
7	滴滴涕	0.05	杀虫剂	GB/T 5009.19
8	狄氏剂	0.02	杀虫剂	GB/T 5009.19
9	六六六	0.05	杀虫剂	GB/T 5009.19
10	七氯	0.02	杀虫剂	GB/T 5009.19
11	氯菊酯	2	杀虫剂	GB/T 5009.146、SN/T 2151
12	溴氰菊酯	0.5	杀虫剂	GB/T 5009.110、GB 23200.9

2 油料作物类

2.1 油菜籽

油菜籽中农药最大残留限量见表 2-1。

表 2-1 油菜籽中农药最大残留限量

序号	农药中文名	最大残留限量（mg/kg）	农药主要用途	检测方法
1	氯氰菊酯和高效氯氰菊酯	0.1	杀虫剂	GB/T 5009.110、GB/T 5009.146、GB 23200.9
2	矮壮素	5	植物生长调节剂	GB/T 5009.219
3	氨氯吡啶酸	0.1*	除草剂	无指定
4	胺苯磺隆	0.02	除草剂	NY/T 1616
5	苯醚甲环唑	0.05	杀菌剂	GB 23200.49
6	吡唑草胺	0.5	除草剂	GB/T 20770
7	丙环唑	0.02	杀菌剂	SN/T 051
8	丙硫菌唑	0.1*	杀菌剂	无指定
9	草除灵	0.2*	除草剂	无指定
10	草甘膦	2	除草剂	GB/T 23750
11	虫酰肼	2	杀虫剂	GB/T 20770、GB 23200.34
12	敌草快	2	除草剂	GB/T 5009.221
13	多菌灵	0.1	杀菌剂	NY/T 1680
14	多效唑	0.2	植物生长调节剂	GB 23200.9、GB/T 20770、SN/T 1477
15	二氯吡啶酸	2*	除草剂	NY/T 1434
16	氟硅唑	0.1	杀菌剂	GB 23200.9、GB/T 20770
17	氟氯氰菊酯和高效氟氯氰菊酯	0.07	杀虫剂	SN/T 1117
18	腐霉利	2	杀菌剂	GB 23200.9
19	甲基硫菌灵	0.1	杀菌剂	NY/T 1680

序号	农药中文名	最大残留限量（mg/kg）	农药主要用途	检测方法
20	甲硫威	0.05	杀软体动物剂	SN/T 2560
21	腈苯唑	0.05	杀菌剂	GB 23200.9
22	精噁唑禾草灵	0.5	除草剂	NY/T 1379
23	抗蚜威	0.2	杀虫剂	GB/T 20770、GB 23200.9、SN/T 0134
24	克百威	0.05	杀虫剂	NY/T 761
25	喹禾灵和精喹禾灵	0.1	除草剂	GB/T 20770、SN/T 2228
26	联苯菊酯	0.05	杀虫/杀螨剂	GB/T 5009.146
27	氯啶菌酯	0.5*	杀菌剂	无指定
28	氯菊酯	0.05	杀虫剂	GB/T 5009.146、SN/T 2151
29	咪鲜胺和咪鲜胺锰盐	0.5	杀菌剂	NY/T 1456
30	醚菊酯	0.01	杀虫剂	GB 23200.9
31	噻虫啉	0.5	杀虫剂	GB/T 20770
32	噻节因	0.2	调节剂	GB/T 23210
33	三氯吡氧乙酸	0.5	除草剂	GB/T 20769
34	三唑酮	0.2	杀菌剂	GB/T 5009.126
35	戊唑醇	0.3	杀菌剂	GB/T 20770
36	烯草酮	0.5	除草剂	GB 23200.9、GB/T 20770、SN/T 2325
37	烯禾啶	0.5	除草剂	GB 23200.9、GB/T 20770
38	烯效唑	0.05	植物生长调节剂	GB 23200.9、GB/T 20770
39	辛硫磷	0.1	杀虫剂	GB/T 5009.102、SN/T 0209
40	溴氰菊酯	0.1	杀虫剂	GB/T 5009.110、GB 23200.9
41	乙草胺	0.2	除草剂	GB 23200.57
42	异丙甲草胺和精异丙甲草胺	0.1	除草剂	GB/T 5009.174
43	异噁草酮	0.1	除草剂	GB 23200.9
44	异菌脲	2	杀菌剂	GB 23200.9

2.2 芝麻

芝麻中农药最大残留限量见表2-2。

表2-2　芝麻中农药最大残留限量

序号	农药中文名	最大残留限量（mg/kg）	农药主要用途	检测方法
1	氯氰菊酯和高效氯氰菊酯	0.1	杀虫剂	GB/T 5009.110、GB/T 5009.146、GB 23200.9
2	异丙甲草胺和精异丙甲草胺	0.1	除草剂	GB/T 5009.174

2.3 亚麻籽

亚麻籽中农药最大残留限量见表2-3。

表2-3　亚麻籽中农药最大残留限量

序号	农药中文名	最大残留限量（mg/kg）	农药主要用途	检测方法
1	氯氰菊酯和高效氯氰菊酯	0.1	杀虫剂	GB/T 5009.110、GB/T 5009.146、GB 23200.9
2	咪鲜胺和咪鲜胺锰盐	0.05	杀菌剂	NY/T 1456
3	灭草松	0.1	除草剂	SN/T 0292
4	烯禾啶	0.5	除草剂	GB 23200.9、GB/T 20770

2.4 芥菜籽

芥菜籽中农药最大残留限量见表2-4。

表2-4　芥菜籽中农药最大残留限量

序号	农药中文名	最大残留限量（mg/kg）	农药主要用途	检测方法
1	氯氰菊酯和高效氯氰菊酯	0.1	杀虫剂	GB/T 5009.110、GB/T 5009.146、GB 23200.9
2	噻虫啉	0.5	杀虫剂	GB/T 20770

2.5 棉籽

棉籽中农药最大残留限量见表2-5。

表2-5 棉籽中农药最大残留限量

序号	农药中文名	最大残留限量（mg/kg）	农药主要用途	检测方法
1	阿维菌素	0.01	杀虫剂	GB 23200.20
2	矮壮素	0.5	植物生长调节剂	GB/T 5009.219
3	百草枯	0.2*	除草剂	无指定
4	保棉磷	0.2	杀虫剂	SN/T 1739
5	苯线磷	0.02	杀虫剂	GB/T 20770
6	吡丙醚	0.05	杀虫剂	GB 23200.8
7	吡虫啉	0.5	杀虫剂	SN/T 1017.8、GB/T 20770
8	吡氟禾草灵和精吡氟禾草灵	0.1	除草剂	GB/T 5009.142
9	吡蚜酮	0.1	杀虫剂	GB/T 20770
10	吡唑醚菌酯	0.1	杀菌剂	GB/T 20770、GB/T 20769
11	丙硫克百威	0.5*	杀虫剂	无指定
12	哒螨灵	0.1	杀螨剂	SN/T 2432
13	敌百虫	0.1	杀虫剂	GB/T 20770
14	敌草隆	0.1	除草剂	GB/T 20770
15	敌敌畏	0.1	杀虫剂	GB/T 5009.20
16	丁硫克百威	0.05	杀虫剂	SN/T 2149
17	丁醚脲	0.2*	杀虫剂/杀螨剂	无指定
18	啶虫脒	0.1	杀虫剂	GB/T 20770
19	毒死蜱	0.3	杀虫剂	GB/T 5009.145、SN/T 2158
20	多杀霉素	0.1	杀虫剂	GB/T 20769、NY/T 1379、NY/T 1453
21	噁草酮	0.1	除草剂	GB/T 5009.180
22	二甲戊灵	0.1	除草剂	GB 23200.8
23	二嗪磷	0.2	杀虫剂	GB/T 5009.107
24	呋虫胺	1	杀虫剂	GB/T 20770
25	氟吡甲禾灵和高效氟吡甲禾灵	0.2	除草剂	GB/T 20770

（续）

序号	农药中文名	最大残留限量（mg/kg）	农药主要用途	检测方法
26	氟啶虫胺腈	0.4*	杀虫剂	无指定
27	氟啶脲	0.1	杀虫剂	GB 23200.8
28	氟乐灵	0.05	除草剂	GB/T 5009.172
29	氟铃脲	0.1	杀虫剂	GB 23200.8、NY/T 1720
30	氟氯氰菊酯和高效氟氯氰菊酯	0.05	杀虫剂	SN/T 1117
31	氟烯草酸	0.05	除草剂	SN/T 2459
32	氟酰脲	0.5	杀虫剂	GB 23200.34
33	福美双	0.1	杀菌剂	SN 0139
34	咯菌腈	0.05	杀菌剂	GB/T 20770
35	甲氨基阿维菌素苯甲酸盐	0.02*	杀虫剂	GB/T 20769
36	甲胺磷	0.1	杀虫剂	GB/T 5009.103
37	甲拌磷	0.05	杀虫剂	GB/T 5009.20、GB 23200.9、GB/T 14553
38	甲草胺	0.02	除草剂	SN/T 1741
39	甲基毒死蜱	0.02*	杀虫剂	GB 23200.9
40	甲基硫环磷	0.03*	杀虫剂	NY/T 761
41	甲萘威	1	杀虫剂	GB/T 5009.21
42	甲哌鎓	1*	植物生长调节剂	无指定
43	甲氰菊酯	1	杀虫剂	GB 23200.9、GB/T 20770、SN/T 2233
44	甲霜灵和精甲霜灵	0.05	杀菌剂	GB 23200.9、GB/T 20770
45	精噁唑禾草灵	0.02	除草剂	NY/T 1379
46	克百威	0.1	杀虫剂	NY/T 761
47	喹禾灵和精喹禾灵	0.05	除草剂	GB/T 20770、SN/T 2228
48	联苯肼酯	0.3	杀螨剂	GB 23200.34
49	联苯菊酯	0.5	杀虫/杀螨剂	GB/T 5009.146
50	硫丹	0.05	杀虫剂	GB/T 5009.19
51	螺虫乙酯	0.4*	杀虫剂	无指定
52	螺螨酯	0.02	杀螨剂	GB 23200.9

（续）

序号	农药中文名	最大残留限量（mg/kg）	农药主要用途	检测方法
53	氯虫苯甲酰胺	0.3*	杀虫剂	无指定
54	氯氟氰菊酯和高效氯氟氰菊酯	0.05	杀虫剂	GB/T 5009.146、GB 23200.9、SN/T 2151
55	氯菊酯	0.5	杀虫剂	GB/T 5009.146、SN/T 2151
56	氯氰菊酯和高效氯氰菊酯	0.2	杀虫剂	GB/T 5009.110、GB/T 5009.146、GB 23200.9
57	灭多威	0.5	杀虫剂	SN/T 0134
58	萘乙酸和萘乙酸钠	0.05	植物生长调节剂	SN/T 2228、SN 0346
59	内吸磷	0.02	杀虫/杀螨剂	GB/T 20770
60	氰戊菊酯和S-氰戊菊酯	0.2	杀虫剂	GB/T 5009.110
61	炔螨特	0.1	杀螨剂	GB 23200.9、NY/T 1652
62	噻苯隆	1*	植物生长调节剂	无指定
63	噻虫啉	0.02	杀虫剂	GB/T 20770
64	噻节因	1	调节剂	GB/T 23210
65	噻螨酮	0.05	杀螨剂	GB/T 20770
66	三唑磷	0.1	杀虫剂	GB 23200.9
67	三唑酮	0.05	杀菌剂	GB/T 5009.126
68	杀虫脒	0.01	杀虫剂	GB/T 20770
69	杀螟硫磷	0.1*	杀虫剂	GB/T 14553、GB/T 5009.20
70	杀线威	0.2	杀虫剂	SN/T 0134
71	虱螨脲	0.05*	杀虫剂	无指定
72	双甲脒	0.5	杀螨剂	GB/T 5009.143
73	水胺硫磷	0.05	杀虫剂	GB 23200.9
74	特丁硫磷	0.01	杀虫剂	NY/T 761、SN 0522
75	涕灭威	0.1	杀虫剂	GB/T 14929.2
76	萎锈灵	0.2	杀菌剂	GB/T 20770、GB 23200.8
77	戊唑醇	2	杀菌剂	GB/T 20770
78	烯草酮	0.5	除草剂	GB 23200.9、GB/T 20770、SN/T 2325
79	烯啶虫胺	0.05*	杀虫剂	GB/T 20769

（续）

序号	农药中文名	最大残留限量 （mg/kg）	农药 主要用途	检测方法
80	烯禾啶	0.5	除草剂	GB 23200.9、GB/T 20770
81	辛菌胺	0.1*	杀菌剂	无指定
82	溴氰菊酯	0.1	杀虫剂	GB/T 5009.110、GB 23200.9
83	亚胺硫磷	0.05	杀虫剂	GB/T 5009.131
84	亚砜磷	0.05	杀虫剂	GB/T 5009.131
85	氧乐果	0.02	杀虫剂	SN/T 1739
86	乙蒜素	0.05*	杀菌剂	无指定
87	乙羧氟草醚	0.05	除草剂	GB 23200.2
88	乙烯利	2	植物生长调节剂	GB 23200.16
89	乙酰甲胺磷	2	杀虫剂	GB/T 5009.103、SN 0585
90	茚虫威	0.1	杀虫剂	GB/T 20770
91	仲丁灵	0.05	除草剂	GB/T 20770、GB 23200.9
92	唑螨酯	0.1	杀螨剂	GB 23200.9、GB/T 20770
93	七氯	0.02	杀虫剂	GB/T 5009.19

2.6 大豆

大豆中农药最大残留限量见表 2－6。

表 2－6 大豆中农药最大残留限量

序号	农药中文名	最大残留限量 （mg/kg）	农药 主要用途	检测方法
1	2，4-滴和 2，4-滴钠盐	0.01	除草剂	NY/T 1434
2	2，4-滴丁酯	0.05	除草剂	GB/T 5009.165
3	百草枯	0.5*	除草剂	无指定
4	百菌清	0.2	杀菌剂	SN/T 2320
5	保棉磷	0.05	杀虫剂	SN/T 1739
6	苯醚甲环唑	0.05	杀菌剂	GB/T 5009.218、GB 23200.8、GB 23200.49
7	苯线磷	0.02	杀虫剂	GB/T 20770
8	吡氟禾草灵和精吡氟禾草灵	0.5	除草剂	GB/T 5009.142

（续）

序号	农药中文名	最大残留限量（mg/kg）	农药主要用途	检测方法
9	丙环唑	0.2	杀菌剂	SN/T 0519
10	丙硫菌唑	1*	杀菌剂	无指定
11	丙炔氟草胺	0.02	除草剂	GB 23200.31
12	哒螨灵	0.1	杀螨剂	SN/T 2432
13	敌百虫	0.1	杀虫剂	GB/T 20770
14	敌敌畏	0.1	杀虫剂	GB/T 5009.20
15	地虫硫磷	0.05	杀虫剂	GB 23200.9
16	毒死蜱	0.1	杀虫剂	GB/T 5009.145、SN/T 2158
17	对硫磷	0.1	杀虫剂	GB/T 5009.20
18	多菌灵	0.2	杀菌剂	NY/T 1680
19	多杀霉素	0.01	杀虫剂	GB/T 20769、NY/T 1379、NY/T 1453
20	多效唑	0.05	植物生长调节剂	GB 23200.9、GB/T 20770、SN/T 1477
21	氟吡甲禾灵和高效氟吡甲禾灵	0.1	除草剂	GB/T 20770
22	氟硅唑	0.05	杀菌剂	GB 23200.9、GB/T 20770
23	氟磺胺草醚	0.1	除草剂	GB/T 5009.130
24	氟乐灵	0.05	除草剂	GB/T 5009.172
25	氟氰戊菊酯	0.05	杀虫剂	GB 23200.9
26	福美双	0.3	杀菌剂	SN 0139
27	复硝酚钠	0.1*	植物生长调节剂	无指定
28	甲拌磷	0.05	杀虫剂	GB/T 5009.20、GB 23200.9、GB/T 14553
29	甲草胺	0.2	除草剂	SN/T 1741
30	甲基毒死蜱	5*	杀虫剂	GB 23200.9
31	甲基硫环磷	0.03*	杀虫剂	NY/T 761
32	甲基异柳磷	0.02*	杀虫剂	GB/T 5009.144
33	甲萘威	1	杀虫剂	GB/T 5009.21
34	甲哌鎓	0.05*	植物生长调节剂	无指定

（续）

序号	农药中文名	最大残留限量（mg/kg）	农药主要用途	检测方法
35	甲氰菊酯	0.1	杀虫剂	GB 23200.9、GB/T 20770 SN/T 2233
36	甲羧除草醚	0.05	除草剂	GB 23200.2
37	甲氧咪草烟	0.1*	除草剂	无指定
38	精二甲吩草胺	0.01	除草剂	GB 23200.9、GB/T 20770
39	久效磷	0.03	杀虫剂	GB/T 5009.20
40	抗蚜威	0.05	杀虫剂	GB/T 20770、GB 23200.9、SN/T 0134
41	克百威	0.2	杀虫剂	NY/T 761
42	喹禾灵和精喹禾灵	0.1	除草剂	GB/T 20770、SN/T 2228
43	乐果	0.05*	杀虫剂	GB/T 5009.20
44	联苯菊酯	0.3	杀虫/杀螨剂	GB/T 5009.146
45	磷化铝	0.05	杀虫剂	GB/T 5009.36、GB/T 25222
46	硫丹	0.05	杀虫剂	GB/T 5009.19
47	硫环磷	0.03	杀虫剂	GB/T 20770
48	硫线磷	0.02	杀虫剂	GB/T 20770
49	螺虫乙酯	4*	杀虫剂	无指定
50	绿麦隆	0.1	除草剂	GB/T 5009.133
51	氯氟氰菊酯和高效氯氟氰菊酯	0.02	杀虫剂	GB/T 5009.146、GB 23200.9、SN/T 2151
52	氯化苦	0.1	熏蒸剂	GB/T 5009.36
53	氯菊酯	2	杀虫剂	GB/T 5009.146、SN/T 2151
54	氯嘧磺隆	0.02	除草剂	GB/T 20770
55	氯氰菊酯和高效氯氰菊酯	0.05	杀虫剂	GB/T 5009.110、GB/T 5009.146、GB 23200.9
56	马拉硫磷	8	杀虫剂	GB/T 5009.145、GB/T 5009.20
57	咪唑喹啉酸	0.05	除草剂	GB/T 23818
58	咪唑乙烟酸	0.1	除草剂	GB/T 23818
59	嘧菌酯	0.5	杀菌剂	GB/T 20770、NY/T 1453、GB 23200.46

（续）

序号	农药中文名	最大残留限量 （mg/kg）	农药 主要用途	检测方法
60	灭草松	0.05	除草剂	SN/T 0292
61	灭多威	0.2	杀虫剂	SN/T 0134
62	灭线磷	0.05	杀线虫剂	SN/T 0351
63	萘乙酸和萘乙酸钠	0.05	植物生长调节剂	SN/T 2228、SN 0346
64	嗪草酮	0.05	除草剂	GB 23200.9
65	氰戊菊酯和 S-氰戊菊酯	0.1	杀虫剂	GB/T 5009.110
66	乳氟禾草灵	0.05	除草剂	GB/T 20769
67	噻吩磺隆	0.05	除草剂	GB/T 20770
68	三氟羧草醚	0.1	除草剂	GB 23200.70、SN/T 2228
69	杀螟硫磷	5*	杀虫剂	GB/T 14553、GB/T 5009.20
70	五氯硝基苯	0.01	杀菌剂	GB/T 5009.136、GB/T 5009.19
71	戊唑醇	0.05	杀菌剂	GB/T 20770
72	烯草酮	0.1	除草剂	GB 23200.9、GB/T 20770、SN/T 2325
73	烯禾啶	2	除草剂	GB 23200.9、GB/T 20770
74	辛硫磷	0.05	杀虫剂	GB/T 5009.102、SN/T 0209
75	溴甲烷	5*	熏蒸剂	无指定
76	溴氰菊酯	0.05	杀虫剂	GB/T 5009.110、GB 23200.9
77	氧乐果	0.05	杀虫剂	SN/T 1739
78	乙草胺	0.1	除草剂	GB 23200.57
79	乙羧氟草醚	0.05	除草剂	GB 23200.2
80	乙酰甲胺磷	0.3	杀虫剂	GB/T 5009.103、SN 0585
81	异丙草胺	0.1*	除草剂	GB 23200.9
82	异丙甲草胺和精异丙甲草胺	0.5	除草剂	GB/T 5009.174
83	异噁草酮	0.05	除草剂	GB 23200.9
84	增效醚	0.2	增效剂	GB 23200.34
85	唑嘧磺草胺	0.05*	除草剂	无指定
86	艾氏剂	0.05	杀虫剂	GB/T 5009.19
87	滴滴涕	0.05	杀虫剂	GB/T 5009.19

（续）

序号	农药中文名	最大残留限量（mg/kg）	农药主要用途	检测方法
88	狄氏剂	0.05	杀虫剂	GB/T 5009.19
89	毒杀芬	0.01*	杀虫剂	YC/T 180
90	六六六	0.05	杀虫剂	GB/T 5009.19
91	氯丹	0.02	杀虫剂	GB/T 5009.19
92	灭蚁灵	0.01	杀虫剂	GB/T 5009.19
93	七氯	0.02	杀虫剂	GB/T 5009.19
94	异狄氏剂	0.01	杀虫剂	GB/T 5009.19

2.7 花生仁

花生仁中农药最大残留限量见表2-7。

表2-7 花生仁中农药最大残留限量

序号	农药中文名	最大残留限量（mg/kg）	农药主要用途	检测方法
1	矮壮素	0.2	植物生长调节剂	GB/T 5009.219
2	胺鲜酯	0.1*	植物生长调节剂	无指定
3	百菌清	0.05	杀菌剂	SN/T 2320
4	苯醚甲环唑	0.2	杀菌剂	GB/T 5009.218、GB 23200.8、GB 23200.49
5	苯线磷	0.02	杀虫剂	GB/T 20770
6	吡虫啉	0.5	杀虫剂	SN/T 1017.8、GB/T 20770
7	吡氟禾草灵和精吡氟禾草灵	0.1	除草剂	GB/T 5009.142
8	吡唑醚菌酯	0.05	杀菌剂	GB/T 20770、GB/T 20769
9	丙环唑	0.1	杀菌剂	SN/T 0519
10	丙硫菌唑	0.02*	杀菌剂	无指定
11	代森锰锌	0.1	杀菌剂	SN 0319
12	代森锌	0.1	杀菌剂	SN 0139
13	敌百虫	0.1	杀虫剂	GB/T 20770
14	地虫硫磷	0.05	杀虫剂	GB 23200.9

（续）

序号	农药中文名	最大残留限量（mg/kg）	农药主要用途	检测方法
15	丁硫克百威	0.05	杀虫剂	SN/T 2149
16	丁酰肼	0.05	植物生长调节剂	GB 23200.32
17	毒死蜱	0.2	杀虫剂	GB/T 5009.145、SN/T 2158
18	多菌灵	0.1	杀菌剂	NY/T 1680
19	多效唑	0.5	植物生长调节剂	GB 23200.9、GB/T 20770、SN/T 1477
20	噁草酮	0.1	除草剂	GB/T 5009.180
21	二嗪磷	0.5	杀虫剂	GB/T 5009.107
22	氟吡甲禾灵和高效氟吡甲禾灵	0.1	除草剂	GB/T 20770
23	氟虫腈	0.02	杀虫剂	SN/T 1982
24	氟磺胺草醚	0.2	除草剂	GB/T 5009.130
25	氟乐灵	0.05	除草剂	GB/T 5009.172
26	甲拌磷	0.1	杀虫剂	GB/T 5009.20、GB 23200.9、GB/T 14553
27	甲草胺	0.05	除草剂	SN/T 1741
28	甲基硫菌灵	0.1	杀菌剂	NY/T 1680
29	甲基异柳磷	0.05*	杀虫剂	GB/T 5009.144
30	甲咪唑烟酸	0.1	除草剂	GB 23200.13
31	甲霜灵和精甲霜灵	0.1	杀菌剂	GB 23200.9、GB/T 20770
32	精噁唑禾草灵	0.1	除草剂	NY/T 1379
33	精二甲吩草胺	0.01	除草剂	GB 23200.9、GB/T 20770
34	克百威	0.2	杀虫剂	NY/T 761
35	喹禾灵和精喹禾灵	0.1	除草剂	GB/T 20770、SN/T 2228
36	联苯三唑醇	0.1	杀菌剂	GB 23200.9、GB/T 20770
37	硫线磷	0.02	杀虫剂	GB/T 20770
38	氯菊酯	0.1	杀虫剂	GB/T 5009.146、SN/T 2151
39	灭线磷	0.02	杀线虫剂	SN/T 0351
40	内吸磷	0.02	杀虫/杀螨剂	GB/T 20770
41	扑草净	0.1	除草剂	GB 23200.9、GB/T 20770

（续）

序号	农药中文名	最大残留限量（mg/kg）	农药主要用途	检测方法
42	氰戊菊酯和S-氰戊菊酯	0.1	杀虫剂	GB/T 5009.110
43	乳氟禾草灵	0.05	除草剂	GB/T 20769
44	噻吩磺隆	0.05	除草剂	GB/T 20770
45	三氟羧草醚	0.1	除草剂	GB 23200.70、SN/T 2228
46	杀线威	0.05	杀虫剂	SN/T 0134
47	水胺硫磷	0.05	杀虫剂	GB 23200.9
48	特丁硫磷	0.02	杀虫剂	NY/T 761、SN 0522
49	涕灭威	0.02	杀虫剂	GB/T 14929.2
50	五氯硝基苯	0.5	杀菌剂	GB/T 5009.136、GB/T 5009.19
51	戊唑醇	0.1	杀菌剂	GB/T 20770
52	烯草酮	5	除草剂	GB 23200.9、GB/T 20770、SN/T 2325
53	烯禾啶	2	除草剂	GB 23200.9、GB/T 20770
54	烯效唑	0.05	植物生长调节剂	GB 23200.9、GB/T 20770
55	辛硫磷	0.05	杀虫剂	GB/T 5009.102、SN/T 0209
56	溴氰菊酯	0.01	杀虫剂	GB/T 5009.110、GB 23200.9
57	乙草胺	0.1	除草剂	GB 23200.57
58	乙羧氟草醚	0.05	除草剂	GB 23200.2
59	异丙甲草胺和精异丙甲草胺	0.5	除草剂	GB/T 5009.174
60	增效醚	1	增效剂	GB 23200.34
61	氯氰菊酯和高效氯氰菊酯	0.1	杀虫剂	GB/T 5009.110、GB/T 5009.146、GB 23200.9

2.8 葵花籽

葵花籽中农药最大残留限量见表2-8。

表2-8 葵花籽中农药最大残留限量

序号	农药中文名	最大残留限量（mg/kg）	农药主要用途	检测方法
1	百草枯	2*	除草剂	无指定

（续）

序号	农药中文名	最大残留限量 （mg/kg）	农药 主要用途	检测方法
2	苯醚甲环唑	0.02	杀菌剂	GB/T 5009.218、GB 23200.8、 GB 23200.49
3	氟吡甲禾灵和高效氟吡甲 禾灵	0.05	除草剂	GB/T 20770
4	氟硅唑	0.1	杀菌剂	GB 23200.9、GB/T 20770
5	甲硫威	0.05	杀软体动物剂	SN/T 2560
6	甲霜灵和精甲霜灵	0.05	杀菌剂	GB 23200.9、GB/T 20770
7	腈苯唑	0.05	杀菌剂	GB 23200.9
8	抗蚜威	0.1	杀虫剂	GB/T 20770、GB 23200.9、 SN/T 0134
9	氯菊酯	1	杀虫剂	GB/T 5009.146、SN/T 2151
10	咪鲜胺和咪鲜胺锰盐	0.5	杀菌剂	NY/T 1456
11	噻节因	1	植物生长调节剂	GB/T 23210
12	烯草酮	0.5	除草剂	GB 23200.9、GB/T 20770、 SN/T 2325
13	溴氰菊酯	0.05	杀虫剂	GB/T 5009.110、GB 23200.9
14	氯氰菊酯和高效氯氰菊酯	0.1	杀虫剂	GB/T 5009.110、GB/T 5009.146、 GB 23200.9

2.9　含油种籽

含油种籽中农药最大残留限量见表2-9。

表2-9　含油种籽中农药最大残留限量

序号	农药中文名	最大残留限量 （mg/kg）	农药 主要用途	检测方法
1	氯氟氰菊酯和高效氯氟氰 菊酯	0.2	杀虫剂	GB/T 5009.146、GB 23200.9、 SN/T 2151

2.10　大豆毛油

大豆毛油中农药最大残留限量见表2-10。

表 2 - 10 大豆毛油中农药最大残留限量

序号	农药中文名	最大残留限量 （mg/kg）	农药 主要用途	检测方法
1	氯丹	0.05	杀虫剂	GB/T 5009.19
2	硫丹	0.05	杀虫剂	GB/T 5009.19
3	七氯	0.05	杀虫剂	GB/T 5009.19

2.11 菜籽毛油

菜籽毛油中农药最大残留限量见表 2 - 11。

表 2 - 11 菜籽毛油中农药最大残留限量

序号	农药中文名	最大残留限量 （mg/kg）	农药 主要用途	检测方法
1	氯丹	0.05	杀虫剂	GB/T 5009.19
2	矮壮素	0.1	植物生长调节剂	GB/T 5009.219

2.12 花生毛油

花生毛油中农药最大残留限量见表 2 - 12。

表 2 - 12 花生毛油中农药最大残留限量

序号	农药中义名	最大残留限量 （mg/kg）	农药 主要用途	检测方法
1	氯丹	0.05	杀虫剂	GB/T 5009.19
2	苯线磷	0.02	杀虫剂	GB/T 20770

2.13 棉籽毛油

棉籽毛油中农药最大残留限量见表 2 - 13。

表 2 - 13 棉籽毛油中农药最大残留限量

序号	农药中文名	最大残留限量 （mg/kg）	农药 主要用途	检测方法
1	氯丹	0.05	杀虫剂	GB/T 5009.19
2	吡丙醚	0.01	杀虫剂	GB 23200.8
3	甲氰菊酯	3	杀虫剂	GB 23200.9、GB/T 20770、SN/T 2233

（续）

序号	农药中文名	最大残留限量（mg/kg）	农药主要用途	检测方法
4	噻节因	0.1	植物生长调节剂	GB/T 23210
5	烯草酮	0.5	除草剂	GB 23200.9、GB/T 20770、SN/T 2325

2.14　玉米毛油

玉米毛油中农药最大残留限量见表2-14。

表2-14　玉米毛油中农药最大残留限量

序号	农药中文名	最大残留限量（mg/kg）	农药主要用途	检测方法
1	氯丹	0.05	杀虫剂	GB/T 5009.19
2	增效醚	80	增效剂	GB 23200.34

2.15　葵花籽毛油

葵花籽毛油中农药最大残留限量见表2-15。

表2-15　葵花籽毛油中农药最大残留限量

序号	农药中文名	最大残留限量（mg/kg）	农药主要用途	检测方法
1	氯丹	0.05	杀虫剂	GB/T 5009.19
2	氯菊酯	1	杀虫剂	GB/T 5009.146、SN/T 2151
3	咪鲜胺和咪鲜胺锰盐	1	杀菌剂	NY/T 1456

2.16　葵花油毛油

葵花油毛油中农药最大残留限量见表2-16。

表2-16　葵花油毛油中农药最大残留限量

序号	农药中文名	最大残留限量（mg/kg）	农药主要用途	检测方法
1	氯丹	0.05	杀虫剂	GB/T 5009.19
2	烯草酮	0.1	除草剂	GB 23200.9、GB/T 20770、SN/T 2325

2.17 大豆油

大豆油中农药最大残留限量见表 2-17。

表 2-17 大豆油中农药最大残留限量

序号	农药中文名	最大残留限量（mg/kg）	农药主要用途	检测方法
1	氯丹	0.02	杀虫剂	GB/T 5009.19
2	敌草快	0.05	除草剂	GB/T 5009.221
3	氟吡甲禾灵和高效氟吡甲禾灵	1	除草剂	GB/T 20770
4	腐霉利	0.5	杀菌剂	GB 23200.9
5	乐果	0.05*	杀虫剂	GB/T 5009.20
6	氟硅唑	0.1	杀菌剂	GB 23200.9、GB/T 20770
7	氟乐灵	0.05	除草剂	GB/T 5009.172
8	七氯	0.02	杀虫剂	GB/T 5009.19
9	倍硫磷	0.01	杀虫剂	GB/T 5009.145

2.18 菜籽油

菜籽油中农药最大残留限量见表 2-18。

表 2-18 菜籽油中农药最大残留限量

序号	农药中文名	最大残留限量（mg/kg）	农药主要用途	检测方法
1	氯丹	0.02	杀虫剂	GB/T 5009.19
2	敌草快	0.05	除草剂	GB/T 5009.221
3	氟吡甲禾灵和高效氟吡甲禾灵	1	除草剂	GB/T 20770
4	腐霉利	0.5	杀菌剂	GB 23200.9
5	乐果	0.05*	杀虫剂	GB/T 5009.20
6	百草枯	0.05*	除草剂	无指定
7	多效唑	0.5	植物生长调节剂	GB 23200.9、GB/T 20770、SN/T 1477
8	倍硫磷	0.01	杀虫剂	GB/T 5009.145

2.19　花生油

花生油中农药最大残留限量见表2-19。

表2-19　花生油中农药最大残留限量

序号	农药中文名	最大残留限量（mg/kg）	农药主要用途	检测方法
1	氯丹	0.02	杀虫剂	GB/T 5009.19
2	敌草快	0.05	除草剂	GB/T 5009.221
3	氟吡甲禾灵和高效氟吡甲禾灵	1	除草剂	GB/T 20770
4	腐霉利	0.5	杀菌剂	GB 23200.9
5	乐果	0.05*	杀虫剂	GB/T 5009.20
6	苯线磷	0.02	杀虫剂	GB/T 20770
7	氟乐灵	0.05	除草剂	GB/T 5009.172
8	甲拌磷	0.05	杀虫剂	GB/T 5009.20、GB 23200.9、GB/T 14553
9	涕灭威	0.01	杀虫剂	GB/T 14929.2
10	倍硫磷	0.01	杀虫剂	GB/T 5009.145

2.20　棉籽油

棉籽油中农药最大残留限量见表2-20。

表2-20　棉籽油中农药最大残留限量

序号	农药中文名	最大残留限量（mg/kg）	农药主要用途	检测方法
1	氯丹	0.02	杀虫剂	GB/T 5009.19
2	敌草快	0.05	除草剂	GB/T 5009.221
3	氟吡甲禾灵和高效氟吡甲禾灵	1	除草剂	GB/T 20770
4	腐霉利	0.5	杀菌剂	GB 23200.9
5	乐果	0.05*	杀虫剂	GB/T 5009.20
6	吡丙醚	0.01	杀虫剂	GB 23200.8

（续）

序号	农药中文名	最大残留限量（mg/kg）	农药主要用途	检测方法
7	丙硫克百威	0.05*	杀虫剂	无指定
8	丙溴磷	0.05	杀虫剂	GB/T 20770、SN/T 2234
9	草甘膦	0.05	除草剂	GB/T 23750
10	毒死蜱	0.05	杀虫剂	GB/T 5009.145、SN/T 2158
11	对硫磷	0.1	杀虫剂	GB/T 5009.20
12	伏杀硫磷	0.1	杀虫剂	GB 23200.9、GB/T 20770
13	氟胺氰菊酯	0.2	杀虫剂	NY/T 761
14	氟氰戊菊酯	0.2	杀虫剂	GB 23200.9
15	甲基对硫磷	0.02	杀虫剂	GB/T 5009.20
16	久效磷	0.05	杀虫剂	GB/T 5009.20
17	硫双威	0.1	杀虫剂	GB/T 20770
18	氯氟氰菊酯和高效氯氟氰菊酯	0.02	杀虫剂	GB/T 5009.146、GB 23200.9、SN/T 2151
19	氯菊酯	0.1	杀虫剂	GB/T 5009.146、SN/T 2151
20	氰戊菊酯和S-氰戊菊酯	0.1	杀虫剂	GB/T 5009.110
21	炔螨特	0.1	杀螨剂	GB 23200.9、NY/T 1652
22	三氯杀螨醇	0.5	杀螨剂	GB/T 5009.176
23	双甲脒	0.05	杀螨剂	GB/T 5009.143
24	涕灭威	0.01	杀虫剂	GB/T 14929.2
25	五氯硝基苯	0.01	杀菌剂	GB/T 5009.136、GB/T 5009.19
26	乙硫磷	0.5	杀虫剂	GB/T 5009.20
27	倍硫磷	0.01	杀虫剂	GB/T 5009.145

2.21 初榨橄榄油

初榨橄榄油中农药最大残留限量见表 2-21。

表 2-21 初榨橄榄油中农药最大残留限量

序号	农药中文名	最大残留限量（mg/kg）	农药主要用途	检测方法
1	氯丹	0.02	杀虫剂	GB/T 5009.19

（续）

序号	农药中文名	最大残留限量（mg/kg）	农药主要用途	检测方法
2	敌草快	0.05	除草剂	GB/T 5009.221
3	氟吡甲禾灵和高效氟吡甲禾灵	1	除草剂	GB/T 20770
4	腐霉利	0.5	杀菌剂	GB 23200.9
5	乐果	0.05*	杀虫剂	GB/T 5009.20
6	倍硫磷	1	杀虫剂	GB/T 5009.145
7	氯氰菊酯和高效氯氰菊酯	0.5	杀虫剂	GB/T 5009.110、GB/T 5009.146、GB 23200.9
8	醚菌酯	0.7	杀菌剂	GB 23200.9

2.22 精炼橄榄油

精炼橄榄油中农药最大残留限量见表 2-22。

表 2-22 精炼橄榄油中农药最大残留限量

序号	农药中文名	最大残留限量（mg/kg）	农药主要用途	检测方法
1	氯丹	0.02	杀虫剂	GB/T 5009.19
2	敌草快	0.05	除草剂	GB/T 5009.221
3	氟吡甲禾灵和高效氟吡甲禾灵	1	除草剂	GB/T 20770
4	腐霉利	0.5	杀菌剂	GB 23200.9
5	乐果	0.05*	杀虫剂	GB/T 5009.20
6	氯氰菊酯和高效氯氰菊酯	0.5	杀虫剂	GB/T 5009.110、GB/T 5009.146、GB 23200.9
7	倍硫磷	0.01	杀虫剂	GB/T 5009.145

2.23 食用菜籽油

食用菜籽油中农药最大残留限量见表 2-23。

表 2-23 食用菜籽油中农药最大残留限量

序号	农药中文名	最大残留限量（mg/kg）	农药主要用途	检测方法
1	氯丹	0.02	杀虫剂	GB/T 5009.19
2	敌草快	0.05	除草剂	GB/T 5009.221
3	氟吡甲禾灵和高效氟吡甲禾灵	1	除草剂	GB/T 20770
4	腐霉利	0.5	杀菌剂	GB 23200.9
5	乐果	0.05*	杀虫剂	GB/T 5009.20
6	联苯菊酯	0.1	杀虫/杀螨剂	GB/T 5009.146
7	倍硫磷	0.01	杀虫剂	GB/T 5009.145

2.24 食用棉籽油

食用棉籽油中农药最大残留限量见表 2-24。

表 2-24 食用棉籽油中农药最大残留限量

序号	农药中文名	最大残留限量（mg/kg）	农药主要用途	检测方法
1	氯丹	0.02	杀虫剂	GB/T 5009.19
2	敌草快	0.05	除草剂	GB/T 5009.221
3	氟吡甲禾灵和高效氟吡甲禾灵	1	除草剂	GB/T 20770
4	腐霉利	0.5	杀菌剂	GB 23200.9
5	乐果	0.05*	杀虫剂	GB/T 5009.20
6	噻节因	0.1	植物生长调节剂	GB/T 23210
7	烯草酮	0.5	除草剂	GB 23200.9、GB/T 20770、SN/T 2325
8	倍硫磷	0.01	杀虫剂	GB/T 5009.145

3 蔬 菜 类

3.1 大蒜

大蒜中农药最大残留限量见表 3-1。

表 3-1 大蒜中农药最大残留限量

序号	农药中文名	最大残留限量 （mg/kg）	农药 主要用途	检测方法
1	百草枯	0.05*	除草剂	无指定
2	倍硫磷	0.05	杀虫剂	GB 23200.8、NY/T 761
3	苯线磷	0.02	杀虫剂	GB/T 5009.145、GB 23200.8
4	敌百虫	0.2	杀虫剂	GB/T 20769、NY/T 761
5	敌敌畏	0.2	杀虫剂	NY/T 761、GB 23200.8、GB/T 5009.20
6	地虫硫磷	0.01	杀虫剂	GB 23200.8
7	对硫磷	0.01	杀虫剂	GB/T 5009.145
8	氟虫腈	0.02	杀虫剂	SN/T 1982
9	甲胺磷	0.05	杀虫剂	NY/T 761、GB/T 5009.10
10	甲拌磷	0.01	杀虫剂	GB 23200.8
11	甲基对硫磷	0.02	杀虫剂	NY/T 761
12	甲基硫环磷	0.03*	杀虫剂	NY/T 761
13	甲基异柳磷	0.01*	杀虫剂	GB/T 5009.144
14	甲萘威	1	杀虫剂	GB/T 5009.145、GB/T 20769、NY/T 761
15	久效磷	0.03	杀虫剂	NY/T 761
16	克百威	0.02	杀虫剂	NY/T 761
17	磷胺	0.05	杀虫剂	NY/T 761
18	硫环磷	0.03	杀虫剂	NY/T 761
19	硫线磷	0.02	杀虫剂	GB/T 20769
20	氯氟氰菊酯和高效氯氟氰菊酯	0.2	杀虫剂	GB/T 5009.146、NY/T 761

（续）

序号	农药中文名	最大残留限量 （mg/kg）	农药 主要用途	检测方法
21	氯唑磷	0.01	杀虫剂	GB/T 20769
22	灭多威	0.2	杀虫剂	NY/T 76
23	灭线磷	0.02	杀线虫剂	NY/T 761
24	内吸磷	0.02	杀虫/杀螨剂	GB/T 20769
25	杀虫脒	0.01	杀虫剂	GB/T 20769
26	杀螟硫磷	0.5*	杀虫剂	GB/T 14553、GB/T 20769、 NY/T 761
27	杀扑磷	0.05	杀虫剂	NY/T 761
28	水胺硫磷	0.05	杀虫剂	NY/T 761
29	特丁硫磷	0.01	杀虫剂	NY/T 761、NY/T 1379
30	涕灭威	0.03	杀虫剂	NY/T 761
31	氧乐果	0.02	杀虫剂	NY/T 761、NY/T 1379
32	乙酰甲胺磷	1	杀虫剂	GB/T 5009.103、GB/T 5009.145、 NY/T 761
33	蝇毒磷	0.05	杀虫剂	GB 23200.8
34	治螟磷	0.01	杀虫剂	NY/T 761、GB 23200.8
35	艾氏剂	0.05	杀虫剂	NY/T 761、GB/T 5009.19
36	滴滴涕	0.05	杀虫剂	NY/T 761、GB/T 5009.19
37	狄氏剂	0.05	杀虫剂	NY/T 761、GB/T 5009.19
38	毒杀芬	0.05*	杀虫剂	YC/T 180
39	六六六	0.05	杀虫剂	NY/T 761、GB/T 5009.19
40	氯丹	0.02	杀虫剂	GB/T 5009.19
41	灭蚁灵	0.01	杀虫剂	GB/T 5009.19
42	七氯	0.02	杀虫剂	NY/T 761、GB/T 5009.19
43	异狄氏剂	0.05	杀虫剂	NY/T 761、GB/T 5009.19
44	苯醚甲环唑	0.2	杀菌剂	GB/T 5009.218、GB 23200.8、 GB 23200.49
45	噁草酮	0.1	除草剂	GB 23200.8、NY/T 1379
46	二甲戊灵	0.1	除草剂	GB 23200.8、NY/T 1379
47	精二甲吩草胺	0.01	除草剂	GB/T 20769、GB 23200.8、 NY/T 1379

（续）

序号	农药中文名	最大残留限量（mg/kg）	农药主要用途	检测方法
48	抗蚜威	0.1	杀虫剂	GB 23200.8、NY/T 1379、SN/T 0134
49	乐果	0.2*	杀虫剂	GB/T 5009.145、GB/T 20769、NY/T 761
50	马拉硫磷	0.5	杀虫剂	GB 23200.8、GB/T 20769、NY/T 761
51	咪鲜胺和咪鲜胺锰盐	0.1	杀菌剂	NY/T 1456
52	萘乙酸和萘乙酸钠	0.05	植物生长调节剂	SN 0346
53	扑草净	0.05	除草剂	GB/T 20769
54	戊唑醇	0.1	杀菌剂	GB 23200.8、GB/T 20769
55	烯草酮	0.5	除草剂	GB 23200.8
56	辛硫磷	0.1	杀虫剂	GB/T 5009.102、GB/T 20769
57	辛酰溴苯腈	0.1*	除草剂	无指定
58	乙氧氟草醚	0.05	除草剂	GB 23200.8、GB/T 20769
59	抑芽丹	15	植物生长调节剂/除草剂	GB/T 19611
60	保棉磷	0.5	杀虫剂	NY/T 761
61	氯菊酯	1	杀虫剂	NY/T 761

3.2 洋葱

洋葱中农药最大残留限量见表3-2。

表3-2 洋葱中农药最大残留限量

序号	农药中文名	最大残留限量（mg/kg）	农药主要用途	检测方法
1	百草枯	0.05*	除草剂	无指定
2	倍硫磷	0.05	杀虫剂	GB 23200.8、NY/T 761
3	苯线磷	0.02	杀虫剂	GB/T 5009.145、GB 23200.8
4	敌百虫	0.2	杀虫剂	GB/T 20769、NY/T 761

（续）

序号	农药中文名	最大残留限量 （mg/kg）	农药 主要用途	检测方法
5	敌敌畏	0.2	杀虫剂	NY/T 761、GB 23200.8、GB/T 5009.20
6	地虫硫磷	0.01	杀虫剂	GB 23200.8
7	对硫磷	0.01	杀虫剂	GB/T 5009.145
8	氟虫腈	0.02	杀虫剂	SN/T 1982
9	甲胺磷	0.05	杀虫剂	NY/T 761、GB/T 5009.10
10	甲拌磷	0.01	杀虫剂	GB 23200.8
11	甲基对硫磷	0.02	杀虫剂	NY/T 761
12	甲基硫环磷	0.03*	杀虫剂	NY/T 761
13	甲基异柳磷	0.01*	杀虫剂	GB/T 5009.144
14	甲萘威	1	杀虫剂	GB/T 5009.145、GB/T 20769、NY/T 761
15	久效磷	0.03	杀虫剂	NY/T 761
16	克百威	0.02	杀虫剂	NY/T 761
17	磷胺	0.05	杀虫剂	NY/T 761
18	硫环磷	0.03	杀虫剂	NY/T 761
19	硫线磷	0.02	杀虫剂	GB/T 20769
20	氯氟氰菊酯和高效氯氟氰菊酯	0.2	杀虫剂	GB/T 5009.146、NY/T 761
21	氯唑磷	0.01	杀虫剂	GB/T 20769
22	灭多威	0.2	杀虫剂	NY/T 76
23	灭线磷	0.02	杀线虫剂	NY/T 761
24	内吸磷	0.02	杀虫/杀螨剂	GB/T 20769
25	杀虫脒	0.01	杀虫剂	GB/T 20769
26	杀螟硫磷	0.5*	杀虫剂	GB/T 14553、GB/T 20769、NY/T 761
27	杀扑磷	0.05	杀虫剂	NY/T 761
28	水胺硫磷	0.05	杀虫剂	NY/T 761
29	特丁硫磷	0.01	杀虫剂	NY/T 761、NY/T 1379
30	涕灭威	0.03	杀虫剂	NY/T 761

（续）

序号	农药中文名	最大残留限量（mg/kg）	农药主要用途	检测方法
31	氧乐果	0.02	杀虫剂	NY/T 761、NY/T 1379
32	乙酰甲胺磷	1	杀虫剂	GB/T 5009.103、GB/T 5009.145、NY/T 761
33	蝇毒磷	0.05	杀虫剂	GB 23200.8
34	治螟磷	0.01	杀虫剂	NY/T 761、GB 23200.8
35	艾氏剂	0.05	杀虫剂	NY/T 761、GB/T 5009.19
36	滴滴涕	0.05	杀虫剂	NY/T 761、GB/T 5009.19
37	狄氏剂	0.05	杀虫剂	NY/T 761、GB/T 5009.19
38	毒杀芬	0.05*	杀虫剂	YC/T 180
39	六六六	0.05	杀虫剂	NY/T 761、GB/T 5009.19
40	氯丹	0.02	杀虫剂	GB/T 5009.19
41	灭蚁灵	0.01	杀虫剂	GB/T 5009.19
42	七氯	0.02	杀虫剂	NY/T 761、GB/T 5009.19
43	异狄氏剂	0.05	杀虫剂	NY/T 761、GB/T 5009.19
44	苯氟磺胺	0.1	杀菌剂	SN/T 2320
45	苯霜灵	0.02	杀菌剂	GB 23200.8、GB/T 20769
46	多杀霉素	0.1	杀虫剂	GB/T 20769
47	二嗪磷	0.05	杀虫剂	GB/T 5009.107、GB/T 20769、NY/T 76
48	氟吡禾灵	0.2	杀菌剂	GB/T 20769
49	甲硫威	0.5	杀软体动物剂	GB/T 20769
50	甲霜灵和精甲霜灵	2	杀菌剂	GB 23200.8、GB/T 20769
51	精二甲吩草胺	0.01	杀菌剂	GB/T 20769、GB 23200.8、NY/T 1379
52	抗蚜威	0.1	杀虫剂	GB 23200.8、NY/T 1379、SN/T 0134
53	乐果	0.2*	杀虫剂	GB/T 5009.145、GB/T 20769、NY/T 761
54	螺虫乙酯	0.4*	杀虫剂	无指定
55	氯氰菊酯和高效氯氰菊酯	0.01	杀虫剂	GB/T 5009.146、GB 23200.8、NY/T 761

（续）

序号	农药中文名	最大残留限量 (mg/kg)	农药 主要用途	检测方法
56	氯硝胺	0.2	杀菌剂	GB 23200.8、GB/T 20769、NY/T 1379
57	马拉硫磷	1	杀虫剂	GB 23200.8、GB/T 20769、NY/T 761
58	嘧菌环胺	0.3	杀菌剂	GB/T 20769、GB 23200.8、NY/T 1379
59	嘧霉胺	0.2	杀菌剂	GB 23200.9、GB/T 20769
60	灭草松	0.1	除草剂	SN/T 0292
61	灭菌丹	1	杀菌剂	SN/T 2320、GB/T 20769
62	双炔酰菌胺	0.1*	杀菌剂	无指定
63	戊唑醇	0.1	杀菌剂	GB 23200.8、GB/T 20769
64	烯草酮	0.5	除草剂	GB 23200.8
65	溴氰菊酯	0.05	杀虫剂	NY/T 761
66	抑芽丹	15	植物生长调节剂/除草剂	GB/T 19611
67	保棉磷	0.5	杀虫剂	NY/T 761
68	辛硫磷	0.05	杀虫剂	GB/T 5009.102、GB/T 20769
69	氯菊酯	1	杀虫剂	NY/T 761

3.3　韭菜

韭菜中农药最大残留限量见表 3-3。

表 3-3　韭菜中农药最大残留限量

序号	农药中文名	最大残留限量 (mg/kg)	农药 主要用途	检测方法
1	百草枯	0.05*	除草剂	无指定
2	倍硫磷	0.05	杀虫剂	GB 23200.8、NY/T 761
3	苯线磷	0.02	杀虫剂	GB/T 5009.145、GB 23200.8
4	敌百虫	0.2	杀虫剂	GB/T 20769、NY/T 761
5	敌敌畏	0.2	杀虫剂	NY/T 761、GB 23200.8、GB/T 5009.20

（续）

序号	农药中文名	最大残留限量（mg/kg）	农药主要用途	检测方法
6	地虫硫磷	0.01	杀虫剂	GB 23200.8
7	对硫磷	0.01	杀虫剂	GB/T 5009.145
8	氟虫腈	0.02	杀虫剂	SN/T 1982
9	甲胺磷	0.05	杀虫剂	NY/T 761、GB/T 5009.10
10	甲拌磷	0.01	杀虫剂	GB 23200.8
11	甲基对硫磷	0.02	杀虫剂	NY/T 761
12	甲基硫环磷	0.03*	杀虫剂	NY/T 761
13	甲基异柳磷	0.01*	杀虫剂	GB/T 5009.144
14	甲萘威	1	杀虫剂	GB/T 5009.145、GB/T 20769、NY/T 761
15	久效磷	0.03	杀虫剂	NY/T 761
16	克百威	0.02	杀虫剂	NY/T 761
17	磷胺	0.05	杀虫剂	NY/T 761
18	硫环磷	0.03	杀虫剂	NY/T 761
19	硫线磷	0.02	杀虫剂	GB/T 20769
20	氯氟氰菊酯和高效氯氟氰菊酯	0.2	杀虫剂	GB/T 5009.146、NY/T 761
21	氯唑磷	0.01	杀虫剂	GB/T 20769
22	灭多威	0.2	杀虫剂	NY/T 76
23	灭线磷	0.02	杀线虫剂	NY/T 761
24	内吸磷	0.02	杀虫/杀螨剂	GB/T 20769
25	杀虫脒	0.01	杀虫剂	GB/T 20769
26	杀螟硫磷	0.5*	杀虫剂	GB/T 14553、GB/T 20769、NY/T 761
27	杀扑磷	0.05	杀虫剂	NY/T 761
28	水胺硫磷	0.05	杀虫剂	NY/T 761
29	特丁硫磷	0.01	杀虫剂	NY/T 761、NY/T 1379
30	涕灭威	0.03	杀虫剂	NY/T 761
31	氧乐果	0.02	杀虫剂	NY/T 761、NY/T 1379
32	乙酰甲胺磷	1	杀虫剂	GB/T 5009.103、GB/T 5009.145、NY/T 761

（续）

序号	农药中文名	最大残留限量（mg/kg）	农药主要用途	检测方法
33	蝇毒磷	0.05	杀虫剂	GB 23200.8
34	治螟磷	0.01	杀虫剂	NY/T 761、GB 23200.8
35	艾氏剂	0.05	杀虫剂	NY/T 761、GB/T 5009.19
36	滴滴涕	0.05	杀虫剂	NY/T 761、GB/T 5009.19
37	狄氏剂	0.05	杀虫剂	NY/T 761、GB/T 5009.19
38	毒杀芬	0.05*	杀虫剂	YC/T 180
39	六六六	0.05	杀虫剂	NY/T 761、GB/T 5009.19
40	氯丹	0.02	杀虫剂	GB/T 5009.19
41	灭蚁灵	0.01	杀虫剂	GB/T 5009.19
42	七氯	0.02	杀虫剂	NY/T 761、GB/T 5009.19
43	异狄氏剂	0.05	杀虫剂	NY/T 761、GB/T 5009.19
44	阿维菌素	0.05	杀虫剂	GB 23200.20、GB 23200.19
45	吡虫啉	1	杀虫剂	GB/T 23379、GB/T 20769、NY/T 1275
46	丁硫克百威	0.05	杀虫剂	GB 23200.13
47	毒死蜱	0.1	杀虫剂	GB 23200.8、NY/T 761、SN/T 2158
48	多菌灵	2	杀菌剂	GB/T 20769、NY/T 1453
49	二甲戊灵	0.2	除草剂	GB 23200.8、NY/T 1379
50	氟胺氰菊酯	0.5	杀虫剂	NY/T 761
51	氟苯脲	0.5	杀虫剂	NY/T 1453
52	氟氯氰菊酯和高效氟氯氰菊酯	0.5	杀虫剂	GB 23200.8、GB/T 5009.146、NY/T 761
53	腐霉利	0.2	杀菌剂	GB 23200.8、NY/T 761
54	甲氰菊酯	1	杀虫剂	NY/T 761
55	乐果	0.2*	杀虫剂	GB/T 5009.145、GB/T 20769、NY/T 761
56	氯氟氰菊酯和高效氯氟氰菊酯	0.5	杀虫剂	GB/T 5009.146、NY/T 761
57	氯氰菊酯和高效氯氰菊酯	1	杀虫剂	GB/T 5009.146、GB 23200.8、NY/T 761

（续）

序号	农药中文名	最大残留限量 （mg/kg）	农药 主要用途	检测方法
58	醚菊酯	1	杀虫剂	SN/T 2151
59	四聚乙醛	1*	杀螺剂	无指定
60	保棉磷	0.5	杀虫剂	NY/T 761
61	辛硫磷	0.05	杀虫剂	GB/T 5009.102、GB/T 20769
62	氯菊酯	1	杀虫剂	NY/T 761

3.4　葱

葱中农药最大残留限量见表3-4。

表3-4　葱中农药最大残留限量

序号	农药中文名	最大残留限量 （mg/kg）	农药 主要用途	检测方法
1	百草枯	0.05*	除草剂	无指定
2	倍硫磷	0.05	杀虫剂	GB 23200.8、NY/T 761
3	苯线磷	0.02	杀虫剂	GB/T 5009.145、GB 23200.8
4	敌百虫	0.2	杀虫剂	GB/T 20769、NY/T 761
5	敌敌畏	0.2	杀虫剂	NY/T 761、GB 23200.8、GB/T 5009.20
6	地虫硫磷	0.01	杀虫剂	GB 23200.8
7	对硫磷	0.01	杀虫剂	GB/T 5009.145
8	氟虫腈	0.02	杀虫剂	SN/T 1982
9	甲胺磷	0.05	杀虫剂	NY/T 761、GB/T 5009.10
10	甲拌磷	0.01	杀虫剂	GB 23200.8
11	甲基对硫磷	0.02	杀虫剂	NY/T 761
12	甲基硫环磷	0.03*	杀虫剂	NY/T 761
13	甲基异柳磷	0.01*	杀虫剂	GB/T 5009.144
14	甲萘威	1	杀虫剂	GB/T 5009.145、GB/T 20769、NY/T 761
15	久效磷	0.03	杀虫剂	NY/T 761
16	克百威	0.02	杀虫剂	NY/T 761

（续）

序号	农药中文名	最大残留限量（mg/kg）	农药主要用途	检测方法
17	磷胺	0.05	杀虫剂	NY/T 761
18	硫环磷	0.03	杀虫剂	NY/T 761
19	硫线磷	0.02	杀虫剂	GB/T 20769
20	氯氟氰菊酯和高效氯氟氰菊酯	0.2	杀虫剂	GB/T 5009.146、NY/T 761
21	氯唑磷	0.01	杀虫剂	GB/T 20769
22	灭多威	0.2	杀虫剂	NY/T 76
23	灭线磷	0.02	杀线虫剂	NY/T 761
24	内吸磷	0.02	杀虫/杀螨剂	GB/T 20769
25	杀虫脒	0.01	杀虫剂	GB/T 20769
26	杀螟硫磷	0.5*	杀虫剂	GB/T 14553、GB/T 20769、NY/T 761
27	杀扑磷	0.05	杀虫剂	NY/T 761
28	水胺硫磷	0.05	杀虫剂	NY/T 761
29	特丁硫磷	0.01	杀虫剂	NY/T 761、NY/T 1379
30	涕灭威	0.03	杀虫剂	NY/T 761
31	氧乐果	0.02	杀虫剂	NY/T 761、NY/T 1379
32	乙酰甲胺磷	1	杀虫剂	GB/T 5009.103、GB/T 5009.145、NY/T 761
33	蝇毒磷	0.05	杀虫剂	GB 23200.8
34	治螟磷	0.01	杀虫剂	NY/T 761、GB 23200.8
35	艾氏剂	0.05	杀虫剂	NY/T 761、GB/T 5009.19
36	滴滴涕	0.05	杀虫剂	NY/T 761、GB/T 5009.19
37	狄氏剂	0.05	杀虫剂	NY/T 761、GB/T 5009.19
38	毒杀芬	0.05*	杀虫剂	YC/T 180
39	六六六	0.05	杀虫剂	NY/T 761、GB/T 5009.19
40	氯丹	0.02	杀虫剂	GB/T 5009.19
41	灭蚁灵	0.01	杀虫剂	GB/T 5009.19
42	七氯	0.02	杀虫剂	NY/T 761、GB/T 5009.19
43	异狄氏剂	0.05	杀虫剂	NY/T 761、GB/T 5009.19

（续）

序号	农药中文名	最大残留限量（mg/kg）	农药主要用途	检测方法
44	苯醚甲环唑	0.3	杀菌剂	GB/T 5009.218、GB 23200.8、GB 23200.49
45	多杀霉素	4	杀虫剂	GB/T 20769
46	二嗪磷	1	杀虫剂	GB/T 5009.107、GB/T 20769、NY/T 761
47	精二甲吩草胺	0.01	除草剂	GB/T 20769、GB 23200.8、NY/T 1379
48	乐果	0.2*	杀虫剂	GB/T 5009.145、GB/T 20769、NY/T 761
49	氯菊酯	0.5	杀虫剂	NY/T 761
50	马拉硫磷	5	杀虫剂	GB 23200.8、GB/T 20769、NY/T 761
51	嘧霉胺	3	杀菌剂	GB 23200.9、GB/T 20769
52	双炔酰菌胺	7*	杀菌剂	无指定
53	抑芽丹	15	植物生长调节剂/除草剂	GB/T 19611
54	保棉磷	0.5	杀虫剂	NY/T 761
55	辛硫磷	0.05	杀虫剂	GB/T 5009.102、GB/T 20769

3.5 青蒜

青蒜中农药最大残留限量见表 3-5。

表 3-5 青蒜中农药最大残留限量

序号	农药中文名	最大残留限量（mg/kg）	农药主要用途	检测方法
1	百草枯	0.05*	除草剂	无指定
2	倍硫磷	0.05	杀虫剂	GB 23200.8、NY/T 761
3	苯线磷	0.02	杀虫剂	GB/T 5009.145、GB 23200.8
4	敌百虫	0.2	杀虫剂	GB/T 20769、NY/T 761
5	敌敌畏	0.2	杀虫剂	NY/T 761、GB 23200.8、GB/T 5009.20

（续）

序号	农药中文名	最大残留限量 （mg/kg）	农药 主要用途	检测方法
6	地虫硫磷	0.01	杀虫剂	GB 23200.8
7	对硫磷	0.01	杀虫剂	GB/T 5009.145
8	氟虫腈	0.02	杀虫剂	SN/T 1982
9	甲胺磷	0.05	杀虫剂	NY/T 761、GB/T 5009.10
10	甲拌磷	0.01	杀虫剂	GB 23200.8
11	甲基对硫磷	0.02	杀虫剂	NY/T 761
12	甲基硫环磷	0.03*	杀虫剂	NY/T 761
13	甲基异柳磷	0.01*	杀虫剂	GB/T 5009.144
14	甲萘威	1	杀虫剂	GB/T 5009.145、GB/T 20769、 NY/T 761
15	久效磷	0.03	杀虫剂	NY/T 761
16	克百威	0.02	杀虫剂	NY/T 761
17	磷胺	0.05	杀虫剂	NY/T 761
18	硫环磷	0.03	杀虫剂	NY/T 761
19	硫线磷	0.02	杀虫剂	GB/T 20769
20	氯氟氰菊酯和高效氯氟氰 菊酯	0.2	杀虫剂	GB/T 5009.146、NY/T 761
21	氯唑磷	0.01	杀虫剂	GB/T 20769
22	灭多威	0.2	杀虫剂	NY/T 76
23	灭线磷	0.02	杀线虫剂	NY/T 761
24	内吸磷	0.02	杀虫/杀螨剂	GB/T 20769
25	杀虫脒	0.01	杀虫剂	GB/T 20769
26	杀螟硫磷	0.5*	杀虫剂	GB/T 14553、GB/T 20769、 NY/T 761
27	杀扑磷	0.05	杀虫剂	NY/T 761
28	水胺硫磷	0.05	杀虫剂	NY/T 761
29	特丁硫磷	0.01	杀虫剂	NY/T 761、NY/T 1379
30	涕灭威	0.03	杀虫剂	NY/T 761
31	氧乐果	0.02	杀虫剂	NY/T 761、NY/T 1379
32	乙酰甲胺磷	1	杀虫剂	GB/T 5009.103、GB/T 5009.145、 NY/T 761

（续）

序号	农药中文名	最大残留限量（mg/kg）	农药主要用途	检测方法
33	蝇毒磷	0.05	杀虫剂	GB 23200.8
34	治螟磷	0.01	杀虫剂	NY/T 761、GB 23200.8
35	艾氏剂	0.05	杀虫剂	NY/T 761、GB/T 5009.19
36	滴滴涕	0.05	杀虫剂	NY/T 761、GB/T 5009.19
37	狄氏剂	0.05	杀虫剂	NY/T 761、GB/T 5009.19
38	毒杀芬	0.05*	杀虫剂	YC/T 180
39	六六六	0.05	杀虫剂	NY/T 761、GB/T 5009.19
40	氯丹	0.02	杀虫剂	GB/T 5009.19
41	灭蚁灵	0.01	杀虫剂	GB/T 5009.19
42	七氯	0.02	杀虫剂	NY/T 761、GB/T 5009.19
43	异狄氏剂	0.05	杀虫剂	NY/T 761、GB/T 5009.19
44	辛酰溴苯腈	0.1*	除草剂	无指定
45	乙氧氟草醚	0.1	除草剂	GB 23200.8、GB/T 20769
46	保棉磷	0.5	杀虫剂	NY/T 761
47	辛硫磷	0.05	杀虫剂	GB/T 5009.102、GB/T 20769
48	氯菊酯	1	杀虫剂	NY/T 761

3.6 蒜薹

蒜薹中农药最大残留限量见表 3-6。

表 3-6 蒜薹中农药最大残留限量

序号	农药中文名	最大残留限量（mg/kg）	农药主要用途	检测方法
1	百草枯	0.05*	除草剂	无指定
2	倍硫磷	0.05	杀虫剂	GB 23200.8、NY/T 761
3	苯线磷	0.02	杀虫剂	GB/T 5009.145、GB 23200.8
4	敌百虫	0.2	杀虫剂	GB/T 20769、NY/T 761
5	敌敌畏	0.2	杀虫剂	NY/T 761、GB 23200.8、GB/T 5009.20
6	地虫硫磷	0.01	杀虫剂	GB 23200.8

（续）

序号	农药中文名	最大残留限量（mg/kg）	农药主要用途	检测方法
7	对硫磷	0.01	杀虫剂	GB/T 5009.145
8	氟虫腈	0.02	杀虫剂	SN/T 1982
9	甲胺磷	0.05	杀虫剂	NY/T 761、GB/T 5009.10
10	甲拌磷	0.01	杀虫剂	GB 23200.8
11	甲基对硫磷	0.02	杀虫剂	NY/T 761
12	甲基硫环磷	0.03*	杀虫剂	NY/T 761
13	甲基异柳磷	0.01*	杀虫剂	GB/T 5009.144
14	甲萘威	1	杀虫剂	GB/T 5009.145、GB/T 20769、NY/T 761
15	久效磷	0.03	杀虫剂	NY/T 761
16	克百威	0.02	杀虫剂	NY/T 761
17	磷胺	0.05	杀虫剂	NY/T 761
18	硫环磷	0.03	杀虫剂	NY/T 761
19	硫线磷	0.02	杀虫剂	GB/T 20769
20	氯氟氰菊酯和高效氯氟氰菊酯	0.2	杀虫剂	GB/T 5009.146、NY/T 761
21	氯唑磷	0.01	杀虫剂	GB/T 20769
22	灭多威	0.2	杀虫剂	NY/T 76
23	灭线磷	0.02	杀线虫剂	NY/T 761
24	内吸磷	0.02	杀虫/杀螨剂	GB/T 20769
25	杀虫脒	0.01	杀虫剂	GB/T 20769
26	杀螟硫磷	0.5*	杀虫剂	GB/T 14553、GB/T 20769、NY/T 761
27	杀扑磷	0.05	杀虫剂	NY/T 761
28	水胺硫磷	0.05	杀虫剂	NY/T 761
29	特丁硫磷	0.01	杀虫剂	NY/T 761、NY/T 1379
30	涕灭威	0.03	杀虫剂	NY/T 761
31	氧乐果	0.02	杀虫剂	NY/T 761、NY/T 1379
32	乙酰甲胺磷	1	杀虫剂	GB/T 5009.103、GB/T 5009.145、NY/T 761

（续）

序号	农药中文名	最大残留限量（mg/kg）	农药主要用途	检测方法
33	蝇毒磷	0.05	杀虫剂	GB 23200.8
34	治螟磷	0.01	杀虫剂	NY/T 761、GB 23200.8
35	艾氏剂	0.05	杀虫剂	NY/T 761、GB/T 5009.19
36	滴滴涕	0.05	杀虫剂	NY/T 761、GB/T 5009.19
37	狄氏剂	0.05	杀虫剂	NY/T 761、GB/T 5009.19
38	毒杀芬	0.05*	杀虫剂	YC/T 180
39	六六六	0.05	杀虫剂	NY/T 761、GB/T 5009.19
40	氯丹	0.02	杀虫剂	GB/T 5009.19
41	灭蚁灵	0.01	杀虫剂	GB/T 5009.19
42	七氯	0.02	杀虫剂	NY/T 761、GB/T 5009.19
43	异狄氏剂	0.05	杀虫剂	NY/T 761、GB/T 5009.19
44	噁草酮	0.05	除草剂	GB 23200.8、NY/T 1379
45	萘乙酸和萘乙酸钠	0.05	植物生长调节剂	SN 0346
46	辛酰溴苯腈	0.1*	除草剂	无指定
47	乙氧氟草醚	0.1	除草剂	GB 23200.8、GB/T 20769
48	保棉磷	0.5	杀虫剂	NY/T 761
49	辛硫磷	0.05	杀虫剂	GB/T 5009.102、GB/T 20769
50	氯菊酯	1	杀虫剂	NY/T 761

3.7　韭葱

韭葱中农药最大残留限量见表 3-7。

表 3-7　韭葱中农药最大残留限量

序号	农药中文名	最大残留限量（mg/kg）	农药主要用途	检测方法
1	百草枯	0.05*	除草剂	无指定
2	倍硫磷	0.05	杀虫剂	GB 23200.8、NY/T 761
3	苯线磷	0.02	杀虫剂	GB/T 5009.145、GB 23200.8
4	敌百虫	0.2	杀虫剂	GB/T 20769、NY/T 761
5	敌敌畏	0.2	杀虫剂	NY/T 761、GB 23200.8、GB/T 5009.20

（续）

序号	农药中文名	最大残留限量（mg/kg）	农药主要用途	检测方法
6	地虫硫磷	0.01	杀虫剂	GB 23200.8
7	对硫磷	0.01	杀虫剂	GB/T 5009.145
8	氟虫腈	0.02	杀虫剂	SN/T 1982
9	甲胺磷	0.05	杀虫剂	NY/T 761、GB/T 5009.10
10	甲拌磷	0.01	杀虫剂	GB 23200.8
11	甲基对硫磷	0.02	杀虫剂	NY/T 761
12	甲基硫环磷	0.03*	杀虫剂	NY/T 761
13	甲基异柳磷	0.01*	杀虫剂	GB/T 5009.144
14	甲萘威	1	杀虫剂	GB/T 5009.145、GB/T 20769、NY/T 761
15	久效磷	0.03	杀虫剂	NY/T 761
16	克百威	0.02	杀虫剂	NY/T 761
17	磷胺	0.05	杀虫剂	NY/T 761
18	硫环磷	0.03	杀虫剂	NY/T 761
19	硫线磷	0.02	杀虫剂	GB/T 20769
20	氯氟氰菊酯和高效氯氟氰菊酯	0.2	杀虫剂	GB/T 5009.146、NY/T 761
21	氯唑磷	0.01	杀虫剂	GB/T 20769
22	灭多威	0.2	杀虫剂	NY/T 76
23	灭线磷	0.02	杀线虫剂	NY/T 761
24	内吸磷	0.02	杀虫/杀螨剂	GB/T 20769
25	杀虫脒	0.01	杀虫剂	GB/T 20769
26	杀螟硫磷	0.5*	杀虫剂	GB/T 14553、GB/T 20769、NY/T 761
27	杀扑磷	0.05	杀虫剂	NY/T 761
28	水胺硫磷	0.05	杀虫剂	NY/T 761
29	特丁硫磷	0.01	杀虫剂	NY/T 761、NY/T 1379
30	涕灭威	0.03	杀虫剂	NY/T 761
31	氧乐果	0.02	杀虫剂	NY/T 761、NY/T 1379
32	乙酰甲胺磷	1	杀虫剂	GB/T 5009.103、GB/T 5009.145、NY/T 761

（续）

序号	农药中文名	最大残留限量（mg/kg）	农药主要用途	检测方法
33	蝇毒磷	0.05	杀虫剂	GB 23200.8
34	治螟磷	0.01	杀虫剂	NY/T 761、GB 23200.8
35	艾氏剂	0.05	杀虫剂	NY/T 761、GB/T 5009.19
36	滴滴涕	0.05	杀虫剂	NY/T 761、GB/T 5009.19
37	狄氏剂	0.05	杀虫剂	NY/T 761、GB/T 5009.19
38	毒杀芬	0.05*	杀虫剂	YC/T 180
39	六六六	0.05	杀虫剂	NY/T 761、GB/T 5009.19
40	氯丹	0.02	杀虫剂	GB/T 5009.19
41	灭蚁灵	0.01	杀虫剂	GB/T 5009.19
42	七氯	0.02	杀虫剂	NY/T 761、GB/T 5009.19
43	异狄氏剂	0.05	杀虫剂	NY/T 761、GB/T 5009.19
44	甲苯氟磺胺	2	杀菌剂	GB 23200.8
45	甲硫威	0.5	杀软体动物剂	GB/T 20769
46	氯菊酯	0.5	杀虫剂	NY/T 761
47	氯氰菊酯和高效氯氰菊酯	0.05	杀虫剂	GB/T 5009.146、GB 23200.8、NY/T 761
48	戊唑醇	0.7	杀菌剂	GB 23200.8、GB/T 20769
49	溴氰菊酯	0.2	杀虫剂	NY/T 761
50	保棉磷	0.5	杀虫剂	NY/T 761
51	辛硫磷	0.05	杀虫剂	GB/T 5009.102、GB/T 20769

3.8 百合

百合中农药最大残留限量见表3-8。

表3-8 百合中农药最大残留限量

序号	农药中文名	最大残留限量（mg/kg）	农药主要用途	检测方法
1	百草枯	0.05*	除草剂	无指定
2	倍硫磷	0.05	杀虫剂	GB 23200.8、NY/T 761
3	苯线磷	0.02	杀虫剂	GB/T 5009.145、GB 23200.8

（续）

序号	农药中文名	最大残留限量（mg/kg）	农药主要用途	检测方法
4	敌百虫	0.2	杀虫剂	GB/T 20769、NY/T 761
5	敌敌畏	0.2	杀虫剂	NY/T 761、GB 23200.8、GB/T 5009.20
6	地虫硫磷	0.01	杀虫剂	GB 23200.8
7	对硫磷	0.01	杀虫剂	GB/T 5009.145
8	氟虫腈	0.02	杀虫剂	SN/T 1982
9	甲胺磷	0.05	杀虫剂	NY/T 761、GB/T 5009.10
10	甲拌磷	0.01	杀虫剂	GB 23200.8
11	甲基对硫磷	0.02	杀虫剂	NY/T 761
12	甲基硫环磷	0.03*	杀虫剂	NY/T 761
13	甲基异柳磷	0.01*	杀虫剂	GB/T 5009.144
14	甲萘威	1	杀虫剂	GB/T 5009.145、GB/T 20769、NY/T 761
15	久效磷	0.03	杀虫剂	NY/T 761
16	克百威	0.02	杀虫剂	NY/T 761
17	磷胺	0.05	杀虫剂	NY/T 761
18	硫环磷	0.03	杀虫剂	NY/T 761
19	硫线磷	0.02	杀虫剂	GB/T 20769
20	氯氟氰菊酯和高效氯氟氰菊酯	0.2	杀虫剂	GB/T 5009.146、NY/T 761
21	氯唑磷	0.01	杀虫剂	GB/T 20769
22	灭多威	0.2	杀虫剂	NY/T 76
23	灭线磷	0.02	杀线虫剂	NY/T 761
24	内吸磷	0.02	杀虫/杀螨剂	GB/T 20769
25	杀虫脒	0.01	杀虫剂	GB/T 20769
26	杀螟硫磷	0.5*	杀虫剂	GB/T 14553、GB/T 20769、NY/T 761
27	杀扑磷	0.05	杀虫剂	NY/T 761
28	水胺硫磷	0.05	杀虫剂	NY/T 761
29	特丁硫磷	0.01	杀虫剂	NY/T 761、NY/T 1379

（续）

序号	农药中文名	最大残留限量（mg/kg）	农药主要用途	检测方法
30	涕灭威	0.03	杀虫剂	NY/T 761
31	氧乐果	0.02	杀虫剂	NY/T 761、NY/T 1379
32	乙酰甲胺磷	1	杀虫剂	GB/T 5009.103、GB/T 5009.145、NY/T 761
33	蝇毒磷	0.05	杀虫剂	GB 23200.8
34	治螟磷	0.01	杀虫剂	NY/T 761、GB 23200.8
35	艾氏剂	0.05	杀虫剂	NY/T 761、GB/T 5009.19
36	滴滴涕	0.05	杀虫剂	NY/T 761、GB/T 5009.19
37	狄氏剂	0.05	杀虫剂	NY/T 761、GB/T 5009.19
38	毒杀芬	0.05*	杀虫剂	YC/T 180
39	六六六	0.05	杀虫剂	NY/T 761、GB/T 5009.19
40	氯丹	0.02	杀虫剂	GB/T 5009.19
41	灭蚁灵	0.01	杀虫剂	GB/T 5009.19
42	七氯	0.02	杀虫剂	NY/T 761、GB/T 5009.19
43	异狄氏剂	0.05	杀虫剂	NY/T 761、GB/T 5009.19
44	乐果	0.2*	杀虫剂	GB/T 5009.145、GB/T 20769、NY/T 761
45	保棉磷	0.5	杀虫剂	NY/T 761
46	辛硫磷	0.05	杀虫剂	GB/T 5009.102、GB/T 20769
47	氯菊酯	1	杀虫剂	NY/T 761

3.9 结球甘蓝

结球甘蓝中农药最大残留限量见表 3-9。

表 3-9 结球甘蓝中农药最大残留限量

序号	农药中文名	最大残留限量（mg/kg）	农药主要用途	检测方法
1	百草枯	0.05*	除草剂	无指定
2	倍硫磷	0.05	杀虫剂	GB 23200.8、NY/T 761
3	苯线磷	0.02	杀虫剂	GB/T 5009.145、GB 23200.8

（续）

序号	农药中文名	最大残留限量（mg/kg）	农药主要用途	检测方法
4	地虫硫磷	0.01	杀虫剂	GB 23200.8
5	对硫磷	0.01	杀虫剂	GB/T 5009.145
6	氟虫腈	0.02	杀虫剂	SN/T 1982
7	氟酰脲	0.7	杀虫剂	GB 23200.34
8	甲胺磷	0.05	杀虫剂	NY/T 761、GB/T 5009.103
9	甲拌磷	0.01	杀虫剂	GB 23200.8
10	甲基对硫磷	0.02	杀虫剂	NY/T 761
11	甲基硫环磷	0.03*	杀虫剂	NY/T 761
12	甲基异柳磷	0.01*	杀虫剂	GB/T 5009.144
13	久效磷	0.03	杀虫剂	NY/T 761
14	克百威	0.02	杀虫剂	NY/T 761
15	磷胺	0.05	杀虫剂	NY/T 761
16	硫环磷	0.03	杀虫剂	NY/T 761
17	硫线磷	0.02	杀虫剂	GB/T 20769
18	氯唑磷	0.01	杀虫剂	GB/T 20769
19	灭多威	0.2	杀虫剂	NY/T 761
20	灭线磷	0.02	杀线虫剂	NY/T 761
21	内吸磷	0.02	杀虫/杀螨剂	GB/T 20769
22	杀虫脒	0.01	杀虫剂	GB/T 20769
23	杀扑磷	0.05	杀虫剂	NY/T 761
24	水胺硫磷	0.05	杀虫剂	NY/T 761
25	特丁硫磷	0.01	杀虫剂	NY/T 761、NY/T 1379
26	涕灭威	0.03	杀虫剂	NY/T 761
27	氧乐果	0.02	杀虫剂	NY/T 761、NY/T 1379
28	乙酰甲胺磷	1	杀虫剂	GB/T 5009.103、GB/T 5009.145、NY/T 761
29	蝇毒磷	0.05	杀虫剂	GB 23200.8
30	治螟磷	0.01	杀虫剂	NY/T 761、GB 23200.8
31	艾氏剂	0.05	杀虫剂	NY/T 761、GB/T 5009.19
32	滴滴涕	0.05	杀虫剂	NY/T 761、GB/T 5009.19

（续）

序号	农药中文名	最大残留限量（mg/kg）	农药主要用途	检测方法
33	狄氏剂	0.05	杀虫剂	NY/T 761、GB/T 5009.19
34	毒杀芬	0.05*	杀虫剂	YC/T 180
35	六六六	0.05	杀虫剂	NY/T 761、GB/T 5009.19
36	氯丹	0.02	杀虫剂	GB/T 5009.19
37	灭蚁灵	0.01	杀虫剂	GB/T 5009.19
38	七氯	0.02	杀虫剂	NY/T 761、GB/T 5009.19
39	异狄氏剂	0.05	杀虫剂	NY/T 761、GB/T 5009.19
40	代森锌	5	杀菌剂	SN 0157
41	杀虫双	0.5*	杀虫剂	无指定
42	阿维菌素	0.05	杀虫剂	GB 23200.20、GB 23200.19
43	苯醚甲环唑	0.2	杀菌剂	GB/T 5009.218、GB 23200.8、GB 23200.49
44	吡虫啉	1	杀虫剂	GB/T 23379、GB/T 20769、NY/T 1275
45	吡蚜酮	0.2	杀虫剂	GB/T 20770
46	吡唑醚菌酯	0.5	杀菌剂	GB 23200.8、GB/T 20769
47	丙溴磷	0.5	杀虫剂	GB 23200.8、NY/T 761、SN/T 223
48	虫螨腈	1	杀虫剂	GB 23200.8、NY/T 1379、SN/T 1986
49	虫酰肼	1	杀虫剂	GB/T 20769
50	除虫脲	2	杀虫剂	GB/T 5009.147、NY/T 1720
51	哒螨灵	2	杀螨剂	GB/T 20769
52	敌百虫	0.1	杀虫剂	GB/T 20769、NY/T 761
53	敌敌畏	0.5	杀虫剂	NY/T 761、GB 23200.8、GB/T 5009.20
54	丁虫腈	0.1*	杀虫剂	无指定
55	丁硫克百威	1	杀虫剂	GB 23200.13
56	丁醚脲	2*	杀虫剂/杀螨剂	无指定
57	啶虫脒	0.5	杀虫剂	GB/T 23584、GB/T 20769

（续）

序号	农药中文名	最大残留限量（mg/kg）	农药主要用途	检测方法
58	毒死蜱	1	杀虫剂	GB 23200.8、NY/T 761、SN/T 2158
59	多杀霉素	2	杀虫剂	GB/T 20769
60	二甲戊灵	0.2	除草剂	GB 23200.8、NY/T 1379
61	二嗪磷	0.5	杀虫剂	GB/T 5009.107、GB/T 20769、NY/T 761
62	氟胺氰菊酯	0.5	杀虫剂	NY/T 76
63	氟苯虫酰胺	0.2*	杀虫剂	无指定
64	氟苯脲	0.5	杀虫剂	NY/T 1453
65	氟吡甲禾灵和高效氟吡甲禾灵	0.2	除草剂	GB/T 20769
66	氟啶脲	2	杀虫剂	GB 23200.8、SN/T 2095
67	氟铃脲	0.5	杀虫剂	GB/T 20769、NY/T 1720、SN/T 2152
68	氟氯氰菊酯和高效氟氯氰菊酯	0.5	杀虫剂	GB 23200.8、GB/T 5009.146、NY/T 761
69	氟氰戊菊酯	0.5	杀虫剂	NY/T 761
70	甲氨基阿维菌素苯甲酸盐	0.1*	杀虫剂	GB/T 20769
71	甲基毒死蜱	0.1*	杀虫剂	GB 23200.8、GB/T 20769、NY/T 761
72	甲硫威	0.1	杀软体动物剂	GB/T 20769
73	甲萘威	2	杀虫剂	GB/T 5009.145、GB/T 20769、NY/T 761
74	甲氰菊酯	0.5	杀虫剂	NY/T 761
75	甲霜灵和精甲霜灵	0.5	杀菌剂	GB 23200.8、GB/T 20769
76	甲氧虫酰肼	2	杀虫剂	GB/T 20769
77	抗蚜威	1	杀虫剂	GB 23200.8、NY/T 1379、SN/T 0134
78	苦参碱	5*	杀虫剂	无指定
79	乐果	1*	杀虫剂	GB/T 5009.145、GB/T 20769、NY/T 761

（续）

序号	农药中文名	最大残留限量（mg/kg）	农药主要用途	检测方法
80	联苯菊酯	0.2	杀虫/杀螨剂	GB/T 5009.146、NY/T 761、SN/T 1969
81	螺虫乙酯	2*	杀虫剂	无指定
82	氯虫苯甲酰胺	2*	杀虫剂	无指定
83	氯氟氰菊酯和高效氯氟氰菊酯	1	杀虫剂	GB/T 5009.146、NY/T 761
84	氯菊酯	5	杀虫剂	NY/T 761
85	氯氰菊酯和高效氯氰菊酯	5	杀虫剂	GB/T 5009.146、GB 23200.8、NY/T 761
86	马拉硫磷	0.5	杀虫剂	GB 23200.8、GB/T 20769、NY/T 761
87	醚菊酯	0.5	杀虫剂	SN/T 2151
88	灭幼脲	3	杀虫剂	GB/T 5009.135
89	氰戊菊酯和S-氰戊菊酯	0.5	杀虫剂	GB 23200.8、NY/T 761
90	噻虫胺	0.5	杀虫剂	GB/T 20769
91	噻虫啉	0.5	杀虫剂	GB/T 20769、GB 23200.8
92	噻虫嗪	0.2	杀虫剂	GB/T 20769、GB 23200.8
93	三唑磷	0.1	杀虫剂	NY/T 761
94	三唑酮	0.05	杀菌剂	NY/T 761、GB/T 20769、GB 23200.8
95	杀虫单	0.2*	杀虫剂	无指定
96	杀螟硫磷	0.2*	杀虫剂	GB/T 14553、GB/T 20769、NY/T 761
97	虱螨脲	1*	杀虫剂	无指定
98	双炔酰菌胺	3*	杀菌剂	无指定
99	四聚乙醛	2*	杀螺剂	无指定
100	五氯硝基苯	0.1	杀菌剂	GB/T 5009.136、GB/T 5009.19
101	戊唑醇	1	杀菌剂	GB 23200.8、GB/T 2076
102	烯啶虫胺	0.2*	杀虫剂	GB/T 20769
103	烯酰吗啉	2	杀菌剂	GB/T 20769

（续）

序号	农药中文名	最大残留限量 （mg/kg）	农药 主要用途	检测方法
104	辛硫磷	0.1	杀虫剂	GB/T 5009.102、GB/T 20769
105	溴氰虫酰胺	0.5*	杀虫剂	无指定
106	溴氰菊酯	0.5	杀虫剂	NY/T 761
107	烟碱	0.2	杀虫剂	GB/T 20769、SN/T 2397
108	依维菌素	0.02	杀虫剂	GB/T 22968
109	乙基多杀菌素	0.5*	杀虫剂	无指定
110	印棟素	0.1*	杀虫剂	无指定
111	茚虫威	3	杀虫剂	GB/T 20769
112	鱼藤酮	0.5	杀虫剂	GB/T 2076
113	唑虫酰胺	0.5	杀虫剂	GB/T 20769
114	保棉磷	0.5	杀虫剂	NY/T 761

3.10 球茎甘蓝

球茎甘蓝中农药最大残留限量见表 3-10。

表 3-10 球茎甘蓝中农药最大残留限量

序号	农药中文名	最大残留限量 （mg/kg）	农药 主要用途	检测方法
1	百草枯	0.05*	除草剂	无指定
2	倍硫磷	0.05	杀虫剂	GB 23200.8、NY/T 761
3	苯线磷	0.02	杀虫剂	GB/T 5009.145、GB 23200.8
4	地虫硫磷	0.01	杀虫剂	GB 23200.8
5	对硫磷	0.01	杀虫剂	GB/T 5009.145
6	氟虫腈	0.02	杀虫剂	SN/T 1982
7	氟酰脲	0.7	杀虫剂	GB 23200.34
8	甲胺磷	0.05	杀虫剂	NY/T 761、GB/T 5009.103
9	甲拌磷	0.01	杀虫剂	GB 23200.8
10	甲基对硫磷	0.02	杀虫剂	NY/T 761
11	甲基硫环磷	0.03*	杀虫剂	NY/T 761
12	甲基异柳磷	0.01*	杀虫剂	GB/T 5009.144

（续）

序号	农药中文名	最大残留限量（mg/kg）	农药主要用途	检测方法
13	久效磷	0.03	杀虫剂	NY/T 761
14	克百威	0.02	杀虫剂	NY/T 761
15	磷胺	0.05	杀虫剂	NY/T 761
16	硫环磷	0.03	杀虫剂	NY/T 761
17	硫线磷	0.02	杀虫剂	GB/T 20769
18	氯唑磷	0.01	杀虫剂	GB/T 20769
19	灭多威	0.2	杀虫剂	NY/T 761
20	灭线磷	0.02	杀线虫剂	NY/T 761
21	内吸磷	0.02	杀虫/杀螨剂	GB/T 20769
22	杀虫脒	0.01	杀虫剂	GB/T 20769
23	杀扑磷	0.05	杀虫剂	NY/T 761
24	水胺硫磷	0.05	杀虫剂	NY/T 761
25	特丁硫磷	0.01	杀虫剂	NY/T 761、NY/T 1379
26	涕灭威	0.03	杀虫剂	NY/T 761
27	氧乐果	0.02	杀虫剂	NY/T 761、NY/T 1379
28	乙酰甲胺磷	1	杀虫剂	GB/T 5009.103、GB/T 5009.145、NY/T 761
29	蝇毒磷	0.05	杀虫剂	GB 23200.8
30	治螟磷	0.01	杀虫剂	NY/T 761、GB 23200.8
31	艾氏剂	0.05	杀虫剂	NY/T 761、GB/T 5009.19
32	滴滴涕	0.05	杀虫剂	NY/T 761、GB/T 5009.19
33	狄氏剂	0.05	杀虫剂	NY/T 761、GB/T 5009.19
34	毒杀芬	0.05*	杀虫剂	YC/T 180
35	六六六	0.05	杀虫剂	NY/T 761、GB/T 5009.19
36	氯丹	0.02	杀虫剂	GB/T 5009.19
37	灭蚁灵	0.01	杀虫剂	GB/T 5009.19
38	七氯	0.02	杀虫剂	NY/T 761、GB/T 5009.19
39	异狄氏剂	0.05	杀虫剂	NY/T 761、GB/T 5009.19
40	代森锌	5	杀菌剂	SN 0157
41	杀虫双	0.5*	杀虫剂	无指定

（续）

序号	农药中文名	最大残留限量（mg/kg）	农药主要用途	检测方法
42	二嗪磷	0.2	杀虫剂	GB/T 5009.107、GB/T 20769、NY/T 761
43	氯菊酯	0.1	杀虫剂	NY/T 761
44	亚砜磷	0.05	杀虫剂	NY/T 761
45	保棉磷	0.5	杀虫剂	NY/T 761
46	氯氰菊酯和高效氯氰菊酯	1	杀虫剂	GB/T 5009.146、GB 23200.8、NY/T 761
47	多杀霉素	2	杀虫剂	GB/T 20769
48	敌百虫	0.2	杀虫剂	GB/T 20769、NY/T 761
49	敌敌畏	0.2	杀虫剂	NY/T 761、GB 23200.8、GB/T 5009.20
50	甲萘威	1	杀虫剂	GB/T 5009.145、GB/T 20769、NY/T 761
51	联苯菊酯	0.4	杀虫/杀螨剂	GB/T 5009.146、NY/T 761、SN/T 1969
52	杀螟硫磷	0.5*	杀虫剂	GB/T 14553、GB/T 20769、NY/T 761
53	辛硫磷	0.05	杀虫剂	GB/T 5009.102、GB/T 20769
54	氯虫苯甲酰胺	2*	杀虫剂	无指定
55	抗蚜威	0.5	杀虫剂	GB 23200.8、NY/T 1379、SN/T 0134

3.11 抱子甘蓝

抱子甘蓝中农药最大残留限量见表3-11。

表3-11 抱子甘蓝中农药最大残留限量

序号	农药中文名	最大残留限量（mg/kg）	农药主要用途	检测方法
1	百草枯	0.05*	除草剂	无指定
2	倍硫磷	0.05	杀虫剂	GB 23200.8、NY/T 761

（续）

序号	农药中文名	最大残留限量（mg/kg）	农药主要用途	检测方法
3	苯线磷	0.02	杀虫剂	GB/T 5009.145、GB 23200.8
4	地虫硫磷	0.01	杀虫剂	GB 23200.8
5	对硫磷	0.01	杀虫剂	GB/T 5009.145
6	氟虫腈	0.02	杀虫剂	SN/T 1982
7	氟酰脲	0.7	杀虫剂	GB 23200.34
8	甲胺磷	0.05	杀虫剂	NY/T 761、GB/T 5009.103
9	甲拌磷	0.01	杀虫剂	GB 23200.8
10	甲基对硫磷	0.02	杀虫剂	NY/T 761
11	甲基硫环磷	0.03*	杀虫剂	NY/T 761
12	甲基异柳磷	0.01*	杀虫剂	GB/T 5009.144
13	久效磷	0.03	杀虫剂	NY/T 761
14	克百威	0.02	杀虫剂	NY/T 761
15	磷胺	0.05	杀虫剂	NY/T 761
16	硫环磷	0.03	杀虫剂	NY/T 761
17	硫线磷	0.02	杀虫剂	GB/T 20769
18	氯唑磷	0.01	杀虫剂	GB/T 20769
19	灭多威	0.2	杀虫剂	NY/T 761
20	灭线磷	0.02	杀线虫剂	NY/T 761
21	内吸磷	0.02	杀虫/杀螨剂	GB/T 20769
22	杀虫脒	0.01	杀虫剂	GB/T 20769
23	杀扑磷	0.05	杀虫剂	NY/T 761
24	水胺硫磷	0.05	杀虫剂	NY/T 761
25	特丁硫磷	0.01	杀虫剂	NY/T 761、NY/T 1379
26	涕灭威	0.03	杀虫剂	NY/T 761
27	氧乐果	0.02	杀虫剂	NY/T 761、NY/T 1379
28	乙酰甲胺磷	1	杀虫剂	GB/T 5009.103、GB/T 5009.145、NY/T 761
29	蝇毒磷	0.05	杀虫剂	GB 23200.8
30	治螟磷	0.01	杀虫剂	NY/T 761、GB 23200.8
31	艾氏剂	0.05	杀虫剂	NY/T 761、GB/T 5009.19

（续）

序号	农药中文名	最大残留限量（mg/kg）	农药主要用途	检测方法
32	滴滴涕	0.05	杀虫剂	NY/T 761、GB/T 5009.19
33	狄氏剂	0.05	杀虫剂	NY/T 761、GB/T 5009.19
34	毒杀芬	0.05*	杀虫剂	YC/T 180
35	六六六	0.05	杀虫剂	NY/T 761、GB/T 5009.19
36	氯丹	0.02	杀虫剂	GB/T 5009.19
37	灭蚁灵	0.01	杀虫剂	GB/T 5009.19
38	七氯	0.02	杀虫剂	NY/T 761、GB/T 5009.19
39	异狄氏剂	0.05	杀虫剂	NY/T 761、GB/T 5009.19
40	代森锌	5	杀菌剂	SN 0157
41	杀虫双	0.5*	杀虫剂	无指定
42	苯醚甲环唑	0.2	杀菌剂	GB/T 5009.218、GB 23200.8、GB 23200.49
43	多菌灵	0.5	杀菌剂	GB/T 20769、NY/T 1453
44	氟苯脲	0.5	杀虫剂	NY/T 1453
45	甲硫威	0.05	杀软体动物剂	GB/T 20769
46	甲霜灵和精甲霜灵	0.2	杀菌剂	GB 23200.8、GB/T 20769
47	氯菊酯	1	杀虫剂	NY/T 761
48	嗪氨灵	0.2	杀菌剂	SN 0695
49	戊唑醇	0.3	杀菌剂	GB 23200.8、GB/T 20769
50	保棉磷	0.5	杀虫剂	NY/T 761
51	氯氰菊酯和高效氯氰菊酯	1	杀虫剂	GB/T 5009.146、GB 23200.8、NY/T 761
52	多杀霉素	2	杀虫剂	GB/T 20769
53	敌百虫	0.2	杀虫剂	GB/T 20769、NY/T 761
54	敌敌畏	0.2	杀虫剂	NY/T 761、GB 23200.8、GB/T 5009.20
55	甲萘威	1	杀虫剂	GB/T 5009.145、GB/T 20769、NY/T 761
56	联苯菊酯	0.4	杀虫/杀螨剂	GB/T 5009.146、NY/T 761、SN/T 1969

（续）

序号	农药中文名	最大残留限量 （mg/kg）	农药 主要用途	检测方法
57	杀螟硫磷	0.5*	杀虫剂	GB/T 14553、GB/T 20769、 NY/T 761
58	辛硫磷	0.05	杀虫剂	GB/T 5009.102、GB/T 20769
59	氯虫苯甲酰胺	2*	杀虫剂	无指定
60	抗蚜威	0.5	杀虫剂	GB 23200.8、NY/T 1379、 SN/T 0134

3.12 羽衣甘蓝

羽衣甘蓝中农药最大残留限量见表 3-12。

表 3-12 羽衣甘蓝中农药最大残留限量

序号	农药中文名	最大残留限量 （mg/kg）	农药 主要用途	检测方法
1	百草枯	0.05*	除草剂	无指定
2	倍硫磷	0.05	杀虫剂	GB 23200.8、NY/T 761
3	苯线磷	0.02	杀虫剂	GB/T 5009.145、GB 23200.8
4	地虫硫磷	0.01	杀虫剂	GB 23200.8
5	对硫磷	0.01	杀虫剂	GB/T 5009.145
6	氟虫腈	0.02	杀虫剂	SN/T 1982
7	氟酰脲	0.7	杀虫剂	GB 23200.34
8	甲胺磷	0.05	杀虫剂	NY/T 761、GB/T 5009.103
9	甲拌磷	0.01	杀虫剂	GB 23200.8
10	甲基对硫磷	0.02	杀虫剂	NY/T 761
11	甲基硫环磷	0.03*	杀虫剂	NY/T 761
12	甲基异柳磷	0.01*	杀虫剂	GB/T 5009.144
13	久效磷	0.03	杀虫剂	NY/T 761
14	克百威	0.02	杀虫剂	NY/T 761
15	磷胺	0.05	杀虫剂	NY/T 761
16	硫环磷	0.03	杀虫剂	NY/T 761
17	硫线磷	0.02	杀虫剂	GB/T 20769

（续）

序号	农药中文名	最大残留限量（mg/kg）	农药主要用途	检测方法
18	氯唑磷	0.01	杀虫剂	GB/T 20769
19	灭多威	0.2	杀虫剂	NY/T 761
20	灭线磷	0.02	杀线虫剂	NY/T 761
21	内吸磷	0.02	杀虫/杀螨剂	GB/T 20769
22	杀虫脒	0.01	杀虫剂	GB/T 20769
23	杀扑磷	0.05	杀虫剂	NY/T 761
24	水胺硫磷	0.05	杀虫剂	NY/T 761
25	特丁硫磷	0.01	杀虫剂	NY/T 761、NY/T 1379
26	涕灭威	0.03	杀虫剂	NY/T 761
27	氧乐果	0.02	杀虫剂	NY/T 761、NY/T 1379
28	乙酰甲胺磷	1	杀虫剂	GB/T 5009.103、GB/T 5009.145、NY/T 761
29	蝇毒磷	0.05	杀虫剂	GB 23200.8
30	治螟磷	0.01	杀虫剂	NY/T 761、GB 23200.8
31	艾氏剂	0.05	杀虫剂	NY/T 761、GB/T 5009.19
32	滴滴涕	0.05	杀虫剂	NY/T 761、GB/T 5009.19
33	狄氏剂	0.05	杀虫剂	NY/T 761、GB/T 5009.19
34	毒杀芬	0.05*	杀虫剂	YC/T 180
35	六六六	0.05	杀虫剂	NY/T 761、GB/T 5009.19
36	氯丹	0.02	杀虫剂	GB/T 5009.19
37	灭蚁灵	0.01	杀虫剂	GB/T 5009.19
38	七氯	0.02	杀虫剂	NY/T 761、GB/T 5009.19
39	异狄氏剂	0.05	杀虫剂	NY/T 761、GB/T 5009.19
40	代森锌	5	杀菌剂	SN 0157
41	杀虫双	0.5*	杀虫剂	无指定
42	二嗪磷	0.05	杀虫剂	GB/T 5009.107、GB/T 20769、NY/T 761
43	抗蚜威	0.3	杀虫剂	GB 23200.8、NY/T 1379、SN/T 0134
44	氯菊酯	5	杀虫剂	NY/T 761

（续）

序号	农药中文名	最大残留限量（mg/kg）	农药主要用途	检测方法
45	亚砜磷	0.01	杀虫剂	NY/T 761
46	保棉磷	0.5	杀虫剂	NY/T 761
47	氯氰菊酯和高效氯氰菊酯	1	杀虫剂	GB/T 5009.146、GB 23200.8、NY/T 761
48	多杀霉素	2	杀虫剂	GB/T 20769
49	敌百虫	0.2	杀虫剂	GB/T 20769、NY/T 761
50	敌敌畏	0.2	杀虫剂	NY/T 761、GB 23200.8、GB/T 5009.20
51	甲萘威	1	杀虫剂	GB/T 5009.145、GB/T 20769、NY/T 761
52	联苯菊酯	0.4	杀虫/杀螨剂	GB/T 5009.146、NY/T 761、SN/T 1969
53	杀螟硫磷	0.5*	杀虫剂	GB/T 14553、GB/T 20769、NY/T 761
54	辛硫磷	0.05	杀虫剂	GB/T 5009.102、GB/T 20769
55	氯虫苯甲酰胺	2*	杀虫剂	无指定

3.13 其他甘蓝

其他甘蓝中农药最大残留限量见表 3-13。

表 3-13 其他甘蓝中农药最大残留限量

序号	农药中文名	最大残留限量（mg/kg）	农药主要用途	检测方法
1	百草枯	0.05*	除草剂	无指定
2	倍硫磷	0.05	杀虫剂	GB 23200.8、NY/T 761
3	苯线磷	0.02	杀虫剂	GB/T 5009.145、GB 23200.8
4	地虫硫磷	0.01	杀虫剂	GB 23200.8
5	对硫磷	0.01	杀虫剂	GB/T 5009.145
6	氟虫腈	0.02	杀虫剂	SN/T 1982
7	氟酰脲	0.7	杀虫剂	GB 23200.34

（续）

序号	农药中文名	最大残留限量（mg/kg）	农药主要用途	检测方法
8	甲胺磷	0.05	杀虫剂	NY/T 761、GB/T 5009.103
9	甲拌磷	0.01	杀虫剂	GB 23200.8
10	甲基对硫磷	0.02	杀虫剂	NY/T 761
11	甲基硫环磷	0.03*	杀虫剂	NY/T 761
12	甲基异柳磷	0.01*	杀虫剂	GB/T 5009.144
13	久效磷	0.03	杀虫剂	NY/T 761
14	克百威	0.02	杀虫剂	NY/T 761
15	磷胺	0.05	杀虫剂	NY/T 761
16	硫环磷	0.03	杀虫剂	NY/T 761
17	硫线磷	0.02	杀虫剂	GB/T 20769
18	氯唑磷	0.01	杀虫剂	GB/T 20769
19	灭多威	0.2	杀虫剂	NY/T 761
20	灭线磷	0.02	杀线虫剂	NY/T 761
21	内吸磷	0.02	杀虫/杀螨剂	GB/T 20769
22	杀虫脒	0.01	杀虫剂	GB/T 20769
23	杀扑磷	0.05	杀虫剂	NY/T 761
24	水胺硫磷	0.05	杀虫剂	NY/T 761
25	特丁硫磷	0.01	杀虫剂	NY/T 761、NY/T 1379
26	涕灭威	0.03	杀虫剂	NY/T 761
27	氧乐果	0.02	杀虫剂	NY/T 761、NY/T 1379
28	乙酰甲胺磷	1	杀虫剂	GB/T 5009.103、GB/T 5009.145、NY/T 761
29	蝇毒磷	0.05	杀虫剂	GB 23200.8
30	治螟磷	0.01	杀虫剂	NY/T 761、GB 23200.8
31	艾氏剂	0.05	杀虫剂	NY/T 761、GB/T 5009.19
32	滴滴涕	0.05	杀虫剂	NY/T 761、GB/T 5009.19
33	狄氏剂	0.05	杀虫剂	NY/T 761、GB/T 5009.19
34	毒杀芬	0.05*	杀虫剂	YC/T 180
35	六六六	0.05	杀虫剂	NY/T 761、GB/T 5009.19
36	氯丹	0.02	杀虫剂	GB/T 5009.19
37	灭蚁灵	0.01	杀虫剂	GB/T 5009.19

（续）

序号	农药中文名	最大残留限量（mg/kg）	农药主要用途	检测方法
38	七氯	0.02	杀虫剂	NY/T 761、GB/T 5009.19
39	异狄氏剂	0.05	杀虫剂	NY/T 761、GB/T 5009.19
40	代森锌	5	杀菌剂	SN 0157
41	杀虫双	0.5*	杀虫剂	无指定
42	保棉磷	0.5	杀虫剂	NY/T 761
43	氯菊酯	1	杀虫剂	NY/T 761
44	氯氰菊酯和高效氯氰菊酯	1	杀虫剂	GB/T 5009.146、GB 23200.8、NY/T 761
45	多杀霉素	2	杀虫剂	GB/T 20769
46	敌百虫	0.2	杀虫剂	GB/T 20769、NY/T 761
47	敌敌畏	0.2	杀虫剂	NY/T 761、GB 23200.8、GB/T 5009.20
48	甲萘威	1	杀虫剂	GB/T 5009.145、GB/T 20769、NY/T 761
49	联苯菊酯	0.4	杀虫/杀螨剂	GB/T 5009.146、NY/T 761、SN/T 1969
50	杀螟硫磷	0.5*	杀虫剂	GB/T 14553、GB/T 20769、NY/T 761
51	辛硫磷	0.05	杀虫剂	GB/T 5009.102、GB/T 20769
52	氯虫苯甲酰胺	2*	杀虫剂	无指定
53	抗蚜威	0.5	杀虫剂	GB 23200.8、NY/T 1379、SN/T 0134

3.14 花椰菜

花椰菜中农药最大残留限量见表 3-14。

表 3-14 花椰菜中农药最大残留限量

序号	农药中文名	最大残留限量（mg/kg）	农药主要用途	检测方法
1	百草枯	0.05*	除草剂	无指定

（续）

序号	农药中文名	最大残留限量（mg/kg）	农药主要用途	检测方法
2	倍硫磷	0.05	杀虫剂	GB 23200.8、NY/T 761
3	苯线磷	0.02	杀虫剂	GB/T 5009.145、GB 23200.8
4	地虫硫磷	0.01	杀虫剂	GB 23200.8
5	对硫磷	0.01	杀虫剂	GB/T 5009.145
6	氟虫腈	0.02	杀虫剂	SN/T 1982
7	氟酰脲	0.7	杀虫剂	GB 23200.34
8	甲胺磷	0.05	杀虫剂	NY/T 761、GB/T 5009.103
9	甲拌磷	0.01	杀虫剂	GB 23200.8
10	甲基对硫磷	0.02	杀虫剂	NY/T 761
11	甲基硫环磷	0.03*	杀虫剂	NY/T 761
12	甲基异柳磷	0.01*	杀虫剂	GB/T 5009.144
13	久效磷	0.03	杀虫剂	NY/T 761
14	克百威	0.02	杀虫剂	NY/T 761
15	磷胺	0.05	杀虫剂	NY/T 761
16	硫环磷	0.03	杀虫剂	NY/T 761
17	硫线磷	0.02	杀虫剂	GB/T 20769
18	氯唑磷	0.01	杀虫剂	GB/T 20769
19	灭多威	0.2	杀虫剂	NY/T 761
20	灭线磷	0.02	杀线虫剂	NY/T 761
21	内吸磷	0.02	杀虫/杀螨剂	GB/T 20769
22	杀虫脒	0.01	杀虫剂	GB/T 20769
23	杀扑磷	0.05	杀虫剂	NY/T 761
24	水胺硫磷	0.05	杀虫剂	NY/T 761
25	特丁硫磷	0.01	杀虫剂	NY/T 761、NY/T 1379
26	涕灭威	0.03	杀虫剂	NY/T 761
27	氧乐果	0.02	杀虫剂	NY/T 761、NY/T 1379
28	乙酰甲胺磷	1	杀虫剂	GB/T 5009.103、GB/T 5009.145、NY/T 761
29	蝇毒磷	0.05	杀虫剂	GB 23200.8

（续）

序号	农药中文名	最大残留限量 （mg/kg）	农药 主要用途	检测方法
30	治螟磷	0.01	杀虫剂	NY/T 761、GB 23200.8
31	艾氏剂	0.05	杀虫剂	NY/T 761、GB/T 5009.19
32	滴滴涕	0.05	杀虫剂	NY/T 761、GB/T 5009.19
33	狄氏剂	0.05	杀虫剂	NY/T 761、GB/T 5009.19
34	毒杀芬	0.05*	杀虫剂	YC/T 180
35	六六六	0.05	杀虫剂	NY/T 761、GB/T 5009.19
36	氯丹	0.02	杀虫剂	GB/T 5009.19
37	灭蚁灵	0.01	杀虫剂	GB/T 5009.19
38	七氯	0.02	杀虫剂	NY/T 761、GB/T 5009.19
39	异狄氏剂	0.05	杀虫剂	NY/T 761、GB/T 5009.19
40	阿维菌素	0.5	杀虫剂	GB 23200.20、GB 23200.19
41	保棉磷	1	杀虫剂	NY/T 761
42	苯醚甲环唑	0.2	杀菌剂	GB/T 5009.218、GB 23200.8、 GB 23200.49
43	除虫脲	1	杀虫剂	GB/T 5009.147、NY/T 1720
44	代森锰锌	2	杀菌剂	SN 0157
45	毒死蜱	1	杀虫剂	GB 23200.8、NY/T 761、SN/ T 2158
46	氟胺氰菊酯	0.5	杀虫剂	NY/T 761
47	氟氯氰菊酯和高效氟氯氰 菊酯	0.1	杀虫剂	GB 23200.8、GB/T 5009.146、 NY/T 761
48	氟氰戊菊酯	0.5	杀虫剂	NY/T 761
49	甲硫威	0.1	杀软体动物剂	GB/T 20769
50	甲霜灵和精甲霜灵	2	杀菌剂	GB 23200.8、GB/T 20769
51	精噁唑禾草灵	0.1	除草剂	NY/T 1379
52	抗蚜威	1	杀虫剂	GB 23200.8、NY/T 1379、 SN/T 0134
53	乐果	1*	杀虫剂	GB/T 5009.145、GB/T 20769、 NY/T 761

（续）

序号	农药中文名	最大残留限量（mg/kg）	农药主要用途	检测方法
54	螺虫乙酯	1*	杀虫剂	无指定
55	氯虫苯甲酰胺	2*	杀虫剂	无指定
56	氯氟氰菊酯和高效氯氟氰菊酯	0.5	杀虫剂	GB/T 5009.146、NY/T 761
57	氯菊酯	0.5	杀虫剂	NY/T 761
58	马拉硫磷	0.5	杀虫剂	GB 23200.8、GB/T 20769、NY/T 761
59	灭幼脲	3	杀虫剂	GB/T 5009.135
60	氰戊菊酯和 S-氰戊菊酯	0.5	杀虫剂	GB 23200.8、NY/T 761
61	五氯硝基苯	0.05	杀菌剂	GB/T 5009.136、GB/T 5009.19
62	戊唑醇	0.05	杀菌剂	GB 23200.8、GB/T 20769
63	溴氰菊酯	0.5	杀虫剂	NY/T 761
64	亚砜磷	0.01	杀虫剂	NY/T 761
65	茚虫威	1	杀虫剂	GB/T 20769
66	氯氰菊酯和高效氯氰菊酯	1	杀虫剂	GB/T 5009.146、GB 23200.8、NY/T 761
67	多杀霉素	2	杀虫剂	GB/T 20769
68	敌百虫	0.2	杀虫剂	GB/T 20769、NY/T 761
69	敌敌畏	0.2	杀虫剂	NY/T 761、GB 23200.8、GB/T 5009.20
70	甲萘威	1	杀虫剂	GB/T 5009.145、GB/T 20769、NY/T 761
71	联苯菊酯	0.4	杀虫/杀螨剂	GB/T 5009.146、NY/T 761、SN/T 1969
72	杀螟硫磷	0.5*	杀虫剂	GB/T 14553、GB/T 20769、NY/T 761
73	辛硫磷	0.05	杀虫剂	GB/T 5009.102、GB/T 20769

3.15 青花菜

青花菜中农药最大残留限量见表 3-15。

表 3-15 青花菜中农药最大残留限量

序号	农药中文名	最大残留限量（mg/kg）	农药主要用途	检测方法
1	百草枯	0.05*	除草剂	无指定
2	倍硫磷	0.05	杀虫剂	GB 23200.8、NY/T 761
3	苯线磷	0.02	杀虫剂	GB/T 5009.145、GB 23200.8
4	地虫硫磷	0.01	杀虫剂	GB 23200.8
5	对硫磷	0.01	杀虫剂	GB/T 5009.145
6	氟虫腈	0.02	杀虫剂	SN/T 1982
7	氟酰脲	0.7	杀虫剂	GB 23200.34
8	甲胺磷	0.05	杀虫剂	NY/T 761、GB/T 5009.103
9	甲拌磷	0.01	杀虫剂	GB 23200.8
10	甲基对硫磷	0.02	杀虫剂	NY/T 761
11	甲基硫环磷	0.03*	杀虫剂	NY/T 761
12	甲基异柳磷	0.01*	杀虫剂	GB/T 5009.144
13	久效磷	0.03	杀虫剂	NY/T 761
14	克百威	0.02	杀虫剂	NY/T 761
15	磷胺	0.05	杀虫剂	NY/T 761
16	硫环磷	0.03	杀虫剂	NY/T 761
17	硫线磷	0.02	杀虫剂	GB/T 20769
18	氯唑磷	0.01	杀虫剂	GB/T 20769
19	灭多威	0.2	杀虫剂	NY/T 761
20	灭线磷	0.02	杀线虫剂	NY/T 761
21	内吸磷	0.02	杀虫/杀螨剂	GB/T 20769
22	杀虫脒	0.01	杀虫剂	GB/T 20769
23	杀扑磷	0.05	杀虫剂	NY/T 761
24	水胺硫磷	0.05	杀虫剂	NY/T 761
25	特丁硫磷	0.01	杀虫剂	NY/T 761、NY/T 1379
26	涕灭威	0.03	杀虫剂	NY/T 761
27	氧乐果	0.02	杀虫剂	NY/T 761、NY/T 1379

（续）

序号	农药中文名	最大残留限量（mg/kg）	农药主要用途	检测方法
28	乙酰甲胺磷	1	杀虫剂	GB/T 5009.103、GB/T 5009.145、NY/T 761
29	蝇毒磷	0.05	杀虫剂	GB 23200.8
30	治螟磷	0.01	杀虫剂	NY/T 761、GB 23200.8
31	艾氏剂	0.05	杀虫剂	NY/T 761、GB/T 5009.19
32	滴滴涕	0.05	杀虫剂	NY/T 761、GB/T 5009.19
33	狄氏剂	0.05	杀虫剂	NY/T 761、GB/T 5009.19
34	毒杀芬	0.05*	杀虫剂	YC/T 180
35	六六六	0.05	杀虫剂	NY/T 761、GB/T 5009.19
36	氯丹	0.02	杀虫剂	GB/T 5009.19
37	灭蚁灵	0.01	杀虫剂	GB/T 5009.19
38	七氯	0.02	杀虫剂	NY/T 761、GB/T 5009.19
39	异狄氏剂	0.05	杀虫剂	NY/T 761、GB/T 5009.19
40	苯醚甲环唑	0.5	杀菌剂	GB/T 5009.218、GB 23200.8、GB 23200.49
41	虫酰肼	0.5	杀虫剂	GB/T 20769
42	二嗪磷	0.5	杀虫剂	GB/T 5009.107、GB/T 20769、NY/T 761
43	甲霜灵和精甲霜灵	0.5	杀菌剂	GB 23200.8、GB/T 20769
44	精噁唑禾草灵	0.1	除草剂	NY/T 1379
45	氯菊酯	2	杀虫剂	NY/T 761
46	双炔酰菌胺	2*	杀菌剂	无指定
47	戊唑醇	0.2	杀菌剂	GB 23200.8、GB/T 20769
48	烯酰吗啉	1	杀菌剂	GB/T 20769
49	保棉磷	0.5	杀虫剂	NY/T 761
50	氯氰菊酯和高效氯氰菊酯	1	杀虫剂	GB/T 5009.146、GB 23200.8、NY/T 761
51	多杀霉素	2	杀虫剂	GB/T 20769
52	敌百虫	0.2	杀虫剂	GB/T 20769、NY/T 761
53	敌敌畏	0.2	杀虫剂	NY/T 761、GB 23200.8、GB/T 5009.20

（续）

序号	农药中文名	最大残留限量 （mg/kg）	农药 主要用途	检测方法
54	甲萘威	1	杀虫剂	GB/T 5009.145、GB/T 20769、NY/T 761
55	联苯菊酯	0.4	杀虫/杀螨剂	GB/T 5009.146、NY/T 761、SN/T 1969
56	杀螟硫磷	0.5*	杀虫剂	GB/T 14553、GB/T 20769、NY/T 761
57	辛硫磷	0.05	杀虫剂	GB/T 5009.102、GB/T 20769
58	氯虫苯甲酰胺	2*	杀虫剂	无指定
59	抗蚜威	0.5	杀虫剂	GB 23200.8、NY/T 1379、SN/T 0134

3.16 芥蓝

芥蓝中农药最大残留限量见表 3-16。

表 3-16 芥蓝中农药最大残留限量

序号	农药中文名	最大残留限量 （mg/kg）	农药 主要用途	检测方法
1	百草枯	0.05*	除草剂	无指定
2	倍硫磷	0.05	杀虫剂	GB 23200.8、NY/T 761
3	苯线磷	0.02	杀虫剂	GB/T 5009.145、GB 23200.8
4	地虫硫磷	0.01	杀虫剂	GB 23200.8
5	对硫磷	0.01	杀虫剂	GB/T 5009.145
6	氟虫腈	0.02	杀虫剂	SN/T 1982
7	氟酰脲	0.7	杀虫剂	GB 23200.34
8	甲胺磷	0.05	杀虫剂	NY/T 761、GB/T 5009.103
9	甲拌磷	0.01	杀虫剂	GB 23200.8
10	甲基对硫磷	0.02	杀虫剂	NY/T 761
11	甲基硫环磷	0.03*	杀虫剂	NY/T 761
12	甲基异柳磷	0.01*	杀虫剂	GB/T 5009.144
13	久效磷	0.03	杀虫剂	NY/T 761
14	克百威	0.02	杀虫剂	NY/T 761
15	磷胺	0.05	杀虫剂	NY/T 761

（续）

序号	农药中文名	最大残留限量（mg/kg）	农药主要用途	检测方法
16	硫环磷	0.03	杀虫剂	NY/T 761
17	硫线磷	0.02	杀虫剂	GB/T 20769
18	氯唑磷	0.01	杀虫剂	GB/T 20769
19	灭多威	0.2	杀虫剂	NY/T 761
20	灭线磷	0.02	杀线虫剂	NY/T 761
21	内吸磷	0.02	杀虫/杀螨剂	GB/T 20769
22	杀虫脒	0.01	杀虫剂	GB/T 20769
23	杀扑磷	0.05	杀虫剂	NY/T 761
24	水胺硫磷	0.05	杀虫剂	NY/T 761
25	特丁硫磷	0.01	杀虫剂	NY/T 761、NY/T 1379
26	涕灭威	0.03	杀虫剂	NY/T 761
27	氧乐果	0.02	杀虫剂	NY/T 761、NY/T 1379
28	乙酰甲胺磷	1	杀虫剂	GB/T 5009.103、GB/T 5009.145、NY/T 761
29	蝇毒磷	0.05	杀虫剂	GB 23200.8
30	治螟磷	0.01	杀虫剂	NY/T 761、GB 23200.8
31	艾氏剂	0.05	杀虫剂	NY/T 761、GB/T 5009.19
32	滴滴涕	0.05	杀虫剂	NY/T 761、GB/T 5009.19
33	狄氏剂	0.05	杀虫剂	NY/T 761、GB/T 5009.19
34	毒杀芬	0.05*	杀虫剂	YC/T 180
35	六六六	0.05	杀虫剂	NY/T 761、GB/T 5009.19
36	氯丹	0.02	杀虫剂	GB/T 5009.19
37	灭蚁灵	0.01	杀虫剂	GB/T 5009.19
38	七氯	0.02	杀虫剂	NY/T 761、GB/T 5009.19
39	异狄氏剂	0.05	杀虫剂	NY/T 761、GB/T 5009.19
40	虫螨腈	0.1	杀虫剂	GB 23200.8、NY/T 1379、SN/T 1986
41	甲氨基阿维菌素苯甲酸盐	0.05	杀虫剂	GB/T 20769
42	茚虫威	2	杀虫剂	GB/T 20769
43	保棉磷	0.5	杀虫剂	NY/T 761

（续）

序号	农药中文名	最大残留限量（mg/kg）	农药主要用途	检测方法
44	氯菊酯	1	杀虫剂	NY/T 761
45	氯氰菊酯和高效氯氰菊酯	1	杀虫剂	GB/T 5009.146、GB 23200.8、NY/T 761
46	多杀霉素	2	杀虫剂	GB/T 20769
47	敌百虫	0.2	杀虫剂	GB/T 20769、NY/T 761
48	敌敌畏	0.2	杀虫剂	NY/T 761、GB 23200.8、GB/T 5009.20
49	甲萘威	1	杀虫剂	GB/T 5009.145、GB/T 20769、NY/T 761
50	联苯菊酯	0.4	杀虫/杀螨剂	GB/T 5009.146、NY/T 761、SN/T 1969
51	杀螟硫磷	0.5*	杀虫剂	GB/T 14553、GB/T 20769、NY/T 761
52	辛硫磷	0.05	杀虫剂	GB/T 5009.102、GB/T 20769
53	氯虫苯甲酰胺	2*	杀虫剂	无指定
54	抗蚜威	0.5	杀虫剂	GB 23200.8、NY/T 1379、SN/T 0134

3.17 菜薹

菜薹中农药最大残留限量见表 3-17。

表 3-17 菜薹中农药最大残留限量

序号	农药中文名	最大残留限量（mg/kg）	农药主要用途	检测方法
1	百草枯	0.05*	除草剂	无指定
2	倍硫磷	0.05	杀虫剂	GB 23200.8、NY/T 761
3	苯线磷	0.02	杀虫剂	GB/T 5009.145、GB 23200.8
4	地虫硫磷	0.01	杀虫剂	GB 23200.8
5	对硫磷	0.01	杀虫剂	GB/T 5009.145
6	氟虫腈	0.02	杀虫剂	SN/T 1982

（续）

序号	农药中文名	最大残留限量（mg/kg）	农药主要用途	检测方法
7	氟酰脲	0.7	杀虫剂	GB 23200.34
8	甲胺磷	0.05	杀虫剂	NY/T 761、GB/T 5009.103
9	甲拌磷	0.01	杀虫剂	GB 23200.8
10	甲基对硫磷	0.02	杀虫剂	NY/T 761
11	甲基硫环磷	0.03*	杀虫剂	NY/T 761
12	甲基异柳磷	0.01*	杀虫剂	GB/T 5009.144
13	久效磷	0.03	杀虫剂	NY/T 761
14	克百威	0.02	杀虫剂	NY/T 761
15	磷胺	0.05	杀虫剂	NY/T 761
16	硫环磷	0.03	杀虫剂	NY/T 761
17	硫线磷	0.02	杀虫剂	GB/T 20769
18	氯唑磷	0.01	杀虫剂	GB/T 20769
19	灭多威	0.2	杀虫剂	NY/T 761
20	灭线磷	0.02	杀线虫剂	NY/T 761
21	内吸磷	0.02	杀虫/杀螨剂	GB/T 20769
22	杀虫脒	0.01	杀虫剂	GB/T 20769
23	杀扑磷	0.05	杀虫剂	NY/T 761
24	水胺硫磷	0.05	杀虫剂	NY/T 761
25	特丁硫磷	0.01	杀虫剂	NY/T 761、NY/T 1379
26	涕灭威	0.03	杀虫剂	NY/T 761
27	氧乐果	0.02	杀虫剂	NY/T 761、NY/T 1379
28	乙酰甲胺磷	1	杀虫剂	GB/T 5009.103、GB/T 5009.145、NY/T 761
29	蝇毒磷	0.05	杀虫剂	GB 23200.8
30	治螟磷	0.01	杀虫剂	NY/T 761、GB 23200.8
31	艾氏剂	0.05	杀虫剂	NY/T 761、GB/T 5009.19
32	滴滴涕	0.05	杀虫剂	NY/T 761、GB/T 5009.19
33	狄氏剂	0.05	杀虫剂	NY/T 761、GB/T 5009.19
34	毒杀芬	0.05*	杀虫剂	YC/T 180

（续）

序号	农药中文名	最大残留限量（mg/kg）	农药主要用途	检测方法
35	六六六	0.05	杀虫剂	NY/T 761、GB/T 5009.19
36	氯丹	0.02	杀虫剂	GB/T 5009.19
37	灭蚁灵	0.01	杀虫剂	GB/T 5009.19
38	七氯	0.02	杀虫剂	NY/T 761、GB/T 5009.19
39	异狄氏剂	0.05	杀虫剂	NY/T 761、GB/T 5009.19
40	咪鲜胺和咪鲜胺锰盐	2	杀菌剂	NY/T 1456
41	三环唑	2	杀菌剂	NY/T 1379
42	保棉磷	0.5	杀虫剂	NY/T 761
43	氯菊酯	1	杀虫剂	NY/T 761
44	氯氰菊酯和高效氯氰菊酯	1	杀虫剂	GB/T 5009.146、GB 23200.8、NY/T 761
45	多杀霉素	2	杀虫剂	GB/T 20769
46	敌百虫	0.2	杀虫剂	GB/T 20769、NY/T 761
47	敌敌畏	0.2	杀虫剂	NY/T 761、GB 23200.8、GB/T 5009.20
48	甲萘威	1	杀虫剂	GB/T 5009.145、GB/T 20769、NY/T 761
49	联苯菊酯	0.4	杀虫/杀螨剂	GB/T 5009.146、NY/T 761、SN/T 1969
50	杀螟硫磷	0.5*	杀虫剂	GB/T 14553、GB/T 20769、NY/T 761
51	辛硫磷	0.05	杀虫剂	GB/T 5009.102、GB/T 20769
52	氯虫苯甲酰胺	2*	杀虫剂	无指定
53	抗蚜威	0.5	杀虫剂	GB 23200.8、NY/T 1379、SN/T 0134

3.18 菠菜

菠菜中农药最大残留限量见表3-18。

表 3－18 菠菜中农药最大残留限量

序号	农药中文名	最大残留限量（mg/kg）	农药主要用途	检测方法
1	百草枯	0.05*	除草剂	无指定
2	倍硫磷	0.05	杀虫剂	GB 23200.8、NY/T 761
3	苯线磷	0.02	杀虫剂	GB/T 5009.145、GB 23200.8
4	地虫硫磷	0.01	杀虫剂	GB 23200.8
5	对硫磷	0.01	杀虫剂	GB/T 5009.145
6	氟虫腈	0.02	杀虫剂	SN/T 1982
7	甲胺磷	0.05	杀虫剂	NY/T 761、GB/T 5009.103
8	甲拌磷	0.01	杀虫剂	GB 23200.8
9	甲基对硫磷	0.02	杀虫剂	NY/T 761
10	甲基硫环磷	0.03*	杀虫剂	NY/T 761
11	甲基异柳磷	0.01*	杀虫剂	GB/T 5009.144
12	久效磷	0.03	杀虫剂	NY/T 761
13	克百威	0.02	杀虫剂	NY/T 761
14	磷胺	0.05	杀虫剂	NY/T 761
15	硫环磷	0.03	杀虫剂	NY/T 761
16	硫线磷	0.02	杀虫剂	GB/T 20769
17	氯唑磷	0.01	杀虫剂	GB/T 20769
18	灭多威	0.2	杀虫剂	NY/T 761
19	灭线磷	0.02	杀线虫剂	NY/T 761
20	内吸磷	0.02	杀虫/杀螨剂	GB/T 20769
21	杀虫脒	0.01	杀虫剂	GB/T 20769
22	杀螟硫磷	0.5*	杀虫剂	GB/T 14553、GB/T 20769、NY/T 761
23	杀扑磷	0.05	杀虫剂	NY/T 761
24	水胺硫磷	0.05	杀虫剂	NY/T 761
25	特丁硫磷	0.01	杀虫剂	NY/T 761、NY/T 1379
26	涕灭威	0.03	杀虫剂	NY/T 761
27	氧乐果	0.02	杀虫剂	NY/T 761、NY/T 1379
28	乙酰甲胺磷	1	杀虫剂	GB/T 5009.103、GB/T 5009.145、NY/T 761

（续）

序号	农药中文名	最大残留限量（mg/kg）	农药主要用途	检测方法
29	蝇毒磷	0.05	杀虫剂	GB 23200.8
30	治螟磷	0.01	杀虫剂	NY/T 761、GB 23200.8
31	艾氏剂	0.05	杀虫剂	NY/T 761、GB/T 5009.19
32	滴滴涕	0.05	杀虫剂	NY/T 761、GB/T 5009.19
33	狄氏剂	0.05	杀虫剂	NY/T 761、GB/T 5009.19
34	毒杀芬	0.05*	杀虫剂	YC/T 180
35	六六六	0.05	杀虫剂	NY/T 761、GB/T 5009.19
36	氯丹	0.02	杀虫剂	GB/T 5009.19
37	灭蚁灵	0.01	杀虫剂	GB/T 5009.19
38	七氯	0.02	杀虫剂	NY/T 761、GB/T 5009.19
39	异狄氏剂	0.05	杀虫剂	NY/T 761、GB/T 5009.19
40	阿维菌素	0.05	杀虫剂	GB 23200.20、GB 23200.19
41	百菌清	5	杀菌剂	NY/T 761、GB/T 5009.105
42	虫酰肼	10	杀虫剂	GB/T 20769
43	除虫脲	1	杀虫剂	GB/T 5009.147、NY/T 1720
44	丁硫克百威	0.05	杀虫剂	GB 23200.13
45	毒死蜱	0.1	杀虫剂	GB 23200.8、NY/T 761、SN/T 2158
46	二甲戊灵	0.2	除草剂	GB 23200.8、NY/T 1379
47	二嗪磷	0.5	杀虫剂	GB/T 5009.107、GB/T 20769、NY/T 761
48	伏杀硫磷	1	杀虫剂	GB 23200.8、NY/T 761
49	氟胺氰菊酯	0.5	杀虫剂	NY/T 761
50	氟苯脲	0.5	杀虫剂	NY/T 1453
51	氟氯氰菊酯和高效氟氯氰菊酯	0.5	杀虫剂	GB 23200.8、GB/T 5009.146、NY/T 761
52	甲氰菊酯	1	杀虫剂	NY/T 761
53	甲霜灵和精甲霜灵	2	杀菌剂	GB 23200.8、GB/T 20769
54	乐果	1*	杀虫剂	GB/T 5009.145、GB/T 20769、NY/T 761

（续）

序号	农药中文名	最大残留限量（mg/kg）	农药主要用途	检测方法
55	氯氟氰菊酯和高效氯氟氰菊酯	2	杀虫剂	GB/T 5009.146、NY/T 761
56	氯菊酯	2	杀虫剂	NY/T 761
57	氯氰菊酯和高效氯氰菊酯	2	杀虫剂	GB/T 5009.146、GB 23200.8、NY/T 761
58	马拉硫磷	2	杀虫剂	GB 23200.8、GB/T 20769、NY/T 761
59	醚菊酯	1	杀虫剂	SN/T 2151
60	氰戊菊酯和S-氰戊菊酯	1	杀虫剂	GB 23200.8、NY/T 761
61	炔螨特	2	杀螨剂	NY/T 1652
62	四聚乙醛	1*	杀螺剂	无指定
63	溴氰菊酯	0.5	杀虫剂	NY/T 761
64	茚虫威	3	杀虫剂	GB/T 20769
65	增效醚	50	增效剂	GB 23200.8
66	保棉磷	0.5	杀虫剂	NY/T 761
67	氯虫苯甲酰胺	20*	杀虫剂	无指定
68	双炔酰菌胺	25*	杀菌剂	无指定
69	螺虫乙酯	7*	杀虫剂	无指定
70	敌敌畏	0.2	杀虫剂	NY/T 761、GB 23200.8、GB/T 5009.20
71	甲萘威	1	杀虫剂	GB/T 5009.145、GB/T 20769、NY/T 761
72	敌百虫	0.2	杀虫剂	GB/T 20769、NY/T 761
73	辛硫磷	0.05	杀虫剂	GB/T 5009.102、GB/T 20769
74	多杀霉素	10	杀虫剂	GB/T 20769

3.19 普通白菜

普通白菜中农药最大残留限量见表 3-19。

表 3-19 普通白菜中农药最大残留限量

序号	农药中文名	最大残留限量（mg/kg）	农药主要用途	检测方法
1	百草枯	0.05*	除草剂	无指定
2	倍硫磷	0.05	杀虫剂	GB 23200.8、NY/T 761
3	苯线磷	0.02	杀虫剂	GB/T 5009.145、GB 23200.8
4	地虫硫磷	0.01	杀虫剂	GB 23200.8
5	对硫磷	0.01	杀虫剂	GB/T 5009.145
6	氟虫腈	0.02	杀虫剂	SN/T 1982
7	甲胺磷	0.05	杀虫剂	NY/T 761、GB/T 5009.103
8	甲拌磷	0.01	杀虫剂	GB 23200.8
9	甲基对硫磷	0.02	杀虫剂	NY/T 761
10	甲基硫环磷	0.03*	杀虫剂	NY/T 761
11	甲基异柳磷	0.01*	杀虫剂	GB/T 5009.144
12	久效磷	0.03	杀虫剂	NY/T 761
13	克百威	0.02	杀虫剂	NY/T 761
14	磷胺	0.05	杀虫剂	NY/T 761
15	硫环磷	0.03	杀虫剂	NY/T 761
16	硫线磷	0.02	杀虫剂	GB/T 20769
17	氯唑磷	0.01	杀虫剂	GB/T 20769
18	灭多威	0.2	杀虫剂	NY/T 761
19	灭线磷	0.02	杀线虫剂	NY/T 761
20	内吸磷	0.02	杀虫/杀螨剂	GB/T 20769
21	杀虫脒	0.01	杀虫剂	GB/T 20769
22	杀螟硫磷	0.5*	杀虫剂	GB/T 14553、GB/T 20769、NY/T 761
23	杀扑磷	0.05	杀虫剂	NY/T 761
24	水胺硫磷	0.05	杀虫剂	NY/T 761
25	特丁硫磷	0.01	杀虫剂	NY/T 761、NY/T 1379
26	涕灭威	0.03	杀虫剂	NY/T 761
27	氧乐果	0.02	杀虫剂	NY/T 761、NY/T 1379
28	乙酰甲胺磷	1	杀虫剂	GB/T 5009.103、GB/T 5009.145、NY/T 761

（续）

序号	农药中文名	最大残留限量（mg/kg）	农药主要用途	检测方法
29	蝇毒磷	0.05	杀虫剂	GB 23200.8
30	治螟磷	0.01	杀虫剂	NY/T 761、GB 23200.8
31	艾氏剂	0.05	杀虫剂	NY/T 761、GB/T 5009.19
32	滴滴涕	0.05	杀虫剂	NY/T 761、GB/T 5009.19
33	狄氏剂	0.05	杀虫剂	NY/T 761、GB/T 5009.19
34	毒杀芬	0.05*	杀虫剂	YC/T 180
35	六六六	0.05	杀虫剂	NY/T 761、GB/T 5009.19
36	氯丹	0.02	杀虫剂	GB/T 5009.19
37	灭蚁灵	0.01	杀虫剂	GB/T 5009.19
38	七氯	0.02	杀虫剂	NY/T 761、GB/T 5009.19
39	异狄氏剂	0.05	杀虫剂	NY/T 761、GB/T 5009.19
40	胺鲜酯	0.05*	植物生长调节剂	无指定
41	百菌清	5	杀菌剂	NY/T 761、GB/T 5009.105
42	丙溴磷	5	杀虫剂	GB 23200.8、NY/T 761、SN/T 2234
43	虫螨腈	10	杀虫剂	GB 23200.8、NY/T 1379、SN/T 1986
44	除虫脲	1	杀虫剂	GB/T 5009.147、NY/T 1720
45	敌百虫	0.1	杀虫剂	GB/T 20769、NY/T 761
46	丁硫克百威	0.05	杀虫剂	GB 23200.13
47	丁醚脲	1*	杀虫剂/杀螨剂	无指定
48	啶虫脒	1	杀虫剂	GB/T 23584、GB/T 20769
49	毒死蜱	0.1	杀虫剂	GB 23200.8、NY/T 761、SN/T 2158
50	二甲戊灵	0.2	除草剂	GB 23200.8、NY/T 1379
51	二嗪磷	0.2	杀虫剂	GB/T 5009.107、GB/T 20769、NY/T 761
52	伏杀硫磷	1	杀虫剂	GB 23200.8、NY/T 761
53	氟胺氰菊酯	0.5	杀虫剂	NY/T 761
54	氟苯脲	0.5	杀虫剂	NY/T 1453

（续）

序号	农药中文名	最大残留限量（mg/kg）	农药主要用途	检测方法
55	氟氯氰菊酯和高效氟氯氰菊酯	0.5	杀虫剂	GB 23200.8、GB/T 5009.146、NY/T 761
56	甲氨基阿维菌素苯甲酸盐	0.1	杀虫剂	GB/T 20769
57	甲氰菊酯	1	杀虫剂	NY/T 761
58	乐果	1*	杀虫剂	GB/T 5009.145、GB/T 20769、NY/T 761
59	氯氟氰菊酯和高效氯氟氰菊酯	2	杀虫剂	GB/T 5009.146、NY/T 761
60	氯氰菊酯和高效氯氰菊酯	2	杀虫剂	GB/T 5009.146、GB 23200.8、NY/T 761
61	马拉硫磷	8	杀虫剂	GB 23200.8、GB/T 20769、NY/T 761
62	醚菊酯	1	杀虫剂	SN/T 2151
63	氰戊菊酯和S-氰戊菊酯	1	杀虫剂	GB 23200.8、NY/T 761
64	炔螨特	2	杀螨剂	NY/T 1652
65	杀虫单	1*	杀虫剂	无指定
66	四聚乙醛	3*	杀螺剂	无指定
67	辛硫磷	0.1	杀虫剂	GB/T 5009.102、GB/T 20769
68	溴氰菊酯	0.5	杀虫剂	NY/T 761
69	茚虫威	2	杀虫剂	GB/T 20769
70	保棉磷	0.5	杀虫剂	NY/T 761
71	阿维菌素（小油菜除外）	0.05	杀虫剂	GB 23200.20、GB 23200.19
72	氯虫苯甲酰胺	20*	杀虫剂	无指定
73	双炔酰菌胺	25*	杀菌剂	无指定
74	螺虫乙酯	7*	杀虫剂	无指定
75	敌敌畏	0.2	杀虫剂	NY/T 761、GB 23200.8、GB/T 5009.20
76	甲萘威	1	杀虫剂	GB/T 5009.145、GB/T 20769、NY/T 761
77	多杀霉素	10	杀虫剂	GB/T 20769

（续）

序号	农药中文名	最大残留限量 （mg/kg）	农药 主要用途	检测方法
78	虫酰肼	10	杀虫剂	GB/T 20769
79	氯菊酯	1	杀虫剂	NY/T 761

3.20　叶用莴苣

叶用莴苣中农药最大残留限量见表 3 - 20。

表 3 - 20　叶用莴苣中农药最大残留限量

序号	农药中文名	最大残留限量 （mg/kg）	农药 主要用途	检测方法
1	百草枯	0.05*	除草剂	无指定
2	倍硫磷	0.05	杀虫剂	GB 23200.8、NY/T 761
3	苯线磷	0.02	杀虫剂	GB/T 5009.145、GB 23200.8
4	地虫硫磷	0.01	杀虫剂	GB 23200.8
5	对硫磷	0.01	杀虫剂	GB/T 5009.145
6	氟虫腈	0.02	杀虫剂	SN/T 1982
7	甲胺磷	0.05	杀虫剂	NY/T 761、GB/T 5009.103
8	甲拌磷	0.01	杀虫剂	GB 23200.8
9	甲基对硫磷	0.02	杀虫剂	NY/T 761
10	甲基硫环磷	0.03*	杀虫剂	NY/T 761
11	甲基异柳磷	0.01*	杀虫剂	GB/T 5009.144
12	久效磷	0.03	杀虫剂	NY/T 761
13	克百威	0.02	杀虫剂	NY/T 761
14	磷胺	0.05	杀虫剂	NY/T 761
15	硫环磷	0.03	杀虫剂	NY/T 761
16	硫线磷	0.02	杀虫剂	GB/T 20769
17	氯唑磷	0.01	杀虫剂	GB/T 20769
18	灭多威	0.2	杀虫剂	NY/T 761
19	灭线磷	0.02	杀线虫剂	NY/T 761
20	内吸磷	0.02	杀虫/杀螨剂	GB/T 20769
21	杀虫脒	0.01	杀虫剂	GB/T 20769

（续）

序号	农药中文名	最大残留限量（mg/kg）	农药主要用途	检测方法
22	杀螟硫磷	0.5*	杀虫剂	GB/T 14553、GB/T 20769、NY/T 761
23	杀扑磷	0.05	杀虫剂	NY/T 761
24	水胺硫磷	0.05	杀虫剂	NY/T 761
25	特丁硫磷	0.01	杀虫剂	NY/T 761、NY/T 1379
26	涕灭威	0.03	杀虫剂	NY/T 761
27	氧乐果	0.02	杀虫剂	NY/T 761、NY/T 1379
28	乙酰甲胺磷	1	杀虫剂	GB/T 5009.103、GB/T 5009.145、NY/T 761
29	蝇毒磷	0.05	杀虫剂	GB 23200.8
30	治螟磷	0.01	杀虫剂	NY/T 761、GB 23200.8
31	艾氏剂	0.05	杀虫剂	NY/T 761、GB/T 5009.19
32	滴滴涕	0.05	杀虫剂	NY/T 761、GB/T 5009.19
33	狄氏剂	0.05	杀虫剂	NY/T 761、GB/T 5009.19
34	毒杀芬	0.05*	杀虫剂	YC/T 180
35	六六六	0.05	杀虫剂	NY/T 761、GB/T 5009.19
36	氯丹	0.02	杀虫剂	GB/T 5009.19
37	灭蚁灵	0.01	杀虫剂	GB/T 5009.19
38	七氯	0.02	杀虫剂	NY/T 761、GB/T 5009.19
39	异狄氏剂	0.05	杀虫剂	NY/T 761、GB/T 5009.19
40	苯醚甲环唑	2	杀菌剂	GB/T 5009.218、GB 23200.8、GB 23200.49
41	二嗪磷	0.5	杀虫剂	GB/T 5009.107、GB/T 20769、NY/T 761
42	环酰菌胺	30*	杀菌剂	无指定
43	甲基立枯磷	2	杀菌剂	GB 23200.8
44	抗蚜威	5	杀虫剂	GB 23200.8、NY/T 1379、SN/T 0134
45	喹氧灵	20*	杀菌剂	无指定
46	嘧菌环胺	10	杀菌剂	GB/T 20769、GB 23200.8、NY/T 1379

（续）

序号	农药中文名	最大残留限量（mg/kg）	农药主要用途	检测方法
47	增效醚	50	增效剂	GB 23200.8
48	保棉磷	0.5	杀虫剂	NY/T 761
49	氯虫苯甲酰胺	20*	杀虫剂	无指定
50	双炔酰菌胺	25*	杀菌剂	无指定
51	螺虫乙酯	7*	杀虫剂	无指定
52	敌敌畏	0.2	杀虫剂	NY/T 761、GB 23200.8、GB/T 5009.20
53	甲萘威	1	杀虫剂	GB/T 5009.145、GB/T 20769、NY/T 761
54	敌百虫	0.2	杀虫剂	GB/T 20769、NY/T 761
55	辛硫磷	0.05	杀虫剂	GB/T 5009.102、GB/T 20769
56	多杀霉素	10	杀虫剂	GB/T 20769
57	虫酰肼	10	杀虫剂	GB/T 20769
58	氯菊酯	1	杀虫剂	NY/T 761

3.21 结球莴苣

结球莴苣中农药最大残留限量见表 3-21。

表 3-21 结球莴苣中农药最大残留限量

序号	农药中文名	最大残留限量（mg/kg）	农药主要用途	检测方法
1	百草枯	0.05*	除草剂	无指定
2	倍硫磷	0.05	杀虫剂	GB 23200.8、NY/T 761
3	苯线磷	0.02	杀虫剂	GB/T 5009.145、GB 23200.8
4	地虫硫磷	0.01	杀虫剂	GB 23200.8
5	对硫磷	0.01	杀虫剂	GB/T 5009.145
6	氟虫腈	0.02	杀虫剂	SN/T 1982
7	甲胺磷	0.05	杀虫剂	NY/T 761、GB/T 5009.103
8	甲拌磷	0.01	杀虫剂	GB 23200.8
9	甲基对硫磷	0.02	杀虫剂	NY/T 761

（续）

序号	农药中文名	最大残留限量 （mg/kg）	农药 主要用途	检测方法
10	甲基硫环磷	0.03*	杀虫剂	NY/T 761
11	甲基异柳磷	0.01*	杀虫剂	GB/T 5009.144
12	久效磷	0.03	杀虫剂	NY/T 761
13	克百威	0.02	杀虫剂	NY/T 761
14	磷胺	0.05	杀虫剂	NY/T 761
15	硫环磷	0.03	杀虫剂	NY/T 761
16	硫线磷	0.02	杀虫剂	GB/T 20769
17	氯唑磷	0.01	杀虫剂	GB/T 20769
18	灭多威	0.2	杀虫剂	NY/T 761
19	灭线磷	0.02	杀线虫剂	NY/T 761
20	内吸磷	0.02	杀虫/杀螨剂	GB/T 20769
21	杀虫脒	0.01	杀虫剂	GB/T 20769
22	杀螟硫磷	0.5*	杀虫剂	GB/T 14553、GB/T 20769、 NY/T 761
23	杀扑磷	0.05	杀虫剂	NY/T 761
24	水胺硫磷	0.05	杀虫剂	NY/T 761
25	特丁硫磷	0.01	杀虫剂	NY/T 761、NY/T 1379
26	涕灭威	0.03	杀虫剂	NY/T 761
27	氧乐果	0.02	杀虫剂	NY/T 761、NY/T 1379
28	乙酰甲胺磷	1	杀虫剂	GB/T 5009.103、GB/T 5009.145、 NY/T 761
29	蝇毒磷	0.05	杀虫剂	GB 23200.8
30	治螟磷	0.01	杀虫剂	NY/T 761、GB 23200.8
31	艾氏剂	0.05	杀虫剂	NY/T 761、GB/T 5009.19
32	滴滴涕	0.05	杀虫剂	NY/T 761、GB/T 5009.19
33	狄氏剂	0.05	杀虫剂	NY/T 761、GB/T 5009.19
34	毒杀芬	0.05*	杀虫剂	YC/T 180
35	六六六	0.05	杀虫剂	NY/T 761、GB/T 5009.19
36	氯丹	0.02	杀虫剂	GB/T 5009.19
37	灭蚁灵	0.01	杀虫剂	GB/T 5009.19

（续）

序号	农药中文名	最大残留限量 (mg/kg)	农药主要用途	检测方法
38	七氯	0.02	杀虫剂	NY/T 761、GB/T 5009.19
39	异狄氏剂	0.05	杀虫剂	NY/T 761、GB/T 5009.19
40	苯醚甲环唑	2	杀菌剂	GB/T 5009.218、GB 23200.8、GB 23200.49
41	苯霜灵	1	杀菌剂	GB 23200.8、GB/T 20769
42	代森联	0.5	杀菌剂	SN 0157
43	多菌灵	5	杀菌剂	GB/T 20769、NY/T 1453
44	二嗪磷	0.5	杀虫剂	GB/T 5009.107、GB/T 20769、NY/T 761
45	环酰菌胺	30*	杀菌剂	无指定
46	甲苯氟磺胺	15	杀菌剂	GB 23200.8
47	甲基立枯磷	2	杀菌剂	GB 23200.8
48	甲硫威	0.05	杀软体动物剂	GB/T 20769
49	甲霜灵和精甲霜灵	2	杀菌剂	GB 23200.8、GB/T 20769
50	抗蚜威	5	杀虫剂	GB 23200.8、NY/T 1379、SN/T 0134
51	喹氧灵	8*	杀菌剂	无指定
52	氯菊酯	2	杀虫剂	NY/T 761
53	嘧菌环胺	10	杀菌剂	GB/T 20769、GB 23200.8、NY/T 1379
54	嘧霉胺	3	杀菌剂	GB 23200.9、GB/T 20769
55	灭菌丹	50	杀菌剂	SN/T 2320、GB/T 20769
56	戊唑醇	5	杀菌剂	GB 23200.8、GB/T 20769
57	烯酰吗啉	10	杀菌剂	GB/T 20769
58	保棉磷	0.5	杀虫剂	NY/T 761
59	氯虫苯甲酰胺	20*	杀虫剂	无指定
60	双炔酰菌胺	25*	杀菌剂	无指定
61	螺虫乙酯	7*	杀虫剂	无指定
62	敌敌畏	0.2	杀虫剂	NY/T 761、GB 23200.8、GB/T 5009.20

（续）

序号	农药中文名	最大残留限量（mg/kg）	农药主要用途	检测方法
63	甲萘威	1	杀虫剂	GB/T 5009.145、GB/T 20769、NY/T 761
64	敌百虫	0.2	杀虫剂	GB/T 20769、NY/T 761
65	辛硫磷	0.05	杀虫剂	GB/T 5009.102、GB/T 20769
66	多杀霉素	10	杀虫剂	GB/T 20769
67	虫酰肼	10	杀虫剂	GB/T 20769

3.22　莴苣

莴苣中农药最大残留限量见表3-22。

表3-22　莴苣中农药最大残留限量

序号	农药中文名	最大残留限量（mg/kg）	农药主要用途	检测方法
1	百草枯	0.05*	除草剂	无指定
2	倍硫磷	0.05	杀虫剂	GB 23200.8、NY/T 761
3	苯线磷	0.02	杀虫剂	GB/T 5009.145、GB 23200.8
4	地虫硫磷	0.01	杀虫剂	GB 23200.8
5	对硫磷	0.01	杀虫剂	GB/T 5009.145
6	氟虫腈	0.02	杀虫剂	SN/T 1982
7	甲胺磷	0.05	杀虫剂	NY/T 761、GB/T 5009.103
8	甲拌磷	0.01	杀虫剂	GB 23200.8
9	甲基对硫磷	0.02	杀虫剂	NY/T 761
10	甲基硫环磷	0.03*	杀虫剂	NY/T 761
11	甲基异柳磷	0.01*	杀虫剂	GB/T 5009.144
12	久效磷	0.03	杀虫剂	NY/T 761
13	克百威	0.02	杀虫剂	NY/T 761
14	磷胺	0.05	杀虫剂	NY/T 761
15	硫环磷	0.03	杀虫剂	NY/T 761
16	硫线磷	0.02	杀虫剂	GB/T 20769
17	氯唑磷	0.01	杀虫剂	GB/T 20769

（续）

序号	农药中文名	最大残留限量（mg/kg）	农药主要用途	检测方法
18	灭多威	0.2	杀虫剂	NY/T 761
19	灭线磷	0.02	杀线虫剂	NY/T 761
20	内吸磷	0.02	杀虫/杀螨剂	GB/T 20769
21	杀虫脒	0.01	杀虫剂	GB/T 20769
22	杀螟硫磷	0.5*	杀虫剂	GB/T 14553、GB/T 20769、NY/T 761
23	杀扑磷	0.05	杀虫剂	NY/T 761
24	水胺硫磷	0.05	杀虫剂	NY/T 761
25	特丁硫磷	0.01	杀虫剂	NY/T 761、NY/T 1379
26	涕灭威	0.03	杀虫剂	NY/T 761
27	氧乐果	0.02	杀虫剂	NY/T 761、NY/T 1379
28	乙酰甲胺磷	1	杀虫剂	GB/T 5009.103、GB/T 5009.145、NY/T 761
29	蝇毒磷	0.05	杀虫剂	GB 23200.8
30	治螟磷	0.01	杀虫剂	NY/T 761、GB 23200.8
31	艾氏剂	0.05	杀虫剂	NY/T 761、GB/T 5009.19
32	滴滴涕	0.05	杀虫剂	NY/T 761、GB/T 5009.19
33	狄氏剂	0.05	杀虫剂	NY/T 761、GB/T 5009.19
34	毒杀芬	0.05*	杀虫剂	YC/T 180
35	六六六	0.05	杀虫剂	NY/T 761、GB/T 5009.19
36	氯丹	0.02	杀虫剂	GB/T 5009.19
37	灭蚁灵	0.01	杀虫剂	GB/T 5009.19
38	七氯	0.02	杀虫剂	NY/T 761、GB/T 5009.19
39	异狄氏剂	0.05	杀虫剂	NY/T 761、GB/T 5009.19
40	阿维菌素	0.05	杀虫剂	GB 23200.20、GB 23200.19
41	百菌清	5	杀菌剂	NY/T 761、GB/T 5009.105
42	苯氟磺胺	10	杀菌剂	SN/T 2320
43	除虫脲	1	杀虫剂	GB/T 5009.147、NY/T 1720
44	毒死蜱	0.1	杀虫剂	GB 23200.8、NY/T 761、SN/T 2158

（续）

序号	农药中文名	最大残留限量（mg/kg）	农药主要用途	检测方法
45	二甲戊灵	0.1	除草剂	GB 23200.8、NY/T 1379
46	伏杀硫磷	1	杀虫剂	GB 23200.8、NY/T 761
47	甲氰菊酯	0.5	杀虫剂	NY/T 761
48	乐果	1*	杀虫剂	GB/T 5009.145、GB/T 20769、NY/T 761
49	氯氟氰菊酯和高效氯氟氰菊酯	2	杀虫剂	GB/T 5009.146、NY/T 761
50	氯氰菊酯和高效氯氰菊酯	2	杀虫剂	GB/T 5009.146、GB 23200.8、NY/T 761
51	马拉硫磷	8	杀虫剂	GB 23200.8、GB/T 20769、NY/T 761
52	氰戊菊酯和S-氰戊菊酯	1	杀虫剂	GB 23200.8、NY/T 761
53	炔苯酰草胺	0.05	除草剂	GB/T 20769
54	炔螨特	2	杀螨剂	NY/T 1652
55	溴氰菊酯	0.5	杀虫剂	NY/T 761
56	保棉磷	0.5	杀虫剂	NY/T 761
57	氯虫苯甲酰胺	20*	杀虫剂	无指定
58	双炔酰菌胺	25*	杀菌剂	无指定
59	螺虫乙酯	7*	杀虫剂	无指定
60	敌敌畏	0.2	杀虫剂	NY/T 761、GB 23200.8、GB/T 5009.20
61	甲萘威	1	杀虫剂	GB/T 5009.145、GB/T 20769、NY/T 761
62	敌百虫	0.2	杀虫剂	GB/T 20769、NY/T 761
63	辛硫磷	0.05	杀虫剂	GB/T 5009.102、GB/T 20769
64	多杀霉素	10	杀虫剂	GB/T 20769
65	虫酰肼	10	杀虫剂	GB/T 20769
66	氯菊酯	1	杀虫剂	NY/T 761

3.23 野苣

野苣中农药最大残留限量见表 3-23。

表 3-23　野苣中农药最大残留限量

序号	农药中文名	最大残留限量（mg/kg）	农药主要用途	检测方法
1	百草枯	0.05*	除草剂	无指定
2	倍硫磷	0.05	杀虫剂	GB 23200.8、NY/T 761
3	苯线磷	0.02	杀虫剂	GB/T 5009.145、GB 23200.8
4	地虫硫磷	0.01	杀虫剂	GB 23200.8
5	对硫磷	0.01	杀虫剂	GB/T 5009.145
6	氟虫腈	0.02	杀虫剂	SN/T 1982
7	甲胺磷	0.05	杀虫剂	NY/T 761、GB/T 5009.103
8	甲拌磷	0.01	杀虫剂	GB 23200.8
9	甲基对硫磷	0.02	杀虫剂	NY/T 761
10	甲基硫环磷	0.03*	杀虫剂	NY/T 761
11	甲基异柳磷	0.01*	杀虫剂	GB/T 5009.144
12	久效磷	0.03	杀虫剂	NY/T 761
13	克百威	0.02	杀虫剂	NY/T 761
14	磷胺	0.05	杀虫剂	NY/T 761
15	硫环磷	0.03	杀虫剂	NY/T 761
16	硫线磷	0.02	杀虫剂	GB/T 20769
17	氯唑磷	0.01	杀虫剂	GB/T 20769
18	灭多威	0.2	杀虫剂	NY/T 761
19	灭线磷	0.02	杀线虫剂	NY/T 761
20	内吸磷	0.02	杀虫/杀螨剂	GB/T 20769
21	杀虫脒	0.01	杀虫剂	GB/T 20769
22	杀螟硫磷	0.5*	杀虫剂	GB/T 14553、GB/T 20769、NY/T 761
23	杀扑磷	0.05	杀虫剂	NY/T 761
24	水胺硫磷	0.05	杀虫剂	NY/T 761
25	特丁硫磷	0.01	杀虫剂	NY/T 761、NY/T 1379
26	涕灭威	0.03	杀虫剂	NY/T 761

（续）

序号	农药中文名	最大残留限量 （mg/kg）	农药 主要用途	检测方法
27	氧乐果	0.02	杀虫剂	NY/T 761、NY/T 1379
28	乙酰甲胺磷	1	杀虫剂	GB/T 5009.103、GB/T 5009.145、 NY/T 761
29	蝇毒磷	0.05	杀虫剂	GB 23200.8
30	治螟磷	0.01	杀虫剂	NY/T 761、GB 23200.8
31	艾氏剂	0.05	杀虫剂	NY/T 761、GB/T 5009.19
32	滴滴涕	0.05	杀虫剂	NY/T 761、GB/T 5009.19
33	狄氏剂	0.05	杀虫剂	NY/T 761、GB/T 5009.19
34	毒杀芬	0.05*	杀虫剂	YC/T 180
35	六六六	0.05	杀虫剂	NY/T 761、GB/T 5009.19
36	氯丹	0.02	杀虫剂	GB/T 5009.19
37	灭蚁灵	0.01	杀虫剂	GB/T 5009.19
38	七氯	0.02	杀虫剂	NY/T 761、GB/T 5009.19
39	异狄氏剂	0.05	杀虫剂	NY/T 761、GB/T 5009.19
40	烯酰吗啉	10	杀菌剂	GB/T 20769
41	保棉磷	0.5	杀虫剂	NY/T 761
42	氯虫苯甲酰胺	20*	杀虫剂	无指定
43	双炔酰菌胺	25*	杀菌剂	无指定
44	螺虫乙酯	7*	杀虫剂	无指定
45	敌敌畏	0.2	杀虫剂	NY/T 761、GB 23200.8、 GB/T 5009.20
46	甲萘威	1	杀虫剂	GB/T 5009.145、GB/T 20769、 NY/T 761
47	敌百虫	0.2	杀虫剂	GB/T 20769、NY/T 761
48	辛硫磷	0.05	杀虫剂	GB/T 5009.102、GB/T 20769
49	多杀霉素	10	杀虫剂	GB/T 20769
50	虫酰肼	10	杀虫剂	GB/T 20769
51	氯菊酯	1	杀虫剂	NY/T 761

3.24 叶芥菜

叶芥菜中农药最大残留限量见表3-24。

表 3-24 叶芥菜中农药最大残留限量

序号	农药中文名	最大残留限量（mg/kg）	农药主要用途	检测方法
1	百草枯	0.05*	除草剂	无指定
2	倍硫磷	0.05	杀虫剂	GB 23200.8、NY/T 761
3	苯线磷	0.02	杀虫剂	GB/T 5009.145、GB 23200.8
4	地虫硫磷	0.01	杀虫剂	GB 23200.8
5	对硫磷	0.01	杀虫剂	GB/T 5009.145
6	氟虫腈	0.02	杀虫剂	SN/T 1982
7	甲胺磷	0.05	杀虫剂	NY/T 761、GB/T 5009.103
8	甲拌磷	0.01	杀虫剂	GB 23200.8
9	甲基对硫磷	0.02	杀虫剂	NY/T 761
10	甲基硫环磷	0.03*	杀虫剂	NY/T 761
11	甲基异柳磷	0.01*	杀虫剂	GB/T 5009.144
12	久效磷	0.03	杀虫剂	NY/T 761
13	克百威	0.02	杀虫剂	NY/T 761
14	磷胺	0.05	杀虫剂	NY/T 761
15	硫环磷	0.03	杀虫剂	NY/T 761
16	硫线磷	0.02	杀虫剂	GB/T 20769
17	氯唑磷	0.01	杀虫剂	GB/T 20769
18	灭多威	0.2	杀虫剂	NY/T 761
19	灭线磷	0.02	杀线虫剂	NY/T 761
20	内吸磷	0.02	杀虫/杀螨剂	GB/T 20769
21	杀虫脒	0.01	杀虫剂	GB/T 20769
22	杀螟硫磷	0.5*	杀虫剂	GB/T 14553、GB/T 20769、NY/T 761
23	杀扑磷	0.05	杀虫剂	NY/T 761
24	水胺硫磷	0.05	杀虫剂	NY/T 761
25	特丁硫磷	0.01	杀虫剂	NY/T 761、NY/T 1379
26	涕灭威	0.03	杀虫剂	NY/T 761
27	氧乐果	0.02	杀虫剂	NY/T 761、NY/T 1379
28	乙酰甲胺磷	1	杀虫剂	GB/T 5009.103、GB/T 5009.145、NY/T 761

（续）

序号	农药中文名	最大残留限量（mg/kg）	农药主要用途	检测方法
29	蝇毒磷	0.05	杀虫剂	GB 23200.8
30	治螟磷	0.01	杀虫剂	NY/T 761、GB 23200.8
31	艾氏剂	0.05	杀虫剂	NY/T 761、GB/T 5009.19
32	滴滴涕	0.05	杀虫剂	NY/T 761、GB/T 5009.19
33	狄氏剂	0.05	杀虫剂	NY/T 761、GB/T 5009.19
34	毒杀芬	0.05*	杀虫剂	YC/T 180
35	六六六	0.05	杀虫剂	NY/T 761、GB/T 5009.19
36	氯丹	0.02	杀虫剂	GB/T 5009.19
37	灭蚁灵	0.01	杀虫剂	GB/T 5009.19
38	七氯	0.02	杀虫剂	NY/T 761、GB/T 5009.19
39	异狄氏剂	0.05	杀虫剂	NY/T 761、GB/T 5009.19
40	氟酰脲	25	杀虫剂	GB 23200.34
41	联苯菊酯	4	杀虫/杀螨剂	GB/T 5009.146、NY/T 761、SN/T 1969
42	马拉硫磷	2	杀虫剂	GB 23200.8、GB/T 20769、NY/T 761
43	增效醚	50	增效剂	GB 23200.8
44	保棉磷	0.5	杀虫剂	NY/T 761
45	氯虫苯甲酰胺	20*	杀虫剂	无指定
46	双炔酰菌胺	25*	杀菌剂	无指定
47	螺虫乙酯	7*	杀虫剂	无指定
48	敌敌畏	0.2	杀虫剂	NY/T 761、GB 23200.8、GB/T 5009.20
49	甲萘威	1	杀虫剂	GB/T 5009.145、GB/T 20769、NY/T 761
50	敌百虫	0.2	杀虫剂	GB/T 20769、NY/T 761
51	辛硫磷	0.05	杀虫剂	GB/T 5009.102、GB/T 20769
52	多杀霉素	10	杀虫剂	GB/T 20769
53	虫酰肼	10	杀虫剂	GB/T 20769
54	氯菊酯	1	杀虫剂	NY/T 761

3.25 萝卜叶

萝卜叶中农药最大残留限量见表 3 - 25。

表 3 - 25 萝卜叶中农药最大残留限量

序号	农药中文名	最大残留限量 （mg/kg）	农药 主要用途	检测方法
1	百草枯	0.05*	除草剂	无指定
2	倍硫磷	0.05	杀虫剂	GB 23200.8、NY/T 761
3	苯线磷	0.02	杀虫剂	GB/T 5009.145、GB 23200.8
4	地虫硫磷	0.01	杀虫剂	GB 23200.8
5	对硫磷	0.01	杀虫剂	GB/T 5009.145
6	氟虫腈	0.02	杀虫剂	SN/T 1982
7	甲胺磷	0.05	杀虫剂	NY/T 761、GB/T 5009.103
8	甲拌磷	0.01	杀虫剂	GB 23200.8
9	甲基对硫磷	0.02	杀虫剂	NY/T 761
10	甲基硫环磷	0.03*	杀虫剂	NY/T 761
11	甲基异柳磷	0.01*	杀虫剂	GB/T 5009.144
12	久效磷	0.03	杀虫剂	NY/T 761
13	克百威	0.02	杀虫剂	NY/T 761
14	磷胺	0.05	杀虫剂	NY/T 761
15	硫环磷	0.03	杀虫剂	NY/T 761
16	硫线磷	0.02	杀虫剂	GB/T 20769
17	氯唑磷	0.01	杀虫剂	GB/T 20769
18	灭多威	0.2	杀虫剂	NY/T 761
19	灭线磷	0.02	杀线虫剂	NY/T 761
20	内吸磷	0.02	杀虫/杀螨剂	GB/T 20769
21	杀虫脒	0.01	杀虫剂	GB/T 20769
22	杀螟硫磷	0.5*	杀虫剂	GB/T 14553、GB/T 20769、NY/T 761
23	杀扑磷	0.05	杀虫剂	NY/T 761
24	水胺硫磷	0.05	杀虫剂	NY/T 761
25	特丁硫磷	0.01	杀虫剂	NY/T 761、NY/T 1379
26	涕灭威	0.03	杀虫剂	NY/T 761

（续）

序号	农药中文名	最大残留限量（mg/kg）	农药主要用途	检测方法
27	氧乐果	0.02	杀虫剂	NY/T 761、NY/T 1379
28	乙酰甲胺磷	1	杀虫剂	GB/T 5009.103、GB/T 5009.145、NY/T 761
29	蝇毒磷	0.05	杀虫剂	GB 23200.8
30	治螟磷	0.01	杀虫剂	NY/T 761、GB 23200.8
31	艾氏剂	0.05	杀虫剂	NY/T 761、GB/T 5009.19
32	滴滴涕	0.05	杀虫剂	NY/T 761、GB/T 5009.19
33	狄氏剂	0.05	杀虫剂	NY/T 761、GB/T 5009.19
34	毒杀芬	0.05*	杀虫剂	YC/T 180
35	六六六	0.05	杀虫剂	NY/T 761、GB/T 5009.19
36	氯丹	0.02	杀虫剂	GB/T 5009.19
37	灭蚁灵	0.01	杀虫剂	GB/T 5009.19
38	七氯	0.02	杀虫剂	NY/T 761、GB/T 5009.19
39	异狄氏剂	0.05	杀虫剂	NY/T 761、GB/T 5009.19
40	丙溴磷	5	杀虫剂	GB 23200.8、NY/T 761、SN/T 2234
41	联苯菊酯	4	杀虫/杀螨剂	GB/T 5009.146、NY/T 761、SN/T 1969
42	增效醚	50	增效剂	GB 23200.8
43	保棉磷	0.5	杀虫剂	NY/T 761
44	氯虫苯甲酰胺	20*	杀虫剂	无指定
45	双炔酰菌胺	25*	杀菌剂	无指定
46	螺虫乙酯	7*	杀虫剂	无指定
47	敌敌畏	0.2	杀虫剂	NY/T 761、GB 23200.8、GB/T 5009.20
48	甲萘威	1	杀虫剂	GB/T 5009.145、GB/T 20769、NY/T 761
49	敌百虫	0.2	杀虫剂	GB/T 20769、NY/T 761
50	辛硫磷	0.05	杀虫剂	GB/T 5009.102、GB/T 20769
51	多杀霉素	10	杀虫剂	GB/T 20769

（续）

序号	农药中文名	最大残留限量 （mg/kg）	农药 主要用途	检测方法
52	虫酰肼	10	杀虫剂	GB/T 20769
53	氯菊酯	1	杀虫剂	NY/T 761

3.26 芜菁叶

芜菁叶中农药最大残留限量见表 3 - 26。

表 3 - 26 芜菁叶中农药最大残留限量

序号	农药中文名	最大残留限量 （mg/kg）	农药 主要用途	检测方法
1	百草枯	0.05*	除草剂	无指定
2	倍硫磷	0.05	杀虫剂	GB 23200.8、NY/T 761
3	苯线磷	0.02	杀虫剂	GB/T 5009.145、GB 23200.8
4	地虫硫磷	0.01	杀虫剂	GB 23200.8
5	对硫磷	0.01	杀虫剂	GB/T 5009.145
6	氟虫腈	0.02	杀虫剂	SN/T 1982
7	甲胺磷	0.05	杀虫剂	NY/T 761、GB/T 5009.103
8	甲拌磷	0.01	杀虫剂	GB 23200.8
9	甲基对硫磷	0.02	杀虫剂	NY/T 761
10	甲基硫环磷	0.03*	杀虫剂	NY/T 761
11	甲基异柳磷	0.01*	杀虫剂	GB/T 5009.144
12	久效磷	0.03	杀虫剂	NY/T 761
13	克百威	0.02	杀虫剂	NY/T 761
14	磷胺	0.05	杀虫剂	NY/T 761
15	硫环磷	0.03	杀虫剂	NY/T 761
16	硫线磷	0.02	杀虫剂	GB/T 20769
17	氯唑磷	0.01	杀虫剂	GB/T 20769
18	灭多威	0.2	杀虫剂	NY/T 761
19	灭线磷	0.02	杀线虫剂	NY/T 761
20	内吸磷	0.02	杀虫/杀螨剂	GB/T 20769
21	杀虫脒	0.01	杀虫剂	GB/T 20769

（续）

序号	农药中文名	最大残留限量（mg/kg）	农药主要用途	检测方法
22	杀螟硫磷	0.5*	杀虫剂	GB/T 14553、GB/T 20769、NY/T 761
23	杀扑磷	0.05	杀虫剂	NY/T 761
24	水胺硫磷	0.05	杀虫剂	NY/T 761
25	特丁硫磷	0.01	杀虫剂	NY/T 761、NY/T 1379
26	涕灭威	0.03	杀虫剂	NY/T 761
27	氧乐果	0.02	杀虫剂	NY/T 761、NY/T 1379
28	乙酰甲胺磷	1	杀虫剂	GB/T 5009.103、GB/T 5009.145、NY/T 761
29	蝇毒磷	0.05	杀虫剂	GB 23200.8
30	治螟磷	0.01	杀虫剂	NY/T 761、GB 23200.8
31	艾氏剂	0.05	杀虫剂	NY/T 761、GB/T 5009.19
32	滴滴涕	0.05	杀虫剂	NY/T 761、GB/T 5009.19
33	狄氏剂	0.05	杀虫剂	NY/T 761、GB/T 5009.19
34	毒杀芬	0.05*	杀虫剂	YC/T 180
35	六六六	0.05	杀虫剂	NY/T 761、GB/T 5009.19
36	氯丹	0.02	杀虫剂	GB/T 5009.19
37	灭蚁灵	0.01	杀虫剂	GB/T 5009.19
38	七氯	0.02	杀虫剂	NY/T 761、GB/T 5009.19
39	异狄氏剂	0.05	杀虫剂	NY/T 761、GB/T 5009.19
40	马拉硫磷	5	杀虫剂	GB 23200.8、GB/T 20769、NY/T 761
41	保棉磷	0.5	杀虫剂	NY/T 761
42	氯虫苯甲酰胺	20*	杀虫剂	无指定
43	双炔酰菌胺	25*	杀菌剂	无指定
44	螺虫乙酯	7*	杀虫剂	无指定
45	敌敌畏	0.2	杀虫剂	NY/T 761、GB 23200.8、GB/T 5009.20
46	甲萘威	1	杀虫剂	GB/T 5009.145、GB/T 20769、NY/T 761

（续）

序号	农药中文名	最大残留限量 （mg/kg）	农药 主要用途	检测方法
47	敌百虫	0.2	杀虫剂	GB/T 20769、NY/T 761
48	辛硫磷	0.05	杀虫剂	GB/T 5009.102、GB/T 20769
49	多杀霉素	10	杀虫剂	GB/T 20769
50	虫酰肼	10	杀虫剂	GB/T 20769
51	氯菊酯	1	杀虫剂	NY/T 761

3.27 菊苣

菊苣中农药最大残留限量见表 3 - 27。

表 3 - 27 菊苣中农药最大残留限量

序号	农药中文名	最大残留限量 （mg/kg）	农药 主要用途	检测方法
1	百草枯	0.05*	除草剂	无指定
2	倍硫磷	0.05	杀虫剂	GB 23200.8、NY/T 761
3	苯线磷	0.02	杀虫剂	GB/T 5009.145、GB 23200.8
4	地虫硫磷	0.01	杀虫剂	GB 23200.8
5	对硫磷	0.01	杀虫剂	GB/T 5009.145
6	氟虫腈	0.02	杀虫剂	SN/T 1982
7	甲胺磷	0.05	杀虫剂	NY/T 761、GB/T 5009.103
8	甲拌磷	0.01	杀虫剂	GB 23200.8
9	甲基对硫磷	0.02	杀虫剂	NY/T 761
10	甲基硫环磷	0.03*	杀虫剂	NY/T 761
11	甲基异柳磷	0.01*	杀虫剂	GB/T 5009.144
12	久效磷	0.03	杀虫剂	NY/T 761
13	克百威	0.02	杀虫剂	NY/T 761
14	磷胺	0.05	杀虫剂	NY/T 761
15	硫环磷	0.03	杀虫剂	NY/T 761
16	硫线磷	0.02	杀虫剂	GB/T 20769
17	氯唑磷	0.01	杀虫剂	GB/T 20769
18	灭多威	0.2	杀虫剂	NY/T 761

（续）

序号	农药中文名	最大残留限量（mg/kg）	农药主要用途	检测方法
19	灭线磷	0.02	杀线虫剂	NY/T 761
20	内吸磷	0.02	杀虫/杀螨剂	GB/T 20769
21	杀虫脒	0.01	杀虫剂	GB/T 20769
22	杀螟硫磷	0.5*	杀虫剂	GB/T 14553、GB/T 20769、NY/T 761
23	杀扑磷	0.05	杀虫剂	NY/T 761
24	水胺硫磷	0.05	杀虫剂	NY/T 761
25	特丁硫磷	0.01	杀虫剂	NY/T 761、NY/T 1379
26	涕灭威	0.03	杀虫剂	NY/T 761
27	氧乐果	0.02	杀虫剂	NY/T 761、NY/T 1379
28	乙酰甲胺磷	1	杀虫剂	GB/T 5009.103、GB/T 5009.145、NY/T 761
29	蝇毒磷	0.05	杀虫剂	GB 23200.8
30	治螟磷	0.01	杀虫剂	NY/T 761、GB 23200.8
31	艾氏剂	0.05	杀虫剂	NY/T 761、GB/T 5009.19
32	滴滴涕	0.05	杀虫剂	NY/T 761、GB/T 5009.19
33	狄氏剂	0.05	杀虫剂	NY/T 761、GB/T 5009.19
34	毒杀芬	0.05*	杀虫剂	YC/T 180
35	六六六	0.05	杀虫剂	NY/T 761、GB/T 5009.19
36	氯丹	0.02	杀虫剂	GB/T 5009.19
37	灭蚁灵	0.01	杀虫剂	GB/T 5009.19
38	七氯	0.02	杀虫剂	NY/T 761、GB/T 5009.19
39	异狄氏剂	0.05	杀虫剂	NY/T 761、GB/T 5009.19
40	噻菌灵	0.05	杀菌剂	GB/T 20769、NY/T 1453、NY/T 1680
41	霜霉威和霜霉威盐酸盐	2	杀菌剂	GB/T 20769、NY/T 1379
42	保棉磷	0.5	杀虫剂	NY/T 761
43	氯虫苯甲酰胺	20*	杀虫剂	无指定
44	双炔酰菌胺	25*	杀菌剂	无指定
45	螺虫乙酯	7*	杀虫剂	无指定

（续）

序号	农药中文名	最大残留限量 （mg/kg）	农药 主要用途	检测方法
46	敌敌畏	0.2	杀虫剂	NY/T 761、GB 23200.8、GB/T 5009.20
47	甲萘威	1	杀虫剂	GB/T 5009.145、GB/T 20769、NY/T 761
48	敌百虫	0.2	杀虫剂	GB/T 20769、NY/T 761
49	辛硫磷	0.05	杀虫剂	GB/T 5009.102、GB/T 20769
50	多杀霉素	10	杀虫剂	GB/T 20769
51	虫酰肼	10	杀虫剂	GB/T 20769
52	氯菊酯	1	杀虫剂	NY/T 761

3.28　小油菜

小油菜中农药最大残留限量见表 3-28。

表 3-28　小油菜中农药最大残留限量

序号	农药中文名	最大残留限量 （mg/kg）	农药 主要用途	检测方法
1	百草枯	0.05*	除草剂	无指定
2	倍硫磷	0.05	杀虫剂	GB 23200.8、NY/T 761
3	苯线磷	0.02	杀虫剂	GB/T 5009.145、GB 23200.8
4	地虫硫磷	0.01	杀虫剂	GB 23200.8
5	对硫磷	0.01	杀虫剂	GB/T 5009.145
6	氟虫腈	0.02	杀虫剂	SN/T 1982
7	甲胺磷	0.05	杀虫剂	NY/T 761、GB/T 5009.103
8	甲拌磷	0.01	杀虫剂	GB 23200.8
9	甲基对硫磷	0.02	杀虫剂	NY/T 761
10	甲基硫环磷	0.03*	杀虫剂	NY/T 761
11	甲基异柳磷	0.01*	杀虫剂	GB/T 5009.144
12	久效磷	0.03	杀虫剂	NY/T 761
13	克百威	0.02	杀虫剂	NY/T 761
14	磷胺	0.05	杀虫剂	NY/T 761

（续）

序号	农药中文名	最大残留限量 （mg/kg）	农药 主要用途	检测方法
15	硫环磷	0.03	杀虫剂	NY/T 761
16	硫线磷	0.02	杀虫剂	GB/T 20769
17	氯唑磷	0.01	杀虫剂	GB/T 20769
18	灭多威	0.2	杀虫剂	NY/T 761
19	灭线磷	0.02	杀线虫剂	NY/T 761
20	内吸磷	0.02	杀虫/杀螨剂	GB/T 20769
21	杀虫脒	0.01	杀虫剂	GB/T 20769
22	杀螟硫磷	0.5*	杀虫剂	GB/T 14553、GB/T 20769、 NY/T 761
23	杀扑磷	0.05	杀虫剂	NY/T 761
24	水胺硫磷	0.05	杀虫剂	NY/T 761
25	特丁硫磷	0.01	杀虫剂	NY/T 761、NY/T 1379
26	涕灭威	0.03	杀虫剂	NY/T 761
27	氧乐果	0.02	杀虫剂	NY/T 761、NY/T 1379
28	乙酰甲胺磷	1	杀虫剂	GB/T 5009.103、GB/T 5009.145、 NY/T 761
29	蝇毒磷	0.05	杀虫剂	GB 23200.8
30	治螟磷	0.01	杀虫剂	NY/T 761、GB 23200.8
31	艾氏剂	0.05	杀虫剂	NY/T 761、GB/T 5009.19
32	滴滴涕	0.05	杀虫剂	NY/T 761、GB/T 5009.19
33	狄氏剂	0.05	杀虫剂	NY/T 761、GB/T 5009.19
34	毒杀芬	0.05*	杀虫剂	YC/T 180
35	六六六	0.05	杀虫剂	NY/T 761、GB/T 5009.19
36	氯丹	0.02	杀虫剂	GB/T 5009.19
37	灭蚁灵	0.01	杀虫剂	GB/T 5009.19
38	七氯	0.02	杀虫剂	NY/T 761、GB/T 5009.19
39	异狄氏剂	0.05	杀虫剂	NY/T 761、GB/T 5009.19
40	阿维菌素	0.1	杀虫剂	GB 23200.20、GB 23200.19
41	保棉磷	0.5	杀虫剂	NY/T 761
42	氯虫苯甲酰胺	20*	杀虫剂	无指定

（续）

序号	农药中文名	最大残留限量（mg/kg）	农药主要用途	检测方法
43	双炔酰菌胺	25*	杀菌剂	无指定
44	螺虫乙酯	7*	杀虫剂	无指定
45	敌敌畏	0.2	杀虫剂	NY/T 761、GB 23200.8、GB/T 5009.20
46	甲萘威	1	杀虫剂	GB/T 5009.145、GB/T 20769、NY/T 761
47	多杀霉素	10	杀虫剂	GB/T 20769
48	虫酰肼	10	杀虫剂	GB/T 20769
49	氯菊酯	1	杀虫剂	NY/T 761

3.29 芹菜

芹菜中农药最大残留限量见表 3-29。

表 3-29 芹菜中农药最大残留限量

序号	农药中文名	最大残留限量（mg/kg）	农药主要用途	检测方法
1	百草枯	0.05*	除草剂	无指定
2	倍硫磷	0.05	杀虫剂	GB 23200.8、NY/T 761
3	苯线磷	0.02	杀虫剂	GB/T 5009.145、GB 23200.8
4	地虫硫磷	0.01	杀虫剂	GB 23200.8
5	对硫磷	0.01	杀虫剂	GB/T 5009.145
6	氟虫腈	0.02	杀虫剂	SN/T 1982
7	甲胺磷	0.05	杀虫剂	NY/T 761、GB/T 5009.103
8	甲拌磷	0.01	杀虫剂	GB 23200.8
9	甲基对硫磷	0.02	杀虫剂	NY/T 761
10	甲基硫环磷	0.03*	杀虫剂	NY/T 761
11	甲基异柳磷	0.01*	杀虫剂	GB/T 5009.144
12	久效磷	0.03	杀虫剂	NY/T 761
13	克百威	0.02	杀虫剂	NY/T 761
14	磷胺	0.05	杀虫剂	NY/T 761

（续）

序号	农药中文名	最大残留限量（mg/kg）	农药主要用途	检测方法
15	硫环磷	0.03	杀虫剂	NY/T 761
16	硫线磷	0.02	杀虫剂	GB/T 20769
17	氯唑磷	0.01	杀虫剂	GB/T 20769
18	灭多威	0.2	杀虫剂	NY/T 761
19	灭线磷	0.02	杀线虫剂	NY/T 761
20	内吸磷	0.02	杀虫/杀螨剂	GB/T 20769
21	杀虫脒	0.01	杀虫剂	GB/T 20769
22	杀螟硫磷	0.5*	杀虫剂	GB/T 14553、GB/T 20769、NY/T 761
23	杀扑磷	0.05	杀虫剂	NY/T 761
24	水胺硫磷	0.05	杀虫剂	NY/T 761
25	特丁硫磷	0.01	杀虫剂	NY/T 761、NY/T 1379
26	涕灭威	0.03	杀虫剂	NY/T 761
27	氧乐果	0.02	杀虫剂	NY/T 761、NY/T 1379
28	乙酰甲胺磷	1	杀虫剂	GB/T 5009.103、GB/T 5009.145、NY/T 761
29	蝇毒磷	0.05	杀虫剂	GB 23200.8
30	治螟磷	0.01	杀虫剂	NY/T 761、GB 23200.8
31	艾氏剂	0.05	杀虫剂	NY/T 761、GB/T 5009.19
32	滴滴涕	0.05	杀虫剂	NY/T 761、GB/T 5009.19
33	狄氏剂	0.05	杀虫剂	NY/T 761、GB/T 5009.19
34	毒杀芬	0.05*	杀虫剂	YC/T 180
35	六六六	0.05	杀虫剂	NY/T 761、GB/T 5009.19
36	氯丹	0.02	杀虫剂	GB/T 5009.19
37	灭蚁灵	0.01	杀虫剂	GB/T 5009.19
38	七氯	0.02	杀虫剂	NY/T 761、GB/T 5009.19
39	异狄氏剂	0.05	杀虫剂	NY/T 761、GB/T 5009.19
40	阿维菌素	0.05	杀虫剂	GB 23200.20、GB 23200.19
41	百菌清	5	杀菌剂	NY/T 761、GB/T 5009.105
42	吡虫啉	5	杀虫剂	GB/T 23379、GB/T 20769、NY/T 1275

（续）

序号	农药中文名	最大残留限量（mg/kg）	农药主要用途	检测方法
43	丁硫克百威	0.05	杀虫剂	GB 23200.13
44	毒死蜱	0.05	杀虫剂	GB 23200.8、NY/T 761、SN/T 2158
45	多杀霉素	2	杀虫剂	GB/T 20769
46	二甲戊灵	0.2	除草剂	GB 23200.8、NY/T 1379
47	氟胺氰菊酯	0.5	杀虫剂	NY/T 761
48	氟苯脲	0.5	杀虫剂	NY/T 1453
49	氟氯氰菊酯和高效氟氯氰菊酯	0.5	杀虫剂	GB 23200.8、GB/T 5009.146、NY/T 761
50	甲氰菊酯	1	杀虫剂	NY/T 761
51	乐果	0.5*	杀虫剂	GB/T 5009.145、GB/T 20769、NY/T 761
52	螺虫乙酯	4*	杀虫剂	无指定
53	氯虫苯甲酰胺	7*	杀虫剂	无指定
54	氯氟氰菊酯和高效氯氟氰菊酯	0.5	杀虫剂	GB/T 5009.146、NY/T 761
55	氯菊酯	2	杀虫剂	NY/T 761
56	氯氰菊酯和高效氯氰菊酯	1	杀虫剂	GB/T 5009.146、GB 23200.8、NY/T 761
57	马拉硫磷	1	杀虫剂	GB 23200.8、GB/T 20769、NY/T 761
58	醚菊酯	1	杀虫剂	SN/T 2151
59	双炔酰菌胺	20*	杀菌剂	无指定
60	四聚乙醛	1*	杀螺剂	无指定
61	保棉磷	0.5	杀虫剂	NY/T 761
62	敌敌畏	0.2	杀虫剂	NY/T 761、GB 23200.8、GB/T 5009.20
63	甲萘威	1	杀虫剂	GB/T 5009.145、GB/T 20769、NY/T 761
64	敌百虫	0.2	杀虫剂	GB/T 20769、NY/T 761

（续）

序号	农药中文名	最大残留限量 （mg/kg）	农药 主要用途	检测方法
65	辛硫磷	0.05	杀虫剂	GB/T 5009.102、GB/T 20769
66	虫酰肼	10	杀虫剂	GB/T 20769

3.30 球茎茴香

球茎茴香中农药最大残留限量见表 3-30。

表 3-30 球茎茴香中农药最大残留限量

序号	农药中文名	最大残留限量 （mg/kg）	农药 主要用途	检测方法
1	百草枯	0.05*	除草剂	无指定
2	倍硫磷	0.05	杀虫剂	GB 23200.8、NY/T 761
3	苯线磷	0.02	杀虫剂	GB/T 5009.145、GB 23200.8
4	地虫硫磷	0.01	杀虫剂	GB 23200.8
5	对硫磷	0.01	杀虫剂	GB/T 5009.145
6	氟虫腈	0.02	杀虫剂	SN/T 1982
7	甲胺磷	0.05	杀虫剂	NY/T 761、GB/T 5009.103
8	甲拌磷	0.01	杀虫剂	GB 23200.8
9	甲基对硫磷	0.02	杀虫剂	NY/T 761
10	甲基硫环磷	0.03*	杀虫剂	NY/T 761
11	甲基异柳磷	0.01*	杀虫剂	GB/T 5009.144
12	久效磷	0.03	杀虫剂	NY/T 761
13	克百威	0.02	杀虫剂	NY/T 761
14	磷胺	0.05	杀虫剂	NY/T 761
15	硫环磷	0.03	杀虫剂	NY/T 761
16	硫线磷	0.02	杀虫剂	GB/T 20769
17	氯唑磷	0.01	杀虫剂	GB/T 20769
18	灭多威	0.2	杀虫剂	NY/T 761
19	灭线磷	0.02	杀线虫剂	NY/T 761
20	内吸磷	0.02	杀虫/杀螨剂	GB/T 20769
21	杀虫脒	0.01	杀虫剂	GB/T 20769

（续）

序号	农药中文名	最大残留限量（mg/kg）	农药主要用途	检测方法
22	杀螟硫磷	0.5*	杀虫剂	GB/T 14553、GB/T 20769、NY/T 761
23	杀扑磷	0.05	杀虫剂	NY/T 761
24	水胺硫磷	0.05	杀虫剂	NY/T 761
25	特丁硫磷	0.01	杀虫剂	NY/T 761、NY/T 1379
26	涕灭威	0.03	杀虫剂	NY/T 761
27	氧乐果	0.02	杀虫剂	NY/T 761、NY/T 1379
28	乙酰甲胺磷	1	杀虫剂	GB/T 5009.103、GB/T 5009.145、NY/T 761
29	蝇毒磷	0.05	杀虫剂	GB 23200.8
30	治螟磷	0.01	杀虫剂	NY/T 761、GB 23200.8
31	艾氏剂	0.05	杀虫剂	NY/T 761、GB/T 5009.19
32	滴滴涕	0.05	杀虫剂	NY/T 761、GB/T 5009.19
33	狄氏剂	0.05	杀虫剂	NY/T 761、GB/T 5009.19
34	毒杀芬	0.05*	杀虫剂	YC/T 180
35	六六六	0.05	杀虫剂	NY/T 761、GB/T 5009.19
36	氯丹	0.02	杀虫剂	GB/T 5009.19
37	灭蚁灵	0.01	杀虫剂	GB/T 5009.19
38	七氯	0.02	杀虫剂	NY/T 761、GB/T 5009.19
39	异狄氏剂	0.05	杀虫剂	NY/T 761、GB/T 5009.19
40	氟啶脲	0.1	杀虫剂	GB 23200.8、SN/T 2095
41	保棉磷	0.5	杀虫剂	NY/T 761
42	氯虫苯甲酰胺	20*	杀虫剂	无指定
43	双炔酰菌胺	25*	杀菌剂	无指定
44	螺虫乙酯	7*	杀虫剂	无指定
45	敌敌畏	0.2	杀虫剂	NY/T 761、GB 23200.8、GB/T 5009.20
46	甲萘威	1	杀虫剂	GB/T 5009.145、GB/T 20769、NY/T 761
47	敌百虫	0.2	杀虫剂	GB/T 20769、NY/T 761

（续）

序号	农药中文名	最大残留限量（mg/kg）	农药主要用途	检测方法
48	辛硫磷	0.05	杀虫剂	GB/T 5009.102、GB/T 20769
49	多杀霉素	10	杀虫剂	GB/T 20769
50	虫酰肼	10	杀虫剂	GB/T 20769
51	氯菊酯	1	杀虫剂	NY/T 761

3.31 大白菜

大白菜中农药最大残留限量见表 3-31。

表 3-31 大白菜中农药最大残留限量

序号	农药中文名	最大残留限量（mg/kg）	农药主要用途	检测方法
1	百草枯	0.05*	除草剂	无指定
2	倍硫磷	0.05	杀虫剂	GB 23200.8、NY/T 761
3	苯线磷	0.02	杀虫剂	GB/T 5009.145、GB 23200.8
4	地虫硫磷	0.01	杀虫剂	GB 23200.8
5	对硫磷	0.01	杀虫剂	GB/T 5009.145
6	氟虫腈	0.02	杀虫剂	SN/T 1982
7	甲胺磷	0.05	杀虫剂	NY/T 761、GB/T 5009.103
8	甲拌磷	0.01	杀虫剂	GB 23200.8
9	甲基对硫磷	0.02	杀虫剂	NY/T 761
10	甲基硫环磷	0.03*	杀虫剂	NY/T 761
11	甲基异柳磷	0.01*	杀虫剂	GB/T 5009.144
12	久效磷	0.03	杀虫剂	NY/T 761
13	克百威	0.02	杀虫剂	NY/T 761
14	磷胺	0.05	杀虫剂	NY/T 761
15	硫环磷	0.03	杀虫剂	NY/T 761
16	硫线磷	0.02	杀虫剂	GB/T 20769
17	氯唑磷	0.01	杀虫剂	GB/T 20769
18	灭多威	0.2	杀虫剂	NY/T 761
19	灭线磷	0.02	杀线虫剂	NY/T 761

（续）

序号	农药中文名	最大残留限量（mg/kg）	农药主要用途	检测方法
20	内吸磷	0.02	杀虫/杀螨剂	GB/T 20769
21	杀虫脒	0.01	杀虫剂	GB/T 20769
22	杀螟硫磷	0.5*	杀虫剂	GB/T 14553、GB/T 20769、NY/T 761
23	杀扑磷	0.05	杀虫剂	NY/T 761
24	水胺硫磷	0.05	杀虫剂	NY/T 761
25	特丁硫磷	0.01	杀虫剂	NY/T 761、NY/T 1379
26	涕灭威	0.03	杀虫剂	NY/T 761
27	氧乐果	0.02	杀虫剂	NY/T 761、NY/T 1379
28	乙酰甲胺磷	1	杀虫剂	GB/T 5009.103、GB/T 5009.145、NY/T 761
29	蝇毒磷	0.05	杀虫剂	GB 23200.8
30	治螟磷	0.01	杀虫剂	NY/T 761、GB 23200.8
31	艾氏剂	0.05	杀虫剂	NY/T 761、GB/T 5009.19
32	滴滴涕	0.05	杀虫剂	NY/T 761、GB/T 5009.19
33	狄氏剂	0.05	杀虫剂	NY/T 761、GB/T 5009.19
34	毒杀芬	0.05*	杀虫剂	YC/T 180
35	六六六	0.05	杀虫剂	NY/T 761、GB/T 5009.19
36	氯丹	0.02	杀虫剂	GB/T 5009.19
37	灭蚁灵	0.01	杀虫剂	GB/T 5009.19
38	七氯	0.02	杀虫剂	NY/T 761、GB/T 5009.19
39	异狄氏剂	0.05	杀虫剂	NY/T 761、GB/T 5009.19
40	2,4-滴和2,4-滴钠盐	0.2	除草剂	GB/T 5009.175
41	阿维菌素	0.05	杀虫剂	GB 23200.20、GB 23200.19
42	胺鲜酯	0.2*	植物生长调节剂	无指定
43	百菌清	5	杀菌剂	NY/T 761、GB/T 5009.105
44	苯醚甲环唑	1	杀菌剂	GB/T 5009.218、GB 23200.8、GB 23200.49
45	吡虫啉	0.2	杀虫剂	GB/T 23379、GB/T 20769、NY/T 1275

（续）

序号	农药中文名	最大残留限量（mg/kg）	农药主要用途	检测方法
46	吡唑醚菌酯	5	杀菌剂	GB 23200.8、GB/T 20769
47	丙森锌	5	杀菌剂	SN 0139
48	虫螨腈	2	杀虫剂	GB 23200.8、NY/T 1379、SN/T 1986
49	虫酰肼	0.5	杀虫剂	GB/T 20769
50	除虫菊素	1*	杀虫剂	无指定
51	除虫脲	1	杀虫剂	GB/T 5009.147、NY/T 1720
52	代森联	5	杀菌剂	SN 0157
53	代森锰锌	5	杀菌剂	SN 0157
54	敌敌畏	0.5	杀虫剂	NY/T 761、GB 23200.8、GB/T 5009.20
55	丁硫克百威	0.05	杀虫剂	GB 23200.13
56	啶虫脒	1	杀虫剂	GB/T 23584、GB/T 20769
57	毒死蜱	0.1	杀虫剂	GB 23200.8、NY/T 761、SN/T 2158
58	多杀霉素	0.5	杀虫剂	GB/T 20769
59	二甲戊灵	0.2	除草剂	GB 23200.8、NY/T 1379
60	二嗪磷	0.05	杀虫剂	GB/T 5009.107、GB/T 20769、NY/T 761
61	伏杀硫磷	1	杀虫剂	GB 23200.8、NY/T 761
62	氟胺氰菊酯	0.5	杀虫剂	NY/T 761
63	氟苯脲	0.5	杀虫剂	NY/T 1453
64	氟吡菌胺	0.5*	杀菌剂	无指定
65	氟啶胺	0.2	杀菌剂	GB 23200.34
66	氟啶脲	2	杀虫剂	GB 23200.8、SN/T 2095
67	氟氯氰菊酯和高效氟氯氰菊酯	0.5	杀虫剂	GB 23200.8、GB/T 5009.146、NY/T 761
68	甲氨基阿维菌素苯甲酸盐	0.05	杀虫剂	GB/T 20769
69	甲萘威	1	杀虫剂	GB/T 5009.145、GB/T 20769、NY/T 761

（续）

序号	农药中文名	最大残留限量（mg/kg）	农药主要用途	检测方法
70	甲氰菊酯	1	杀虫剂	NY/T 761
71	乐果	1*	杀虫剂	GB/T 5009.145、GB/T 20769、NY/T 761
72	氯氟氰菊酯和高效氯氟氰菊酯	1	杀虫剂	GB/T 5009.146、NY/T 761
73	氯菊酯	5	杀虫剂	NY/T 761
74	氯氰菊酯和高效氯氰菊酯	2	杀虫剂	GB/T 5009.146、GB 23200.8、NY/T 761
75	马拉硫磷	8	杀虫剂	GB 23200.8、GB/T 20769、NY/T 761
76	醚菊酯	1	杀虫剂	SN/T 2151
77	氰戊菊酯和S-氰戊菊酯	3	杀虫剂	GB 23200.8、NY/T 761
78	炔螨特	2	杀螨剂	NY/T 1652
79	杀螟丹	3	杀虫剂	GB/T 20769
80	四聚乙醛	1*	杀螺剂	无指定
81	溴氰菊酯	0.5	杀虫剂	NY/T 761
82	亚胺硫磷	0.5	杀虫剂	GB/T 5009.131、NY/T 761
83	唑虫酰胺	0.5	杀虫剂	GB/T 20769
84	保棉磷	0.5	杀虫剂	NY/T 761
85	氯虫苯甲酰胺	20*	杀虫剂	无指定
86	双炔酰菌胺	25*	杀菌剂	无指定
87	螺虫乙酯	7*	杀虫剂	无指定
88	敌百虫	0.2	杀虫剂	GB/T 20769、NY/T 761
89	辛硫磷	0.05	杀虫剂	GB/T 5009.102、GB/T 20769

3.32 番茄

番茄中农药最大残留限量见表3-32。

表 3－32 番茄中农药最大残留限量

序号	农药中文名	最大残留限量（mg/kg）	农药主要用途	检测方法
1	百草枯	0.05*	除草剂	无指定
2	倍硫磷	0.05	杀虫剂	GB 23200.8、NY/T 761
3	苯线磷	0.02	杀虫剂	GB/T 5009.145、GB 23200.8
4	敌百虫	0.2	杀虫剂	GB/T 20769、NY/T 761
5	敌敌畏	0.2	杀虫剂	NY/T 761、GB 23200.8、GB/T 5009.20
6	地虫硫磷	0.01	杀虫剂	GB 23200.8
7	对硫磷	0.01	杀虫剂	GB/T 5009.145
8	氟虫腈	0.02	杀虫剂	SN/T 1982
9	甲胺磷	0.05	杀虫剂	NY/T 761、GB/T 5009.103
10	甲拌磷	0.01	杀虫剂	GB 23200.8
11	甲基对硫磷	0.02	杀虫剂	NY/T 761
12	甲基硫环磷	0.03*	杀虫剂	NY/T 761
13	甲基异柳磷	0.01*	杀虫剂	GB/T 5009.144
14	甲萘威	1	杀虫剂	GB/T 5009.145、GB/T 20769、NY/T 761
15	久效磷	0.03	杀虫剂	NY/T 761
16	抗蚜威	0.5	杀虫剂	GB 23200.8、NY/T 1379、SN/T 0134
17	克百威	0.02	杀虫剂	NY/T 761
18	磷胺	0.05	杀虫剂	NY/T 761
19	硫环磷	0.03	杀虫剂	NY/T 761
20	硫线磷	0.02	杀虫剂	GB/T 20769
21	氯虫苯甲酰胺	0.6*	杀虫剂	无指定
22	氯唑磷	0.01	杀虫剂	GB/T 20769
23	灭多威	0.2	杀虫剂	NY/T 761
24	灭线磷	0.02	杀线虫剂	NY/T 761
25	内吸磷	0.02	杀虫/杀螨剂	GB/T 20769
26	三唑醇	1	杀菌剂	GB 23200.8
27	三唑酮	1	杀菌剂	NY/T 761、GB/T 20769、GB 23200.8

（续）

序号	农药中文名	最大残留限量 （mg/kg）	农药 主要用途	检测方法
28	杀虫脒	0.01	杀虫剂	GB/T 20769
29	杀螟硫磷	0.5*	杀虫剂	GB/T 14553、GB/T 20769、 NY/T 761
30	杀扑磷	0.05	杀虫剂	NY/T 761
31	水胺硫磷	0.05	杀虫剂	NY/T 761
32	特丁硫磷	0.01	杀虫剂	NY/T 761、NY/T 1379
33	涕灭威	0.03	杀虫剂	NY/T 761
34	辛硫磷	0.05	杀虫剂	GB/T 5009.102、GB/T 20769
35	氧乐果	0.02	杀虫剂	NY/T 761、NY/T 1379
36	乙酰甲胺磷	1	杀虫剂	GB/T 5009.103、GB/T 5009.145、 NY/T 761
37	蝇毒磷	0.05	杀虫剂	GB 23200.8
38	治螟磷	0.01	杀虫剂	NY/T 761、GB 23200.8
39	艾氏剂	0.05	杀虫剂	NY/T 761、GB/T 5009.19
40	滴滴涕	0.05	杀虫剂	NY/T 761、GB/T 5009.19
41	狄氏剂	0.05	杀虫剂	NY/T 761、GB/T 5009.19
42	毒杀芬	0.05*	杀虫剂	YC/T 180
43	六六六	0.05	杀虫剂	NY/T 761、GB/T 5009.19
44	氯丹	0.02	杀虫剂	GB/T 5009.19
45	灭蚁灵	0.01	杀虫剂	GB/T 5009.19
46	七氯	0.02	杀虫剂	NY/T 761、GB/T 5009.19
47	异狄氏剂	0.05	杀虫剂	NY/T 761、GB/T 5009.19
48	2，4-滴和 2，4-滴钠盐	0.5	除草剂	GB/T 5009.175
49	阿维菌素	0.02	杀虫剂	GB 23200.20、GB 23200.19
50	百菌清	5	杀菌剂	NY/T 761、GB/T 5009.105
51	保棉磷	1	杀虫剂	NY/T 761
52	苯丁锡	1	杀螨剂	SN 0592
53	苯氟磺胺	2	杀菌剂	SN/T 2320
54	苯醚甲环唑	0.5	杀菌剂	GB/T 5009.218、GB 23200.8、 GB 23200.49

（续）

序号	农药中文名	最大残留限量 （mg/kg）	农药 主要用途	检测方法
55	苯霜灵	0.2	杀菌剂	GB 23200.8、GB/T 20769
56	苯酰菌胺	2	杀菌剂	GB 23200.8、GB/T 20769
57	吡丙醚	1	杀虫剂	GB 23200.8
58	吡虫啉	1	杀虫剂	GB/T 23379、GB/T 20769、 NY/T 1275
59	丙森锌	5	杀菌剂	SN 0139
60	丙溴磷	10	杀虫剂	GB 23200.8、NY/T 761、SN/T 2234
61	草铵膦	0.5*	除草剂	无指定
62	虫酰肼	1	杀虫剂	GB/T 20769
63	春雷霉素	0.05*	杀菌剂	无指定
64	代森锰锌	5	杀菌剂	SN 0157
65	敌菌灵	10	杀菌剂	NY/T 1722
66	敌螨普	0.3*	杀菌剂	无指定
67	丁吡吗啉	10*	杀菌剂	无指定
68	丁硫克百威	0.1	杀虫剂	GB 23200.13
69	啶虫脒	1	杀虫剂	GB/T 23584、GB/T 20769
70	啶菌噁唑	1*	杀菌剂	无指定
71	啶氧菌酯	1	杀菌剂	GB 23200.54
72	毒死蜱	0.5	杀虫剂	GB 23200.8、NY/T 761、SN/T 2158
73	多菌灵	3	杀菌剂	GB/T 20769、NY/T 1453
74	多杀霉素	1	杀虫剂	GB/T 20769
75	噁唑菌酮	2	杀菌剂	GB/T 20769
76	二嗪磷	0.5	杀虫剂	GB/T 5009.107、GB/T 20769、 NY/T 761
77	氟吡菌胺	0.1*	杀菌剂	无指定
78	氟吡菌酰胺	1*	杀菌剂	无指定
79	氟硅唑	0.2	杀菌剂	GB 23200.8、GB/T 20769、 GB 23200.53

（续）

序号	农药中文名	最大残留限量（mg/kg）	农药主要用途	检测方法
80	氟氯氰菊酯和高效氟氯氰菊酯	0.2	杀虫剂	GB 23200.8、GB/T 5009.146、NY/T 761
81	氟氰戊菊酯	0.2	杀虫剂	NY/T 761
82	氟酰脲	0.02	杀虫剂	GB 23200.34
83	福美双	5	杀菌剂	SN 0157
84	腐霉利	2	杀菌剂	GB 23200.8、NY/T 761
85	复硝酚钠	0.1*	植物生长调节剂	无指定
86	环酰菌胺	2*	杀菌剂	无指定
87	己唑醇	0.5	杀菌剂	GB 23200.8、GB/T 20769
88	甲氨基阿维菌素苯甲酸盐	0.02*	杀虫剂	GB/T 20769
89	甲苯氟磺胺	3	杀菌剂	GB 23200.8
90	甲基硫菌灵	3	杀菌剂	GB/T 20769、NY/T 1680
91	甲氰菊酯	1	杀虫剂	NY/T 761
92	甲霜灵和精甲霜灵	0.5	杀菌剂	GB 23200.8、GB/T 20769
93	喹啉铜	2*	杀菌剂	无指定
94	乐果	0.5*	杀虫剂	GB/T 5009.145、GB/T 20769、NY/T 761
95	联苯肼酯	0.5	杀螨剂	GB/T 20769、GB 23200.8
96	联苯菊酯	0.5	杀虫/杀螨剂	GB/T 5009.146、NY/T 761、SN/T 1969
97	联苯三唑醇	3	杀菌剂	GB 23200.8、GB/T 20769
98	螺虫乙酯	1*	杀虫剂	无指定
99	氯氟氰菊酯和高效氯氟氰菊酯	0.2	杀虫剂	GB/T 5009.146、NY/T 761
100	氯菊酯	1	杀虫剂	NY/T 761
101	氯氰菊酯和高效氯氰菊酯	0.5	杀虫剂	GB/T 5009.146、GB 23200.8、NY/T 761
102	氯噻啉	0.2*	杀虫剂	无指定
103	马拉硫磷	0.5	杀虫剂	GB 23200.8、GB/T 20769、NY/T 761

（续）

序号	农药中文名	最大残留限量（mg/kg）	农药主要用途	检测方法
104	嘧菌环胺	0.5	杀菌剂	GB/T 20769、GB 23200.8、NY/T 1379
105	嘧菌酯	3	杀菌剂	GB/T 20769、NY/T 1453、SN/T 1976
106	嘧霉胺	1	杀菌剂	GB 23200.9、GB/T 20769
107	灭菌丹	3	杀菌剂	SN/T 2320、GB/T 20769
108	萘乙酸和萘乙酸钠	0.1	植物生长调节剂	SN 0346
109	宁南霉素	1*	杀菌剂	无指定
110	嗪氨灵	0.5	杀菌剂	SN 0695
111	氰戊菊酯和 S-氰戊菊酯	0.2	杀虫剂	GB 23200.8、NY/T 761
112	噻虫胺	1	杀虫剂	GB/T 20769
113	噻虫啉	0.5	杀虫剂	GB 23200.8、GB/T 20769
114	噻螨酮	0.1	杀螨剂	GB 23200.8、GB/T 20769
115	噻嗪酮	2	杀虫剂	GB 23200.8、GB/T 20769
116	噻唑磷	0.05	杀线虫剂	GB/T 20769
117	杀虫单	1*	杀虫剂	无指定
118	杀线威	2	杀虫剂	NY/T 1453、SN/T 0134
119	双胍三辛烷基苯磺酸盐	1*	杀菌剂	无指定
120	双甲脒	0.5	杀螨剂	GB/T 5009.143
121	霜霉威和霜霉威盐酸盐	2	杀菌剂	GB/T 20769、NY/T 1379
122	四螨嗪	0.5	杀螨剂	GB 23200.47、GB/T 20769
123	肟菌酯	0.7	杀菌剂	GB/T 20769
124	五氯硝基苯	0.1	杀菌剂	GB/T 5009.136、GB/T 5009.19
125	戊菌唑	0.2	杀菌剂	GB 23200.8、GB/T 20769
126	烯草酮	1	除草剂	GB 23200.8
127	辛菌胺	0.5*	杀菌剂	无指定
128	溴氰虫酰胺	0.2*	杀虫剂	无指定
129	溴氰菊酯	0.2	杀虫剂	NY/T 761
130	乙霉威	1	杀螨剂	GB/T 20769
131	乙烯菌核利	3	杀菌剂	NY/T 761

（续）

序号	农药中文名	最大残留限量 （mg/kg）	农药 主要用途	检测方法
132	乙烯利	2	植物生长调节剂	GB 23200.16
133	异菌脲	5	杀菌剂	GB 23200.8、NY/T 761、 NY/T 1277
134	烯酰吗啉	1	杀菌剂	GB/T 20769

3.33　茄子

茄子中农药最大残留限量见表 3-33。

表 3-33　茄子中农药最大残留限量

序号	农药中文名	最大残留限量 （mg/kg）	农药 主要用途	检测方法
1	百草枯	0.05*	除草剂	无指定
2	倍硫磷	0.05	杀虫剂	GB 23200.8、NY/T 761
3	苯线磷	0.02	杀虫剂	GB/T 5009.145、GB 23200.8
4	敌百虫	0.2	杀虫剂	GB/T 20769、NY/T 761
5	敌敌畏	0.2	杀虫剂	NY/T 761、GB 23200.8、GB/ T 5009.20
6	地虫硫磷	0.01	杀虫剂	GB 23200.8
7	对硫磷	0.01	杀虫剂	GB/T 5009.145
8	氟虫腈	0.02	杀虫剂	SN/T 1982
9	甲胺磷	0.05	杀虫剂	NY/T 761、GB/T 5009.103
10	甲拌磷	0.01	杀虫剂	GB 23200.8
11	甲基对硫磷	0.02	杀虫剂	NY/T 761
12	甲基硫环磷	0.03*	杀虫剂	NY/T 761
13	甲基异柳磷	0.01*	杀虫剂	GB/T 5009.144
14	甲萘威	1	杀虫剂	GB/T 5009.145、GB/T 20769、 NY/T 761
15	久效磷	0.03	杀虫剂	NY/T 761
16	抗蚜威	0.5	杀虫剂	GB 23200.8、NY/T 1379、 SN/T 0134

（续）

序号	农药中文名	最大残留限量（mg/kg）	农药主要用途	检测方法
17	克百威	0.02	杀虫剂	NY/T 761
18	磷胺	0.05	杀虫剂	NY/T 761
19	硫环磷	0.03	杀虫剂	NY/T 761
20	硫线磷	0.02	杀虫剂	GB/T 20769
21	氯虫苯甲酰胺	0.6*	杀虫剂	无指定
22	氯唑磷	0.01	杀虫剂	GB/T 20769
23	灭多威	0.2	杀虫剂	NY/T 761
24	灭线磷	0.02	杀线虫剂	NY/T 761
25	内吸磷	0.02	杀虫/杀螨剂	GB/T 20769
26	三唑醇	1	杀菌剂	GB 23200.8
27	三唑酮	1	杀菌剂	NY/T 761、GB/T 20769、GB 23200.8
28	杀虫脒	0.01	杀虫剂	GB/T 20769
29	杀螟硫磷	0.5*	杀虫剂	GB/T 14553、GB/T 20769、NY/T 761
30	杀扑磷	0.05	杀虫剂	NY/T 761
31	水胺硫磷	0.05	杀虫剂	NY/T 761
32	特丁硫磷	0.01	杀虫剂	NY/T 761、NY/T 1379
33	涕灭威	0.03	杀虫剂	NY/T 761
34	辛硫磷	0.05	杀虫剂	GB/T 5009.102、GB/T 20769
35	氧乐果	0.02	杀虫剂	NY/T 761、NY/T 1379
36	乙酰甲胺磷	1	杀虫剂	GB/T 5009.103、GB/T 5009.145、NY/T 761
37	蝇毒磷	0.05	杀虫剂	GB 23200.8
38	治螟磷	0.01	杀虫剂	NY/T 761、GB 23200.8
39	艾氏剂	0.05	杀虫剂	NY/T 761、GB/T 5009.19
40	滴滴涕	0.05	杀虫剂	NY/T 761、GB/T 5009.19
41	狄氏剂	0.05	杀虫剂	NY/T 761、GB/T 5009.19
42	毒杀芬	0.05*	杀虫剂	YC/T 180
43	六六六	0.05	杀虫剂	NY/T 761、GB/T 5009.19

（续）

序号	农药中文名	最大残留限量（mg/kg）	农药主要用途	检测方法
44	氯丹	0.02	杀虫剂	GB/T 5009.19
45	灭蚁灵	0.01	杀虫剂	GB/T 5009.19
46	七氯	0.02	杀虫剂	NY/T 761、GB/T 5009.19
47	异狄氏剂	0.05	杀虫剂	NY/T 761、GB/T 5009.19
48	2，4-滴和2，4-滴钠盐	0.1	除草剂	GB/T 5009.175
49	阿维菌素	0.2	杀虫剂	GB 23200.20、GB 23200.19
50	百菌清	5	杀菌剂	NY/T 761、GB/T 5009.105
51	吡虫啉	1	杀虫剂	GB/T 23379、GB/T 20769、NY/T 1275
52	代森锰锌	1	杀菌剂	SN 0157
53	丁硫克百威	0.1	杀虫剂	GB 23200.13
54	啶虫脒	1	杀虫剂	GB/T 23584、GB/T 20769
55	多杀霉素	1	杀虫剂	GB/T 20769
56	氟氯氰菊酯和高效氟氯氰菊酯	0.2	杀虫剂	GB 23200.8、GB/T 5009.146、NY/T 761
57	氟氰戊菊酯	0.2	杀虫剂	NY/T 761
58	腐霉利	5	杀菌剂	GB 23200.8、NY/T 761
59	环酰菌胺	2*	杀菌剂	无指定
60	甲基硫菌灵	2	杀菌剂	GB/T 20769、NY/T 1680
61	甲氰菊酯	0.2	杀虫剂	NY/T 761
62	乐果	0.5*	杀虫剂	GB/T 5009.145、GB/T 20769、NY/T 761
63	联苯菊酯	0.3	杀虫/杀螨剂	GB/T 5009.146、NY/T 761、SN/T 1969
64	氯氟氰菊酯和高效氯氟氰菊酯	0.2	杀虫剂	GB/T 5009.146、NY/T 761
65	氯化苦	0.05*	熏蒸剂	GB/T 5009.36
66	氯菊酯	1	杀虫剂	NY/T 761
67	氯氰菊酯和高效氯氰菊酯	0.5	杀虫剂	GB/T 5009.146、GB 23200.8、NY/T 761

（续）

序号	农药中文名	最大残留限量（mg/kg）	农药主要用途	检测方法
68	马拉硫磷	0.5	杀虫剂	GB 23200.8、GB/T 20769、NY/T 761
69	嘧菌环胺	0.2	杀菌剂	GB/T 20769、GB 23200.8、NY/T 1379
70	氰戊菊酯和S-氰戊菊酯	0.2	杀虫剂	GB 23200.8、NY/T 761
71	噻虫啉	0.7	杀虫剂	GB/T 20769、GB 23200.8
72	噻螨酮	0.1	杀螨剂	GB 23200.8、GB/T 20769
73	双甲脒	0.5	杀螨剂	GB/T 5009.143
74	霜霉威和霜霉威盐酸盐	0.3	杀菌剂	GB/T 20769、NY/T 1379
75	五氯硝基苯	0.1	杀菌剂	GB/T 5009.136、GB/T 5009.19
76	戊唑醇	0.1	杀菌剂	GB 23200.8、GB/T 20769
77	溴氰菊酯	0.2	杀虫剂	NY/T 761
78	乙基多杀菌素	0.1*	杀虫剂	无指定
79	唑虫酰胺	0.5	杀虫剂	GB/T 20769
80	保棉磷	0.5	杀虫剂	NY/T 761
81	烯酰吗啉	1	杀菌剂	GB/T 20769
82	氟酰脲	0.7	杀虫剂	GB 23200.34
83	螺虫乙酯	1*	杀虫剂	无指定

3.34 辣椒

辣椒中农药最大残留限量见表3-34。

表3-34 辣椒中农药最大残留限量

序号	农药中文名	最大残留限量（mg/kg）	农药主要用途	检测方法
1	百草枯	0.05*	除草剂	无指定
2	倍硫磷	0.05	杀虫剂	GB 23200.8、NY/T 761
3	苯线磷	0.02	杀虫剂	GB/T 5009.145、GB 23200.8
4	敌百虫	0.2	杀虫剂	GB/T 20769、NY/T 761
5	敌敌畏	0.2	杀虫剂	NY/T 761、GB 23200.8、GB/T 5009.20

（续）

序号	农药中文名	最大残留限量（mg/kg）	农药主要用途	检测方法
6	地虫硫磷	0.01	杀虫剂	GB 23200.8
7	对硫磷	0.01	杀虫剂	GB/T 5009.145
8	氟虫腈	0.02	杀虫剂	SN/T 1982
9	甲胺磷	0.05	杀虫剂	NY/T 761、GB/T 5009.103
10	甲拌磷	0.01	杀虫剂	GB 23200.8
11	甲基对硫磷	0.02	杀虫剂	NY/T 761
12	甲基硫环磷	0.03*	杀虫剂	NY/T 761
13	甲基异柳磷	0.01*	杀虫剂	GB/T 5009.144
14	甲萘威	1	杀虫剂	GB/T 5009.145、GB/T 20769、NY/T 761
15	久效磷	0.03	杀虫剂	NY/T 761
16	抗蚜威	0.5	杀虫剂	GB 23200.8、NY/T 1379、SN/T 0134
17	克百威	0.02	杀虫剂	NY/T 761
18	磷胺	0.05	杀虫剂	NY/T 761
19	硫环磷	0.03	杀虫剂	NY/T 761
20	硫线磷	0.02	杀虫剂	GB/T 20769
21	氯虫苯甲酰胺	0.6*	杀虫剂	无指定
22	氯唑磷	0.01	杀虫剂	GB/T 20769
23	灭多威	0.2	杀虫剂	NY/T 761
24	灭线磷	0.02	杀线虫剂	NY/T 761
25	内吸磷	0.02	杀虫/杀螨剂	GB/T 20769
26	三唑醇	1	杀菌剂	GB 23200.8
27	三唑酮	1	杀菌剂	NY/T 761、GB/T 20769、GB 23200.8
28	杀虫脒	0.01	杀虫剂	GB/T 20769
29	杀螟硫磷	0.5*	杀虫剂	GB/T 14553、GB/T 20769、NY/T 761
30	杀扑磷	0.05	杀虫剂	NY/T 761
31	水胺硫磷	0.05	杀虫剂	NY/T 761

（续）

序号	农药中文名	最大残留限量（mg/kg）	农药主要用途	检测方法
32	特丁硫磷	0.01	杀虫剂	NY/T 761、NY/T 1379
33	涕灭威	0.03	杀虫剂	NY/T 761
34	辛硫磷	0.05	杀虫剂	GB/T 5009.102、GB/T 20769
35	氧乐果	0.02	杀虫剂	NY/T 761、NY/T 1379
36	乙酰甲胺磷	1	杀虫剂	GB/T 5009.103、GB/T 5009.145、NY/T 761
37	蝇毒磷	0.05	杀虫剂	GB 23200.8
38	治螟磷	0.01	杀虫剂	NY/T 761、GB 23200.8
39	艾氏剂	0.05	杀虫剂	NY/T 761、GB/T 5009.19
40	滴滴涕	0.05	杀虫剂	NY/T 761、GB/T 5009.19
41	狄氏剂	0.05	杀虫剂	NY/T 761、GB/T 5009.19
42	毒杀芬	0.05*	杀虫剂	YC/T 180
43	六六六	0.05	杀虫剂	NY/T 761、GB/T 5009.19
44	氯丹	0.02	杀虫剂	GB/T 5009.19
45	灭蚁灵	0.01	杀虫剂	GB/T 5009.19
46	七氯	0.02	杀虫剂	NY/T 761、GB/T 5009.19
47	异狄氏剂	0.05	杀虫剂	NY/T 761、GB/T 5009.19
48	2，4-滴和2，4-滴钠盐	0.1	除草剂	GB/T 5009.175
49	百菌清	5	杀菌剂	NY/T 761、GB/T 5009.105
50	苯氟磺胺	2	杀菌剂	SN/T 2320
51	吡唑醚菌酯	0.5	杀菌剂	GB 23200.8、GB/T 20769
52	丙溴磷	3	杀虫剂	GB 23200.8、NY/T 761、SN/T 2234
53	虫酰肼	1	杀虫剂	GB/T 20769
54	春雷霉素	0.1*	杀菌剂	无指定
55	哒螨灵	2	杀螨剂	GB/T 20769
56	代森联	1	杀菌剂	SN 0157
57	代森锰锌	1	杀菌剂	SN 0157
58	敌螨普	0.2*	杀菌剂	无指定
59	丁硫克百威	0.1	杀虫剂	GB 23200.13

（续）

序号	农药中文名	最大残留限量（mg/kg）	农药主要用途	检测方法
60	啶氧菌酯	0.5	杀菌剂	GB 23200.54
61	多菌灵	2	杀菌剂	GB/T 20769、NY/T 1453
62	多杀霉素	1	杀虫剂	GB/T 20769
63	二氰蒽醌	2	杀菌剂	GB/T 20769
64	氟吡菌胺	0.1*	杀菌剂	无指定
65	氟啶胺	3	杀菌剂	GB 23200.34
66	氟氯氰菊酯和高效氟氯氰菊酯	0.2	杀虫剂	GB 23200.8、GB/T 5009.146、NY/T 761
67	氟氰戊菊酯	0.2	杀虫剂	NY/T 761
68	腐霉利	5	杀菌剂	GB 23200.8、NY/T 761
69	环酰菌胺	2*	杀菌剂	无指定
70	甲基硫菌灵	2	杀菌剂	GB/T 20769、NY/T 1680
71	甲霜灵和精甲霜灵	0.5	杀菌剂	GB 23200.8、GB/T 20769
72	喹氧灵	1*	杀菌剂	无指定
73	乐果	0.5*	杀虫剂	GB/T 5009.145、GB/T 20769、NY/T 761
74	联苯肼酯	3	杀螨剂	GB/T 20769、GB 23200.8
75	联苯菊酯	0.5	杀虫/杀螨剂	GB/T 5009.146、NY/T 761、SN/T 1969
76	螺虫乙酯	2*	杀虫剂	无指定
77	氯氟氰菊酯和高效氯氟氰菊酯	0.2	杀虫剂	GB/T 5009.146、NY/T 761
78	氯菊酯	1	杀虫剂	NY/T 761
79	氯氰菊酯和高效氯氰菊酯	0.5	杀虫剂	GB/T 5009.146、GB 23200.8、NY/T 761
80	马拉硫磷	0.5	杀虫剂	GB 23200.8、GB/T 20769、NY/T 761
81	咪鲜胺和咪鲜胺锰盐	2	杀菌剂	NY/T 1456
82	氰戊菊酯和S-氰戊菊酯	0.2	杀虫剂	GB 23200.8、NY/T 761
83	双甲脒	0.5	杀螨剂	GB/T 5009.143

（续）

序号	农药中文名	最大残留限量（mg/kg）	农药主要用途	检测方法
84	双炔酰菌胺	1*	杀菌剂	无指定
85	霜脲氰	0.2	杀菌剂	GB/T 20769
86	五氯硝基苯	0.1	杀菌剂	GB/T 5009.136、GB/T 5009.19
87	烯酰吗啉	3	杀菌剂	GB/T 20769
88	溴氰虫酰胺	1*	杀虫剂	无指定
89	溴氰菊酯	0.2	杀虫剂	NY/T 761
90	乙烯利	5	植物生长调节剂	GB 23200.16
91	增效醚	2	增效剂	GB 23200.8
92	保棉磷	0.5	杀虫剂	NY/T 761
93	氟酰脲	0.7	杀虫剂	GB 23200.34

3.35 甜椒

甜椒中农药最大残留限量见表 3 - 35。

表 3 - 35　甜椒中农药最大残留限量

序号	农药中文名	最大残留限量（mg/kg）	农药主要用途	检测方法
1	百草枯	0.05*	除草剂	无指定
2	倍硫磷	0.05	杀虫剂	GB 23200.8、NY/T 761
3	苯线磷	0.02	杀虫剂	GB/T 5009.145、GB 23200.8
4	敌百虫	0.2	杀虫剂	GB/T 20769、NY/T 761
5	敌敌畏	0.2	杀虫剂	NY/T 761、GB 23200.8、GB/T 5009.20
6	地虫硫磷	0.01	杀虫剂	GB 23200.8
7	对硫磷	0.01	杀虫剂	GB/T 5009.145
8	氟虫腈	0.02	杀虫剂	SN/T 1982
9	甲胺磷	0.05	杀虫剂	NY/T 761、GB/T 5009.103
10	甲拌磷	0.01	杀虫剂	GB 23200.8
11	甲基对硫磷	0.02	杀虫剂	NY/T 761
12	甲基硫环磷	0.03*	杀虫剂	NY/T 761

（续）

序号	农药中文名	最大残留限量（mg/kg）	农药主要用途	检测方法
13	甲基异柳磷	0.01*	杀虫剂	GB/T 5009.144
14	甲萘威	1	杀虫剂	GB/T 5009.145、GB/T 20769、NY/T 761
15	久效磷	0.03	杀虫剂	NY/T 761
16	抗蚜威	0.5	杀虫剂	GB 23200.8、NY/T 1379、SN/T 0134
17	克百威	0.02	杀虫剂	NY/T 761
18	磷胺	0.05	杀虫剂	NY/T 761
19	硫环磷	0.03	杀虫剂	NY/T 761
20	硫线磷	0.02	杀虫剂	GB/T 20769
21	氯虫苯甲酰胺	0.6*	杀虫剂	无指定
22	氯唑磷	0.01	杀虫剂	GB/T 20769
23	灭多威	0.2	杀虫剂	NY/T 761
24	灭线磷	0.02	杀线虫剂	NY/T 761
25	内吸磷	0.02	杀虫/杀螨剂	GB/T 20769
26	三唑醇	1	杀菌剂	GB 23200.8
27	三唑酮	1	杀菌剂	NY/T 761、GB/T 20769、GB 23200.8
28	杀虫脒	0.01	杀虫剂	GB/T 20769
29	杀螟硫磷	0.5*	杀虫剂	GB/T 14553、GB/T 20769、NY/T 761
30	杀扑磷	0.05	杀虫剂	NY/T 761
31	水胺硫磷	0.05	杀虫剂	NY/T 761
32	特丁硫磷	0.01	杀虫剂	NY/T 761、NY/T 1379
33	涕灭威	0.03	杀虫剂	NY/T 761
34	辛硫磷	0.05	杀虫剂	GB/T 5009.102、GB/T 20769
35	氧乐果	0.02	杀虫剂	NY/T 761、NY/T 1379
36	乙酰甲胺磷	1	杀虫剂	GB/T 5009.103、GB/T 5009.145、NY/T 761
37	蝇毒磷	0.05	杀虫剂	GB 23200.8

（续）

序号	农药中文名	最大残留限量（mg/kg）	农药主要用途	检测方法
38	治螟磷	0.01	杀虫剂	NY/T 761、GB 23200.8
39	艾氏剂	0.05	杀虫剂	NY/T 761、GB/T 5009.19
40	滴滴涕	0.05	杀虫剂	NY/T 761、GB/T 5009.19
41	狄氏剂	0.05	杀虫剂	NY/T 761、GB/T 5009.19
42	毒杀芬	0.05*	杀虫剂	YC/T 180
43	六六六	0.05	杀虫剂	NY/T 761、GB/T 5009.19
44	氯丹	0.02	杀虫剂	GB/T 5009.19
45	灭蚁灵	0.01	杀虫剂	GB/T 5009.19
46	七氯	0.02	杀虫剂	NY/T 761、GB/T 5009.19
47	异狄氏剂	0.05	杀虫剂	NY/T 761、GB/T 5009.19
48	阿维菌素	0.02	杀虫剂	GB 23200.20、GB 23200.19
49	保棉磷	1	杀虫剂	NY/T 761
50	代森锰锌	2	杀菌剂	SN 0157
51	丁硫克百威	0.1	杀虫剂	GB 23200.13
52	多杀霉素	1	杀虫剂	GB/T 20769
53	二嗪磷	0.05	杀虫剂	GB/T 5009.107、GB/T 20769、NY/T 761
54	甲苯氟磺胺	2	杀菌剂	GB 23200.8
55	甲基硫菌灵	2	杀菌剂	GB/T 20769、NY/T 1680
56	甲硫威	2	杀软体动物剂	GB/T 20769
57	甲氰菊酯	1	杀虫剂	NY/T 761
58	联苯肼酯	2	杀螨剂	GB/T 20769、GB 23200.8
59	氯苯嘧啶醇	0.5	杀菌剂	GB/T 20769、GB 23200.8
60	嘧菌环胺	0.5	杀菌剂	GB/T 20769、GB 23200.8、NY/T 1379
61	噻虫啉	1	杀虫剂	GB/T 20769、GB 23200.8
62	杀线威	2	杀虫剂	NY/T 1453、SN/T 0134
63	霜霉威和霜霉威盐酸盐	3	杀菌剂	GB/T 20769、NY/T 1379
64	五氯硝基苯	0.05	杀菌剂	GB/T 5009.136、GB/T 5009.19
65	戊唑醇	1	杀菌剂	GB 23200.8、GB/T 20769

（续）

序号	农药中文名	最大残留限量（mg/kg）	农药主要用途	检测方法
66	烯酰吗啉	1	杀菌剂	GB/T 20769
67	氟酰脲	0.7	杀虫剂	GB 23200.34
68	螺虫乙酯	1*	杀虫剂	无指定
69	氯氟氰菊酯和高效氯氟氰菊酯	0.3	杀虫剂	GB/T 5009.146、NY/T 761
70	氯菊酯	1	杀虫剂	NY/T 761

3.36 黄秋葵

黄秋葵中农药最大残留限量见表 3-36。

表 3-36 黄秋葵中农药最大残留限量

序号	农药中文名	最大残留限量（mg/kg）	农药主要用途	检测方法
1	百草枯	0.05*	除草剂	无指定
2	倍硫磷	0.05	杀虫剂	GB 23200.8、NY/T 761
3	苯线磷	0.02	杀虫剂	GB/T 5009.145、GB 23200.8
4	敌百虫	0.2	杀虫剂	GB/T 20769、NY/T 761
5	敌敌畏	0.2	杀虫剂	NY/T 761、GB 23200.8、GB/T 5009.20
6	地虫硫磷	0.01	杀虫剂	GB 23200.8
7	对硫磷	0.01	杀虫剂	GB/T 5009.145
8	氟虫腈	0.02	杀虫剂	SN/T 1982
9	甲胺磷	0.05	杀虫剂	NY/T 761、GB/T 5009.103
10	甲拌磷	0.01	杀虫剂	GB 23200.8
11	甲基对硫磷	0.02	杀虫剂	NY/T 761
12	甲基硫环磷	0.03*	杀虫剂	NY/T 761
13	甲基异柳磷	0.01*	杀虫剂	GB/T 5009.144
14	甲萘威	1	杀虫剂	GB/T 5009.145、GB/T 20769、NY/T 761
15	久效磷	0.03	杀虫剂	NY/T 761

（续）

序号	农药中文名	最大残留限量（mg/kg）	农药主要用途	检测方法
16	抗蚜威	0.5	杀虫剂	GB 23200.8、NY/T 1379、SN/T 0134
17	克百威	0.02	杀虫剂	NY/T 761
18	磷胺	0.05	杀虫剂	NY/T 761
19	硫环磷	0.03	杀虫剂	NY/T 761
20	硫线磷	0.02	杀虫剂	GB/T 20769
21	氯虫苯甲酰胺	0.6*	杀虫剂	无指定
22	氯唑磷	0.01	杀虫剂	GB/T 20769
23	灭多威	0.2	杀虫剂	NY/T 761
24	灭线磷	0.02	杀线虫剂	NY/T 761
25	内吸磷	0.02	杀虫/杀螨剂	GB/T 20769
26	三唑醇	1	杀菌剂	GB 23200.8
27	三唑酮	1	杀菌剂	NY/T 761、GB/T 20769、GB 23200.8
28	杀虫脒	0.01	杀虫剂	GB/T 20769
29	杀螟硫磷	0.5*	杀虫剂	GB/T 14553、GB/T 20769、NY/T 761
30	杀扑磷	0.05	杀虫剂	NY/T 761
31	水胺硫磷	0.05	杀虫剂	NY/T 761
32	特丁硫磷	0.01	杀虫剂	NY/T 761、NY/T 1379
33	涕灭威	0.03	杀虫剂	NY/T 761
34	辛硫磷	0.05	杀虫剂	GB/T 5009.102、GB/T 20769
35	氧乐果	0.02	杀虫剂	NY/T 761、NY/T 1379
36	乙酰甲胺磷	1	杀虫剂	GB/T 5009.103、GB/T 5009.145、NY/T 761
37	蝇毒磷	0.05	杀虫剂	GB 23200.8
38	治螟磷	0.01	杀虫剂	NY/T 761、GB 23200.8
39	艾氏剂	0.05	杀虫剂	NY/T 761、GB/T 5009.19
40	滴滴涕	0.05	杀虫剂	NY/T 761、GB/T 5009.19
41	狄氏剂	0.05	杀虫剂	NY/T 761、GB/T 5009.19

（续）

序号	农药中文名	最大残留限量 （mg/kg）	农药 主要用途	检测方法
42	毒杀芬	0.05*	杀虫剂	YC/T 180
43	六六六	0.05	杀虫剂	NY/T 761、GB/T 5009.19
44	氯丹	0.02	杀虫剂	GB/T 5009.19
45	灭蚁灵	0.01	杀虫剂	GB/T 5009.19
46	七氯	0.02	杀虫剂	NY/T 761、GB/T 5009.19
47	异狄氏剂	0.05	杀虫剂	NY/T 761、GB/T 5009.19
48	代森锰锌	2	杀菌剂	SN 0157
49	丁硫克百威	0.1	杀虫剂	GB 23200.13
50	多杀霉素	1	杀虫剂	GB/T 20769
51	甲基硫菌灵	2	杀菌剂	GB/T 20769、NY/T 1680
52	保棉磷	0.5	杀虫剂	NY/T 761
53	烯酰吗啉	1	杀菌剂	GB/T 20769
54	氟酰脲	0.7	杀虫剂	GB 23200.34
55	螺虫乙酯	1*	杀虫剂	无指定
56	氯氟氰菊酯和高效氯氟氰菊酯	0.3	杀虫剂	GB/T 5009.146、NY/T 761
57	氯菊酯	1	杀虫剂	NY/T 761

3.37 秋葵

秋葵中农药最大残留限量见表3-37。

表3-37 秋葵中农药最大残留限量

序号	农药中文名	最大残留限量 （mg/kg）	农药 主要用途	检测方法
1	百草枯	0.05*	除草剂	无指定
2	倍硫磷	0.05	杀虫剂	GB 23200.8、NY/T 761
3	苯线磷	0.02	杀虫剂	GB/T 5009.145、GB 23200.8
4	敌百虫	0.2	杀虫剂	GB/T 20769、NY/T 761
5	敌敌畏	0.2	杀虫剂	NY/T 761、GB 23200.8、GB/T 5009.20

（续）

序号	农药中文名	最大残留限量（mg/kg）	农药主要用途	检测方法
6	地虫硫磷	0.01	杀虫剂	GB 23200.8
7	对硫磷	0.01	杀虫剂	GB/T 5009.145
8	氟虫腈	0.02	杀虫剂	SN/T 1982
9	甲胺磷	0.05	杀虫剂	NY/T 761、GB/T 5009.103
10	甲拌磷	0.01	杀虫剂	GB 23200.8
11	甲基对硫磷	0.02	杀虫剂	NY/T 761
12	甲基硫环磷	0.03*	杀虫剂	NY/T 761
13	甲基异柳磷	0.01*	杀虫剂	GB/T 5009.144
14	甲萘威	1	杀虫剂	GB/T 5009.145、GB/T 20769、NY/T 761
15	久效磷	0.03	杀虫剂	NY/T 761
16	抗蚜威	0.5	杀虫剂	GB 23200.8、NY/T 1379、SN/T 0134
17	克百威	0.02	杀虫剂	NY/T 761
18	磷胺	0.05	杀虫剂	NY/T 761
19	硫环磷	0.03	杀虫剂	NY/T 761
20	硫线磷	0.02	杀虫剂	GB/T 20769
21	氯虫苯甲酰胺	0.6*	杀虫剂	无指定
22	氯唑磷	0.01	杀虫剂	GB/T 20769
23	灭多威	0.2	杀虫剂	NY/T 761
24	灭线磷	0.02	杀线虫剂	NY/T 761
25	内吸磷	0.02	杀虫/杀螨剂	GB/T 20769
26	三唑醇	1	杀菌剂	GB 23200.8
27	三唑酮	1	杀菌剂	NY/T 761、GB/T 20769、GB 23200.8
28	杀虫脒	0.01	杀虫剂	GB/T 20769
29	杀螟硫磷	0.5*	杀虫剂	GB/T 14553、GB/T 20769、NY/T 761
30	杀扑磷	0.05	杀虫剂	NY/T 761
31	水胺硫磷	0.05	杀虫剂	NY/T 761

（续）

序号	农药中文名	最大残留限量（mg/kg）	农药主要用途	检测方法
32	特丁硫磷	0.01	杀虫剂	NY/T 761、NY/T 1379
33	涕灭威	0.03	杀虫剂	NY/T 761
34	辛硫磷	0.05	杀虫剂	GB/T 5009.102、GB/T 20769
35	氧乐果	0.02	杀虫剂	NY/T 761、NY/T 1379
36	乙酰甲胺磷	1	杀虫剂	GB/T 5009.103、GB/T 5009.145、NY/T 761
37	蝇毒磷	0.05	杀虫剂	GB 23200.8
38	治螟磷	0.01	杀虫剂	NY/T 761、GB 23200.8
39	艾氏剂	0.05	杀虫剂	NY/T 761、GB/T 5009.19
40	滴滴涕	0.05	杀虫剂	NY/T 761、GB/T 5009.19
41	狄氏剂	0.05	杀虫剂	NY/T 761、GB/T 5009.19
42	毒杀芬	0.05*	杀虫剂	YC/T 180
43	六六六	0.05	杀虫剂	NY/T 761、GB/T 5009.19
44	氯丹	0.02	杀虫剂	GB/T 5009.19
45	灭蚁灵	0.01	杀虫剂	GB/T 5009.19
46	七氯	0.02	杀虫剂	NY/T 761、GB/T 5009.19
47	异狄氏剂	0.05	杀虫剂	NY/T 761、GB/T 5009.19
48	氯氰菊酯和高效氯氰菊酯	0.5	杀虫剂	GB/T 5009.146、GB 23200.8、NY/T 761
49	保棉磷	0.5	杀虫剂	NY/T 761
50	烯酰吗啉	1	杀菌剂	GB/T 20769
51	氟酰脲	0.7	杀虫剂	GB 23200.34
52	螺虫乙酯	1*	杀虫剂	无指定
53	氯氟氰菊酯和高效氯氟氰菊酯	0.3	杀虫剂	GB/T 5009.146、NY/T 761
54	氯菊酯	1	杀虫剂	NY/T 761

3.38 黄瓜

黄瓜中农药最大残留限量见表 3-38。

表 3-38 黄瓜中农药最大残留限量

序号	农药中文名	最大残留限量 （mg/kg）	农药 主要用途	检测方法
1	百草枯	0.05*	除草剂	无指定
2	倍硫磷	0.05	杀虫剂	GB 23200.8、NY/T 761
3	苯酰菌胺	2	杀菌剂	GB 23200.8、GB/T 20769
4	苯线磷	0.02	杀虫剂	GB/T 5009.145、GB 23200.8
5	敌百虫	0.2	杀虫剂	GB/T 20769、NY/T 761
6	敌敌畏	0.2	杀虫剂	NY/T 761、GB 23200.8、GB/T 5009.20
7	地虫硫磷	0.01	杀虫剂	GB 23200.8
8	对硫磷	0.01	杀虫剂	GB/T 5009.145
9	多杀霉素	0.2	杀虫剂	GB/T 20769
10	氟虫腈	0.02	杀虫剂	SN/T 1982
11	甲胺磷	0.05	杀虫剂	NY/T 761、GB/T 5009.103
12	甲拌磷	0.01	杀虫剂	GB 23200.8
13	甲基对硫磷	0.02	杀虫剂	NY/T 761
14	甲基硫环磷	0.03*	杀虫剂	NY/T 761
15	甲基异柳磷	0.01*	杀虫剂	GB/T 5009.144
16	甲萘威	1	杀虫剂	GB/T 5009.145、GB/T 20769、NY/T 761
17	久效磷	0.03	杀虫剂	NY/T 761
18	抗蚜威	1	杀虫剂	GB 23200.8、NY/T 1379、SN/T 0134
19	克百威	0.02	杀虫剂	NY/T 761
20	联苯肼酯	0.5	杀螨剂	GB/T 20769、GB 23200.8
21	磷胺	0.05	杀虫剂	NY/T 761
22	硫环磷	0.03	杀虫剂	NY/T 761
23	硫线磷	0.02	杀虫剂	GB/T 20769
24	螺虫乙酯	0.2*	杀虫剂	无指定
25	氯虫苯甲酰胺	0.3*	杀虫剂	无指定
26	氯氟氰菊酯和高效氯氟氰菊酯	0.05	杀虫剂	GB/T 5009.146、NY/T 761

（续）

序号	农药中文名	最大残留限量（mg/kg）	农药主要用途	检测方法
27	氯唑磷	0.01	杀虫剂	GB/T 20769
28	灭多威	0.2	杀虫剂	NY/T 761
29	灭线磷	0.02	杀线虫剂	NY/T 761
30	内吸磷	0.02	杀虫/杀螨剂	GB/T 20769
31	嗪氨灵	0.5	杀菌剂	SN 0695
32	噻螨酮	0.05	杀螨剂	GB 23200.8、GB/T 20769
33	三唑醇	0.2	杀菌剂	GB 23200.8
34	杀虫脒	0.01	杀虫剂	GB/T 20769
35	杀螟硫磷	0.5*	杀虫剂	GB/T 14553、GB/T 20769、NY/T 761
36	杀扑磷	0.05	杀虫剂	NY/T 761
37	霜霉威和霜霉威盐酸盐	5	杀菌剂	GB/T 20769、NY/T 1379
38	水胺硫磷	0.05	杀虫剂	NY/T 761
39	特丁硫磷	0.01	杀虫剂	NY/T 761、NY/T 1379
40	涕灭威	0.03	杀虫剂	NY/T 761
41	辛硫磷	0.05	杀虫剂	GB/T 5009.102、GB/T 20769
42	氧乐果	0.02	杀虫剂	NY/T 761、NY/T 1379
43	乙酰甲胺磷	1	杀虫剂	GB/T 5009.103、GB/T 5009.145、NY/T 761
44	蝇毒磷	0.05	杀虫剂	GB 23200.8
45	增效醚	1	增效剂	GB 23200.8
46	治螟磷	0.01	杀虫剂	NY/T 761、GB 23200.8
47	艾氏剂	0.05	杀虫剂	NY/T 761、GB/T 5009.19
48	滴滴涕	0.05	杀虫剂	NY/T 761、GB/T 5009.19
49	狄氏剂	0.05	杀虫剂	NY/T 761、GB/T 5009.19
50	毒杀芬	0.05*	杀虫剂	YC/T 180
51	六六六	0.05	杀虫剂	NY/T 761、GB/T 5009.19
52	氯丹	0.02	杀虫剂	GB/T 5009.19
53	灭蚁灵	0.01	杀虫剂	GB/T 5009.19
54	七氯	0.02	杀虫剂	NY/T 761、GB/T 5009.19

（续）

序号	农药中文名	最大残留限量（mg/kg）	农药主要用途	检测方法
55	异狄氏剂	0.05	杀虫剂	NY/T 761、GB/T 5009.19
56	阿维菌素	0.02	杀虫剂	GB 23200.20、GB 23200.19
57	百菌清	5	杀菌剂	NY/T 761、GB/T 5009.105
58	保棉磷	0.2	杀虫剂	NY/T 761
59	苯丁锡	0.5	杀螨剂	SN 0592
60	苯氟磺胺	5	杀菌剂	SN/T 2320
61	苯醚甲环唑	1	杀菌剂	GB/T 5009.218、GB 23200.8、GB 23200.49
62	吡虫啉	1	杀虫剂	GB/T 23379、GB/T 20769、NY/T 1275
63	吡唑醚菌酯	0.5	杀菌剂	GB 23200.8、GB/T 20769
64	丙森锌	5	杀菌剂	SN 0139
65	虫螨腈	0.5	杀虫剂	GB 23200.8、NY/T 1379、SN/T 1986
66	春雷霉素	0.2*	杀菌剂	无指定
67	哒螨灵	0.1	杀螨剂	GB/T 20769
68	代森锰锌	5	杀菌剂	SN 0157
69	敌磺钠	0.5*	杀菌剂	无指定
70	敌菌灵	10	杀菌剂	NY/T 1722
71	敌螨普	0.07*	杀菌剂	无指定
72	丁吡吗啉	10*	杀菌剂	无指定
73	丁硫克百威	0.2	杀虫剂	GB 23200.13
74	啶虫脒	1	杀虫剂	GB/T 23584、GB/T 20769
75	啶酰菌胺	5	杀菌剂	GB/T 20769
76	毒死蜱	0.1	杀虫剂	GB 23200.8、NY/T 761、SN/T 2158
77	多菌灵	0.5	杀菌剂	GB/T 20769、NY/T 1453
78	多抗霉素	0.5*	杀菌剂	无指定
79	噁霉灵	0.5*	杀菌剂	无指定
80	噁霜灵	5	杀菌剂	GB 23200.8、NY/T 1379

（续）

序号	农药中文名	最大残留限量（mg/kg）	农药主要用途	检测方法
81	噁唑菌酮	1	杀菌剂	GB/T 20769
82	二嗪磷	0.1	杀虫剂	GB/T 5009.107、GB/T 20769、NY/T 761
83	呋虫胺	2	杀虫剂	GB 23200.37、GB 23200.51
84	氟吡菌胺	0.5*	杀菌剂	无指定
85	氟吡菌酰胺	0.5*	杀菌剂	无指定
86	氟啶虫胺腈	0.5*	杀虫剂	无指定
87	氟啶虫酰胺	1*	杀虫剂	无指定
88	氟硅唑	1	杀菌剂	GB 23200.8、GB/T 20769、GB 23200.53
89	氟菌唑	0.2*	杀菌剂	NY/T 1379
90	氟吗啉	2*	杀菌剂	无指定
91	福美双	5	杀菌剂	SN 0157
92	腐霉利	2	杀菌剂	GB 23200.8、NY/T 761
93	环酰菌胺	1*	杀菌剂	无指定
94	甲氨基阿维菌素苯甲酸盐	0.02*	杀虫剂	GB/T 20769
95	甲苯氟磺胺	1	杀菌剂	GB 23200.8
96	甲霜灵和精甲霜灵	0.5	杀菌剂	GB 23200.8、GB/T 20769
97	腈苯唑	0.2	杀菌剂	GB 23200.8、GB/T 20769
98	腈菌唑	1	杀菌剂	GB/T 20769、GB 23200.8、NY/T 1455
99	克菌丹	5	杀菌剂	GB 23200.8、SN 0654
100	苦参碱	5*	杀虫剂	无指定
101	喹啉铜	2*	杀菌剂	无指定
102	联苯三唑醇	0.5	杀菌剂	GB 23200.8、GB/T 20769
103	硫丹	0.05	杀虫剂	NY/T 761
104	氯吡脲	0.1		GB/T 20770
105	氯菊酯	0.5	杀虫剂	NY/T 761
106	氯氰菊酯和高效氯氰菊酯	0.2	杀虫剂	GB/T 5009.146、GB 23200.8、NY/T 761

（续）

序号	农药中文名	最大残留限量（mg/kg）	农药主要用途	检测方法
107	马拉硫磷	0.2	杀虫剂	GB 23200.8、GB/T 20769、NY/T 761
108	咪鲜胺和咪鲜胺锰盐	1	杀菌剂	NY/T 1456
109	醚菌酯	0.5	杀菌剂	GB 23200.8、GB/T 20769
110	嘧菌环胺	0.2	杀菌剂	GB/T 20769、GB 23200.8、NY/T 1379
111	嘧菌酯	0.5	杀菌剂	GB/T 20769、NY/T 1453、SN/T 1976
112	嘧霉胺	2	杀菌剂	GB 23200.9、GB/T 20769
113	灭菌丹	1	杀菌剂	SN/T 2320、GB/T 20769
114	灭蝇胺	1	杀虫剂	NY/T 1725
115	萘乙酸和萘乙酸钠	0.1	植物生长调节剂	SN 0346
116	氰霜唑	0.5*	杀菌剂	GB 23200.14
117	氰戊菊酯和S-氰戊菊酯	0.2	杀虫剂	GB 23200.8、NY/T 761
118	噻苯隆	0.05*	植物生长调节剂	无指定
119	噻虫啉	1	杀虫剂	GB/T 20769、GB 23200.8
120	噻虫嗪	0.5	杀虫剂	GB/T 20769、GB 23200.8
121	噻霉酮	0.1*	杀菌剂	无指定
122	噻唑磷	0.2	杀线虫剂	GB/T 20769
123	噻唑锌	0.5*	杀菌剂	无指定
124	三乙膦酸铝	30*	杀菌剂	无指定
125	三唑酮	0.1	杀菌剂	NY/T 761、GB/T 20769、GB 23200.8
126	杀虫单	2*	杀虫剂	无指定
127	杀线威	2	杀虫剂	NY/T 1453、SN/T 0134
128	双胍三辛烷基苯磺酸盐	2*	杀菌剂	无指定
129	双甲脒	0.5	杀螨剂	GB/T 5009.143
130	双炔酰菌胺	0.2*	杀菌剂	无指定
131	霜霉威和霜霉威盐酸盐	5	杀菌剂	GB/T 20769、NY/T 1379

（续）

序号	农药中文名	最大残留限量（mg/kg）	农药主要用途	检测方法
132	霜脲氰	0.5	杀菌剂	GB/T 20769
133	四螨嗪	0.5	杀螨剂	GB/T 20769、GB 23200.47
134	威百亩	0.05*	杀线虫剂	无指定
135	戊菌唑	0.1	杀菌剂	GB 23200.8、GB/T 20769
136	戊唑醇	1	杀菌剂	GB 23200.8、GB/T 20769
137	烯肟菌胺	1*	杀菌剂	无指定
138	烯肟菌酯	1*	杀菌剂	无指定
139	烯酰吗啉	5	杀菌剂	GB/T 20769
140	溴菌腈	0.5*	杀菌剂	无指定
141	溴螨酯	0.5	杀螨剂	GB 23200.8、NY/T 1379
142	溴氰虫酰胺	0.2*	杀虫剂	无指定
143	乙霉威	5	杀菌剂	GB/T 20769
144	乙嘧酚	1	杀菌剂	GB/T 20769
145	乙蒜素	0.1*	杀菌剂	无指定
146	乙烯菌核利	1	杀菌剂	NY/T 761
147	异丙威	0.5	杀虫剂	NY/T 761
148	异菌脲	2	杀菌剂	GB 23200.8、NY/T 761、NY/T 1277
149	抑霉唑	0.5	杀菌剂	GB 23200.8、GB/T 20769
150	唑胺菌酯	1*	杀菌剂	无指定
151	唑菌酯	1*	杀菌剂	无指定
152	唑嘧菌胺	1*	杀菌剂	无指定

3.39 腌制用小黄瓜

腌制用小黄瓜中农药最大残留限量见表 3-39。

表 3-39 腌制用小黄瓜中农药最大残留限量

序号	农药中文名	最大残留限量（mg/kg）	农药主要用途	检测方法
1	百草枯	0.05*	除草剂	无指定

（续）

序号	农药中文名	最大残留限量（mg/kg）	农药主要用途	检测方法
2	倍硫磷	0.05	杀虫剂	GB 23200.8、NY/T 761
3	苯酰菌胺	2	杀菌剂	GB 23200.8、GB/T 20769
4	苯线磷	0.02	杀虫剂	GB/T 5009.145、GB 23200.8
5	敌百虫	0.2	杀虫剂	GB/T 20769、NY/T 761
6	敌敌畏	0.2	杀虫剂	NY/T 761、GB 23200.8、GB/T 5009.20
7	地虫硫磷	0.01	杀虫剂	GB 23200.8
8	对硫磷	0.01	杀虫剂	GB/T 5009.145
9	多杀霉素	0.2	杀虫剂	GB/T 20769
10	氟虫腈	0.02	杀虫剂	SN/T 1982
11	甲胺磷	0.05	杀虫剂	NY/T 761、GB/T 5009.103
12	甲拌磷	0.01	杀虫剂	GB 23200.8
13	甲基对硫磷	0.02	杀虫剂	NY/T 761
14	甲基硫环磷	0.03*	杀虫剂	NY/T 761
15	甲基异柳磷	0.01*	杀虫剂	GB/T 5009.144
16	甲萘威	1	杀虫剂	GB/T 5009.145、GB/T 20769、NY/T 761
17	久效磷	0.03	杀虫剂	NY/T 761
18	抗蚜威	1	杀虫剂	GB 23200.8、NY/T 1379、SN/T 0134
19	克百威	0.02	杀虫剂	NY/T 761
20	联苯肼酯	0.5	杀螨剂	GB/T 20769、GB 23200.8
21	磷胺	0.05	杀虫剂	NY/T 761
22	硫环磷	0.03	杀虫剂	NY/T 761
23	硫线磷	0.02	杀虫剂	GB/T 20769
24	螺虫乙酯	0.2*	杀虫剂	无指定
25	氯虫苯甲酰胺	0.3*	杀虫剂	无指定
26	氯氟氰菊酯和高效氯氟氰菊酯	0.05	杀虫剂	GB/T 5009.146、NY/T 761
27	氯唑磷	0.01	杀虫剂	GB/T 20769

（续）

序号	农药中文名	最大残留限量（mg/kg）	农药主要用途	检测方法
28	灭多威	0.2	杀虫剂	NY/T 761
29	灭线磷	0.02	杀线虫剂	NY/T 761
30	内吸磷	0.02	杀虫/杀螨剂	GB/T 20769
31	嗪氨灵	0.5	杀菌剂	SN 0695
32	噻螨酮	0.05	杀螨剂	GB 23200.8、GB/T 20769
33	三唑醇	0.2	杀菌剂	GB 23200.8
34	杀虫脒	0.01	杀虫剂	GB/T 20769
35	杀螟硫磷	0.5*	杀虫剂	GB/T 14553、GB/T 20769、NY/T 761
36	杀扑磷	0.05	杀虫剂	NY/T 761
37	霜霉威和霜霉威盐酸盐	5	杀菌剂	GB/T 20769、NY/T 1379
38	水胺硫磷	0.05	杀虫剂	NY/T 761
39	特丁硫磷	0.01	杀虫剂	NY/T 761、NY/T 1379
40	涕灭威	0.03	杀虫剂	NY/T 761
41	辛硫磷	0.05	杀虫剂	GB/T 5009.102、GB/T 20769
42	氧乐果	0.02	杀虫剂	NY/T 761、NY/T 1379
43	乙酰甲胺磷	1	杀虫剂	GB/T 5009.103、GB/T 5009.145、NY/T 761
44	蝇毒磷	0.05	杀虫剂	GB 23200.8
45	增效醚	1	增效剂	GB 23200.8
46	治螟磷	0.01	杀虫剂	NY/T 761、GB 23200.8
47	艾氏剂	0.05	杀虫剂	NY/T 761、GB/T 5009.19
48	滴滴涕	0.05	杀虫剂	NY/T 761、GB/T 5009.19
49	狄氏剂	0.05	杀虫剂	NY/T 761、GB/T 5009.19
50	毒杀芬	0.05*	杀虫剂	YC/T 180
51	六六六	0.05	杀虫剂	NY/T 761、GB/T 5009.19
52	氯丹	0.02	杀虫剂	GB/T 5009.19
53	灭蚁灵	0.01	杀虫剂	GB/T 5009.19
54	七氯	0.02	杀虫剂	NY/T 761、GB/T 5009.19
55	异狄氏剂	0.05	杀虫剂	NY/T 761、GB/T 5009.19

（续）

序号	农药中文名	最大残留限量（mg/kg）	农药主要用途	检测方法
56	环酰菌胺	1*	杀菌剂	无指定
57	甲氰菊酯	0.2	杀虫剂	NY/T 761
58	氯菊酯	0.5	杀虫剂	NY/T 761
59	抑霉唑	0.5	杀菌剂	GB 23200.8、GB/T 20769
60	保棉磷	0.5	杀虫剂	NY/T 761
61	氯氰菊酯和高效氯氰菊酯	0.07	杀虫剂	GB/T 5009.146、GB 23200.8、NY/T 761
62	三唑酮	0.2	杀菌剂	NY/T 761、GB/T 20769、GB 23200.8
63	烯酰吗啉	0.5	杀菌剂	GB/T 20769
64	敌螨普	0.05*	杀菌剂	无指定

3.40 西葫芦

西葫芦中农药最大残留限量见表3-40。

表3-40 西葫芦中农药最大残留限量

序号	农药中文名	最大残留限量（mg/kg）	农药主要用途	检测方法
1	百草枯	0.05*	除草剂	无指定
2	倍硫磷	0.05	杀虫剂	GB 23200.8、NY/T 761
3	苯酰菌胺	2	杀菌剂	GB 23200.8、GB/T 20769
4	苯线磷	0.02	杀虫剂	GB/T 5009.145、GB 23200.8
5	敌百虫	0.2	杀虫剂	GB/T 20769、NY/T 761
6	敌敌畏	0.2	杀虫剂	NY/T 761、GB 23200.8、GB/T 5009.20
7	地虫硫磷	0.01	杀虫剂	GB 23200.8
8	对硫磷	0.01	杀虫剂	GB/T 5009.145
9	多杀霉素	0.2	杀虫剂	GB/T 20769
10	氟虫腈	0.02	杀虫剂	SN/T 1982
11	甲胺磷	0.05	杀虫剂	NY/T 761、GB/T 5009.103

（续）

序号	农药中文名	最大残留限量（mg/kg）	农药主要用途	检测方法
12	甲拌磷	0.01	杀虫剂	GB 23200.8
13	甲基对硫磷	0.02	杀虫剂	NY/T 761
14	甲基硫环磷	0.03*	杀虫剂	NY/T 761
15	甲基异柳磷	0.01*	杀虫剂	GB/T 5009.144
16	甲萘威	1	杀虫剂	GB/T 5009.145、GB/T 20769、NY/T 761
17	久效磷	0.03	杀虫剂	NY/T 761
18	抗蚜威	1	杀虫剂	GB 23200.8、NY/T 1379、SN/T 0134
19	克百威	0.02	杀虫剂	NY/T 761
20	联苯肼酯	0.5	杀螨剂	GB/T 20769、GB 23200.8
21	磷胺	0.05	杀虫剂	NY/T 761
22	硫环磷	0.03	杀虫剂	NY/T 761
23	硫线磷	0.02	杀虫剂	GB/T 20769
24	螺虫乙酯	0.2*	杀虫剂	无指定
25	氯虫苯甲酰胺	0.3*	杀虫剂	无指定
26	氯氟氰菊酯和高效氯氟氰菊酯	0.05	杀虫剂	GB/T 5009.146、NY/T 761
27	氯唑磷	0.01	杀虫剂	GB/T 20769
28	灭多威	0.2	杀虫剂	NY/T 761
29	灭线磷	0.02	杀线虫剂	NY/T 761
30	内吸磷	0.02	杀虫/杀螨剂	GB/T 20769
31	嗪氨灵	0.5	杀菌剂	SN 0695
32	噻螨酮	0.05	杀螨剂	GB 23200.8、GB/T 20769
33	三唑醇	0.2	杀菌剂	GB 23200.8
34	杀虫脒	0.01	杀虫剂	GB/T 20769
35	杀螟硫磷	0.5*	杀虫剂	GB/T 14553、GB/T 20769、NY/T 761
36	杀扑磷	0.05	杀虫剂	NY/T 761
37	霜霉威和霜霉威盐酸盐	5	杀菌剂	GB/T 20769、NY/T 1379

（续）

序号	农药中文名	最大残留限量（mg/kg）	农药主要用途	检测方法
38	水胺硫磷	0.05	杀虫剂	NY/T 761
39	特丁硫磷	0.01	杀虫剂	NY/T 761、NY/T 1379
40	涕灭威	0.03	杀虫剂	NY/T 761
41	辛硫磷	0.05	杀虫剂	GB/T 5009.102、GB/T 20769
42	氧乐果	0.02	杀虫剂	NY/T 761、NY/T 1379
43	乙酰甲胺磷	1	杀虫剂	GB/T 5009.103、GB/T 5009.145、NY/T 761
44	蝇毒磷	0.05	杀虫剂	GB 23200.8
45	增效醚	1	增效剂	GB 23200.8
46	治螟磷	0.01	杀虫剂	NY/T 761、GB 23200.8
47	艾氏剂	0.05	杀虫剂	NY/T 761、GB/T 5009.19
48	滴滴涕	0.05	杀虫剂	NY/T 761、GB/T 5009.19
49	狄氏剂	0.05	杀虫剂	NY/T 761、GB/T 5009.19
50	毒杀芬	0.05*	杀虫剂	YC/T 180
51	六六六	0.05	杀虫剂	NY/T 761、GB/T 5009.19
52	氯丹	0.02	杀虫剂	GB/T 5009.19
53	灭蚁灵	0.01	杀虫剂	GB/T 5009.19
54	七氯	0.02	杀虫剂	NY/T 761、GB/T 5009.19
55	异狄氏剂	0.05	杀虫剂	NY/T 761、GB/T 5009.19
56	阿维菌素	0.01	杀虫剂	GB 23200.20、GB 23200.19
57	百菌清	5	杀菌剂	NY/T 761、GB/T 5009.105
58	敌螨普	0.07*	杀菌剂	无指定
59	多菌灵	0.5	杀菌剂	GB/T 20769、NY/T 1453
60	噁唑菌酮	0.2	杀菌剂	GB/T 20769
61	二嗪磷	0.05	杀虫剂	GB/T 5009.107、GB/T 20769、NY/T 761
62	环酰菌胺	1*	杀菌剂	无指定
63	甲霜灵和精甲霜灵	0.2	杀菌剂	GB 23200.8、GB/T 20769
64	腈苯唑	0.05	杀菌剂	GB 23200.8、GB/T 20769
65	氯菊酯	0.5	杀虫剂	NY/T 761

（续）

序号	农药中文名	最大残留限量（mg/kg）	农药主要用途	检测方法
66	嘧菌环胺	0.2	杀菌剂	GB/T 20769、GB 23200.8、NY/T 1379
67	氰戊菊酯和S-氰戊菊酯	0.2	杀虫剂	GB 23200.8、NY/T 761
68	双炔酰菌胺	0.2*	杀菌剂	无指定
69	戊唑醇	0.2	杀菌剂	GB 23200.8、GB/T 20769
70	溴螨酯	0.5	杀螨剂	GB 23200.8、NY/T 1379
71	保棉磷	0.5	杀虫剂	NY/T 761
72	氯氰菊酯和高效氯氰菊酯	0.07	杀虫剂	GB/T 5009.146、GB 23200.8、NY/T 761
73	三唑酮	0.2	杀菌剂	NY/T 761、GB/T 20769、GB 23200.8
74	烯酰吗啉	0.5	杀菌剂	GB/T 20769

3.41 节瓜

节瓜中农药最大残留限量见表 3-41。

表 3-41 节瓜中农药最大残留限量

序号	农药中文名	最大残留限量（mg/kg）	农药主要用途	检测方法
1	百草枯	0.05*	除草剂	无指定
2	倍硫磷	0.05	杀虫剂	GB 23200.8、NY/T 761
3	苯酰菌胺	2	杀菌剂	GB 23200.8、GB/T 20769
4	苯线磷	0.02	杀虫剂	GB/T 5009.145、GB 23200.8
5	敌百虫	0.2	杀虫剂	GB/T 20769、NY/T 761
6	敌敌畏	0.2	杀虫剂	NY/T 761、GB 23200.8、GB/T 5009.20
7	地虫硫磷	0.01	杀虫剂	GB 23200.8
8	对硫磷	0.01	杀虫剂	GB/T 5009.145
9	多杀霉素	0.2	杀虫剂	GB/T 20769
10	氟虫腈	0.02	杀虫剂	SN/T 1982
11	甲胺磷	0.05	杀虫剂	NY/T 761、GB/T 5009.103

（续）

序号	农药中文名	最大残留限量（mg/kg）	农药主要用途	检测方法
12	甲拌磷	0.01	杀虫剂	GB 23200.8
13	甲基对硫磷	0.02	杀虫剂	NY/T 761
14	甲基硫环磷	0.03*	杀虫剂	NY/T 761
15	甲基异柳磷	0.01*	杀虫剂	GB/T 5009.144
16	甲萘威	1	杀虫剂	GB/T 5009.145、GB/T 20769、NY/T 761
17	久效磷	0.03	杀虫剂	NY/T 761
18	抗蚜威	1	杀虫剂	GB 23200.8、NY/T 1379、SN/T 0134
19	克百威	0.02	杀虫剂	NY/T 761
20	联苯肼酯	0.5	杀螨剂	GB/T 20769、GB 23200.8
21	磷胺	0.05	杀虫剂	NY/T 761
22	硫环磷	0.03	杀虫剂	NY/T 761
23	硫线磷	0.02	杀虫剂	GB/T 20769
24	螺虫乙酯	0.2*	杀虫剂	无指定
25	氯虫苯甲酰胺	0.3*	杀虫剂	无指定
26	氯氟氰菊酯和高效氯氟氰菊酯	0.05	杀虫剂	GB/T 5009.146、NY/T 761
27	氯唑磷	0.01	杀虫剂	GB/T 20769
28	灭多威	0.2	杀虫剂	NY/T 761
29	灭线磷	0.02	杀线虫剂	NY/T 761
30	内吸磷	0.02	杀虫/杀螨剂	GB/T 20769
31	嗪氨灵	0.5	杀菌剂	SN 0695
32	噻螨酮	0.05	杀螨剂	GB 23200.8、GB/T 20769
33	三唑醇	0.2	杀菌剂	GB 23200.8
34	杀虫脒	0.01	杀虫剂	GB/T 20769
35	杀螟硫磷	0.5*	杀虫剂	GB/T 14553、GB/T 20769、NY/T 761
36	杀扑磷	0.05	杀虫剂	NY/T 761
37	霜霉威和霜霉威盐酸盐	5	杀菌剂	GB/T 20769、NY/T 1379

（续）

序号	农药中文名	最大残留限量（mg/kg）	农药主要用途	检测方法
38	水胺硫磷	0.05	杀虫剂	NY/T 761
39	特丁硫磷	0.01	杀虫剂	NY/T 761、NY/T 1379
40	涕灭威	0.03	杀虫剂	NY/T 761
41	辛硫磷	0.05	杀虫剂	GB/T 5009.102、GB/T 20769
42	氧乐果	0.02	杀虫剂	NY/T 761、NY/T 1379
43	乙酰甲胺磷	1	杀虫剂	GB/T 5009.103、GB/T 5009.145、NY/T 761
44	蝇毒磷	0.05	杀虫剂	GB 23200.8
45	增效醚	1	增效剂	GB 23200.8
46	治螟磷	0.01	杀虫剂	NY/T 761、GB 23200.8
47	艾氏剂	0.05	杀虫剂	NY/T 761、GB/T 5009.19
48	滴滴涕	0.05	杀虫剂	NY/T 761、GB/T 5009.19
49	狄氏剂	0.05	杀虫剂	NY/T 761、GB/T 5009.19
50	毒杀芬	0.05*	杀虫剂	YC/T 180
51	六六六	0.05	杀虫剂	NY/T 761、GB/T 5009.19
52	氯丹	0.02	杀虫剂	GB/T 5009.19
53	灭蚁灵	0.01	杀虫剂	GB/T 5009.19
54	七氯	0.02	杀虫剂	NY/T 761、GB/T 5009.19
55	异狄氏剂	0.05	杀虫剂	NY/T 761、GB/T 5009.19
56	吡虫啉	0.5	杀虫剂	GB/T 23379、GB/T 20769、NY/T 1275
57	稻丰散	0.1	杀虫剂	GB/T 5009.20、GB 23200.8、GB/T 20769
58	丁硫克百威	1	杀虫剂	GB 23200.13
59	啶虫脒	0.2	杀虫剂	GB/T 23584、GB/T 20769
60	三唑磷	0.1	杀虫剂	NY/T 761
61	仲丁威	0.05	杀虫剂	NY/T 1679、NY/T 761、SN/T 2560
62	保棉磷	0.5	杀虫剂	NY/T 761
63	氯氰菊酯和高效氯氰菊酯	0.07	杀虫剂	GB/T 5009.146、GB 23200.8、NY/T 761

（续）

序号	农药中文名	最大残留限量（mg/kg）	农药主要用途	检测方法
64	三唑酮	0.2	杀菌剂	NY/T 761、GB/T 20769、GB 23200.8
65	烯酰吗啉	0.5	杀菌剂	GB/T 20769
66	敌螨普	0.05*	杀菌剂	无指定
67	氯菊酯	1	杀虫剂	NY/T 761

3.42 丝瓜

丝瓜中农药最大残留限量见表 3-42。

表 3-42 丝瓜中农药最大残留限量

序号	农药中文名	最大残留限量（mg/kg）	农药主要用途	检测方法
1	百草枯	0.05*	除草剂	无指定
2	倍硫磷	0.05	杀虫剂	GB 23200.8、NY/T 761
3	苯酰菌胺	2	杀菌剂	GB 23200.8、GB/T 20769
4	苯线磷	0.02	杀虫剂	GB/T 5009.145、GB 23200.8
5	敌百虫	0.2	杀虫剂	GB/T 20769、NY/T 761
6	敌敌畏	0.2	杀虫剂	NY/T 761、GB 23200.8、GB/T 5009.20
7	地虫硫磷	0.01	杀虫剂	GB 23200.8
8	对硫磷	0.01	杀虫剂	GB/T 5009.145
9	多杀霉素	0.2	杀虫剂	GB/T 20769
10	氟虫腈	0.02	杀虫剂	SN/T 1982
11	甲胺磷	0.05	杀虫剂	NY/T 761、GB/T 5009.103
12	甲拌磷	0.01	杀虫剂	GB 23200.8
13	甲基对硫磷	0.02	杀虫剂	NY/T 761
14	甲基硫环磷	0.03*	杀虫剂	NY/T 761
15	甲基异柳磷	0.01*	杀虫剂	GB/T 5009.144
16	甲萘威	1	杀虫剂	GB/T 5009.145、GB/T 20769、NY/T 761

（续）

序号	农药中文名	最大残留限量（mg/kg）	农药主要用途	检测方法
17	久效磷	0.03	杀虫剂	NY/T 761
18	抗蚜威	1	杀虫剂	GB 23200.8、NY/T 1379、SN/T 0134
19	克百威	0.02	杀虫剂	NY/T 761
20	联苯肼酯	0.5	杀螨剂	GB/T 20769、GB 23200.8
21	磷胺	0.05	杀虫剂	NY/T 761
22	硫环磷	0.03	杀虫剂	NY/T 761
23	硫线磷	0.02	杀虫剂	GB/T 20769
24	螺虫乙酯	0.2*	杀虫剂	无指定
25	氯虫苯甲酰胺	0.3*	杀虫剂	无指定
26	氯氟氰菊酯和高效氯氟氰菊酯	0.05	杀虫剂	GB/T 5009.146、NY/T 761
27	氯唑磷	0.01	杀虫剂	GB/T 20769
28	灭多威	0.2	杀虫剂	NY/T 761
29	灭线磷	0.02	杀线虫剂	NY/T 761
30	内吸磷	0.02	杀虫/杀螨剂	GB/T 20769
31	嗪氨灵	0.5	杀菌剂	SN 0695
32	噻螨酮	0.05	杀螨剂	GB 23200.8、GB/T 20769
33	三唑醇	0.2	杀菌剂	GB 23200.8
34	杀虫脒	0.01	杀虫剂	GB/T 20769
35	杀螟硫磷	0.5*	杀虫剂	GB/T 14553、GB/T 20769、NY/T 761
36	杀扑磷	0.05	杀虫剂	NY/T 761
37	霜霉威和霜霉威盐酸盐	5	杀菌剂	GB/T 20769、NY/T 1379
38	水胺硫磷	0.05	杀虫剂	NY/T 761
39	特丁硫磷	0.01	杀虫剂	NY/T 761、NY/T 1379
40	涕灭威	0.03	杀虫剂	NY/T 761
41	辛硫磷	0.05	杀虫剂	GB/T 5009.102、GB/T 20769
42	氧乐果	0.02	杀虫剂	NY/T 761、NY/T 1379
43	乙酰甲胺磷	1	杀虫剂	GB/T 5009.103、GB/T 5009.145、NY/T 761

（续）

序号	农药中文名	最大残留限量 （mg/kg）	农药 主要用途	检测方法
44	蝇毒磷	0.05	杀虫剂	GB 23200.8
45	增效醚	1	增效剂	GB 23200.8
46	治螟磷	0.01	杀虫剂	NY/T 761、GB 23200.8
47	艾氏剂	0.05	杀虫剂	NY/T 761、GB/T 5009.19
48	滴滴涕	0.05	杀虫剂	NY/T 761、GB/T 5009.19
49	狄氏剂	0.05	杀虫剂	NY/T 761、GB/T 5009.19
50	毒杀芬	0.05*	杀虫剂	YC/T 180
51	六六六	0.05	杀虫剂	NY/T 761、GB/T 5009.19
52	氯丹	0.02	杀虫剂	GB/T 5009.19
53	灭蚁灵	0.01	杀虫剂	GB/T 5009.19
54	七氯	0.02	杀虫剂	NY/T 761、GB/T 5009.19
55	异狄氏剂	0.05	杀虫剂	NY/T 761、GB/T 5009.19
56	百菌清	5	杀菌剂	NY/T 761、GB/T 5009.105
57	氰戊菊酯和S-氰戊菊酯	0.2	杀虫剂	GB 23200.8、NY/T 761
58	保棉磷	0.5	杀虫剂	NY/T 761
59	氯氰菊酯和高效氯氰菊酯	0.07	杀虫剂	GB/T 5009.146、GB 23200.8、NY/T 761
60	三唑酮	0.2	杀菌剂	NY/T 761、GB/T 20769、GB 23200.8
61	烯酰吗啉	0.5	杀菌剂	GB/T 20769
62	敌螨普	0.05*	杀菌剂	无指定
63	氯菊酯	1	杀虫剂	NY/T 761

3.43　冬瓜

冬瓜中农药最大残留限量见表3-43。

表3-43　冬瓜中农药最大残留限量

序号	农药中文名	最大残留限量 （mg/kg）	农药 主要用途	检测方法
1	百草枯	0.05*	除草剂	无指定
2	倍硫磷	0.05	杀虫剂	GB 23200.8、NY/T 761

（续）

序号	农药中文名	最大残留限量（mg/kg）	农药主要用途	检测方法
3	苯酰菌胺	2	杀菌剂	GB 23200.8、GB/T 20769
4	苯线磷	0.02	杀虫剂	GB/T 5009.145、GB 23200.8
5	敌百虫	0.2	杀虫剂	GB/T 20769、NY/T 761
6	敌敌畏	0.2	杀虫剂	NY/T 761、GB 23200.8、GB/T 5009.20
7	地虫硫磷	0.01	杀虫剂	GB 23200.8
8	对硫磷	0.01	杀虫剂	GB/T 5009.145
9	多杀霉素	0.2	杀虫剂	GB/T 20769
10	氟虫腈	0.02	杀虫剂	SN/T 1982
11	甲胺磷	0.05	杀虫剂	NY/T 761、GB/T 5009.103
12	甲拌磷	0.01	杀虫剂	GB 23200.8
13	甲基对硫磷	0.02	杀虫剂	NY/T 761
14	甲基硫环磷	0.03*	杀虫剂	NY/T 761
15	甲基异柳磷	0.01*	杀虫剂	GB/T 5009.144
16	甲萘威	1	杀虫剂	GB/T 5009.145、GB/T 20769、NY/T 761
17	久效磷	0.03	杀虫剂	NY/T 761
18	抗蚜威	1	杀虫剂	GB 23200.8、NY/T 1379、SN/T 0134
19	克百威	0.02	杀虫剂	NY/T 761
20	联苯肼酯	0.5	杀螨剂	GB/T 20769、GB 23200.8
21	磷胺	0.05	杀虫剂	NY/T 761
22	硫环磷	0.03	杀虫剂	NY/T 761
23	硫线磷	0.02	杀虫剂	GB/T 20769
24	螺虫乙酯	0.2*	杀虫剂	无指定
25	氯虫苯甲酰胺	0.3*	杀虫剂	无指定
26	氯氟氰菊酯和高效氯氟氰菊酯	0.05	杀虫剂	GB/T 5009.146、NY/T 761
27	氯唑磷	0.01	杀虫剂	GB/T 20769
28	灭多威	0.2	杀虫剂	NY/T 761

（续）

序号	农药中文名	最大残留限量（mg/kg）	农药主要用途	检测方法
29	灭线磷	0.02	杀线虫剂	NY/T 761
30	内吸磷	0.02	杀虫/杀螨剂	GB/T 20769
31	嗪氨灵	0.5	杀菌剂	SN 0695
32	噻螨酮	0.05	杀螨剂	GB 23200.8、GB/T 20769
33	三唑醇	0.2	杀菌剂	GB 23200.8
34	杀虫脒	0.01	杀虫剂	GB/T 20769
35	杀螟硫磷	0.5*	杀虫剂	GB/T 14553、GB/T 20769、NY/T 761
36	杀扑磷	0.05	杀虫剂	NY/T 761
37	霜霉威和霜霉威盐酸盐	5	杀菌剂	GB/T 20769、NY/T 1379
38	水胺硫磷	0.05	杀虫剂	NY/T 761
39	特丁硫磷	0.01	杀虫剂	NY/T 761、NY/T 1379
40	涕灭威	0.03	杀虫剂	NY/T 761
41	辛硫磷	0.05	杀虫剂	GB/T 5009.102、GB/T 20769
42	氧乐果	0.02	杀虫剂	NY/T 761、NY/T 1379
43	乙酰甲胺磷	1	杀虫剂	GB/T 5009.103、GB/T 5009.145、NY/T 761
44	蝇毒磷	0.05	杀虫剂	GB 23200.8
45	增效醚	1	增效剂	GB 23200.8
46	治螟磷	0.01	杀虫剂	NY/T 761、GB 23200.8
47	艾氏剂	0.05	杀虫剂	NY/T 761、GB/T 5009.19
48	滴滴涕	0.05	杀虫剂	NY/T 761、GB/T 5009.19
49	狄氏剂	0.05	杀虫剂	NY/T 761、GB/T 5009.19
50	毒杀芬	0.05*	杀虫剂	YC/T 180
51	六六六	0.05	杀虫剂	NY/T 761、GB/T 5009.19
52	氯丹	0.02	杀虫剂	GB/T 5009.19
53	灭蚁灵	0.01	杀虫剂	GB/T 5009.19
54	七氯	0.02	杀虫剂	NY/T 761、GB/T 5009.19
55	异狄氏剂	0.05	杀虫剂	NY/T 761、GB/T 5009.19
56	百菌清	5	杀菌剂	NY/T 761、GB/T 5009.105

（续）

序号	农药中文名	最大残留限量（mg/kg）	农药主要用途	检测方法
57	嘧菌酯	1	杀菌剂	GB/T 20769、NY/T 1453、SN/T 1976
58	保棉磷	0.5	杀虫剂	NY/T 761
59	氯氰菊酯和高效氯氰菊酯	0.07	杀虫剂	GB/T 5009.146、GB 23200.8、NY/T 761
60	三唑酮	0.2	杀菌剂	NY/T 761、GB/T 20769、GB 23200.8
61	烯酰吗啉	0.5	杀菌剂	GB/T 20769
62	敌螨普	0.05*	杀菌剂	无指定
63	氯菊酯	1	杀虫剂	NY/T 761

3.44 南瓜

南瓜中农药最大残留限量见表 3－44。

表 3－44 南瓜中农药最大残留限量

序号	农药中文名	最大残留限量（mg/kg）	农药主要用途	检测方法
1	百草枯	0.05*	除草剂	无指定
2	倍硫磷	0.05	杀虫剂	GB 23200.8、NY/T 761
3	苯酰菌胺	2	杀菌剂	GB 23200.8、GB/T 20769
4	苯线磷	0.02	杀虫剂	GB/T 5009.145、GB 23200.8
5	敌百虫	0.2	杀虫剂	GB/T 20769、NY/T 761
6	敌敌畏	0.2	杀虫剂	NY/T 761、GB 23200.8、GB/T 5009.20
7	地虫硫磷	0.01	杀虫剂	GB 23200.8
8	对硫磷	0.01	杀虫剂	GB/T 5009.145
9	多杀霉素	0.2	杀虫剂	GB/T 20769
10	氟虫腈	0.02	杀虫剂	SN/T 1982
11	甲胺磷	0.05	杀虫剂	NY/T 761、GB/T 5009.103
12	甲拌磷	0.01	杀虫剂	GB 23200.8

（续）

序号	农药中文名	最大残留限量（mg/kg）	农药主要用途	检测方法
13	甲基对硫磷	0.02	杀虫剂	NY/T 761
14	甲基硫环磷	0.03*	杀虫剂	NY/T 761
15	甲基异柳磷	0.01*	杀虫剂	GB/T 5009.144
16	甲萘威	1	杀虫剂	GB/T 5009.145、GB/T 20769、NY/T 761
17	久效磷	0.03	杀虫剂	NY/T 761
18	抗蚜威	1	杀虫剂	GB 23200.8、NY/T 1379、SN/T 0134
19	克百威	0.02	杀虫剂	NY/T 761
20	联苯肼酯	0.5	杀螨剂	GB/T 20769、GB 23200.8
21	磷胺	0.05	杀虫剂	NY/T 761
22	硫环磷	0.03	杀虫剂	NY/T 761
23	硫线磷	0.02	杀虫剂	GB/T 20769
24	螺虫乙酯	0.2*	杀虫剂	无指定
25	氯虫苯甲酰胺	0.3*	杀虫剂	无指定
26	氯氟氰菊酯和高效氯氟氰菊酯	0.05	杀虫剂	GB/T 5009.146、NY/T 761
27	氯唑磷	0.01	杀虫剂	GB/T 20769
28	灭多威	0.2	杀虫剂	NY/T 761
29	灭线磷	0.02	杀线虫剂	NY/T 761
30	内吸磷	0.02	杀虫/杀螨剂	GB/T 20769
31	嗪氨灵	0.5	杀菌剂	SN 0695
32	噻螨酮	0.05	杀螨剂	GB 23200.8、GB/T 20769
33	三唑醇	0.2	杀菌剂	GB 23200.8
34	杀虫脒	0.01	杀虫剂	GB/T 20769
35	杀螟硫磷	0.5*	杀虫剂	GB/T 14553、GB/T 20769、NY/T 761
36	杀扑磷	0.05	杀虫剂	NY/T 761
37	霜霉威和霜霉威盐酸盐	5	杀菌剂	GB/T 20769、NY/T 1379
38	水胺硫磷	0.05	杀虫剂	NY/T 761

（续）

序号	农药中文名	最大残留限量（mg/kg）	农药主要用途	检测方法
39	特丁硫磷	0.01	杀虫剂	NY/T 761、NY/T 1379
40	涕灭威	0.03	杀虫剂	NY/T 761
41	辛硫磷	0.05	杀虫剂	GB/T 5009.102、GB/T 20769
42	氧乐果	0.02	杀虫剂	NY/T 761、NY/T 1379
43	乙酰甲胺磷	1	杀虫剂	GB/T 5009.103、GB/T 5009.145、NY/T 761
44	蝇毒磷	0.05	杀虫剂	GB 23200.8
45	增效醚	1	增效剂	GB 23200.8
46	治螟磷	0.01	杀虫剂	NY/T 761、GB 23200.8
47	艾氏剂	0.05	杀虫剂	NY/T 761、GB/T 5009.19
48	滴滴涕	0.05	杀虫剂	NY/T 761、GB/T 5009.19
49	狄氏剂	0.05	杀虫剂	NY/T 761、GB/T 5009.19
50	毒杀芬	0.05*	杀虫剂	YC/T 180
51	六六六	0.05	杀虫剂	NY/T 761、GB/T 5009.19
52	氯丹	0.02	杀虫剂	GB/T 5009.19
53	灭蚁灵	0.01	杀虫剂	GB/T 5009.19
54	七氯	0.02	杀虫剂	NY/T 761、GB/T 5009.19
55	异狄氏剂	0.05	杀虫剂	NY/T 761、GB/T 5009.19
56	百菌清	5	杀菌剂	NY/T 761、GB/T 5009.105
57	扑草净	0.1	除草剂	GB/T 20769
58	氰戊菊酯和S-氰戊菊酯	0.2	杀虫剂	GB 23200.8、NY/T 761
59	异噁草酮	0.05	除草剂	GB 23200.8
60	保棉磷	0.5	杀虫剂	NY/T 761
61	氯氰菊酯和高效氯氰菊酯	0.07	杀虫剂	GB/T 5009.146、GB 23200.8、NY/T 761
62	三唑酮	0.2	杀菌剂	NY/T 761、GB/T 20769、GB 23200.8
63	烯酰吗啉	0.5	杀菌剂	GB/T 20769
64	敌螨普	0.05*	杀菌剂	无指定
65	氯菊酯	1	杀虫剂	NY/T 761

3.45 笋瓜

笋瓜中农药最大残留限量见表 3-45。

表 3-45 笋瓜中农药最大残留限量

序号	农药中文名	最大残留限量 （mg/kg）	农药 主要用途	检测方法
1	百草枯	0.05*	除草剂	无指定
2	倍硫磷	0.05	杀虫剂	GB 23200.8、NY/T 761
3	苯酰菌胺	2	杀菌剂	GB 23200.8、GB/T 20769
4	苯线磷	0.02	杀虫剂	GB/T 5009.145、GB 23200.8
5	敌百虫	0.2	杀虫剂	GB/T 20769、NY/T 761
6	敌敌畏	0.2	杀虫剂	NY/T 761、GB 23200.8、GB/T 5009.20
7	地虫硫磷	0.01	杀虫剂	GB 23200.8
8	对硫磷	0.01	杀虫剂	GB/T 5009.145
9	多杀霉素	0.2	杀虫剂	GB/T 20769
10	氟虫腈	0.02	杀虫剂	SN/T 1982
11	甲胺磷	0.05	杀虫剂	NY/T 761、GB/T 5009.103
12	甲拌磷	0.01	杀虫剂	GB 23200.8
13	甲基对硫磷	0.02	杀虫剂	NY/T 761
14	甲基硫环磷	0.03*	杀虫剂	NY/T 761
15	甲基异柳磷	0.01*	杀虫剂	GB/T 5009.144
16	甲萘威	1	杀虫剂	GB/T 5009.145、GB/T 20769、NY/T 761
17	久效磷	0.03	杀虫剂	NY/T 761
18	抗蚜威	1	杀虫剂	GB 23200.8、NY/T 1379、SN/T 0134
19	克百威	0.02	杀虫剂	NY/T 761
20	联苯肼酯	0.5	杀螨剂	GB/T 20769、GB 23200.8
21	磷胺	0.05	杀虫剂	NY/T 761
22	硫环磷	0.03	杀虫剂	NY/T 761
23	硫线磷	0.02	杀虫剂	GB/T 20769
24	螺虫乙酯	0.2*	杀虫剂	无指定

（续）

序号	农药中文名	最大残留限量（mg/kg）	农药主要用途	检测方法
25	氯虫苯甲酰胺	0.3*	杀虫剂	无指定
26	氯氟氰菊酯和高效氯氟氰菊酯	0.05	杀虫剂	GB/T 5009.146、NY/T 761
27	氯唑磷	0.01	杀虫剂	GB/T 20769
28	灭多威	0.2	杀虫剂	NY/T 761
29	灭线磷	0.02	杀线虫剂	NY/T 761
30	内吸磷	0.02	杀虫/杀螨剂	GB/T 20769
31	嗪氨灵	0.5	杀菌剂	SN 0695
32	噻螨酮	0.05	杀螨剂	GB 23200.8、GB/T 20769
33	三唑醇	0.2	杀菌剂	GB 23200.8
34	杀虫脒	0.01	杀虫剂	GB/T 20769
35	杀螟硫磷	0.5*	杀虫剂	GB/T 14553、GB/T 20769、NY/T 761
36	杀扑磷	0.05	杀虫剂	NY/T 761
37	霜霉威和霜霉威盐酸盐	5	杀菌剂	GB/T 20769、NY/T 1379
38	水胺硫磷	0.05	杀虫剂	NY/T 761
39	特丁硫磷	0.01	杀虫剂	NY/T 761、NY/T 1379
40	涕灭威	0.03	杀虫剂	NY/T 761
41	辛硫磷	0.05	杀虫剂	GB/T 5009.102、GB/T 20769
42	氧乐果	0.02	杀虫剂	NY/T 761、NY/T 1379
43	乙酰甲胺磷	1	杀虫剂	GB/T 5009.103、GB/T 5009.145、NY/T 761
44	蝇毒磷	0.05	杀虫剂	GB 23200.8
45	增效醚	1	增效剂	GB 23200.8
46	治螟磷	0.01	杀虫剂	NY/T 761、GB 23200.8
47	艾氏剂	0.05	杀虫剂	NY/T 761、GB/T 5009.19
48	滴滴涕	0.05	杀虫剂	NY/T 761、GB/T 5009.19
49	狄氏剂	0.05	杀虫剂	NY/T 761、GB/T 5009.19
50	毒杀芬	0.05*	杀虫剂	YC/T 180
51	六六六	0.05	杀虫剂	NY/T 761、GB/T 5009.19

（续）

序号	农药中文名	最大残留限量（mg/kg）	农药主要用途	检测方法
52	氯丹	0.02	杀虫剂	GB/T 5009.19
53	灭蚁灵	0.01	杀虫剂	GB/T 5009.19
54	七氯	0.02	杀虫剂	NY/T 761、GB/T 5009.19
55	异狄氏剂	0.05	杀虫剂	NY/T 761、GB/T 5009.19
56	甲霜灵和精甲霜灵	0.2	杀菌剂	GB 23200.8、GB/T 20769
57	氯菊酯	0.5	杀虫剂	NY/T 761
58	保棉磷	0.5	杀虫剂	NY/T 761
59	氯氰菊酯和高效氯氰菊酯	0.07	杀虫剂	GB/T 5009.146、GB 23200.8、NY/T 761
60	三唑酮	0.2	杀菌剂	NY/T 761、GB/T 20769、GB 23200.8
61	烯酰吗啉	0.5	杀菌剂	GB/T 20769
62	敌螨普	0.05*	杀菌剂	无指定

3.46 豇豆

豇豆中农药最大残留限量见表 3-46。

表 3-46 豇豆中农药最大残留限量

序号	农药中文名	最大残留限量（mg/kg）	农药主要用途	检测方法
1	百草枯	0.05*	除草剂	无指定
2	倍硫磷	0.05	杀虫剂	GB 23200.8、NY/T 761
3	苯线磷	0.02	杀虫剂	GB/T 5009.145、GB 23200.8
4	敌敌畏	0.2	杀虫剂	NY/T 761、GB 23200.8、GB/T 5009.20
5	地虫硫磷	0.01	杀虫剂	GB 23200.8
6	对硫磷	0.01	杀虫剂	GB/T 5009.145
7	多杀霉素	0.3	杀虫剂	GB/T 20769
8	氟虫腈	0.02	杀虫剂	SN/T 1982
9	甲胺磷	0.05	杀虫剂	NY/T 761、GB/T 5009.103

（续）

序号	农药中文名	最大残留限量（mg/kg）	农药主要用途	检测方法
10	甲拌磷	0.01	杀虫剂	GB 23200.8
11	甲基对硫磷	0.02	杀虫剂	NY/T 761
12	甲基硫环磷	0.03*	杀虫剂	NY/T 761
13	甲基异柳磷	0.01*	杀虫剂	GB/T 5009.144
14	甲萘威	1	杀虫剂	GB/T 5009.145、GB/T 20769、NY/T 761
15	久效磷	0.03	杀虫剂	NY/T 761
16	抗蚜威	0.7	杀虫剂	GB 23200.8、NY/T 1379、SN/T 0134
17	克百威	0.02	杀虫剂	NY/T 761
18	联苯肼酯	7	杀螨剂	GB/T 20769、GB 23200.8
19	磷胺	0.05	杀虫剂	NY/T 761
20	硫环磷	0.03	杀虫剂	NY/T 761
21	硫线磷	0.02	杀虫剂	GB/T 20769
22	螺虫乙酯	1.5*	杀虫剂	无指定
23	氯氟氰菊酯和高效氯氟氰菊酯	0.2	杀虫剂	GB/T 5009.146、NY/T 761
24	氯唑磷	0.01	杀虫剂	GB/T 20769
25	嘧菌环胺	0.5	杀菌剂	GB/T 20769、GB 23200.8、NY/T 1379
26	灭多威	0.2	杀虫剂	NY/T 761
27	灭线磷	0.02	杀线虫剂	NY/T 761
28	内吸磷	0.02	杀虫/杀螨剂	GB/T 20769
29	杀虫脒	0.01	杀虫剂	GB/T 20769
30	杀螟硫磷	0.5*	杀虫剂	GB/T 14553、GB/T 20769、NY/T 761
31	杀扑磷	0.05	杀虫剂	NY/T 761
32	水胺硫磷	0.05	杀虫剂	NY/T 761
33	特丁硫磷	0.01	杀虫剂	NY/T 761、NY/T 1379
34	涕灭威	0.03	杀虫剂	NY/T 761

（续）

序号	农药中文名	最大残留限量（mg/kg）	农药主要用途	检测方法
35	烯草酮	0.5	除草剂	GB 23200.8
36	溴氰菊酯	0.2	杀虫剂	NY/T 761
37	氧乐果	0.02	杀虫剂	NY/T 761、NY/T 1379
38	乙酰甲胺磷	1	杀虫剂	GB/T 5009.103、GB/T 5009.145、NY/T 761
39	蝇毒磷	0.05	杀虫剂	GB 23200.8
40	治螟磷	0.01	杀虫剂	NY/T 761、GB 23200.8
41	艾氏剂	0.05	杀虫剂	NY/T 761、GB/T 5009.19
42	滴滴涕	0.05	杀虫剂	NY/T 761、GB/T 5009.19
43	狄氏剂	0.05	杀虫剂	NY/T 761、GB/T 5009.19
44	毒杀芬	0.05*	杀虫剂	YC/T 180
45	六六六	0.05	杀虫剂	NY/T 761、GB/T 5009.19
46	氯丹	0.02	杀虫剂	GB/T 5009.19
47	灭蚁灵	0.01	杀虫剂	GB/T 5009.19
48	七氯	0.02	杀虫剂	NY/T 761、GB/T 5009.19
49	异狄氏剂	0.05	杀虫剂	NY/T 761、GB/T 5009.19
50	阿维菌素	0.05	杀虫剂	GB 23200.20、GB 23200.19
51	代森锰锌	3	杀菌剂	SN 0157
52	乐果	0.5*	杀虫剂	GB/T 5009.145、GB/T 20769、NY/T 761
53	氯氰菊酯和高效氯氰菊酯	0.5	杀虫剂	GB/T 5009.146、GB 23200.8、NY/T 761
54	马拉硫磷	2	杀虫剂	GB 23200.8、GB/T 20769、NY/T 761
55	灭蝇胺	0.5	杀虫剂	NY/T 1725
56	乙基多杀菌素	0.1*	杀虫剂	无指定
57	保棉磷	0.5	杀虫剂	NY/T 761
58	辛硫磷	0.05	杀虫剂	GB/T 5009.102、GB/T 20769
59	敌百虫	0.2	杀虫剂	GB/T 20769、NY/T 761
60	氯菊酯	1	杀虫剂	NY/T 761

3.47 菜豆

菜豆中农药最大残留限量见表 3 - 47。

表 3 - 47 菜豆中农药最大残留限量

序号	农药中文名	最大残留限量（mg/kg）	农药主要用途	检测方法
1	百草枯	0.05*	除草剂	无指定
2	倍硫磷	0.05	杀虫剂	GB 23200.8、NY/T 761
3	苯线磷	0.02	杀虫剂	GB/T 5009.145、GB 23200.8
4	敌敌畏	0.2	杀虫剂	NY/T 761、GB 23200.8、GB/T 5009.20
5	地虫硫磷	0.01	杀虫剂	GB 23200.8
6	对硫磷	0.01	杀虫剂	GB/T 5009.145
7	多杀霉素	0.3	杀虫剂	GB/T 20769
8	氟虫腈	0.02	杀虫剂	SN/T 1982
9	甲胺磷	0.05	杀虫剂	NY/T 761、GB/T 5009.103
10	甲拌磷	0.01	杀虫剂	GB 23200.8
11	甲基对硫磷	0.02	杀虫剂	NY/T 761
12	甲基硫环磷	0.03*	杀虫剂	NY/T 761
13	甲基异柳磷	0.01*	杀虫剂	GB/T 5009.144
14	甲萘威	1	杀虫剂	GB/T 5009.145、GB/T 20769、NY/T 761
15	久效磷	0.03	杀虫剂	NY/T 761
16	抗蚜威	0.7	杀虫剂	GB 23200.8、NY/T 1379、SN/T 0134
17	克百威	0.02	杀虫剂	NY/T 761
18	联苯肼酯	7	杀螨剂	GB/T 20769、GB 23200.8
19	磷胺	0.05	杀虫剂	NY/T 761
20	硫环磷	0.03	杀虫剂	NY/T 761
21	硫线磷	0.02	杀虫剂	GB/T 20769
22	螺虫乙酯	1.5*	杀虫剂	无指定
23	氯氟氰菊酯和高效氯氟氰菊酯	0.2	杀虫剂	GB/T 5009.146、NY/T 761

（续）

序号	农药中文名	最大残留限量（mg/kg）	农药主要用途	检测方法
24	氯唑磷	0.01	杀虫剂	GB/T 20769
25	嘧菌环胺	0.5	杀菌剂	GB/T 20769、GB 23200.8、NY/T 1379
26	灭多威	0.2	杀虫剂	NY/T 761
27	灭线磷	0.02	杀线虫剂	NY/T 761
28	内吸磷	0.02	杀虫/杀螨剂	GB/T 20769
29	杀虫脒	0.01	杀虫剂	GB/T 20769
30	杀螟硫磷	0.5*	杀虫剂	GB/T 14553、GB/T 20769、NY/T 761
31	杀扑磷	0.05	杀虫剂	NY/T 761
32	水胺硫磷	0.05	杀虫剂	NY/T 761
33	特丁硫磷	0.01	杀虫剂	NY/T 761、NY/T 1379
34	涕灭威	0.03	杀虫剂	NY/T 761
35	烯草酮	0.5	除草剂	GB 23200.8
36	溴氰菊酯	0.2	杀虫剂	NY/T 761
37	氧乐果	0.02	杀虫剂	NY/T 761、NY/T 1379
38	乙酰甲胺磷	1	杀虫剂	GB/T 5009.103、GB/T 5009.145、NY/T 761
39	蝇毒磷	0.05	杀虫剂	GB 23200.8
40	治螟磷	0.01	杀虫剂	NY/T 761、GB 23200.8
41	艾氏剂	0.05	杀虫剂	NY/T 761、GB/T 5009.19
42	滴滴涕	0.05	杀虫剂	NY/T 761、GB/T 5009.19
43	狄氏剂	0.05	杀虫剂	NY/T 761、GB/T 5009.19
44	毒杀芬	0.05*	杀虫剂	YC/T 180
45	六六六	0.05	杀虫剂	NY/T 761、GB/T 5009.19
46	氯丹	0.02	杀虫剂	GB/T 5009.19
47	灭蚁灵	0.01	杀虫剂	GB/T 5009.19
48	七氯	0.02	杀虫剂	NY/T 761、GB/T 5009.19
49	异狄氏剂	0.05	杀虫剂	NY/T 761、GB/T 5009.19

（续）

序号	农药中文名	最大残留限量 （mg/kg）	农药 主要用途	检测方法
50	阿维菌素	0.1	杀虫剂	GB 23200.20、GB 23200.19
51	代森锰锌	3	杀菌剂	SN 0157
52	毒死蜱	1	杀虫剂	GB 23200.8、NY/T 761、SN/T 2158
53	多菌灵	0.5	杀菌剂	GB/T 20769、NY/T 1453
54	二嗪磷	0.2	杀虫剂	GB/T 5009.107、GB/T 20769、NY/T 761
55	氟酰脲	0.7	杀虫剂	GB 23200.34
56	乐果	0.5*	杀虫剂	GB/T 5009.145、GB/T 20769、NY/T 761
57	氯菊酯	1	杀虫剂	NY/T 761
58	氯氰菊酯和高效氯氰菊酯	0.5	杀虫剂	GB/T 5009.146、GB 23200.8、NY/T 761
59	马拉硫磷	2	杀虫剂	GB 23200.8、GB/T 20769、NY/T 761
60	嘧霉胺	3	杀菌剂	GB 23200.9、GB/T 20769
61	灭草松	0.2	除草剂	SN/T 0292
62	灭蝇胺	0.5	杀虫剂	NY/T 1725
63	嗪氨灵	1	杀菌剂	SN 0695
64	杀虫单	2*	杀虫剂	无指定
65	五氯硝基苯	0.1	杀菌剂	GB/T 5009.136、GB/T 5009.19
66	辛硫磷	0.05	杀虫剂	GB/T 5009.102、GB/T 20769
67	溴螨酯	3	杀螨剂	GB 23200.8、NY/T 1379
68	保棉磷	0.5	杀虫剂	NY/T 761
69	敌百虫	0.2	杀虫剂	GB/T 20769、NY/T 761

3.48 食荚豌豆

食荚豌豆中农药最大残留限量见表 3-48。

表 3-48　食荚豌豆中农药最大残留限量

序号	农药中文名	最大残留限量 （mg/kg）	农药 主要用途	检测方法
1	百草枯	0.05*	除草剂	无指定
2	倍硫磷	0.05	杀虫剂	GB 23200.8、NY/T 761
3	苯线磷	0.02	杀虫剂	GB/T 5009.145、GB 23200.8
4	敌敌畏	0.2	杀虫剂	NY/T 761、GB 23200.8、GB/T 5009.20
5	地虫硫磷	0.01	杀虫剂	GB 23200.8
6	对硫磷	0.01	杀虫剂	GB/T 5009.145
7	多杀霉素	0.3	杀虫剂	GB/T 20769
8	氟虫腈	0.02	杀虫剂	SN/T 1982
9	甲胺磷	0.05	杀虫剂	NY/T 761、GB/T 5009.103
10	甲拌磷	0.01	杀虫剂	GB 23200.8
11	甲基对硫磷	0.02	杀虫剂	NY/T 761
12	甲基硫环磷	0.03*	杀虫剂	NY/T 761
13	甲基异柳磷	0.01*	杀虫剂	GB/T 5009.144
14	甲萘威	1	杀虫剂	GB/T 5009.145、GB/T 20769、NY/T 761
15	久效磷	0.03	杀虫剂	NY/T 761
16	抗蚜威	0.7	杀虫剂	GB 23200.8、NY/T 1379、SN/T 0134
17	克百威	0.02	杀虫剂	NY/T 761
18	联苯肼酯	7	杀螨剂	GB/T 20769、GB 23200.8
19	磷胺	0.05	杀虫剂	NY/T 761
20	硫环磷	0.03	杀虫剂	NY/T 761
21	硫线磷	0.02	杀虫剂	GB/T 20769
22	螺虫乙酯	1.5*	杀虫剂	无指定
23	氯氟氰菊酯和高效氯氟氰菊酯	0.2	杀虫剂	GB/T 5009.146、NY/T 761
24	氯唑磷	0.01	杀虫剂	GB/T 20769
25	嘧菌环胺	0.5	杀菌剂	GB/T 20769、GB 23200.8、NY/T 1379

（续）

序号	农药中文名	最大残留限量（mg/kg）	农药主要用途	检测方法
26	灭多威	0.2	杀虫剂	NY/T 761
27	灭线磷	0.02	杀线虫剂	NY/T 761
28	内吸磷	0.02	杀虫/杀螨剂	GB/T 20769
29	杀虫脒	0.01	杀虫剂	GB/T 20769
30	杀螟硫磷	0.5*	杀虫剂	GB/T 14553、GB/T 20769、NY/T 761
31	杀扑磷	0.05	杀虫剂	NY/T 761
32	水胺硫磷	0.05	杀虫剂	NY/T 761
33	特丁硫磷	0.01	杀虫剂	NY/T 761、NY/T 1379
34	涕灭威	0.03	杀虫剂	NY/T 761
35	烯草酮	0.5	除草剂	GB 23200.8
36	溴氰菊酯	0.2	杀虫剂	NY/T 761
37	氧乐果	0.02	杀虫剂	NY/T 761、NY/T 1379
38	乙酰甲胺磷	1	杀虫剂	GB/T 5009.103、GB/T 5009.145、NY/T 761
39	蝇毒磷	0.05	杀虫剂	GB 23200.8
40	治螟磷	0.01	杀虫剂	NY/T 761、GB 23200.8
41	艾氏剂	0.05	杀虫剂	NY/T 761、GB/T 5009.19
42	滴滴涕	0.05	杀虫剂	NY/T 761、GB/T 5009.19
43	狄氏剂	0.05	杀虫剂	NY/T 761、GB/T 5009.19
44	毒杀芬	0.05*	杀虫剂	YC/T 180
45	六六六	0.05	杀虫剂	NY/T 761、GB/T 5009.19
46	氯丹	0.02	杀虫剂	GB/T 5009.19
47	灭蚁灵	0.01	杀虫剂	GB/T 5009.19
48	七氯	0.02	杀虫剂	NY/T 761、GB/T 5009.19
49	异狄氏剂	0.05	杀虫剂	NY/T 761、GB/T 5009.19
50	苯醚甲环唑	0.7	杀菌剂	GB/T 5009.218、GB 23200.8、GB 23200.49
51	代森锰锌	3	杀菌剂	SN 0157
52	多菌灵	0.02	杀菌剂	GB/T 20769、NY/T 1453

（续）

序号	农药中文名	最大残留限量（mg/kg）	农药主要用途	检测方法
53	二嗪磷	0.2	杀虫剂	GB/T 5009.107、GB/T 20769、NY/T 761
54	甲硫威	0.1	杀软体动物剂	GB/T 20769
55	甲霜灵和精甲霜灵	0.05	杀菌剂	GB 23200.8、GB/T 20769
56	乐果	0.5*	杀虫剂	GB/T 5009.145、GB/T 20769、NY/T 761
57	氯菊酯	0.1	杀虫剂	NY/T 761
58	氯氰菊酯和高效氯氰菊酯	0.5	杀虫剂	GB/T 5009.146、GB 23200.8、NY/T 761
59	马拉硫磷	2	杀虫剂	GB 23200.8、GB/T 20769、NY/T 761
60	灭蝇胺	0.5	杀虫剂	NY/T 1725
61	保棉磷	0.5	杀虫剂	NY/T 761
62	辛硫磷	0.05	杀虫剂	GB/T 5009.102、GB/T 20769
63	敌百虫	0.2	杀虫剂	GB/T 20769、NY/T 761

3.49 扁豆

扁豆中农药最大残留限量见表 3－49。

表 3－49 扁豆中农药最大残留限量

序号	农药中文名	最大残留限量（mg/kg）	农药主要用途	检测方法
1	百草枯	0.05*	除草剂	无指定
2	倍硫磷	0.05	杀虫剂	GB 23200.8、NY/T 761
3	苯线磷	0.02	杀虫剂	GB/T 5009.145、GB 23200.8
4	敌敌畏	0.2	杀虫剂	NY/T 761、GB 23200.8、GB/T 5009.20
5	地虫硫磷	0.01	杀虫剂	GB 23200.8
6	对硫磷	0.01	杀虫剂	GB/T 5009.145
7	多杀霉素	0.3	杀虫剂	GB/T 20769

（续）

序号	农药中文名	最大残留限量 （mg/kg）	农药 主要用途	检测方法
8	氟虫腈	0.02	杀虫剂	SN/T 1982
9	甲胺磷	0.05	杀虫剂	NY/T 761、GB/T 5009.103
10	甲拌磷	0.01	杀虫剂	GB 23200.8
11	甲基对硫磷	0.02	杀虫剂	NY/T 761
12	甲基硫环磷	0.03*	杀虫剂	NY/T 761
13	甲基异柳磷	0.01*	杀虫剂	GB/T 5009.144
14	甲萘威	1	杀虫剂	GB/T 5009.145、GB/T 20769、NY/T 761
15	久效磷	0.03	杀虫剂	NY/T 761
16	抗蚜威	0.7	杀虫剂	GB 23200.8、NY/T 1379、SN/T 0134
17	克百威	0.02	杀虫剂	NY/T 761
18	联苯肼酯	7	杀螨剂	GB/T 20769、GB 23200.8
19	磷胺	0.05	杀虫剂	NY/T 761
20	硫环磷	0.03	杀虫剂	NY/T 761
21	硫线磷	0.02	杀虫剂	GB/T 20769
22	螺虫乙酯	1.5*	杀虫剂	无指定
23	氯氟氰菊酯和高效氯氟氰菊酯	0.2	杀虫剂	GB/T 5009.146、NY/T 761
24	氯唑磷	0.01	杀虫剂	GB/T 20769
25	嘧菌环胺	0.5	杀菌剂	GB/T 20769、GB 23200.8、NY/T 1379
26	灭多威	0.2	杀虫剂	NY/T 761
27	灭线磷	0.02	杀线虫剂	NY/T 761
28	内吸磷	0.02	杀虫/杀螨剂	GB/T 20769
29	杀虫脒	0.01	杀虫剂	GB/T 20769
30	杀螟硫磷	0.5*	杀虫剂	GB/T 14553、GB/T 20769、NY/T 761
31	杀扑磷	0.05	杀虫剂	NY/T 761
32	水胺硫磷	0.05	杀虫剂	NY/T 761

（续）

序号	农药中文名	最大残留限量（mg/kg）	农药主要用途	检测方法
33	特丁硫磷	0.01	杀虫剂	NY/T 761、NY/T 1379
34	涕灭威	0.03	杀虫剂	NY/T 761
35	烯草酮	0.5	除草剂	GB 23200.8
36	溴氰菊酯	0.2	杀虫剂	NY/T 761
37	氧乐果	0.02	杀虫剂	NY/T 761、NY/T 1379
38	乙酰甲胺磷	1	杀虫剂	GB/T 5009.103、GB/T 5009.145、NY/T 761
39	蝇毒磷	0.05	杀虫剂	GB 23200.8
40	治螟磷	0.01	杀虫剂	NY/T 761、GB 23200.8
41	艾氏剂	0.05	杀虫剂	NY/T 761、GB/T 5009.19
42	滴滴涕	0.05	杀虫剂	NY/T 761、GB/T 5009.19
43	狄氏剂	0.05	杀虫剂	NY/T 761、GB/T 5009.19
44	毒杀芬	0.05*	杀虫剂	YC/T 180
45	六六六	0.05	杀虫剂	NY/T 761、GB/T 5009.19
46	氯丹	0.02	杀虫剂	GB/T 5009.19
47	灭蚁灵	0.01	杀虫剂	GB/T 5009.19
48	七氯	0.02	杀虫剂	NY/T 761、GB/T 5009.19
49	异狄氏剂	0.05	杀虫剂	NY/T 761、GB/T 5009.19
50	代森锰锌	3	杀菌剂	SN 0157
51	乐果	0.5*	杀虫剂	GB/T 5009.145、GB/T 20769、NY/T 761
52	氯氰菊酯和高效氯氰菊酯	0.5	杀虫剂	GB/T 5009.146、GB 23200.8、NY/T 761
53	马拉硫磷	2	杀虫剂	GB 23200.8、GB/T 20769、NY/T 761
54	灭蝇胺	0.5	杀虫剂	NY/T 1725
55	保棉磷	0.5	杀虫剂	NY/T 761
56	辛硫磷	0.05	杀虫剂	GB/T 5009.102、GB/T 20769
57	敌百虫	0.2	杀虫剂	GB/T 20769、NY/T 761
58	氯菊酯	1	杀虫剂	NY/T 761

3.50 刀豆

刀豆中农药最大残留限量见表 3-50。

表 3-50 刀豆中农药最大残留限量

序号	农药中文名	最大残留限量（mg/kg）	农药主要用途	检测方法
1	百草枯	0.05*	除草剂	无指定
2	倍硫磷	0.05	杀虫剂	GB 23200.8、NY/T 761
3	苯线磷	0.02	杀虫剂	GB/T 5009.145、GB 23200.8
4	敌敌畏	0.2	杀虫剂	NY/T 761、GB 23200.8、GB/T 5009.20
5	地虫硫磷	0.01	杀虫剂	GB 23200.8
6	对硫磷	0.01	杀虫剂	GB/T 5009.145
7	多杀霉素	0.3	杀虫剂	GB/T 20769
8	氟虫腈	0.02	杀虫剂	SN/T 1982
9	甲胺磷	0.05	杀虫剂	NY/T 761、GB/T 5009.103
10	甲拌磷	0.01	杀虫剂	GB 23200.8
11	甲基对硫磷	0.02	杀虫剂	NY/T 761
12	甲基硫环磷	0.03*	杀虫剂	NY/T 761
13	甲基异柳磷	0.01*	杀虫剂	GB/T 5009.144
14	甲萘威	1	杀虫剂	GB/T 5009.145、GB/T 20769、NY/T 761
15	久效磷	0.03	杀虫剂	NY/T 761
16	抗蚜威	0.7	杀虫剂	GB 23200.8、NY/T 1379、SN/T 0134
17	克百威	0.02	杀虫剂	NY/T 761
18	联苯肼酯	7	杀螨剂	GB/T 20769、GB 23200.8
19	磷胺	0.05	杀虫剂	NY/T 761
20	硫环磷	0.03	杀虫剂	NY/T 761
21	硫线磷	0.02	杀虫剂	GB/T 20769
22	螺虫乙酯	1.5*	杀虫剂	无指定
23	氯氟氰菊酯和高效氯氟氰菊酯	0.2	杀虫剂	GB/T 5009.146、NY/T 761

（续）

序号	农药中文名	最大残留限量（mg/kg）	农药主要用途	检测方法
24	氯唑磷	0.01	杀虫剂	GB/T 20769
25	嘧菌环胺	0.5	杀菌剂	GB/T 20769、GB 23200.8、NY/T 1379
26	灭多威	0.2	杀虫剂	NY/T 761
27	灭线磷	0.02	杀线虫剂	NY/T 761
28	内吸磷	0.02	杀虫/杀螨剂	GB/T 20769
29	杀虫脒	0.01	杀虫剂	GB/T 20769
30	杀螟硫磷	0.5*	杀虫剂	GB/T 14553、GB/T 20769、NY/T 761
31	杀扑磷	0.05	杀虫剂	NY/T 761
32	水胺硫磷	0.05	杀虫剂	NY/T 761
33	特丁硫磷	0.01	杀虫剂	NY/T 761、NY/T 1379
34	涕灭威	0.03	杀虫剂	NY/T 761
35	烯草酮	0.5	除草剂	GB 23200.8
36	溴氰菊酯	0.2	杀虫剂	NY/T 761
37	氧乐果	0.02	杀虫剂	NY/T 761、NY/T 1379
38	乙酰甲胺磷	1	杀虫剂	GB/T 5009.103、GB/T 5009.145、NY/T 761
39	蝇毒磷	0.05	杀虫剂	GB 23200.8
40	治螟磷	0.01	杀虫剂	NY/T 761、GB 23200.8
41	艾氏剂	0.05	杀虫剂	NY/T 761、GB/T 5009.19
42	滴滴涕	0.05	杀虫剂	NY/T 761、GB/T 5009.19
43	狄氏剂	0.05	杀虫剂	NY/T 761、GB/T 5009.19
44	毒杀芬	0.05*	杀虫剂	YC/T 180
45	六六六	0.05	杀虫剂	NY/T 761、GB/T 5009.19
46	氯丹	0.02	杀虫剂	GB/T 5009.19
47	灭蚁灵	0.01	杀虫剂	GB/T 5009.19
48	七氯	0.02	杀虫剂	NY/T 761、GB/T 5009.19
49	异狄氏剂	0.05	杀虫剂	NY/T 761、GB/T 5009.19
50	氟硅唑	0.2	杀菌剂	GB 23200.8、GB/T 20769、GB 23200.53

（续）

序号	农药中文名	最大残留限量 （mg/kg）	农药 主要用途	检测方法
51	保棉磷	0.5	杀虫剂	NY/T 761
52	辛硫磷	0.05	杀虫剂	GB/T 5009.102、GB/T 20769
53	敌百虫	0.2	杀虫剂	GB/T 20769、NY/T 761
54	氯菊酯	1	杀虫剂	NY/T 761

3.51　利马豆（荚可食）

利马豆（荚可食）中农药最大残留限量见表3-51。

表3-51　利马豆（荚可食）中农药最大残留限量

序号	农药中文名	最大残留限量 （mg/kg）	农药 主要用途	检测方法
1	百草枯	0.05*	除草剂	无指定
2	倍硫磷	0.05	杀虫剂	GB 23200.8、NY/T 761
3	苯线磷	0.02	杀虫剂	GB/T 5009.145、GB 23200.8
4	敌敌畏	0.2	杀虫剂	NY/T 761、GB 23200.8、GB/T 5009.20
5	地虫硫磷	0.01	杀虫剂	GB 23200.8
6	对硫磷	0.01	杀虫剂	GB/T 5009.145
7	多杀霉素	0.3	杀虫剂	GB/T 20769
8	氟虫腈	0.02	杀虫剂	SN/T 1982
9	甲胺磷	0.05	杀虫剂	NY/T 761、GB/T 5009.103
10	甲拌磷	0.01	杀虫剂	GB 23200.8
11	甲基对硫磷	0.02	杀虫剂	NY/T 761
12	甲基硫环磷	0.03*	杀虫剂	NY/T 761
13	甲基异柳磷	0.01*	杀虫剂	GB/T 5009.144
14	甲萘威	1	杀虫剂	GB/T 5009.145、GB/T 20769、NY/T 761
15	久效磷	0.03	杀虫剂	NY/T 761
16	抗蚜威	0.7	杀虫剂	GB 23200.8、NY/T 1379、SN/T 0134

（续）

序号	农药中文名	最大残留限量（mg/kg）	农药主要用途	检测方法
17	克百威	0.02	杀虫剂	NY/T 761
18	联苯肼酯	7	杀螨剂	GB/T 20769、GB 23200.8
19	磷胺	0.05	杀虫剂	NY/T 761
20	硫环磷	0.03	杀虫剂	NY/T 761
21	硫线磷	0.02	杀虫剂	GB/T 20769
22	螺虫乙酯	1.5*	杀虫剂	无指定
23	氯氟氰菊酯和高效氯氟氰菊酯	0.2	杀虫剂	GB/T 5009.146、NY/T 761
24	氯唑磷	0.01	杀虫剂	GB/T 20769
25	嘧菌环胺	0.5	杀菌剂	GB/T 20769、GB 23200.8、NY/T 1379
26	灭多威	0.2	杀虫剂	NY/T 761
27	灭线磷	0.02	杀线虫剂	NY/T 761
28	内吸磷	0.02	杀虫/杀螨剂	GB/T 20769
29	杀虫脒	0.01	杀虫剂	GB/T 20769
30	杀螟硫磷	0.5*	杀虫剂	GB/T 14553、GB/T 20769、NY/T 761
31	杀扑磷	0.05	杀虫剂	NY/T 761
32	水胺硫磷	0.05	杀虫剂	NY/T 761
33	特丁硫磷	0.01	杀虫剂	NY/T 761、NY/T 1379
34	涕灭威	0.03	杀虫剂	NY/T 761
35	烯草酮	0.5	除草剂	GB 23200.8
36	溴氰菊酯	0.2	杀虫剂	NY/T 761
37	氧乐果	0.02	杀虫剂	NY/T 761、NY/T 1379
38	乙酰甲胺磷	1	杀虫剂	GB/T 5009.103、GB/T 5009.145、NY/T 761
39	蝇毒磷	0.05	杀虫剂	GB 23200.8
40	治螟磷	0.01	杀虫剂	NY/T 761、GB 23200.8
41	艾氏剂	0.05	杀虫剂	NY/T 761、GB/T 5009.19
42	滴滴涕	0.05	杀虫剂	NY/T 761、GB/T 5009.19

（续）

序号	农药中文名	最大残留限量 （mg/kg）	农药 主要用途	检测方法
43	狄氏剂	0.05	杀虫剂	NY/T 761、GB/T 5009.19
44	毒杀芬	0.05*	杀虫剂	YC/T 180
45	六六六	0.05	杀虫剂	NY/T 761、GB/T 5009.19
46	氯丹	0.02	杀虫剂	GB/T 5009.19
47	灭蚁灵	0.01	杀虫剂	GB/T 5009.19
48	七氯	0.02	杀虫剂	NY/T 761、GB/T 5009.19
49	异狄氏剂	0.05	杀虫剂	NY/T 761、GB/T 5009.19
50	灭草松	0.05	除草剂	SN/T 0292
51	保棉磷	0.5	杀虫剂	NY/T 761
52	辛硫磷	0.05	杀虫剂	GB/T 5009.102、GB/T 20769
53	敌百虫	0.2	杀虫剂	GB/T 20769、NY/T 761
54	氯菊酯	1	杀虫剂	NY/T 761

3.52　菜用大豆

菜用大豆中农药最大残留限量见表 3-52。

表 3-52　菜用大豆中农药最大残留限量

序号	农药中文名	最大残留限量 （mg/kg）	农药 主要用途	检测方法
1	百草枯	0.05*	除草剂	无指定
2	倍硫磷	0.05	杀虫剂	GB 23200.8、NY/T 761
3	苯线磷	0.02	杀虫剂	GB/T 5009.145、GB 23200.8
4	敌敌畏	0.2	杀虫剂	NY/T 761、GB 23200.8、GB/T 5009.20
5	地虫硫磷	0.01	杀虫剂	GB 23200.8
6	对硫磷	0.01	杀虫剂	GB/T 5009.145
7	多杀霉素	0.3	杀虫剂	GB/T 20769
8	氟虫腈	0.02	杀虫剂	SN/T 1982
9	甲胺磷	0.05	杀虫剂	NY/T 761、GB/T 5009.103
10	甲拌磷	0.01	杀虫剂	GB 23200.8

（续）

序号	农药中文名	最大残留限量（mg/kg）	农药主要用途	检测方法
11	甲基对硫磷	0.02	杀虫剂	NY/T 761
12	甲基硫环磷	0.03*	杀虫剂	NY/T 761
13	甲基异柳磷	0.01*	杀虫剂	GB/T 5009.144
14	甲萘威	1	杀虫剂	GB/T 5009.145、GB/T 20769、NY/T 761
15	久效磷	0.03	杀虫剂	NY/T 761
16	抗蚜威	0.7	杀虫剂	GB 23200.8、NY/T 1379、SN/T 0134
17	克百威	0.02	杀虫剂	NY/T 761
18	联苯肼酯	7	杀螨剂	GB/T 20769、GB 23200.8
19	磷胺	0.05	杀虫剂	NY/T 761
20	硫环磷	0.03	杀虫剂	NY/T 761
21	硫线磷	0.02	杀虫剂	GB/T 20769
22	螺虫乙酯	1.5*	杀虫剂	无指定
23	氯氟氰菊酯和高效氯氟氰菊酯	0.2	杀虫剂	GB/T 5009.146、NY/T 761
24	氯唑磷	0.01	杀虫剂	GB/T 20769
25	嘧菌环胺	0.5	杀菌剂	GB/T 20769、GB 23200.8、NY/T 1379
26	灭多威	0.2	杀虫剂	NY/T 761
27	灭线磷	0.02	杀线虫剂	NY/T 761
28	内吸磷	0.02	杀虫/杀螨剂	GB/T 20769
29	杀虫脒	0.01	杀虫剂	GB/T 20769
30	杀螟硫磷	0.5*	杀虫剂	GB/T 14553、GB/T 20769、NY/T 761
31	杀扑磷	0.05	杀虫剂	NY/T 761
32	水胺硫磷	0.05	杀虫剂	NY/T 761
33	特丁硫磷	0.01	杀虫剂	NY/T 761、NY/T 1379
34	涕灭威	0.03	杀虫剂	NY/T 761
35	烯草酮	0.5	除草剂	GB 23200.8
36	溴氰菊酯	0.2	杀虫剂	NY/T 761

（续）

序号	农药中文名	最大残留限量（mg/kg）	农药主要用途	检测方法
37	氧乐果	0.02	杀虫剂	NY/T 761、NY/T 1379
38	乙酰甲胺磷	1	杀虫剂	GB/T 5009.103、GB/T 5009.145、NY/T 761
39	蝇毒磷	0.05	杀虫剂	GB 23200.8
40	治螟磷	0.01	杀虫剂	NY/T 761、GB 23200.8
41	艾氏剂	0.05	杀虫剂	NY/T 761、GB/T 5009.19
42	滴滴涕	0.05	杀虫剂	NY/T 761、GB/T 5009.19
43	狄氏剂	0.05	杀虫剂	NY/T 761、GB/T 5009.19
44	毒杀芬	0.05*	杀虫剂	YC/T 180
45	六六六	0.05	杀虫剂	NY/T 761、GB/T 5009.19
46	氯丹	0.02	杀虫剂	GB/T 5009.19
47	灭蚁灵	0.01	杀虫剂	GB/T 5009.19
48	七氯	0.02	杀虫剂	NY/T 761、GB/T 5009.19
49	异狄氏剂	0.05	杀虫剂	NY/T 761、GB/T 5009.19
50	敌百虫	0.1	杀虫剂	GB/T 20769、NY/T 761
51	多效唑	0.05	植物生长调节剂	GB 23200.8、GB/T 20770、GB/T 20769
52	氟酰脲	0.01	杀虫剂	GB 23200.34
53	甲羧除草醚	0.1	除草剂	GB 23200.2
54	喹禾灵和精喹禾灵	0.2	除草剂	GB/T 20770、SN/T 2228
55	异丙草胺	0.1*	除草剂	GB 23200.9
56	异丙甲草胺和精异丙甲草胺	0.1	除草剂	GB 23200.9
57	异噁草酮	0.05	除草剂	GB 23200.8
58	保棉磷	0.5	杀虫剂	NY/T 761
59	辛硫磷	0.05	杀虫剂	GB/T 5009.102、GB/T 20769
60	氯菊酯	1	杀虫剂	NY/T 761

3.53 蚕豆

蚕豆中农药最大残留限量见表3-53。

表 3－53　蚕豆中农药最大残留限量

序号	农药中文名	最大残留限量（mg/kg）	农药主要用途	检测方法
1	百草枯	0.05*	除草剂	无指定
2	倍硫磷	0.05	杀虫剂	GB 23200.8、NY/T 761
3	苯线磷	0.02	杀虫剂	GB/T 5009.145、GB 23200.8
4	敌敌畏	0.2	杀虫剂	NY/T 761、GB 23200.8、GB/T 5009.20
5	地虫硫磷	0.01	杀虫剂	GB 23200.8
6	对硫磷	0.01	杀虫剂	GB/T 5009.145
7	多杀霉素	0.3	杀虫剂	GB/T 20769
8	氟虫腈	0.02	杀虫剂	SN/T 1982
9	甲胺磷	0.05	杀虫剂	NY/T 761、GB/T 5009.103
10	甲拌磷	0.01	杀虫剂	GB 23200.8
11	甲基对硫磷	0.02	杀虫剂	NY/T 761
12	甲基硫环磷	0.03*	杀虫剂	NY/T 761
13	甲基异柳磷	0.01*	杀虫剂	GB/T 5009.144
14	甲萘威	1	杀虫剂	GB/T 5009.145、GB/T 20769、NY/T 761
15	久效磷	0.03	杀虫剂	NY/T 761
16	抗蚜威	0.7	杀虫剂	GB 23200.8、NY/T 1379、SN/T 0134
17	克百威	0.02	杀虫剂	NY/T 761
18	联苯肼酯	7	杀螨剂	GB/T 20769、GB 23200.8
19	磷胺	0.05	杀虫剂	NY/T 761
20	硫环磷	0.03	杀虫剂	NY/T 761
21	硫线磷	0.02	杀虫剂	GB/T 20769
22	螺虫乙酯	1.5*	杀虫剂	无指定
23	氯氟氰菊酯和高效氯氟氰菊酯	0.2	杀虫剂	GB/T 5009.146、NY/T 761
24	氯唑磷	0.01	杀虫剂	GB/T 20769
25	嘧菌环胺	0.5	杀菌剂	GB/T 20769、GB 23200.8、NY/T 1379

（续）

序号	农药中文名	最大残留限量（mg/kg）	农药主要用途	检测方法
26	灭多威	0.2	杀虫剂	NY/T 761
27	灭线磷	0.02	杀线虫剂	NY/T 761
28	内吸磷	0.02	杀虫/杀螨剂	GB/T 20769
29	杀虫脒	0.01	杀虫剂	GB/T 20769
30	杀螟硫磷	0.5*	杀虫剂	GB/T 14553、GB/T 20769、NY/T 761
31	杀扑磷	0.05	杀虫剂	NY/T 761
32	水胺硫磷	0.05	杀虫剂	NY/T 761
33	特丁硫磷	0.01	杀虫剂	NY/T 761、NY/T 1379
34	涕灭威	0.03	杀虫剂	NY/T 761
35	烯草酮	0.5	除草剂	GB 23200.8
36	溴氰菊酯	0.2	杀虫剂	NY/T 761
37	氧乐果	0.02	杀虫剂	NY/T 761、NY/T 1379
38	乙酰甲胺磷	1	杀虫剂	GB/T 5009.103、GB/T 5009.145、NY/T 761
39	蝇毒磷	0.05	杀虫剂	GB 23200.8
40	治螟磷	0.01	杀虫剂	NY/T 761、GB 23200.8
41	艾氏剂	0.05	杀虫剂	NY/T 761、GB/T 5009.19
42	滴滴涕	0.05	杀虫剂	NY/T 761、GB/T 5009.19
43	狄氏剂	0.05	杀虫剂	NY/T 761、GB/T 5009.19
44	毒杀芬	0.05*	杀虫剂	YC/T 180
45	六六六	0.05	杀虫剂	NY/T 761、GB/T 5009.19
46	氯丹	0.02	杀虫剂	GB/T 5009.19
47	灭蚁灵	0.01	杀虫剂	GB/T 5009.19
48	七氯	0.02	杀虫剂	NY/T 761、GB/T 5009.19
49	异狄氏剂	0.05	杀虫剂	NY/T 761、GB/T 5009.19
50	乐果	0.5*	杀虫剂	GB/T 5009.145、GB/T 20769、NY/T 761
51	氯氰菊酯和高效氯氰菊酯	0.5	杀虫剂	GB/T 5009.146、GB 23200.8、NY/T 761

（续）

序号	农药中文名	最大残留限量 （mg/kg）	农药 主要用途	检测方法
52	马拉硫磷	2	杀虫剂	GB 23200.8、GB/T 20769、NY/T 761
53	灭蝇胺	0.5	杀虫剂	NY/T 1725
54	保棉磷	0.5	杀虫剂	NY/T 761
55	辛硫磷	0.05	杀虫剂	GB/T 5009.102、GB/T 20769
56	敌百虫	0.2	杀虫剂	GB/T 20769、NY/T 761
57	氯菊酯	1	杀虫剂	NY/T 761

3.54 豌豆

豌豆中农药最大残留限量见表 3-54。

表 3-54 豌豆中农药最大残留限量

序号	农药中文名	最大残留限量 （mg/kg）	农药 主要用途	检测方法
1	百草枯	0.05*	除草剂	无指定
2	倍硫磷	0.05	杀虫剂	GB 23200.8、NY/T 761
3	苯线磷	0.02	杀虫剂	GB/T 5009.145、GB 23200.8
4	敌敌畏	0.2	杀虫剂	NY/T 761、GB 23200.8、GB/T 5009.20
5	地虫硫磷	0.01	杀虫剂	GB 23200.8
6	对硫磷	0.01	杀虫剂	GB/T 5009.145
7	多杀霉素	0.3	杀虫剂	GB/T 20769
8	氟虫腈	0.02	杀虫剂	SN/T 1982
9	甲胺磷	0.05	杀虫剂	NY/T 761、GB/T 5009.103
10	甲拌磷	0.01	杀虫剂	GB 23200.8
11	甲基对硫磷	0.02	杀虫剂	NY/T 761
12	甲基硫环磷	0.03*	杀虫剂	NY/T 761
13	甲基异柳磷	0.01*	杀虫剂	GB/T 5009.144
14	甲萘威	1	杀虫剂	GB/T 5009.145、GB/T 20769、NY/T 761

（续）

序号	农药中文名	最大残留限量（mg/kg）	农药主要用途	检测方法
15	久效磷	0.03	杀虫剂	NY/T 761
16	抗蚜威	0.7	杀虫剂	GB 23200.8、NY/T 1379、SN/T 0134
17	克百威	0.02	杀虫剂	NY/T 761
18	联苯肼酯	7	杀螨剂	GB/T 20769、GB 23200.8
19	磷胺	0.05	杀虫剂	NY/T 761
20	硫环磷	0.03	杀虫剂	NY/T 761
21	硫线磷	0.02	杀虫剂	GB/T 20769
22	螺虫乙酯	1.5*	杀虫剂	无指定
23	氯氟氰菊酯和高效氯氟氰菊酯	0.2	杀虫剂	GB/T 5009.146、NY/T 761
24	氯唑磷	0.01	杀虫剂	GB/T 20769
25	嘧菌环胺	0.5	杀菌剂	GB/T 20769、GB 23200.8、NY/T 1379
26	灭多威	0.2	杀虫剂	NY/T 761
27	灭线磷	0.02	杀线虫剂	NY/T 761
28	内吸磷	0.02	杀虫/杀螨剂	GB/T 20769
29	杀虫脒	0.01	杀虫剂	GB/T 20769
30	杀螟硫磷	0.5*	杀虫剂	GB/T 14553、GB/T 20769、NY/T 761
31	杀扑磷	0.05	杀虫剂	NY/T 761
32	水胺硫磷	0.05	杀虫剂	NY/T 761
33	特丁硫磷	0.01	杀虫剂	NY/T 761、NY/T 1379
34	涕灭威	0.03	杀虫剂	NY/T 761
35	烯草酮	0.5	除草剂	GB 23200.8
36	溴氰菊酯	0.2	杀虫剂	NY/T 761
37	氧乐果	0.02	杀虫剂	NY/T 761、NY/T 1379
38	乙酰甲胺磷	1	杀虫剂	GB/T 5009.103、GB/T 5009.145、NY/T 761
39	蝇毒磷	0.05	杀虫剂	GB 23200.8
40	治螟磷	0.01	杀虫剂	NY/T 761、GB 23200.8

（续）

序号	农药中文名	最大残留限量（mg/kg）	农药主要用途	检测方法
41	艾氏剂	0.05	杀虫剂	NY/T 761、GB/T 5009.19
42	滴滴涕	0.05	杀虫剂	NY/T 761、GB/T 5009.19
43	狄氏剂	0.05	杀虫剂	NY/T 761、GB/T 5009.19
44	毒杀芬	0.05*	杀虫剂	YC/T 180
45	六六六	0.05	杀虫剂	NY/T 761、GB/T 5009.19
46	氯丹	0.02	杀虫剂	GB/T 5009.19
47	灭蚁灵	0.01	杀虫剂	GB/T 5009.19
48	七氯	0.02	杀虫剂	NY/T 761、GB/T 5009.19
49	异狄氏剂	0.05	杀虫剂	NY/T 761、GB/T 5009.19
50	乐果	0.5*	杀虫剂	GB/T 5009.145、GB/T 20769、NY/T 761
51	氯氰菊酯和高效氯氰菊酯	0.5	杀虫剂	GB/T 5009.146、GB 23200.8、NY/T 761
52	马拉硫磷	2	杀虫剂	GB 23200.8、GB/T 20769、NY/T 761
53	灭蝇胺	0.5	杀虫剂	NY/T 1725
54	三唑酮	0.05	杀菌剂	NY/T 761、GB/T 20769、GB 23200.8
55	保棉磷	0.5	杀虫剂	NY/T 761
56	辛硫磷	0.05	杀虫剂	GB/T 5009.102、GB/T 20769
57	敌百虫	0.2	杀虫剂	GB/T 20769、NY/T 761
58	氯菊酯	1	杀虫剂	NY/T 761

3.55 豌豆（鲜）

豌豆（鲜）中农药最大残留限量见表3-55。

表3-55 豌豆（鲜）中农药最大残留限量

序号	农药中文名	最大残留限量（mg/kg）	农药主要用途	检测方法
1	百草枯	0.05*	除草剂	无指定

（续）

序号	农药中文名	最大残留限量（mg/kg）	农药主要用途	检测方法
2	倍硫磷	0.05	杀虫剂	GB 23200.8、NY/T 761
3	苯线磷	0.02	杀虫剂	GB/T 5009.145、GB 23200.8
4	敌敌畏	0.2	杀虫剂	NY/T 761、GB 23200.8、GB/T 5009.20
5	地虫硫磷	0.01	杀虫剂	GB 23200.8
6	对硫磷	0.01	杀虫剂	GB/T 5009.145
7	多杀霉素	0.3	杀虫剂	GB/T 20769
8	氟虫腈	0.02	杀虫剂	SN/T 1982
9	甲胺磷	0.05	杀虫剂	NY/T 761、GB/T 5009.103
10	甲拌磷	0.01	杀虫剂	GB 23200.8
11	甲基对硫磷	0.02	杀虫剂	NY/T 761
12	甲基硫环磷	0.03*	杀虫剂	NY/T 761
13	甲基异柳磷	0.01*	杀虫剂	GB/T 5009.144
14	甲萘威	1	杀虫剂	GB/T 5009.145、GB/T 20769、NY/T 761
15	久效磷	0.03	杀虫剂	NY/T 761
16	抗蚜威	0.7	杀虫剂	GB 23200.8、NY/T 1379、SN/T 0134
17	克百威	0.02	杀虫剂	NY/T 761
18	联苯肼酯	7	杀螨剂	GB/T 20769、GB 23200.8
19	磷胺	0.05	杀虫剂	NY/T 761
20	硫环磷	0.03	杀虫剂	NY/T 761
21	硫线磷	0.02	杀虫剂	GB/T 20769
22	螺虫乙酯	1.5*	杀虫剂	无指定
23	氯氟氰菊酯和高效氯氟氰菊酯	0.2	杀虫剂	GB/T 5009.146、NY/T 761
24	氯唑磷	0.01	杀虫剂	GB/T 20769
25	嘧菌环胺	0.5	杀菌剂	GB/T 20769、GB 23200.8、NY/T 1379
26	灭多威	0.2	杀虫剂	NY/T 761

（续）

序号	农药中文名	最大残留限量（mg/kg）	农药主要用途	检测方法
27	灭线磷	0.02	杀线虫剂	NY/T 761
28	内吸磷	0.02	杀虫/杀螨剂	GB/T 20769
29	杀虫脒	0.01	杀虫剂	GB/T 20769
30	杀螟硫磷	0.5*	杀虫剂	GB/T 14553、GB/T 20769、NY/T 761
31	杀扑磷	0.05	杀虫剂	NY/T 761
32	水胺硫磷	0.05	杀虫剂	NY/T 761
33	特丁硫磷	0.01	杀虫剂	NY/T 761、NY/T 1379
34	涕灭威	0.03	杀虫剂	NY/T 761
35	烯草酮	0.5	除草剂	GB 23200.8
36	溴氰菊酯	0.2	杀虫剂	NY/T 761
37	氧乐果	0.02	杀虫剂	NY/T 761、NY/T 1379
38	乙酰甲胺磷	1	杀虫剂	GB/T 5009.103、GB/T 5009.145、NY/T 761
39	蝇毒磷	0.05	杀虫剂	GB 23200.8
40	治螟磷	0.01	杀虫剂	NY/T 761、GB 23200.8
41	艾氏剂	0.05	杀虫剂	NY/T 761、GB/T 5009.19
42	滴滴涕	0.05	杀虫剂	NY/T 761、GB/T 5009.19
43	狄氏剂	0.05	杀虫剂	NY/T 761、GB/T 5009.19
44	毒杀芬	0.05*	杀虫剂	YC/T 180
45	六六六	0.05	杀虫剂	NY/T 761、GB/T 5009.19
46	氯丹	0.02	杀虫剂	GB/T 5009.19
47	灭蚁灵	0.01	杀虫剂	GB/T 5009.19
48	七氯	0.02	杀虫剂	NY/T 761、GB/T 5009.19
49	异狄氏剂	0.05	杀虫剂	NY/T 761、GB/T 5009.19
50	灭草松	0.2	除草剂	SN/T 0292
51	保棉磷	0.5	杀虫剂	NY/T 761
52	辛硫磷	0.05	杀虫剂	GB/T 5009.102、GB/T 20769
53	敌百虫	0.2	杀虫剂	GB/T 20769、NY/T 761
54	氯菊酯	1	杀虫剂	NY/T 761

3.56 芦笋

芦笋中农药最大残留限量见表 3-56。

表 3-56 芦笋中农药最大残留限量

序号	农药中文名	最大残留限量（mg/kg）	农药主要用途	检测方法
1	百草枯	0.05*	除草剂	无指定
2	倍硫磷	0.05	杀虫剂	GB 23200.8、NY/T 761
3	苯线磷	0.02	杀虫剂	GB/T 5009.145、GB 23200.8
4	敌百虫	0.2	杀虫剂	GB/T 20769、NY/T 761
5	敌敌畏	0.2	杀虫剂	NY/T 761、GB 23200.8、GB/T 5009.20
6	地虫硫磷	0.01	杀虫剂	GB 23200.8
7	对硫磷	0.01	杀虫剂	GB/T 5009.145
8	氟虫腈	0.02	杀虫剂	SN/T 1982
9	甲胺磷	0.05	杀虫剂	NY/T 761、GB/T 5009.103
10	甲拌磷	0.01	杀虫剂	GB 23200.8
11	甲基对硫磷	0.02	杀虫剂	NY/T 761
12	甲基硫环磷	0.03*	杀虫剂	NY/T 761
13	甲基异柳磷	0.01*	杀虫剂	GB/T 5009.144
14	甲萘威	1	杀虫剂	GB/T 5009.145、GB/T 20769、NY/T 761
15	久效磷	0.03	杀虫剂	NY/T 761
16	克百威	0.02	杀虫剂	NY/T 761
17	磷胺	0.05	杀虫剂	NY/T 761
18	硫环磷	0.03	杀虫剂	NY/T 761
19	硫线磷	0.02	杀虫剂	GB/T 20769
20	氯唑磷	0.01	杀虫剂	GB/T 20769
21	灭多威	0.2	杀虫剂	NY/T 761
22	灭线磷	0.02	杀线虫剂	NY/T 761
23	内吸磷	0.02	杀虫/杀螨剂	GB/T 20769
24	杀虫脒	0.01	杀虫剂	GB/T 20769
25	杀螟硫磷	0.5*	杀虫剂	GB/T 14553、GB/T 20769、NY/T 761

（续）

序号	农药中文名	最大残留限量（mg/kg）	农药主要用途	检测方法
26	杀扑磷	0.05	杀虫剂	NY/T 761
27	水胺硫磷	0.05	杀虫剂	NY/T 761
28	特丁硫磷	0.01	杀虫剂	NY/T 761、NY/T 1379
29	涕灭威	0.03	杀虫剂	NY/T 761
30	辛硫磷	0.05	杀虫剂	GB/T 5009.102、GB/T 20769
31	氧乐果	0.02	杀虫剂	NY/T 761、NY/T 1379
32	蝇毒磷	0.05	杀虫剂	GB 23200.8
33	治螟磷	0.01	杀虫剂	NY/T 761、GB 23200.8
34	艾氏剂	0.05	杀虫剂	NY/T 761、GB/T 5009.19
35	滴滴涕	0.05	杀虫剂	NY/T 761、GB/T 5009.19
36	狄氏剂	0.05	杀虫剂	NY/T 761、GB/T 5009.19
37	毒杀芬	0.05*	杀虫剂	YC/T 180
38	六六六	0.05	杀虫剂	NY/T 761、GB/T 5009.19
39	氯丹	0.02	杀虫剂	GB/T 5009.19
40	灭蚁灵	0.01	杀虫剂	GB/T 5009.19
41	七氯	0.02	杀虫剂	NY/T 761、GB/T 5009.19
42	异狄氏剂	0.05	杀虫剂	NY/T 761、GB/T 5009.19
43	苯菌灵	0.5*	杀菌剂	GB/T 23380、NY/T 1680、SN/T 0162
44	苯醚甲环唑	0.03	杀菌剂	GB/T 5009.218、GB 23200.8、GB 23200.49
45	代森锌	2	杀菌剂	SN 0157
46	毒死蜱	0.05	杀虫剂	GB 23200.8、NY/T 761、SN/T 2158
47	多菌灵	0.5	杀菌剂	GB/T 20769、NY/T 1453
48	甲基硫菌灵	0.5	杀菌剂	GB/T 20769、NY/T 1680
49	甲霜灵和精甲霜灵	0.05	杀菌剂	GB 23200.8、GB/T 20769
50	抗蚜威	0.01	杀虫剂	GB 23200.8、NY/T 1379、SN/T 0134
51	乐果	0.5*	杀虫剂	GB/T 5009.145、GB/T 20769、NY/T 761

（续）

序号	农药中文名	最大残留限量（mg/kg）	农药主要用途	检测方法
52	氯氟氰菊酯和高效氯氟氰菊酯	0.02	杀虫剂	GB/T 5009.146、NY/T 761
53	氯菊酯	1	杀虫剂	NY/T 761
54	氯氰菊酯和高效氯氰菊酯	0.4	杀虫剂	GB/T 5009.146、GB 23200.8、NY/T 761
55	马拉硫磷	1	杀虫剂	GB 23200.8、GB/T 20769、NY/T 761
56	双胍三辛烷基苯磺酸盐	1*	杀菌剂	无指定
57	烯唑醇	0.5	杀菌剂	GB/T 20769、GB/T 5009.201、SN/T 1114
58	保棉磷	0.5	杀虫剂	NY/T 761
59	乙酰甲胺磷	1	杀虫剂	GB/T 5009.103、GB/T 5009.145、NY/T 761

3.57　朝鲜蓟

朝鲜蓟中农药最大残留限量见表 3-57。

表 3-57　朝鲜蓟中农药最大残留限量

序号	农药中文名	最大残留限量（mg/kg）	农药主要用途	检测方法
1	百草枯	0.05*	除草剂	无指定
2	倍硫磷	0.05	杀虫剂	GB 23200.8、NY/T 761
3	苯线磷	0.02	杀虫剂	GB/T 5009.145、GB 23200.8
4	敌百虫	0.2	杀虫剂	GB/T 20769、NY/T 761
5	敌敌畏	0.2	杀虫剂	NY/T 761、GB 23200.8、GB/T 5009.20
6	地虫硫磷	0.01	杀虫剂	GB 23200.8
7	对硫磷	0.01	杀虫剂	GB/T 5009.145
8	氟虫腈	0.02	杀虫剂	SN/T 1982
9	甲胺磷	0.05	杀虫剂	NY/T 761、GB/T 5009.103

（续）

序号	农药中文名	最大残留限量 （mg/kg）	农药 主要用途	检测方法
10	甲拌磷	0.01	杀虫剂	GB 23200.8
11	甲基对硫磷	0.02	杀虫剂	NY/T 761
12	甲基硫环磷	0.03*	杀虫剂	NY/T 761
13	甲基异柳磷	0.01*	杀虫剂	GB/T 5009.144
14	甲萘威	1	杀虫剂	GB/T 5009.145、GB/T 20769、NY/T 761
15	久效磷	0.03	杀虫剂	NY/T 761
16	克百威	0.02	杀虫剂	NY/T 761
17	磷胺	0.05	杀虫剂	NY/T 761
18	硫环磷	0.03	杀虫剂	NY/T 761
19	硫线磷	0.02	杀虫剂	GB/T 20769
20	氯唑磷	0.01	杀虫剂	GB/T 20769
21	灭多威	0.2	杀虫剂	NY/T 761
22	灭线磷	0.02	杀线虫剂	NY/T 761
23	内吸磷	0.02	杀虫/杀螨剂	GB/T 20769
24	杀虫脒	0.01	杀虫剂	GB/T 20769
25	杀螟硫磷	0.5*	杀虫剂	GB/T 14553、GB/T 20769、NY/T 761
26	杀扑磷	0.05	杀虫剂	NY/T 761
27	水胺硫磷	0.05	杀虫剂	NY/T 761
28	特丁硫磷	0.01	杀虫剂	NY/T 761、NY/T 1379
29	涕灭威	0.03	杀虫剂	NY/T 761
30	辛硫磷	0.05	杀虫剂	GB/T 5009.102、GB/T 20769
31	氧乐果	0.02	杀虫剂	NY/T 761、NY/T 1379
32	蝇毒磷	0.05	杀虫剂	GB 23200.8
33	治螟磷	0.01	杀虫剂	NY/T 761、GB 23200.8
34	艾氏剂	0.05	杀虫剂	NY/T 761、GB/T 5009.19
35	滴滴涕	0.05	杀虫剂	NY/T 761、GB/T 5009.19
36	狄氏剂	0.05	杀虫剂	NY/T 761、GB/T 5009.19
37	毒杀芬	0.05*	杀虫剂	YC/T 180
38	六六六	0.05	杀虫剂	NY/T 761、GB/T 5009.19

（续）

序号	农药中文名	最大残留限量（mg/kg）	农药主要用途	检测方法
39	氯丹	0.02	杀虫剂	GB/T 5009.19
40	灭蚁灵	0.01	杀虫剂	GB/T 5009.19
41	七氯	0.02	杀虫剂	NY/T 761、GB/T 5009.19
42	异狄氏剂	0.05	杀虫剂	NY/T 761、GB/T 5009.19
43	毒死蜱	0.05	杀虫剂	GB 23200.8、NY/T 761、SN/T 2158
44	甲硫威	0.05	杀软体动物剂	GB/T 20769
45	抗蚜威	5	杀虫剂	GB 23200.8、NY/T 1379、SN/T 0134
46	乐果	0.5*	杀虫剂	GB/T 5009.145、GB/T 20769、NY/T 761
47	氯苯嘧啶醇	0.1	杀菌剂	GB/T 20769、GB 23200.8
48	氯氰菊酯和高效氯氰菊酯	0.1	杀虫剂	GB/T 5009.146、GB 23200.8、NY/T 761
49	三唑醇	0.7	杀菌剂	GB 23200.8
50	三唑酮	0.7	杀菌剂	NY/T 761、GB/T 20769、GB 23200.8
51	戊唑醇	0.6	杀菌剂	GB 23200.8、GB/T 20769
52	乙酰甲胺磷	0.3	杀虫剂	GB/T 5009.103、GB/T 5009.145、NY/T 761
53	保棉磷	0.5	杀虫剂	NY/T 761
54	氯菊酯	1	杀虫剂	NY/T 761

3.58 萝卜

萝卜中农药最大残留限量见表3-58。

表3-58 萝卜中农药最大残留限量

序号	农药中文名	最大残留限量（mg/kg）	农药主要用途	检测方法
1	百草枯	0.05*	除草剂	无指定

（续）

序号	农药中文名	最大残留限量（mg/kg）	农药主要用途	检测方法
2	倍硫磷	0.05	杀虫剂	GB 23200.8、NY/T 761
3	苯线磷	0.02	杀虫剂	GB/T 5009.145、GB 23200.8
4	地虫硫磷	0.01	杀虫剂	GB 23200.8
5	对硫磷	0.01	杀虫剂	GB/T 5009.145
6	氟虫腈	0.02	杀虫剂	SN/T 1982
7	甲拌磷	0.01	杀虫剂	GB 23200.8
8	甲基对硫磷	0.02	杀虫剂	NY/T 761
9	甲基硫环磷	0.03*	杀虫剂	NY/T 761
10	甲萘威	1	杀虫剂	GB/T 5009.145、GB/T 20769、NY/T 761
11	久效磷	0.03	杀虫剂	NY/T 761
12	抗蚜威	0.05	杀虫剂	GB 23200.8、NY/T 1379、SN/T 0134
13	联苯菊酯	0.05	杀虫/杀螨剂	GB/T 5009.146、NY/T 761、SN/T 1969
14	磷胺	0.05	杀虫剂	NY/T 761
15	硫环磷	0.03	杀虫剂	NY/T 761
16	硫线磷	0.02	杀虫剂	GB/T 20769
17	氯虫苯甲酰胺	0.02*	杀虫剂	无指定
18	氯氟氰菊酯和高效氯氟氰菊酯	0.01	杀虫剂	GB/T 5009.146、NY/T 761
19	氯氰菊酯和高效氯氰菊酯	0.01	杀虫剂	GB/T 5009.146、GB 23200.8、NY/T 761
20	氯唑磷	0.01	杀虫剂	GB/T 20769
21	灭多威	0.2	杀虫剂	NY/T 761
22	灭线磷	0.02	杀线虫剂	NY/T 761
23	内吸磷	0.02	杀虫/杀螨剂	GB/T 20769
24	杀虫脒	0.01	杀虫剂	GB/T 20769
25	杀螟硫磷	0.5*	杀虫剂	GB/T 14553、GB/T 20769、NY/T 761

（续）

序号	农药中文名	最大残留限量 （mg/kg）	农药 主要用途	检测方法
26	杀扑磷	0.05	杀虫剂	NY/T 761
27	水胺硫磷	0.05	杀虫剂	NY/T 761
28	特丁硫磷	0.01	杀虫剂	NY/T 761、NY/T 1379
29	辛硫磷	0.05	杀虫剂	GB/T 5009.102、GB/T 20769
30	氧乐果	0.02	杀虫剂	NY/T 761、NY/T 1379
31	乙酰甲胺磷	1	杀虫剂	GB/T 5009.103、GB/T 5009.145、 NY/T 761
32	蝇毒磷	0.05	杀虫剂	GB 23200.8
33	增效醚	0.5	增效剂	GB 23200.8
34	治螟磷	0.01	杀虫剂	NY/T 761、GB 23200.8
35	艾氏剂	0.05	杀虫剂	NY/T 761、GB/T 5009.19
36	狄氏剂	0.05	杀虫剂	NY/T 761、GB/T 5009.19
37	毒杀芬	0.05*	杀虫剂	YC/T 180
38	六六六	0.05	杀虫剂	NY/T 761、GB/T 5009.19
39	氯丹	0.02	杀虫剂	GB/T 5009.19
40	灭蚁灵	0.01	杀虫剂	GB/T 5009.19
41	七氯	0.02	杀虫剂	NY/T 761、GB/T 5009.19
42	异狄氏剂	0.05	杀虫剂	NY/T 761、GB/T 5009.19
43	阿维菌素	0.01	杀虫剂	GB 23200.20、GB 23200.19
44	吡虫啉	0.5	杀虫剂	GB/T 23379、GB/T 20769、 NY/T 1275
45	丙溴磷	1	杀虫剂	GB 23200.8、NY/T 761、SN/ T 2234
46	敌百虫	0.5	杀虫剂	GB/T 20769、NY/T 761
47	敌敌畏	0.5	杀虫剂	NY/T 761、GB 23200.8、GB/ T 5009.20
48	啶虫脒	0.5	杀虫剂	GB/T 23584、GB/T 20769
49	毒死蜱	1	杀虫剂	GB 23200.8、NY/T 761、SN/ T 2158
50	二嗪磷	0.1	杀虫剂	GB/T 5009.107、GB/T 20769、 NY/T 761

（续）

序号	农药中文名	最大残留限量（mg/kg）	农药主要用途	检测方法
51	氟啶脲	0.1	杀虫剂	GB 23200.8、SN/T 2095
52	氟氰戊菊酯	0.05	杀虫剂	NY/T 761
53	甲胺磷	0.1	杀虫剂	NY/T 761、GB/T 5009.103
54	甲基立枯磷	0.1	杀菌剂	GB 23200.8
55	甲氰菊酯	0.5	杀虫剂	NY/T 761
56	乐果	0.5*	杀虫剂	GB/T 5009.145、GB/T 20769、NY/T 761
57	氯菊酯	0.1	杀虫剂	NY/T 761
58	马拉硫磷	0.5	杀虫剂	GB 23200.8、GB/T 20769、NY/T 761
59	氰戊菊酯和S-氰戊菊酯	0.05	杀虫剂	GB 23200.8、NY/T 761
60	霜霉威和霜霉威盐酸盐	1	杀菌剂	GB/T 20769、NY/T 1379
61	溴氰菊酯	0.2	杀虫剂	NY/T 761
62	保棉磷	0.5	杀虫剂	NY/T 761
63	克百威	0.02	杀虫剂	NY/T 761
64	甲基异柳磷	0.01*	杀虫剂	GB/T 5009.144
65	滴滴涕	0.05	杀虫剂	NY/T 761、GB/T 5009.19

3.59 胡萝卜

胡萝卜中农药最大残留限量见表3-59。

表3-59 胡萝卜中农药最大残留限量

序号	农药中文名	最大残留限量（mg/kg）	农药主要用途	检测方法
1	百草枯	0.05*	除草剂	无指定
2	倍硫磷	0.05	杀虫剂	GB 23200.8、NY/T 761
3	苯线磷	0.02	杀虫剂	GB/T 5009.145、GB 23200.8
4	地虫硫磷	0.01	杀虫剂	GB 23200.8
5	对硫磷	0.01	杀虫剂	GB/T 5009.145
6	氟虫腈	0.02	杀虫剂	SN/T 1982

（续）

序号	农药中文名	最大残留限量（mg/kg）	农药主要用途	检测方法
7	甲拌磷	0.01	杀虫剂	GB 23200.8
8	甲基对硫磷	0.02	杀虫剂	NY/T 761
9	甲基硫环磷	0.03*	杀虫剂	NY/T 761
10	甲萘威	1	杀虫剂	GB/T 5009.145、GB/T 20769、NY/T 761
11	久效磷	0.03	杀虫剂	NY/T 761
12	抗蚜威	0.05	杀虫剂	GB 23200.8、NY/T 1379、SN/T 0134
13	联苯菊酯	0.05	杀虫/杀螨剂	GB/T 5009.146、NY/T 761、SN/T 1969
14	磷胺	0.05	杀虫剂	NY/T 761
15	硫环磷	0.03	杀虫剂	NY/T 761
16	硫线磷	0.02	杀虫剂	GB/T 20769
17	氯虫苯甲酰胺	0.02*	杀虫剂	无指定
18	氯氟氰菊酯和高效氯氟氰菊酯	0.01	杀虫剂	GB/T 5009.146、NY/T 761
19	氯氰菊酯和高效氯氰菊酯	0.01	杀虫剂	GB/T 5009.146、GB 23200.8、NY/T 761
20	氯唑磷	0.01	杀虫剂	GB/T 20769
21	灭多威	0.2	杀虫剂	NY/T 761
22	灭线磷	0.02	杀线虫剂	NY/T 761
23	内吸磷	0.02	杀虫/杀螨剂	GB/T 20769
24	杀虫脒	0.01	杀虫剂	GB/T 20769
25	杀螟硫磷	0.5*	杀虫剂	GB/T 14553、GB/T 20769、NY/T 761
26	杀扑磷	0.05	杀虫剂	NY/T 761
27	水胺硫磷	0.05	杀虫剂	NY/T 761
28	特丁硫磷	0.01	杀虫剂	NY/T 761、NY/T 1379
29	辛硫磷	0.05	杀虫剂	GB/T 5009.102、GB/T 20769
30	氧乐果	0.02	杀虫剂	NY/T 761、NY/T 1379

（续）

序号	农药中文名	最大残留限量（mg/kg）	农药主要用途	检测方法
31	乙酰甲胺磷	1	杀虫剂	GB/T 5009.103、GB/T 5009.145、NY/T 761
32	蝇毒磷	0.05	杀虫剂	GB 23200.8
33	增效醚	0.5	增效剂	GB 23200.8
34	治螟磷	0.01	杀虫剂	NY/T 761、GB 23200.8
35	艾氏剂	0.05	杀虫剂	NY/T 761、GB/T 5009.19
36	狄氏剂	0.05	杀虫剂	NY/T 761、GB/T 5009.19
37	毒杀芬	0.05*	杀虫剂	YC/T 180
38	六六六	0.05	杀虫剂	NY/T 761、GB/T 5009.19
39	氯丹	0.02	杀虫剂	GB/T 5009.19
40	灭蚁灵	0.01	杀虫剂	GB/T 5009.19
41	七氯	0.02	杀虫剂	NY/T 761、GB/T 5009.19
42	异狄氏剂	0.05	杀虫剂	NY/T 761、GB/T 5009.19
43	苯醚甲环唑	0.2	杀菌剂	GB/T 5009.218、GB 23200.8、GB 23200.49
44	毒死蜱	1	杀虫剂	GB 23200.8、NY/T 761、SN/T 2158
45	多菌灵	0.2	杀菌剂	GB/T 20769、NY/T 1453
46	二嗪磷	0.5	杀虫剂	GB/T 5009.107、GB/T 20769、NY/T 761
47	氟啶脲	0.1	杀虫剂	GB 23200.8、SN/T 2095
48	氟氰戊菊酯	0.05	杀虫剂	NY/T 761
49	甲霜灵和精甲霜灵	0.05	杀菌剂	GB 23200.8、GB/T 20769
50	乐果	0.5*	杀虫剂	GB/T 5009.145、GB/T 20769、NY/T 761
51	氯菊酯	0.1	杀虫剂	NY/T 761
52	氯硝胺	15	杀菌剂	GB 23200.8、GB/T 20769、NY/T 1379
53	马拉硫磷	0.5	杀虫剂	GB 23200.8、GB/T 20769、NY/T 761

（续）

序号	农药中文名	最大残留限量 （mg/kg）	农药 主要用途	检测方法
54	嘧霉胺	1	杀菌剂	GB 23200.9、GB/T 20769
55	氰戊菊酯和 S-氰戊菊酯	0.05	杀虫剂	GB 23200.8、NY/T 761
56	杀线威	0.1	杀虫剂	NY/T 1453、SN/T 0134
57	戊唑醇	0.4	杀菌剂	GB 23200.8、GB/T 20769
58	溴氰菊酯	0.2	杀虫剂	NY/T 761
59	滴滴涕	0.2	杀虫剂	NY/T 761、GB/T 5009.19
60	保棉磷	0.5	杀虫剂	NY/T 761
61	敌百虫	0.2	杀虫剂	GB/T 20769、NY/T 761
62	敌敌畏	0.2	杀虫剂	NY/T 761、GB 23200.8、GB/T 5009.20
63	甲胺磷	0.05	杀虫剂	NY/T 761、GB/T 5009.103
64	克百威	0.02	杀虫剂	NY/T 761
65	甲基异柳磷	0.01*	杀虫剂	GB/T 5009.144

3.60 根甜菜

根甜菜中农药最大残留限量见表 3-60。

表 3-60 根甜菜中农药最大残留限量

序号	农药中文名	最大残留限量 （mg/kg）	农药 主要用途	检测方法
1	百草枯	0.05*	除草剂	无指定
2	倍硫磷	0.05	杀虫剂	GB 23200.8、NY/T 761
3	苯线磷	0.02	杀虫剂	GB/T 5009.145、GB 23200.8
4	地虫硫磷	0.01	杀虫剂	GB 23200.8
5	对硫磷	0.01	杀虫剂	GB/T 5009.145
6	氟虫腈	0.02	杀虫剂	SN/T 1982
7	甲拌磷	0.01	杀虫剂	GB 23200.8
8	甲基对硫磷	0.02	杀虫剂	NY/T 761
9	甲基硫环磷	0.03*	杀虫剂	NY/T 761
10	甲萘威	1	杀虫剂	GB/T 5009.145、GB/T 20769、NY/T 761

（续）

序号	农药中文名	最大残留限量（mg/kg）	农药主要用途	检测方法
11	久效磷	0.03	杀虫剂	NY/T 761
12	抗蚜威	0.05	杀虫剂	GB 23200.8、NY/T 1379、SN/T 0134
13	联苯菊酯	0.05	杀虫/杀螨剂	GB/T 5009.146、NY/T 761、SN/T 1969
14	磷胺	0.05	杀虫剂	NY/T 761
15	硫环磷	0.03	杀虫剂	NY/T 761
16	硫线磷	0.02	杀虫剂	GB/T 20769
17	氯虫苯甲酰胺	0.02*	杀虫剂	无指定
18	氯氟氰菊酯和高效氯氟氰菊酯	0.01	杀虫剂	GB/T 5009.146、NY/T 761
19	氯氰菊酯和高效氯氰菊酯	0.01	杀虫剂	GB/T 5009.146、GB 23200.8、NY/T 761
20	氯唑磷	0.01	杀虫剂	GB/T 20769
21	灭多威	0.2	杀虫剂	NY/T 761
22	灭线磷	0.02	杀线虫剂	NY/T 761
23	内吸磷	0.02	杀虫/杀螨剂	GB/T 20769
24	杀虫脒	0.01	杀虫剂	GB/T 20769
25	杀螟硫磷	0.5*	杀虫剂	GB/T 14553、GB/T 20769、NY/T 761
26	杀扑磷	0.05	杀虫剂	NY/T 761
27	水胺硫磷	0.05	杀虫剂	NY/T 761
28	特丁硫磷	0.01	杀虫剂	NY/T 761、NY/T 1379
29	辛硫磷	0.05	杀虫剂	GB/T 5009.102、GB/T 20769
30	氧乐果	0.02	杀虫剂	NY/T 761、NY/T 1379
31	乙酰甲胺磷	1	杀虫剂	GB/T 5009.103、GB/T 5009.145、NY/T 761
32	蝇毒磷	0.05	杀虫剂	GB 23200.8
33	增效醚	0.5	增效剂	GB 23200.8
34	治螟磷	0.01	杀虫剂	NY/T 761、GB 23200.8

（续）

序号	农药中文名	最大残留限量（mg/kg）	农药主要用途	检测方法
35	艾氏剂	0.05	杀虫剂	NY/T 761、GB/T 5009.19
36	狄氏剂	0.05	杀虫剂	NY/T 761、GB/T 5009.19
37	毒杀芬	0.05*	杀虫剂	YC/T 180
38	六六六	0.05	杀虫剂	NY/T 761、GB/T 5009.19
39	氯丹	0.02	杀虫剂	GB/T 5009.19
40	灭蚁灵	0.01	杀虫剂	GB/T 5009.19
41	七氯	0.02	杀虫剂	NY/T 761、GB/T 5009.19
42	异狄氏剂	0.05	杀虫剂	NY/T 761、GB/T 5009.19
43	精二甲吩草胺	0.01	除草剂	GB/T 20769、GB 23200.8、NY/T 1379
44	保棉磷	0.5	杀虫剂	NY/T 761
45	敌百虫	0.2	杀虫剂	GB/T 20769、NY/T 761
46	敌敌畏	0.2	杀虫剂	NY/T 761、GB 23200.8、GB/T 5009.20
47	甲胺磷	0.05	杀虫剂	NY/T 761、GB/T 5009.103
48	克百威	0.02	杀虫剂	NY/T 761
49	甲基异柳磷	0.01*	杀虫剂	GB/T 5009.144
50	滴滴涕	0.05	杀虫剂	NY/T 761、GB/T 5009.19
51	涕灭威	0.03	杀虫剂	NY/T 761

3.61　根芹菜

根芹菜中农药最大残留限量见表 3-61。

表 3-61　根芹菜中农药最大残留限量

序号	农药中文名	最大残留限量（mg/kg）	农药主要用途	检测方法
1	百草枯	0.05*	除草剂	无指定
2	倍硫磷	0.05	杀虫剂	GB 23200.8、NY/T 761
3	苯线磷	0.02	杀虫剂	GB/T 5009.145、GB 23200.8
4	地虫硫磷	0.01	杀虫剂	GB 23200.8

（续）

序号	农药中文名	最大残留限量（mg/kg）	农药主要用途	检测方法
5	对硫磷	0.01	杀虫剂	GB/T 5009.145
6	氟虫腈	0.02	杀虫剂	SN/T 1982
7	甲拌磷	0.01	杀虫剂	GB 23200.8
8	甲基对硫磷	0.02	杀虫剂	NY/T 761
9	甲基硫环磷	0.03*	杀虫剂	NY/T 761
10	甲萘威	1	杀虫剂	GB/T 5009.145、GB/T 20769、NY/T 761
11	久效磷	0.03	杀虫剂	NY/T 761
12	抗蚜威	0.05	杀虫剂	GB 23200.8、NY/T 1379、SN/T 0134
13	联苯菊酯	0.05	杀虫/杀螨剂	GB/T 5009.146、NY/T 761、SN/T 1969
14	磷胺	0.05	杀虫剂	NY/T 761
15	硫环磷	0.03	杀虫剂	NY/T 761
16	硫线磷	0.02	杀虫剂	GB/T 20769
17	氯虫苯甲酰胺	0.02*	杀虫剂	无指定
18	氯氟氰菊酯和高效氯氟氰菊酯	0.01	杀虫剂	GB/T 5009.146、NY/T 761
19	氯氰菊酯和高效氯氰菊酯	0.01	杀虫剂	GB/T 5009.146、GB 23200.8、NY/T 761
20	氯唑磷	0.01	杀虫剂	GB/T 20769
21	灭多威	0.2	杀虫剂	NY/T 761
22	灭线磷	0.02	杀线虫剂	NY/T 761
23	内吸磷	0.02	杀虫/杀螨剂	GB/T 20769
24	杀虫脒	0.01	杀虫剂	GB/T 20769
25	杀螟硫磷	0.5*	杀虫剂	GB/T 14553、GB/T 20769、NY/T 761
26	杀扑磷	0.05	杀虫剂	NY/T 761
27	水胺硫磷	0.05	杀虫剂	NY/T 761
28	特丁硫磷	0.01	杀虫剂	NY/T 761、NY/T 1379

（续）

序号	农药中文名	最大残留限量（mg/kg）	农药主要用途	检测方法
29	辛硫磷	0.05	杀虫剂	GB/T 5009.102、GB/T 20769
30	氧乐果	0.02	杀虫剂	NY/T 761、NY/T 1379
31	乙酰甲胺磷	1	杀虫剂	GB/T 5009.103、GB/T 5009.145、NY/T 761
32	蝇毒磷	0.05	杀虫剂	GB 23200.8
33	增效醚	0.5	增效剂	GB 23200.8
34	治螟磷	0.01	杀虫剂	NY/T 761、GB 23200.8
35	艾氏剂	0.05	杀虫剂	NY/T 761、GB/T 5009.19
36	狄氏剂	0.05	杀虫剂	NY/T 761、GB/T 5009.19
37	毒杀芬	0.05*	杀虫剂	YC/T 180
38	六六六	0.05	杀虫剂	NY/T 761、GB/T 5009.19
39	氯丹	0.02	杀虫剂	GB/T 5009.19
40	灭蚁灵	0.01	杀虫剂	GB/T 5009.19
41	七氯	0.02	杀虫剂	NY/T 761、GB/T 5009.19
42	异狄氏剂	0.05	杀虫剂	NY/T 761、GB/T 5009.19
43	苯醚甲环唑	0.5	杀菌剂	GB/T 5009.218、GB 23200.8、GB 23200.49
44	毒死蜱	1	杀虫剂	GB 23200.8、NY/T 761、SN/T 2158
45	氟啶脲	0.1	杀虫剂	GB 23200.8、SN/T 2095
46	溴氰菊酯	0.2	杀虫剂	NY/T 761
47	保棉磷	0.5	杀虫剂	NY/T 761
48	敌百虫	0.2	杀虫剂	GB/T 20769、NY/T 761
49	敌敌畏	0.2	杀虫剂	NY/T 761、GB 23200.8、GB/T 5009.20
50	甲胺磷	0.05	杀虫剂	NY/T 761、GB/T 5009.103
51	克百威	0.02	杀虫剂	NY/T 761
52	甲基异柳磷	0.01*	杀虫剂	GB/T 5009.144
53	滴滴涕	0.05	杀虫剂	NY/T 761、GB/T 5009.19
54	涕灭威	0.03	杀虫剂	NY/T 761

3.62 姜

姜中农药最大残留限量见表 3-62。

表 3-62 姜中农药最大残留限量

序号	农药中文名	最大残留限量 （mg/kg）	农药 主要用途	检测方法
1	百草枯	0.05*	除草剂	无指定
2	倍硫磷	0.05	杀虫剂	GB 23200.8、NY/T 761
3	苯线磷	0.02	杀虫剂	GB/T 5009.145、GB 23200.8
4	地虫硫磷	0.01	杀虫剂	GB 23200.8
5	对硫磷	0.01	杀虫剂	GB/T 5009.145
6	氟虫腈	0.02	杀虫剂	SN/T 1982
7	甲拌磷	0.01	杀虫剂	GB 23200.8
8	甲基对硫磷	0.02	杀虫剂	NY/T 761
9	甲基硫环磷	0.03*	杀虫剂	NY/T 761
10	甲萘威	1	杀虫剂	GB/T 5009.145、GB/T 20769、NY/T 761
11	久效磷	0.03	杀虫剂	NY/T 761
12	抗蚜威	0.05	杀虫剂	GB 23200.8、NY/T 1379、SN/T 0134
13	联苯菊酯	0.05	杀虫/杀螨剂	GB/T 5009.146、NY/T 761、SN/T 1969
14	磷胺	0.05	杀虫剂	NY/T 761
15	硫环磷	0.03	杀虫剂	NY/T 761
16	硫线磷	0.02	杀虫剂	GB/T 20769
17	氯虫苯甲酰胺	0.02*	杀虫剂	无指定
18	氯氟氰菊酯和高效氯氟氰菊酯	0.01	杀虫剂	GB/T 5009.146、NY/T 761
19	氯氰菊酯和高效氯氰菊酯	0.01	杀虫剂	GB/T 5009.146、GB 23200.8、NY/T 761
20	氯唑磷	0.01	杀虫剂	GB/T 20769
21	灭多威	0.2	杀虫剂	NY/T 761
22	灭线磷	0.02	杀线虫剂	NY/T 761

（续）

序号	农药中文名	最大残留限量（mg/kg）	农药主要用途	检测方法
23	内吸磷	0.02	杀虫/杀螨剂	GB/T 20769
24	杀虫脒	0.01	杀虫剂	GB/T 20769
25	杀螟硫磷	0.5*	杀虫剂	GB/T 14553、GB/T 20769、NY/T 761
26	杀扑磷	0.05	杀虫剂	NY/T 761
27	水胺硫磷	0.05	杀虫剂	NY/T 761
28	特丁硫磷	0.01	杀虫剂	NY/T 761、NY/T 1379
29	辛硫磷	0.05	杀虫剂	GB/T 5009.102、GB/T 20769
30	氧乐果	0.02	杀虫剂	NY/T 761、NY/T 1379
31	乙酰甲胺磷	1	杀虫剂	GB/T 5009.103、GB/T 5009.145、NY/T 761
32	蝇毒磷	0.05	杀虫剂	GB 23200.8
33	增效醚	0.5	增效剂	GB 23200.8
34	治螟磷	0.01	杀虫剂	NY/T 761、GB 23200.8
35	艾氏剂	0.05	杀虫剂	NY/T 761、GB/T 5009.19
36	狄氏剂	0.05	杀虫剂	NY/T 761、GB/T 5009.19
37	毒杀芬	0.05*	杀虫剂	YC/T 180
38	六六六	0.05	杀虫剂	NY/T 761、GB/T 5009.19
39	氯丹	0.02	杀虫剂	GB/T 5009.19
40	灭蚁灵	0.01	杀虫剂	GB/T 5009.19
41	七氯	0.02	杀虫剂	NY/T 761、GB/T 5009.19
42	异狄氏剂	0.05	杀虫剂	NY/T 761、GB/T 5009.19
43	氯化苦	0.05*	熏蒸剂	GB/T 5009.36
44	萘乙酸和萘乙酸钠	0.05	植物生长调节剂	SN 0346
45	炔苯酰草胺	0.2	除草剂	GB/T 20769
46	保棉磷	0.5	杀虫剂	NY/T 761
47	敌百虫	0.2	杀虫剂	GB/T 20769、NY/T 761
48	敌敌畏	0.2	杀虫剂	NY/T 761、GB 23200.8、GB/T 5009.20
49	甲胺磷	0.05	杀虫剂	NY/T 761、GB/T 5009.103

（续）

序号	农药中文名	最大残留限量 （mg/kg）	农药 主要用途	检测方法
50	克百威	0.02	杀虫剂	NY/T 761
51	甲基异柳磷	0.01*	杀虫剂	GB/T 5009.144
52	滴滴涕	0.05	杀虫剂	NY/T 761、GB/T 5009.19
53	涕灭威	0.03	杀虫剂	NY/T 761

3.63 芜菁

芜菁中农药最大残留限量见表 3-63。

表 3-63 芜菁中农药最大残留限量

序号	农药中文名	最大残留限量 （mg/kg）	农药 主要用途	检测方法
1	百草枯	0.05*	除草剂	无指定
2	倍硫磷	0.05	杀虫剂	GB 23200.8、NY/T 761
3	苯线磷	0.02	杀虫剂	GB/T 5009.145、GB 23200.8
4	地虫硫磷	0.01	杀虫剂	GB 23200.8
5	对硫磷	0.01	杀虫剂	GB/T 5009.145
6	氟虫腈	0.02	杀虫剂	SN/T 1982
7	甲拌磷	0.01	杀虫剂	GB 23200.8
8	甲基对硫磷	0.02	杀虫剂	NY/T 761
9	甲基硫环磷	0.03*	杀虫剂	NY/T 761
10	甲萘威	1	杀虫剂	GB/T 5009.145、GB/T 20769、 NY/T 761
11	久效磷	0.03	杀虫剂	NY/T 761
12	抗蚜威	0.05	杀虫剂	GB 23200.8、NY/T 1379、 SN/T 0134
13	联苯菊酯	0.05	杀虫/杀螨剂	GB/T 5009.146、NY/T 761、 SN/T 1969
14	磷胺	0.05	杀虫剂	NY/T 761
15	硫环磷	0.03	杀虫剂	NY/T 761
16	硫线磷	0.02	杀虫剂	GB/T 20769

（续）

序号	农药中文名	最大残留限量 （mg/kg）	农药 主要用途	检测方法
17	氯虫苯甲酰胺	0.02*	杀虫剂	无指定
18	氯氟氰菊酯和高效氯氟氰菊酯	0.01	杀虫剂	GB/T 5009.146、NY/T 761
19	氯氰菊酯和高效氯氰菊酯	0.01	杀虫剂	GB/T 5009.146、GB 23200.8、NY/T 761
20	氯唑磷	0.01	杀虫剂	GB/T 20769
21	灭多威	0.2	杀虫剂	NY/T 761
22	灭线磷	0.02	杀线虫剂	NY/T 761
23	内吸磷	0.02	杀虫/杀螨剂	GB/T 20769
24	杀虫脒	0.01	杀虫剂	GB/T 20769
25	杀螟硫磷	0.5*	杀虫剂	GB/T 14553、GB/T 20769、NY/T 761
26	杀扑磷	0.05	杀虫剂	NY/T 761
27	水胺硫磷	0.05	杀虫剂	NY/T 761
28	特丁硫磷	0.01	杀虫剂	NY/T 761、NY/T 1379
29	辛硫磷	0.05	杀虫剂	GB/T 5009.102、GB/T 20769
30	氧乐果	0.02	杀虫剂	NY/T 761、NY/T 1379
31	乙酰甲胺磷	1	杀虫剂	GB/T 5009.103、GB/T 5009.145、NY/T 761
32	蝇毒磷	0.05	杀虫剂	GB 23200.8
33	增效醚	0.5	增效剂	GB 23200.8
34	治螟磷	0.01	杀虫剂	NY/T 761、GB 23200.8
35	艾氏剂	0.05	杀虫剂	NY/T 761、GB/T 5009.19
36	狄氏剂	0.05	杀虫剂	NY/T 761、GB/T 5009.19
37	毒杀芬	0.05*	杀虫剂	YC/T 180
38	六六六	0.05	杀虫剂	NY/T 761、GB/T 5009.19
39	氯丹	0.02	杀虫剂	GB/T 5009.19
40	灭蚁灵	0.01	杀虫剂	GB/T 5009.19
41	七氯	0.02	杀虫剂	NY/T 761、GB/T 5009.19
42	异狄氏剂	0.05	杀虫剂	NY/T 761、GB/T 5009.19

（续）

序号	农药中文名	最大残留限量（mg/kg）	农药主要用途	检测方法
43	氟啶脲	0.1	杀虫剂	GB 23200.8、SN/T 2095
44	马拉硫磷	0.2	杀虫剂	GB 23200.8、GB/T 20769、NY/T 761
45	溴氰菊酯	0.2	杀虫剂	NY/T 761
46	保棉磷	0.5	杀虫剂	NY/T 761
47	敌百虫	0.2	杀虫剂	GB/T 20769、NY/T 761
48	敌敌畏	0.2	杀虫剂	NY/T 761、GB 23200.8、GB/T 5009.20
49	甲胺磷	0.05	杀虫剂	NY/T 761、GB/T 5009.103
50	克百威	0.02	杀虫剂	NY/T 761
51	甲基异柳磷	0.01*	杀虫剂	GB/T 5009.144
52	滴滴涕	0.05	杀虫剂	NY/T 761、GB/T 5009.19
53	涕灭威	0.03	杀虫剂	NY/T 761

3.64 马铃薯

马铃薯中农药最大残留限量见表 3-64。

表 3-64 马铃薯中农药最大残留限量

序号	农药中文名	最大残留限量（mg/kg）	农药主要用途	检测方法
1	百草枯	0.05*	除草剂	无指定
2	倍硫磷	0.05	杀虫剂	GB 23200.8、NY/T 761
3	苯线磷	0.02	杀虫剂	GB/T 5009.145、GB 23200.8
4	地虫硫磷	0.01	杀虫剂	GB 23200.8
5	对硫磷	0.01	杀虫剂	GB/T 5009.145
6	氟虫腈	0.02	杀虫剂	SN/T 1982
7	甲拌磷	0.01	杀虫剂	GB 23200.8
8	甲基对硫磷	0.02	杀虫剂	NY/T 761
9	甲基硫环磷	0.03*	杀虫剂	NY/T 761
10	甲萘威	1	杀虫剂	GB/T 5009.145、GB/T 20769、NY/T 761

（续）

序号	农药中文名	最大残留限量 （mg/kg）	农药 主要用途	检测方法
11	久效磷	0.03	杀虫剂	NY/T 761
12	抗蚜威	0.05	杀虫剂	GB 23200.8、NY/T 1379、SN/T 0134
13	联苯菊酯	0.05	杀虫/杀螨剂	GB/T 5009.146、NY/T 761、SN/T 1969
14	磷胺	0.05	杀虫剂	NY/T 761
15	硫环磷	0.03	杀虫剂	NY/T 761
16	硫线磷	0.02	杀虫剂	GB/T 20769
17	氯虫苯甲酰胺	0.02*	杀虫剂	无指定
18	氯氟氰菊酯和高效氯氟氰菊酯	0.01	杀虫剂	GB/T 5009.146、NY/T 761
19	氯氰菊酯和高效氯氰菊酯	0.01	杀虫剂	GB/T 5009.146、GB 23200.8、NY/T 761
20	氯唑磷	0.01	杀虫剂	GB/T 20769
21	灭多威	0.2	杀虫剂	NY/T 761
22	灭线磷	0.02	杀线虫剂	NY/T 761
23	内吸磷	0.02	杀虫/杀螨剂	GB/T 20769
24	杀虫脒	0.01	杀虫剂	GB/T 20769
25	杀螟硫磷	0.5*	杀虫剂	GB/T 14553、GB/T 20769、NY/T 761
26	杀扑磷	0.05	杀虫剂	NY/T 761
27	水胺硫磷	0.05	杀虫剂	NY/T 761
28	特丁硫磷	0.01	杀虫剂	NY/T 761、NY/T 1379
29	辛硫磷	0.05	杀虫剂	GB/T 5009.102、GB/T 20769
30	氧乐果	0.02	杀虫剂	NY/T 761、NY/T 1379
31	乙酰甲胺磷	1	杀虫剂	GB/T 5009.103、GB/T 5009.145、NY/T 761
32	蝇毒磷	0.05	杀虫剂	GB 23200.8
33	增效醚	0.5	增效剂	GB 23200.8
34	治螟磷	0.01	杀虫剂	NY/T 761、GB 23200.8

（续）

序号	农药中文名	最大残留限量（mg/kg）	农药主要用途	检测方法
35	艾氏剂	0.05	杀虫剂	NY/T 761、GB/T 5009.19
36	狄氏剂	0.05	杀虫剂	NY/T 761、GB/T 5009.19
37	毒杀芬	0.05*	杀虫剂	YC/T 180
38	六六六	0.05	杀虫剂	NY/T 761、GB/T 5009.19
39	氯丹	0.02	杀虫剂	GB/T 5009.19
40	灭蚁灵	0.01	杀虫剂	GB/T 5009.19
41	七氯	0.02	杀虫剂	NY/T 761、GB/T 5009.19
42	异狄氏剂	0.05	杀虫剂	NY/T 761、GB/T 5009.19
43	甲基毒死蜱	5*	杀虫剂	GB 23200.8、GB/T 20769、NY/T 761
44	磷化铝	0.05	杀虫剂	GB/T 5009.36
45	溴甲烷	5*	熏蒸剂	无指定
46	2，4-滴和2，4-滴钠盐	0.2	除草剂	GB/T 5009.175
47	阿维菌素	0.01	杀虫剂	GB 23200.20、GB 23200.19
48	保棉磷	0.05	杀虫剂	SN/T 1739
49	苯氟磺胺	0.1	杀菌剂	SN/T 2320
50	苯醚甲环唑	0.02	杀菌剂	GB/T 5009.218、GB 23200.8、GB 23200.49
51	苯霜灵	0.02	杀菌剂	GB 23200.8、GB/T 20769
52	苯酰菌胺	0.02	杀菌剂	GB 23200.8、GB/T 20769
53	吡唑醚菌酯	0.02	杀菌剂	GB 23200.8、GB/T 20769
54	丙炔噁草酮	0.02*	除草剂	无指定
55	丙森锌	0.5	杀菌剂	SN 0139
56	丙溴磷	0.05	杀虫剂	GB 23200.8、NY/T 761、SN/T 2234
57	代森联	0.5	杀菌剂	SN 0157
58	代森锰锌	0.5	杀菌剂	SN 0157
59	代森锌	0.5	杀菌剂	SN 0157
60	敌草快	0.05	除草剂	GB/T 5009.221
61	多抗霉素	0.5*	杀菌剂	无指定

（续）

序号	农药中文名	最大残留限量（mg/kg）	农药主要用途	检测方法
62	多杀霉素	0.01	杀虫剂	GB/T 20769
63	二嗪磷	0.01	杀虫剂	GB/T 5009.107、GB/T 20769、NY/T 761
64	砜嘧磺隆	0.1	除草剂	SN/T 2325
65	氟苯脲	0.05	杀虫剂	NY/T 1453
66	氟吡甲禾灵和高效氟吡甲禾灵	0.1	除草剂	GB/T 20769
67	氟吡菌胺	0.05*	杀菌剂	无指定
68	氟啶胺	0.5	杀菌剂	GB 23200.34
69	氟啶虫酰胺	0.2*	杀菌剂	无指定
70	氟氯氰菊酯和高效氟氯氰菊酯	0.01	杀虫剂	GB 23200.8、GB/T 5009.146、NY/T 761
71	氟吗啉	0.5*	杀菌剂	无指定
72	氟氰戊菊酯	0.05	杀菌剂	NY/T 761
73	氟酰脲	0.01	杀虫剂	GB 23200.34
74	复硝酚钠	0.1*	植物生长调节剂	无指定
75	甲基立枯磷	0.2	杀菌剂	GB 23200.8
76	甲硫威	0.05	杀软体动物剂	GB/T 20769
77	甲哌鎓	3*	植物生长调节剂	无指定
78	甲霜灵和精甲霜灵	0.05	杀菌剂	GB 23200.8、GB/T 20769
79	精二甲吩草胺	0.01	除草剂	GB/T 20769、GB 23200.8、NY/T 1379
80	克百威	0.1	杀虫剂	NY/T 761
81	克菌丹	0.05	杀菌剂	GB 23200.8、SN 0654
82	乐果	0.5*	杀虫剂	GB/T 5009.145、GB/T 20769、NY/T 761
83	硫丹	0.05	杀虫剂	NY/T 761
84	螺虫乙酯	0.8*	杀虫剂	无指定

（续）

序号	农药中文名	最大残留限量（mg/kg）	农药主要用途	检测方法
85	氯苯胺灵	30	植物生长调节剂	GB 23200.9
86	氯菊酯	0.05	杀虫剂	NY/T 761
87	马拉硫磷	0.5	杀虫剂	GB 23200.8、GB/T 20769、NY/T 761
88	嘧菌酯	0.1	杀菌剂	GB/T 20769、NY/T 1453、SN/T 1976
89	嘧霉胺	0.05	杀菌剂	GB 23200.9、GB/T 20769
90	灭菌丹	0.1	杀菌剂	SN/T 2320、GB/T 20769
91	氰霜唑	0.02*	杀菌剂	GB 23200.14
92	氰戊菊酯和S-氰戊菊酯	0.05	杀虫剂	GB 23200.8、NY/T 761
93	噻虫啉	0.02	杀虫剂	GB/T 20769、GB 23200.8
94	噻呋酰胺	2	杀菌剂	GB 23200.9
95	噻节因	0.05	调节剂	NY/T 1379
96	噻菌灵	15	杀菌剂	GB/T 20769、NY/T 1453、NY/T 1680
97	三苯基氢氧化锡	0.1*	杀菌剂	无指定
98	杀线威	0.1	杀虫剂	NY/T 1453、SN/T 0134
99	双炔酰菌胺	0 01*	杀菌剂	无指定
100	霜霉威和霜霉威盐酸盐	0.3	杀菌剂	GB/T 20769、NY/T 1379
101	霜脲氰	0.5	杀菌剂	GB/T 20769
102	四氯硝基苯	20	杀菌剂/植物生长调节剂	GB 23200.8
103	涕灭威	0.1	杀虫剂	NY/T 761
104	五氯硝基苯	0.2	杀菌剂	GB/T 5009.136、GB/T 5009.19
105	烯草酮	0.5	除草剂	GB 23200.8
106	烯酰吗啉	0.05	杀菌剂	GB/T 20769
107	溴氰菊酯	0.01	杀虫剂	NY/T 761
108	亚胺硫磷	0.05	杀虫剂	GB/T 5009.131、NY/T 761
109	亚砜磷	0.01	杀虫剂	NY/T 761

（续）

序号	农药中文名	最大残留限量（mg/kg）	农药主要用途	检测方法
110	抑霉唑	5	杀菌剂	GB 23200.8、GB/T 20769
111	抑芽丹	50	植物生长调节剂/除草剂	GB/T 19611
112	唑嘧菌胺	0.05*	杀菌剂	无指定
113	敌百虫	0.2	杀虫剂	GB/T 20769、NY/T 761
114	敌敌畏	0.2	杀虫剂	NY/T 761、GB 23200.8、GB/T 5009.20
115	甲胺磷	0.05	杀虫剂	NY/T 761、GB/T 5009.103
116	甲基异柳磷	0.01*	杀虫剂	GB/T 5009.144
117	滴滴涕	0.05	杀虫剂	NY/T 761、GB/T 5009.19

3.65 甘薯

甘薯中农药最大残留限量见表3-65。

表3-65 甘薯中农药最大残留限量

序号	农药中文名	最大残留限量（mg/kg）	农药主要用途	检测方法
1	百草枯	0.05*	除草剂	无指定
2	倍硫磷	0.05	杀虫剂	GB 23200.8、NY/T 761
3	苯线磷	0.02	杀虫剂	GB/T 5009.145、GB 23200.8
4	地虫硫磷	0.01	杀虫剂	GB 23200.8
5	对硫磷	0.01	杀虫剂	GB/T 5009.145
6	氟虫腈	0.02	杀虫剂	SN/T 1982
7	甲拌磷	0.01	杀虫剂	GB 23200.8
8	甲基对硫磷	0.02	杀虫剂	NY/T 761
9	甲基硫环磷	0.03*	杀虫剂	NY/T 761
10	甲萘威	1	杀虫剂	GB/T 5009.145、GB/T 20769、NY/T 761
11	久效磷	0.03	杀虫剂	NY/T 761
12	抗蚜威	0.05	杀虫剂	GB 23200.8、NY/T 1379、SN/T 0134

（续）

序号	农药中文名	最大残留限量 （mg/kg）	农药 主要用途	检测方法
13	联苯菊酯	0.05	杀虫/杀螨剂	GB/T 5009.146、NY/T 761、SN/T 1969
14	磷胺	0.05	杀虫剂	NY/T 761
15	硫环磷	0.03	杀虫剂	NY/T 761
16	硫线磷	0.02	杀虫剂	GB/T 20769
17	氯虫苯甲酰胺	0.02*	杀虫剂	无指定
18	氯氟氰菊酯和高效氯氟氰菊酯	0.01	杀虫剂	GB/T 5009.146、NY/T 761
19	氯氰菊酯和高效氯氰菊酯	0.01	杀虫剂	GB/T 5009.146、GB 23200.8、NY/T 761
20	氯唑磷	0.01	杀虫剂	GB/T 20769
21	灭多威	0.2	杀虫剂	NY/T 761
22	灭线磷	0.02	杀线虫剂	NY/T 761
23	内吸磷	0.02	杀虫/杀螨剂	GB/T 20769
24	杀虫脒	0.01	杀虫剂	GB/T 20769
25	杀螟硫磷	0.5*	杀虫剂	GB/T 14553、GB/T 20769、NY/T 761
26	杀扑磷	0.05	杀虫剂	NY/T 761
27	水胺硫磷	0.05	杀虫剂	NY/T 761
28	特丁硫磷	0.01	杀虫剂	NY/T 761、NY/T 1379
29	辛硫磷	0.05	杀虫剂	GB/T 5009.102、GB/T 20769
30	氧乐果	0.02	杀虫剂	NY/T 761、NY/T 1379
31	乙酰甲胺磷	1	杀虫剂	GB/T 5009.103、GB/T 5009.145、NY/T 761
32	蝇毒磷	0.05	杀虫剂	GB 23200.8
33	增效醚	0.5	增效剂	GB 23200.8
34	治螟磷	0.01	杀虫剂	NY/T 761、GB 23200.8
35	艾氏剂	0.05	杀虫剂	NY/T 761、GB/T 5009.19
36	狄氏剂	0.05	杀虫剂	NY/T 761、GB/T 5009.19
37	毒杀芬	0.05*	杀虫剂	YC/T 180

（续）

序号	农药中文名	最大残留限量（mg/kg）	农药主要用途	检测方法
38	六六六	0.05	杀虫剂	NY/T 761、GB/T 5009.19
39	氯丹	0.02	杀虫剂	GB/T 5009.19
40	灭蚁灵	0.01	杀虫剂	GB/T 5009.19
41	七氯	0.02	杀虫剂	NY/T 761、GB/T 5009.19
42	异狄氏剂	0.05	杀虫剂	NY/T 761、GB/T 5009.19
43	氯化苦	0.1	熏蒸剂	GB/T 5009.36
44	丙溴磷	0.05	杀虫剂	GB 23200.8、NY/T 761、SN/T 2234
45	代森锰锌	0.5	杀菌剂	SN 0157
46	敌草快	0.05	除草剂	GB/T 5009.221
47	丁硫克百威	1	杀虫剂	GB 23200.13
48	甲基硫菌灵	0.1	杀菌剂	GB/T 20769、NY/T 1680
49	甲基异柳磷	0.05*	杀虫剂	GB/T 5009.144
50	精二甲吩草胺	0.01	除草剂	GB/T 20769、GB 23200.8、NY/T 1379
51	硫丹	0.05	杀虫剂	NY/T 761
52	马拉硫磷	8	杀虫剂	GB 23200.8、GB/T 20769、NY/T 761
53	涕灭威	0.1	杀虫剂	NY/T 761
54	溴氰菊酯	0.5	杀虫剂	NY/T 761
55	异丙草胺	0.05*	除草剂	GB 23200.9
56	保棉磷	0.5	杀虫剂	NY/T 761
57	敌百虫	0.2	杀虫剂	GB/T 20769、NY/T 761
58	敌敌畏	0.2	杀虫剂	NY/T 761、GB 23200.8、GB/T 5009.20
59	甲胺磷	0.05	杀虫剂	NY/T 761、GB/T 5009.103
60	克百威	0.02	杀虫剂	NY/T 761
61	滴滴涕	0.05	杀虫剂	NY/T 761、GB/T 5009.19
62	涕灭威	0.03	杀虫剂	NY/T 761

3.66 山药

山药中农药最大残留限量见表3-66。

表3-66 山药中农药最大残留限量

序号	农药中文名	最大残留限量（mg/kg）	农药主要用途	检测方法
1	百草枯	0.05*	除草剂	无指定
2	倍硫磷	0.05	杀虫剂	GB 23200.8、NY/T 761
3	苯线磷	0.02	杀虫剂	GB/T 5009.145、GB 23200.8
4	地虫硫磷	0.01	杀虫剂	GB 23200.8
5	对硫磷	0.01	杀虫剂	GB/T 5009.145
6	氟虫腈	0.02	杀虫剂	SN/T 1982
7	甲拌磷	0.01	杀虫剂	GB 23200.8
8	甲基对硫磷	0.02	杀虫剂	NY/T 761
9	甲基硫环磷	0.03*	杀虫剂	NY/T 761
10	甲萘威	1	杀虫剂	GB/T 5009.145、GB/T 20769、NY/T 761
11	久效磷	0.03	杀虫剂	NY/T 761
12	抗蚜威	0.05	杀虫剂	GB 23200.8、NY/T 1379、SN/T 0134
13	联苯菊酯	0.05	杀虫/杀螨剂	GB/T 5009.146、NY/T 761、SN/T 1969
14	磷胺	0.05	杀虫剂	NY/T 761
15	硫环磷	0.03	杀虫剂	NY/T 761
16	硫线磷	0.02	杀虫剂	GB/T 20769
17	氯虫苯甲酰胺	0.02*	杀虫剂	无指定
18	氯氟氰菊酯和高效氯氟氰菊酯	0.01	杀虫剂	GB/T 5009.146、NY/T 761
19	氯氰菊酯和高效氯氰菊酯	0.01	杀虫剂	GB/T 5009.146、GB 23200.8、NY/T 761
20	氯唑磷	0.01	杀虫剂	GB/T 20769
21	灭多威	0.2	杀虫剂	NY/T 761
22	灭线磷	0.02	杀线虫剂	NY/T 761

（续）

序号	农药中文名	最大残留限量（mg/kg）	农药主要用途	检测方法
23	内吸磷	0.02	杀虫/杀螨剂	GB/T 20769
24	杀虫脒	0.01	杀虫剂	GB/T 20769
25	杀螟硫磷	0.5*	杀虫剂	GB/T 14553、GB/T 20769、NY/T 761
26	杀扑磷	0.05	杀虫剂	NY/T 761
27	水胺硫磷	0.05	杀虫剂	NY/T 761
28	特丁硫磷	0.01	杀虫剂	NY/T 761、NY/T 1379
29	辛硫磷	0.05	杀虫剂	GB/T 5009.102、GB/T 20769
30	氧乐果	0.02	杀虫剂	NY/T 761、NY/T 1379
31	乙酰甲胺磷	1	杀虫剂	GB/T 5009.103、GB/T 5009.145、NY/T 761
32	蝇毒磷	0.05	杀虫剂	GB 23200.8
33	增效醚	0.5	增效剂	GB 23200.8
34	治螟磷	0.01	杀虫剂	NY/T 761、GB 23200.8
35	艾氏剂	0.05	杀虫剂	NY/T 761、GB/T 5009.19
36	狄氏剂	0.05	杀虫剂	NY/T 761、GB/T 5009.19
37	毒杀芬	0.05*	杀虫剂	YC/T 180
38	六六六	0.05	杀虫剂	NY/T 761、GB/T 5009.19
39	氯丹	0.02	杀虫剂	GB/T 5009.19
40	灭蚁灵	0.01	杀虫剂	GB/T 5009.19
41	七氯	0.02	杀虫剂	NY/T 761、GB/T 5009.19
42	异狄氏剂	0.05	杀虫剂	NY/T 761、GB/T 5009.19
43	氯化苦	0.1	熏蒸剂	GB/T 5009.36
44	代森锰锌	0.5	杀菌剂	SN 0157
45	敌草快	0.05	除草剂	GB/T 5009.221
46	氟氰戊菊酯	0.05	杀虫剂	NY/T 761
47	乐果	0.5*	杀虫剂	GB/T 5009.145、GB/T 20769、NY/T 761
48	马拉硫磷	0.5	杀虫剂	GB 23200.8、GB/T 20769、NY/T 761

（续）

序号	农药中文名	最大残留限量（mg/kg）	农药主要用途	检测方法
49	氰戊菊酯和S-氰戊菊酯	0.05	杀虫剂	GB 23200.8、NY/T 761
50	涕灭威	0.1	杀虫剂	NY/T 761
51	保棉磷	0.5	杀虫剂	NY/T 761
52	敌百虫	0.2	杀虫剂	GB/T 20769、NY/T 761
53	敌敌畏	0.2	杀虫剂	NY/T 761、GB 23200.8、GB/T 5009.20
54	甲胺磷	0.05	杀虫剂	NY/T 761、GB/T 5009.103
55	克百威	0.02	杀虫剂	NY/T 761
56	甲基异柳磷	0.01*	杀虫剂	GB/T 5009.144
57	滴滴涕	0.05	杀虫剂	NY/T 761、GB/T 5009.19
58	涕灭威	0.03	杀虫剂	NY/T 761

3.67　木薯

木薯中农药最大残留限量见表3-67。

表3-67　木薯中农药最大残留限量

序号	农药中文名	最大残留限量（mg/kg）	农药主要用途	检测方法
1	百草枯	0.05*	除草剂	无指定
2	倍硫磷	0.05	杀虫剂	GB 23200.8、NY/T 761
3	苯线磷	0.02	杀虫剂	GB/T 5009.145、GB 23200.8
4	地虫硫磷	0.01	杀虫剂	GB 23200.8
5	对硫磷	0.01	杀虫剂	GB/T 5009.145
6	氟虫腈	0.02	杀虫剂	SN/T 1982
7	甲拌磷	0.01	杀虫剂	GB 23200.8
8	甲基对硫磷	0.02	杀虫剂	NY/T 761
9	甲基硫环磷	0.03*	杀虫剂	NY/T 761
10	甲萘威	1	杀虫剂	GB/T 5009.145、GB/T 20769、NY/T 761
11	久效磷	0.03	杀虫剂	NY/T 761

（续）

序号	农药中文名	最大残留限量（mg/kg）	农药主要用途	检测方法
12	抗蚜威	0.05	杀虫剂	GB 23200.8、NY/T 1379、SN/T 0134
13	联苯菊酯	0.05	杀虫/杀螨剂	GB/T 5009.146、NY/T 761、SN/T 1969
14	磷胺	0.05	杀虫剂	NY/T 761
15	硫环磷	0.03	杀虫剂	NY/T 761
16	硫线磷	0.02	杀虫剂	GB/T 20769
17	氯虫苯甲酰胺	0.02*	杀虫剂	无指定
18	氯氟氰菊酯和高效氯氟氰菊酯	0.01	杀虫剂	GB/T 5009.146、NY/T 761
19	氯氰菊酯和高效氯氰菊酯	0.01	杀虫剂	GB/T 5009.146、GB 23200.8、NY/T 761
20	氯唑磷	0.01	杀虫剂	GB/T 20769
21	灭多威	0.2	杀虫剂	NY/T 761
22	灭线磷	0.02	杀线虫剂	NY/T 761
23	内吸磷	0.02	杀虫/杀螨剂	GB/T 20769
24	杀虫脒	0.01	杀虫剂	GB/T 20769
25	杀螟硫磷	0.5*	杀虫剂	GB/T 14553、GB/T 20769、NY/T 761
26	杀扑磷	0.05	杀虫剂	NY/T 761
27	水胺硫磷	0.05	杀虫剂	NY/T 761
28	特丁硫磷	0.01	杀虫剂	NY/T 761、NY/T 1379
29	辛硫磷	0.05	杀虫剂	GB/T 5009.102、GB/T 20769
30	氧乐果	0.02	杀虫剂	NY/T 761、NY/T 1379
31	乙酰甲胺磷	1	杀虫剂	GB/T 5009.103、GB/T 5009.145、NY/T 761
32	蝇毒磷	0.05	杀虫剂	GB 23200.8
33	增效醚	0.5	增效剂	GB 23200.8
34	治螟磷	0.01	杀虫剂	NY/T 761、GB 23200.8
35	艾氏剂	0.05	杀虫剂	NY/T 761、GB/T 5009.19

（续）

序号	农药中文名	最大残留限量 （mg/kg）	农药 主要用途	检测方法
36	狄氏剂	0.05	杀虫剂	NY/T 761、GB/T 5009.19
37	毒杀芬	0.05*	杀虫剂	YC/T 180
38	六六六	0.05	杀虫剂	NY/T 761、GB/T 5009.19
39	氯丹	0.02	杀虫剂	GB/T 5009.19
40	灭蚁灵	0.01	杀虫剂	GB/T 5009.19
41	七氯	0.02	杀虫剂	NY/T 761、GB/T 5009.19
42	异狄氏剂	0.05	杀虫剂	NY/T 761、GB/T 5009.19
43	氯化苦	0.1	熏蒸剂	GB/T 5009.36
44	代森锰锌	0.5	杀菌剂	SN 0157
45	敌草快	0.05	除草剂	GB/T 5009.221
46	涕灭威	0.1	杀虫剂	NY/T 761
47	保棉磷	0.5	杀虫剂	NY/T 761
48	敌百虫	0.2	杀虫剂	GB/T 20769、NY/T 761
49	敌敌畏	0.2	杀虫剂	NY/T 761、GB 23200.8、GB/T 5009.20
50	甲胺磷	0.05	杀虫剂	NY/T 761、GB/T 5009.103
51	克百威	0.02	杀虫剂	NY/T 761
52	甲基异柳磷	0.01*	杀虫剂	GB/T 5009.144
53	滴滴涕	0.05	杀虫剂	NY/T 761、GB/T 5009.19
54	涕灭威	0.03	杀虫剂	NY/T 761

3.68　芋

芋中农药最大残留限量见表 3-68。

表 3-68　芋中农药最大残留限量

序号	农药中文名	最大残留限量 （mg/kg）	农药 主要用途	检测方法
1	百草枯	0.05*	除草剂	无指定
2	倍硫磷	0.05	杀虫剂	GB 23200.8、NY/T 761
3	苯线磷	0.02	杀虫剂	GB/T 5009.145、GB 23200.8

（续）

序号	农药中文名	最大残留限量（mg/kg）	农药主要用途	检测方法
4	地虫硫磷	0.01	杀虫剂	GB 23200.8
5	对硫磷	0.01	杀虫剂	GB/T 5009.145
6	氟虫腈	0.02	杀虫剂	SN/T 1982
7	甲拌磷	0.01	杀虫剂	GB 23200.8
8	甲基对硫磷	0.02	杀虫剂	NY/T 761
9	甲基硫环磷	0.03*	杀虫剂	NY/T 761
10	甲萘威	1	杀虫剂	GB/T 5009.145、GB/T 20769、NY/T 761
11	久效磷	0.03	杀虫剂	NY/T 761
12	抗蚜威	0.05	杀虫剂	GB 23200.8、NY/T 1379、SN/T 0134
13	联苯菊酯	0.05	杀虫/杀螨剂	GB/T 5009.146、NY/T 761、SN/T 1969
14	磷胺	0.05	杀虫剂	NY/T 761
15	硫环磷	0.03	杀虫剂	NY/T 761
16	硫线磷	0.02	杀虫剂	GB/T 20769
17	氯虫苯甲酰胺	0.02*	杀虫剂	无指定
18	氯氟氰菊酯和高效氯氟氰菊酯	0.01	杀虫剂	GB/T 5009.146、NY/T 761
19	氯氰菊酯和高效氯氰菊酯	0.01	杀虫剂	GB/T 5009.146、GB 23200.8、NY/T 761
20	氯唑磷	0.01	杀虫剂	GB/T 20769
21	灭多威	0.2	杀虫剂	NY/T 761
22	灭线磷	0.02	杀线虫剂	NY/T 761
23	内吸磷	0.02	杀虫/杀螨剂	GB/T 20769
24	杀虫脒	0.01	杀虫剂	GB/T 20769
25	杀螟硫磷	0.5*	杀虫剂	GB/T 14553、GB/T 20769、NY/T 761
26	杀扑磷	0.05	杀虫剂	NY/T 761
27	水胺硫磷	0.05	杀虫剂	NY/T 761

（续）

序号	农药中文名	最大残留限量（mg/kg）	农药主要用途	检测方法
28	特丁硫磷	0.01	杀虫剂	NY/T 761、NY/T 1379
29	辛硫磷	0.05	杀虫剂	GB/T 5009.102、GB/T 20769
30	氧乐果	0.02	杀虫剂	NY/T 761、NY/T 1379
31	乙酰甲胺磷	1	杀虫剂	GB/T 5009.103、GB/T 5009.145、NY/T 761
32	蝇毒磷	0.05	杀虫剂	GB 23200.8
33	增效醚	0.5	增效剂	GB 23200.8
34	治螟磷	0.01	杀虫剂	NY/T 761、GB 23200.8
35	艾氏剂	0.05	杀虫剂	NY/T 761、GB/T 5009.19
36	狄氏剂	0.05	杀虫剂	NY/T 761、GB/T 5009.19
37	毒杀芬	0.05*	杀虫剂	YC/T 180
38	六六六	0.05	杀虫剂	NY/T 761、GB/T 5009.19
39	氯丹	0.02	杀虫剂	GB/T 5009.19
40	灭蚁灵	0.01	杀虫剂	GB/T 5009.19
41	七氯	0.02	杀虫剂	NY/T 761、GB/T 5009.19
42	异狄氏剂	0.05	杀虫剂	NY/T 761、GB/T 5009.19
43	氯化苦	0.1	熏蒸剂	GB/T 5009.36
44	毒死蜱	1	杀虫剂	GB 23200.8、NY/T 761、SN/T 2158
45	氟啶脲	0.1	杀虫剂	GB 23200.8、SN/T 2095
46	硫丹	0.05	杀虫剂	NY/T 761
47	马拉硫磷	8	杀虫剂	GB 23200.8、GB/T 20769、NY/T 761
48	溴氰菊酯	0.2	杀虫剂	NY/T 761
49	保棉磷	0.5	杀虫剂	NY/T 761
50	敌百虫	0.2	杀虫剂	GB/T 20769、NY/T 761
51	敌敌畏	0.2	杀虫剂	NY/T 761、GB 23200.8、GB/T 5009.20
52	甲胺磷	0.05	杀虫剂	NY/T 761、GB/T 5009.103
53	克百威	0.02	杀虫剂	NY/T 761

（续）

序号	农药中文名	最大残留限量（mg/kg）	农药主要用途	检测方法
54	甲基异柳磷	0.01*	杀虫剂	GB/T 5009.144
55	滴滴涕	0.05	杀虫剂	NY/T 761、GB/T 5009.19
56	涕灭威	0.03	杀虫剂	NY/T 761

3.69 水生类蔬菜

水生类蔬菜中农药最大残留限量见表 3-69。

表 3-69 水生类蔬菜中农药最大残留限量

序号	农药中文名	最大残留限量（mg/kg）	农药主要用途	检测方法
1	百草枯	0.05*	除草剂	无指定
2	倍硫磷	0.05	杀虫剂	GB 23200.8、NY/T 761
3	苯线磷	0.02	杀虫剂	GB/T 5009.145、GB 23200.8
4	敌百虫	0.2	杀虫剂	GB/T 20769、NY/T 761
5	敌敌畏	0.2	杀虫剂	NY/T 761、GB 23200.8、GB/T 5009.20
6	地虫硫磷	0.01	杀虫剂	GB 23200.8
7	对硫磷	0.01	杀虫剂	GB/T 5009.145
8	氟虫腈	0.02	杀虫剂	SN/T 1982
9	甲胺磷	0.05	杀虫剂	NY/T 761、GB/T 5009.103
10	甲拌磷	0.01	杀虫剂	GB 23200.8
11	甲基对硫磷	0.02	杀虫剂	NY/T 761
12	甲基硫环磷	0.03*	杀虫剂	NY/T 761
13	甲基异柳磷	0.01*	杀虫剂	GB/T 5009.144
14	甲萘威	1	杀虫剂	GB/T 5009.145、GB/T 20769、NY/T 761
15	久效磷	0.03	杀虫剂	NY/T 761
16	克百威	0.02	杀虫剂	NY/T 761
17	磷胺	0.05	杀虫剂	NY/T 761
18	硫环磷	0.03	杀虫剂	NY/T 761

（续）

序号	农药中文名	最大残留限量（mg/kg）	农药主要用途	检测方法
19	硫线磷	0.02	杀虫剂	GB/T 20769
20	氯菊酯	1	杀虫剂	NY/T 761
21	氯唑磷	0.01	杀虫剂	GB/T 20769
22	灭多威	0.2	杀虫剂	NY/T 761
23	灭线磷	0.02	杀线虫剂	NY/T 761
24	内吸磷	0.02	杀虫/杀螨剂	GB/T 20769
25	杀虫脒	0.01	杀虫剂	GB/T 20769
26	杀螟硫磷	0.5*	杀虫剂	GB/T 14553、GB/T 20769、NY/T 761
27	杀扑磷	0.05	杀虫剂	NY/T 761
28	水胺硫磷	0.05	杀虫剂	NY/T 761
29	特丁硫磷	0.01	杀虫剂	NY/T 761、NY/T 1379
30	涕灭威	0.03	杀虫剂	NY/T 761
31	辛硫磷	0.05	杀虫剂	GB/T 5009.102、GB/T 20769
32	氧乐果	0.02	杀虫剂	NY/T 761、NY/T 1379
33	乙酰甲胺磷	1	杀虫剂	GB/T 5009.103、GB/T 5009.145、NY/T 761
34	蝇毒磷	0.05	杀虫剂	GB 23200.8
35	治螟磷	0.01	杀虫剂	NY/T 761、GB 23200.8
36	艾氏剂	0.05	杀虫剂	NY/T 761、GB/T 5009.19
37	滴滴涕	0.05	杀虫剂	NY/T 761、GB/T 5009.19
38	狄氏剂	0.05	杀虫剂	NY/T 761、GB/T 5009.19
39	毒杀芬	0.05*	杀虫剂	YC/T 180
40	六六六	0.05	杀虫剂	NY/T 761、GB/T 5009.19
41	氯丹	0.02	杀虫剂	GB/T 5009.19
42	灭蚁灵	0.01	杀虫剂	GB/T 5009.19
43	七氯	0.02	杀虫剂	NY/T 761、GB/T 5009.19
44	异狄氏剂	0.05	杀虫剂	NY/T 761、GB/T 5009.19
45	保棉磷	0.5	杀虫剂	NY/T 761

3.70　芽菜类蔬菜

芽菜类蔬菜中农药最大残留限量见表 3-70。

表 3-70　芽菜类蔬菜中农药最大残留限量

序号	农药中文名	最大残留限量（mg/kg）	农药主要用途	检测方法
1	百草枯	0.05*	除草剂	无指定
2	倍硫磷	0.05	杀虫剂	GB 23200.8、NY/T 761
3	苯线磷	0.02	杀虫剂	GB/T 5009.145、GB 23200.8
4	敌百虫	0.2	杀虫剂	GB/T 20769、NY/T 761
5	敌敌畏	0.2	杀虫剂	NY/T 761、GB 23200.8、GB/T 5009.20
6	地虫硫磷	0.01	杀虫剂	GB 23200.8
7	对硫磷	0.01	杀虫剂	GB/T 5009.145
8	氟虫腈	0.02	杀虫剂	SN/T 1982
9	甲胺磷	0.05	杀虫剂	NY/T 761、GB/T 5009.103
10	甲拌磷	0.01	杀虫剂	GB 23200.8
11	甲基对硫磷	0.02	杀虫剂	NY/T 761
12	甲基硫环磷	0.03*	杀虫剂	NY/T 761
13	甲基异柳磷	0.01*	杀虫剂	GB/T 5009.144
14	甲萘威	1	杀虫剂	GB/T 5009.145、GB/T 20769、NY/T 761
15	久效磷	0.03	杀虫剂	NY/T 761
16	克百威	0.02	杀虫剂	NY/T 761
17	磷胺	0.05	杀虫剂	NY/T 761
18	硫环磷	0.03	杀虫剂	NY/T 761
19	硫线磷	0.02	杀虫剂	GB/T 20769
20	氯菊酯	1	杀虫剂	NY/T 761
21	氯唑磷	0.01	杀虫剂	GB/T 20769
22	灭多威	0.2	杀虫剂	NY/T 761
23	灭线磷	0.02	杀线虫剂	NY/T 761
24	内吸磷	0.02	杀虫/杀螨剂	GB/T 20769
25	杀虫脒	0.01	杀虫剂	GB/T 20769

（续）

序号	农药中文名	最大残留限量 （mg/kg）	农药 主要用途	检测方法
26	杀螟硫磷	0.5*	杀虫剂	GB/T 14553、GB/T 20769、 NY/T 761
27	杀扑磷	0.05	杀虫剂	NY/T 761
28	水胺硫磷	0.05	杀虫剂	NY/T 761
29	特丁硫磷	0.01	杀虫剂	NY/T 761、NY/T 1379
30	涕灭威	0.03	杀虫剂	NY/T 761
31	辛硫磷	0.05	杀虫剂	GB/T 5009.102、GB/T 20769
32	氧乐果	0.02	杀虫剂	NY/T 761、NY/T 1379
33	乙酰甲胺磷	1	杀虫剂	GB/T 5009.103、GB/T 5009.145、 NY/T 761
34	蝇毒磷	0.05	杀虫剂	GB 23200.8
35	治螟磷	0.01	杀虫剂	NY/T 761、GB 23200.8
36	艾氏剂	0.05	杀虫剂	NY/T 761、GB/T 5009.19
37	滴滴涕	0.05	杀虫剂	NY/T 761、GB/T 5009.19
38	狄氏剂	0.05	杀虫剂	NY/T 761、GB/T 5009.19
39	毒杀芬	0.05*	杀虫剂	YC/T 180
40	六六六	0.05	杀虫剂	NY/T 761、GB/T 5009.19
41	氯丹	0.02	杀虫剂	GB/T 5009.19
42	灭蚁灵	0.01	杀虫剂	GB/T 5009.19
43	七氯	0.02	杀虫剂	NY/T 761、GB/T 5009.19
44	异狄氏剂	0.05	杀虫剂	NY/T 761、GB/T 5009.19
45	保棉磷	0.5	杀虫剂	NY/T 761

3.71 玉米笋

玉米笋中农药最大残留限量见表 3-71。

表 3-71 玉米笋中农药最大残留限量

序号	农药中文名	最大残留限量 （mg/kg）	农药 主要用途	检测方法
1	百草枯	0.05*	除草剂	无指定
2	倍硫磷	0.05	杀虫剂	GB 23200.8、NY/T 761

（续）

序号	农药中文名	最大残留限量 （mg/kg）	农药 主要用途	检测方法
3	苯线磷	0.02	杀虫剂	GB/T 5009.145、GB 23200.8
4	敌百虫	0.2	杀虫剂	GB/T 20769、NY/T 761
5	敌敌畏	0.2	杀虫剂	NY/T 761、GB 23200.8、GB/T 5009.20
6	地虫硫磷	0.01	杀虫剂	GB 23200.8
7	对硫磷	0.01	杀虫剂	GB/T 5009.145
8	氟虫腈	0.02	杀虫剂	SN/T 1982
9	甲胺磷	0.05	杀虫剂	NY/T 761、GB/T 5009.103
10	甲拌磷	0.01	杀虫剂	GB 23200.8
11	甲基对硫磷	0.02	杀虫剂	NY/T 761
12	甲基硫环磷	0.03*	杀虫剂	NY/T 761
13	甲基异柳磷	0.01*	杀虫剂	GB/T 5009.144
14	甲萘威	1	杀虫剂	GB/T 5009.145、GB/T 20769、NY/T 761
15	久效磷	0.03	杀虫剂	NY/T 761
16	克百威	0.02	杀虫剂	NY/T 761
17	磷胺	0.05	杀虫剂	NY/T 761
18	硫环磷	0.03	杀虫剂	NY/T 761
19	硫线磷	0.02	杀虫剂	GB/T 20769
20	氯唑磷	0.01	杀虫剂	GB/T 20769
21	灭多威	0.2	杀虫剂	NY/T 761
22	灭线磷	0.02	杀线虫剂	NY/T 761
23	内吸磷	0.02	杀虫/杀螨剂	GB/T 20769
24	杀虫脒	0.01	杀虫剂	GB/T 20769
25	杀螟硫磷	0.5*	杀虫剂	GB/T 14553、GB/T 20769、NY/T 761
26	杀扑磷	0.05	杀虫剂	NY/T 761
27	水胺硫磷	0.05	杀虫剂	NY/T 761
28	特丁硫磷	0.01	杀虫剂	NY/T 761、NY/T 1379
29	涕灭威	0.03	杀虫剂	NY/T 761

（续）

序号	农药中文名	最大残留限量（mg/kg）	农药主要用途	检测方法
30	辛硫磷	0.05	杀虫剂	GB/T 5009.102、GB/T 20769
31	氧乐果	0.02	杀虫剂	NY/T 761、NY/T 1379
32	乙酰甲胺磷	1	杀虫剂	GB/T 5009.103、GB/T 5009.145、NY/T 761
33	蝇毒磷	0.05	杀虫剂	GB 23200.8
34	治螟磷	0.01	杀虫剂	NY/T 761、GB 23200.8
35	艾氏剂	0.05	杀虫剂	NY/T 761、GB/T 5009.19
36	滴滴涕	0.05	杀虫剂	NY/T 761、GB/T 5009.19
37	狄氏剂	0.05	杀虫剂	NY/T 761、GB/T 5009.19
38	毒杀芬	0.05*	杀虫剂	YC/T 180
39	六六六	0.05	杀虫剂	NY/T 761、GB/T 5009.19
40	氯丹	0.02	杀虫剂	GB/T 5009.19
41	灭蚁灵	0.01	杀虫剂	GB/T 5009.19
42	七氯	0.02	杀虫剂	NY/T 761、GB/T 5009.19
43	异狄氏剂	0.05	杀虫剂	NY/T 761、GB/T 5009.19
44	2，4-滴和2，4-滴钠盐	0.05	除草剂	GB/T 5009.175
45	丙环唑	0.05	杀菌剂	GB/T 20769、GB 23200.8
46	多杀霉素	0.01	杀虫剂	GB/T 20769、
47	二嗪磷	0.02	杀虫剂	GB/T 5009.107、GB/T 20769、NY/T 761
48	氟硅唑	0.01	杀菌剂	GB 23200.8、GB/T 20769、GB 23200.53
49	精二甲吩草胺	0.01	除草剂	GB/T 20769、GB 23200.8、NY/T 1379
50	氯虫苯甲酰胺	0.01*	杀虫剂	无指定
51	氯菊酯	0.1	杀虫剂	NY/T 761
52	氯氰菊酯和高效氯氰菊酯	0.05	杀虫剂	GB/T 5009.146、GB 23200.8、NY/T 761
53	马拉硫磷	0.02	杀虫剂	GB 23200.8、GB/T 20769、NY/T 761

（续）

序号	农药中文名	最大残留限量 （mg/kg）	农药 主要用途	检测方法
54	戊唑醇	0.6	杀菌剂	GB 23200.8、GB/T 20769
55	保棉磷	0.5	杀虫剂	NY/T 761

3.72 干制蔬菜

干制蔬菜中农药最大残留限量见表 3-72。

表 3-72 干制蔬菜中农药最大残留限量

序号	农药中文名	最大残留限量 （mg/kg）	农药 主要用途	检测方法
1	磷化氢	0.01	杀虫剂	GB/T 5009.36

3.73 其他类蔬菜

其他类蔬菜中农药最大残留限量见表 3-73。

表 3-73 其他类蔬菜中农药最大残留限量

序号	农药中文名	最大残留限量 （mg/kg）	农药 主要用途	检测方法
1	百草枯	0.05*	除草剂	无指定
2	倍硫磷	0.05	杀虫剂	GB 23200.8、NY/T 761
3	苯线磷	0.02	杀虫剂	GB/T 5009.145、GB 23200.8
4	敌百虫	0.2	杀虫剂	GB/T 20769、NY/T 761
5	敌敌畏	0.2	杀虫剂	NY/T 761、GB 23200.8、GB/T 5009.20
6	地虫硫磷	0.01	杀虫剂	GB 23200.8
7	对硫磷	0.01	杀虫剂	GB/T 5009.145
8	氟虫腈	0.02	杀虫剂	SN/T 1982
9	甲胺磷	0.05	杀虫剂	NY/T 761、GB/T 5009.103
10	甲拌磷	0.01	杀虫剂	GB 23200.8
11	甲基对硫磷	0.02	杀虫剂	NY/T 761
12	甲基硫环磷	0.03*	杀虫剂	NY/T 761

（续）

序号	农药中文名	最大残留限量（mg/kg）	农药主要用途	检测方法
13	甲基异柳磷	0.01*	杀虫剂	GB/T 5009.144
14	甲萘威	1	杀虫剂	GB/T 5009.145、GB/T 20769、NY/T 761
15	久效磷	0.03	杀虫剂	NY/T 761
16	克百威	0.02	杀虫剂	NY/T 761
17	磷胺	0.05	杀虫剂	NY/T 761
18	硫环磷	0.03	杀虫剂	NY/T 761
19	硫线磷	0.02	杀虫剂	GB/T 20769
20	氯唑磷	0.01	杀虫剂	GB/T 20769
21	灭多威	0.2	杀虫剂	NY/T 761
22	灭线磷	0.02	杀线虫剂	NY/T 761
23	内吸磷	0.02	杀虫/杀螨剂	GB/T 20769
24	杀虫脒	0.01	杀虫剂	GB/T 20769
25	杀螟硫磷	0.5*	杀虫剂	GB/T 14553、GB/T 20769、NY/T 761
26	杀扑磷	0.05	杀虫剂	NY/T 761
27	水胺硫磷	0.05	杀虫剂	NY/T 761
28	特丁硫磷	0.01	杀虫剂	NY/T 761、NY/T 1379
29	涕灭威	0.03	杀虫剂	NY/T 761
30	辛硫磷	0.05	杀虫剂	GB/T 5009.102、GB/T 20769
31	氧乐果	0.02	杀虫剂	NY/T 761、NY/T 1379
32	乙酰甲胺磷	1	杀虫剂	GB/T 5009.103、GB/T 5009.145、NY/T 761
33	蝇毒磷	0.05	杀虫剂	GB 23200.8
34	治螟磷	0.01	杀虫剂	NY/T 761、GB 23200.8
35	艾氏剂	0.05	杀虫剂	NY/T 761、GB/T 5009.19
36	滴滴涕	0.05	杀虫剂	NY/T 761、GB/T 5009.19
37	狄氏剂	0.05	杀虫剂	NY/T 761、GB/T 5009.19
38	毒杀芬	0.05*	杀虫剂	YC/T 180
39	六六六	0.05	杀虫剂	NY/T 761、GB/T 5009.19

（续）

序号	农药中文名	最大残留限量（mg/kg）	农药主要用途	检测方法
40	氯丹	0.02	杀虫剂	GB/T 5009.19
41	灭蚁灵	0.01	杀虫剂	GB/T 5009.19
42	七氯	0.02	杀虫剂	NY/T 761、GB/T 5009.19
43	异狄氏剂	0.05	杀虫剂	NY/T 761、GB/T 5009.19
44	保棉磷	0.5	杀虫剂	NY/T 761

4 水 果 类

4.1 橙

橙中农药最大残留限量见表 4-1。

表 4-1 橙中农药最大残留限量

序号	农药中文名	最大残留限量（mg/kg）	农药主要用途	检测方法
1	倍硫磷	0.05	杀虫剂	GB 23200.8、NY/T 761
2	苯线磷	0.02	杀虫剂	GB/T 5009.145、GB 23200.8
3	吡丙醚	0.5	杀虫剂	GB 23200.8
4	虫酰肼	2	杀虫剂	GB/T 20769
5	敌百虫	0.2	杀虫剂	GB/T 20769、NY/T 761
6	敌敌畏	0.2	杀虫剂	NY/T 761、GB 23200.8、GB/T 5009.20
7	地虫硫磷	0.01	杀虫剂	GB 23200.8
8	对硫磷	0.01	杀虫剂	GB/T 5009.145
9	多杀霉素	0.3	杀虫剂	GB/T 20769
10	氟吡禾灵	0.02	除草剂	GB/T 20769
11	氟虫腈	0.02	杀虫剂	NY/T 1379
12	氟氯氰菊酯和高效氟氯氰菊酯	0.3	杀虫剂	GB 23200.8、GB/T 5009.146、NY/T 761
13	甲胺磷	0.05	杀虫剂	NY/T 761、GB/T 5009.103
14	甲拌磷	0.01	杀虫剂	GB 23200.8
15	甲基对硫磷	0.02	杀虫剂	NY/T 761
16	甲基硫环磷	0.03*	杀虫剂	NY/T 761
17	甲基异柳磷	0.01*	杀虫剂	GB/T 5009.144
18	甲氰菊酯	5	杀虫剂	NY/T 761
19	甲霜灵和精甲霜灵	5	杀菌剂	GB 23200.8、GB/T 20769
20	久效磷	0.03	杀虫剂	NY/T 761

（续）

序号	农药中文名	最大残留限量（mg/kg）	农药主要用途	检测方法
21	抗蚜威	3	杀虫剂	GB 23200.8、NY/T 1379、SN/T 0134
22	克百威	0.02	杀虫剂	NY/T 761
23	邻苯基苯酚	10	杀菌剂	GB 23200.8
24	磷胺	0.05	杀虫剂	NY/T 761
25	硫环磷	0.03	杀虫剂	NY/T 761
26	硫线磷	0.005	杀虫剂	GB/T 20769
27	氯虫苯甲酰胺	0.5*	杀虫剂	无指定
28	氯菊酯	2	杀虫剂	NY/T 761
29	氯唑磷	0.01	杀虫剂	GB/T 20769
30	嘧霉胺	7	杀菌剂	GB 23200.9、GB/T 20769
31	灭多威	0.2	杀虫剂	NY/T 761
32	灭线磷	0.02	杀线虫剂	NY/T 761
33	内吸磷	0.02	杀虫/杀螨剂	GB/T 20769
34	杀虫脒	0.01	杀虫剂	GB/T 20769
35	杀螟硫磷	0.5*	杀虫剂	GB/T 14553、GB/T 20769、NY/T 761
36	杀线威	5	杀虫剂	NY/T 1453、SN/T 0134
37	水胺硫磷	0.02	杀虫剂	GB/T 5009.20
38	特丁硫磷	0.01	杀虫剂	NY/T 761、NY/T 1379
39	涕灭威	0.02	杀虫剂	NY/T 761
40	辛硫磷	0.05	杀虫剂	GB/T 5009.102、GB/T 20769
41	氧乐果	0.02	杀虫剂	NY/T 761、NY/T 1379
42	乙酰甲胺磷	0.5	杀虫剂	NY/T 761
43	蝇毒磷	0.05	杀虫剂	GB 23200.8
44	增效醚	5	增效剂	GB 23200.8
45	治螟磷	0.01	杀虫剂	NY/T 761、GB 23200.8
46	艾氏剂	0.05	杀虫剂	NY/T 761、GB/T 5009.19
47	滴滴涕	0.05	杀虫剂	NY/T 761、GB/T 5009.19
48	狄氏剂	0.02	杀虫剂	NY/T 761、GB/T 5009.19

（续）

序号	农药中文名	最大残留限量（mg/kg）	农药主要用途	检测方法
49	毒杀芬	0.05*	杀虫剂	YC/T 180
50	六六六	0.05	杀虫剂	NY/T 761、GB/T 5009.19
51	氯丹	0.02	杀虫剂	GB/T 5009.19
52	灭蚁灵	0.01	杀虫剂	GB/T 5009.19
53	七氯	0.01	杀虫剂	NY/T 761、GB/T 5009.19
54	异狄氏剂	0.05	杀虫剂	NY/T 761、GB/T 5009.19
55	苯丁锡	5	杀螨剂	SN 0592
56	除虫脲	1	杀虫剂	GB/T 5009.147、NY/T 1720
57	丁硫克百威	0.1	杀虫剂	GB 23200.13
58	毒死蜱	2	杀虫剂	GB 23200.8、NY/T 761、SN/T 2158
59	多菌灵	0.5	杀菌剂	GB/T 20769、NY/T 1453
60	噁唑菌酮	1	杀菌剂	GB/T 20769
61	乐果	2*	杀虫剂	GB/T 5009.145、GB/T 20769、NY/T 761
62	联苯菊酯	0.05	杀虫/杀螨剂	GB/T 5009.146、NY/T 761、SN/T 1969
63	氯吡脲	0.05	植物生长调节剂	GB/T 20770
64	氯氰菊酯和高效氯氰菊酯	2	杀虫剂	GB/T 5009.146、GB 23200.8、NY/T 761
65	马拉硫磷	4	杀虫剂	GB 23200.8、GB/T 20769、NY/T 761
66	醚菌酯	0.5	杀菌剂	GB 23200.8、GB/T 20769
67	炔螨特	5	杀螨剂	NY/T 1652
68	噻菌灵	10	杀菌剂	GB/T 20769、NY/T 1453、NY/T 1680
69	噻螨酮	0.5	杀螨剂	GB 23200.8、GB/T 20769
70	噻嗪酮	0.5	杀虫剂	GB 23200.8、GB/T 20769
71	三环锡	0.2	杀螨剂	SN/T 1990
72	三氯杀螨醇	1	杀螨剂	NY/T 761

（续）

序号	农药中文名	最大残留限量（mg/kg）	农药主要用途	检测方法
73	三唑锡	0.2	杀螨剂	SN/T 0150、SN/T 1990
74	四螨嗪	0.5	杀螨剂	GB/T 20769、GB 23200.47
75	溴螨酯	2	杀螨剂	GB 23200.8、SN 0192
76	溴氰菊酯	0.05	杀虫剂	NY/T 761
77	亚胺硫磷	5	杀虫剂	GB/T 5009.131、NY/T 761
78	抑霉唑	5	杀菌剂	GB 23200.8、GB/T 20769
79	保棉磷	1	杀虫剂	NY/T 761
80	2，4-滴和2，4-滴钠盐	1	除草剂	NY/T 1434
81	阿维菌素	0.01	杀虫剂	GB 23200.20、GB 23200.19
82	百草枯	0.02*	除草剂	无指定
83	草甘膦	0.1	除草剂	GB/T 23750、NY/T 1096、SN/T 1923
84	啶虫脒	2	杀虫剂	GB/T 23584、GB/T 20769
85	螺虫乙酯	0.5*	杀虫剂	无指定
86	氯氟氰菊酯和高效氯氟氰菊酯	0.2	杀虫剂	GB/T 5009.146、NY/T 761
87	咪鲜胺和咪鲜胺锰盐	10	杀菌剂	NY/T 1456
88	氰戊菊酯和S-氰戊菊酯	0.2	杀虫剂	GB 23200.8、NY/T 761
89	杀扑磷	0.05	杀虫剂	GB/T 14553、NY/T 761、GB 23200.8

4.2 柠檬

柠檬中农药最大残留限量见表4-2。

表4-2 柠檬中农药最大残留限量

序号	农药中文名	最大残留限量（mg/kg）	农药主要用途	检测方法
1	倍硫磷	0.05	杀虫剂	GB 23200.8、NY/T 761
2	苯线磷	0.02	杀虫剂	GB/T 5009.145、GB 23200.8
3	吡丙醚	0.5	杀虫剂	GB 23200.8

（续）

序号	农药中文名	最大残留限量 （mg/kg）	农药 主要用途	检测方法
4	虫酰肼	2	杀虫剂	GB/T 20769
5	敌百虫	0.2	杀虫剂	GB/T 20769、NY/T 761
6	敌敌畏	0.2	杀虫剂	NY/T 761、GB 23200.8、GB/ T 5009.20
7	地虫硫磷	0.01	杀虫剂	GB 23200.8
8	对硫磷	0.01	杀虫剂	GB/T 5009.145
9	多杀霉素	0.3	杀虫剂	GB/T 20769
10	氟吡禾灵	0.02	除草剂	GB/T 20769
11	氟虫腈	0.02	杀虫剂	NY/T 1379
12	氟氯氰菊酯和高效氟氯氰 菊酯	0.3	杀虫剂	GB 23200.8、GB/T 5009.146、 NY/T 761
13	甲胺磷	0.05	杀虫剂	NY/T 761、GB/T 5009.103
14	甲拌磷	0.01	杀虫剂	GB 23200.8
15	甲基对硫磷	0.02	杀虫剂	NY/T 761
16	甲基硫环磷	0.03*	杀虫剂	NY/T 761
17	甲基异柳磷	0.01*	杀虫剂	GB/T 5009.144
18	甲氰菊酯	5	杀虫剂	NY/T 761
19	甲霜灵和精甲霜灵	5	杀菌剂	GB 23200.8、GB/T 20769
20	久效磷	0.03	杀虫剂	NY/T 761
21	抗蚜威	3	杀虫剂	GB 23200.8、NY/T 1379、 SN/T 0134
22	克百威	0.02	杀虫剂	NY/T 761
23	邻苯基苯酚	10	杀菌剂	GB 23200.8
24	磷胺	0.05	杀虫剂	NY/T 761
25	硫环磷	0.03	杀虫剂	NY/T 761
26	硫线磷	0.005	杀虫剂	GB/T 20769
27	氯虫苯甲酰胺	0.5*	杀虫剂	无指定
28	氯菊酯	2	杀虫剂	NY/T 761
29	氯唑磷	0.01	杀虫剂	GB/T 20769
30	嘧霉胺	7	杀菌剂	GB 23200.9、GB/T 20769

（续）

序号	农药中文名	最大残留限量 （mg/kg）	农药 主要用途	检测方法
31	灭多威	0.2	杀虫剂	NY/T 761
32	灭线磷	0.02	杀线虫剂	NY/T 761
33	内吸磷	0.02	杀虫/杀螨剂	GB/T 20769
34	杀虫脒	0.01	杀虫剂	GB/T 20769
35	杀螟硫磷	0.5*	杀虫剂	GB/T 14553、GB/T 20769、 NY/T 761
36	杀线威	5	杀虫剂	NY/T 1453、SN/T 0134
37	水胺硫磷	0.02	杀虫剂	GB/T 5009.20
38	特丁硫磷	0.01	杀虫剂	NY/T 761、NY/T 1379
39	涕灭威	0.02	杀虫剂	NY/T 761
40	辛硫磷	0.05	杀虫剂	GB/T 5009.102、GB/T 20769
41	氧乐果	0.02	杀虫剂	NY/T 761、NY/T 1379
42	乙酰甲胺磷	0.5	杀虫剂	NY/T 761
43	蝇毒磷	0.05	杀虫剂	GB 23200.8
44	增效醚	5	增效剂	GB 23200.8
45	治螟磷	0.01	杀虫剂	NY/T 761、GB 23200.8
46	艾氏剂	0.05	杀虫剂	NY/T 761、GB/T 5009.19
47	滴滴涕	0.05	杀虫剂	NY/T 761、GB/T 5009.19
48	狄氏剂	0.02	杀虫剂	NY/T 761、GB/T 5009.19
49	毒杀芬	0.05*	杀虫剂	YC/T 180
50	六六六	0.05	杀虫剂	NY/T 761、GB/T 5009.19
51	氯丹	0.02	杀虫剂	GB/T 5009.19
52	灭蚁灵	0.01	杀虫剂	GB/T 5009.19
53	七氯	0.01	杀虫剂	NY/T 761、GB/T 5009.19
54	异狄氏剂	0.05	杀虫剂	NY/T 761、GB/T 5009.19
55	苯丁锡	5	杀螨剂	SN 0592
56	除虫脲	1	杀虫剂	GB/T 5009.147、NY/T 1720
57	丁硫克百威	0.1	杀虫剂	GB 23200.13
58	毒死蜱	2	杀虫剂	GB 23200.8、NY/T 761、SN/ T 2158
59	多菌灵	0.5	杀菌剂	GB/T 20769、NY/T 1453

（续）

序号	农药中文名	最大残留限量（mg/kg）	农药主要用途	检测方法
60	噁唑菌酮	1	杀菌剂	GB/T 20769
61	氟虫脲	0.5	杀虫剂	NY/T 1720
62	乐果	2*	杀虫剂	GB/T 5009.145、GB/T 20769、NY/T 761
63	联苯菊酯	0.05	杀虫/杀螨剂	GB/T 5009.146、NY/T 761、SN/T 1969
64	氯氰菊酯和高效氯氰菊酯	2	杀虫剂	GB/T 5009.146、GB 23200.8、NY/T 761
65	马拉硫磷	4	杀虫剂	GB 23200.8、GB/T 20769、NY/T 761
66	炔螨特	5	杀螨剂	NY/T 1652
67	噻菌灵	10	杀菌剂	GB/T 20769、NY/T 1453、NY/T 1680
68	噻螨酮	0.5	杀螨剂	GB 23200.8、GB/T 20769
69	噻嗪酮	0.5	杀虫剂	GB 23200.8、GB/T 20769
70	三氯杀螨醇	1	杀螨剂	NY/T 761
71	三唑锡	0.2	杀螨剂	SN/T 0150、SN/T 1990
72	双甲脒	0.5	杀螨剂	GB/T 5009.143
73	四螨嗪	0.5	杀螨剂	GB/T 20769、GB 23200.47
74	溴螨酯	2	杀螨剂	GB 23200.8、SN 0192
75	溴氰菊酯	0.05	杀虫剂	NY/T 761
76	亚胺硫磷	5	杀虫剂	GB/T 5009.131、NY/T 761
77	亚砜磷	0.2	杀虫剂	NY/T 761
78	抑霉唑	5	杀菌剂	GB 23200.8、GB/T 20769
79	保棉磷	1	杀虫剂	NY/T 761
80	2，4-滴和2，4-滴钠盐	1	除草剂	NY/T 1434
81	阿维菌素	0.01	杀虫剂	GB 23200.20、GB 23200.19
82	百草枯	0.02*	除草剂	无指定
83	草甘膦	0.1	除草剂	GB/T 23750、NY/T 1096、SN/T 1923
84	啶虫脒	2	杀虫剂	GB/T 23584、GB/T 20769

（续）

序号	农药中文名	最大残留限量 （mg/kg）	农药 主要用途	检测方法
85	螺虫乙酯	0.5*	杀虫剂	无指定
86	氯氟氰菊酯和高效氯氟氰 菊酯	0.2	杀虫剂	GB/T 5009.146、NY/T 761
87	咪鲜胺和咪鲜胺锰盐	10	杀菌剂	NY/T 1456
88	氰戊菊酯和 S-氰戊菊酯	0.2	杀虫剂	GB 23200.8、NY/T 761
89	杀扑磷	0.05	杀虫剂	GB/T 14553、NY/T 761、GB 23200.8

4.3　柚

柚中农药最大残留限量见表 4-3。

表 4-3　柚中农药最大残留限量

序号	农药中文名	最大残留限量 （mg/kg）	农药 主要用途	检测方法
1	倍硫磷	0.05	杀虫剂	GB 23200.8、NY/T 761
2	苯线磷	0.02	杀虫剂	GB/T 5009.145、GB 23200.8
3	吡丙醚	0.5	杀虫剂	GB 23200.8
4	虫酰肼	2	杀虫剂	GB/T 20769
5	敌百虫	0.2	杀虫剂	GB/T 20769、NY/T 761
6	敌敌畏	0.2	杀虫剂	NY/T 761、GB 23200.8、GB/T 5009.20
7	地虫硫磷	0.01	杀虫剂	GB 23200.8
8	对硫磷	0.01	杀虫剂	GB/T 5009.145
9	多杀霉素	0.3	杀虫剂	GB/T 20769
10	氟吡禾灵	0.02	除草剂	GB/T 20769
11	氟虫腈	0.02	杀虫剂	NY/T 1379
12	氟氯氰菊酯和高效氟氯氰 菊酯	0.3	杀虫剂	GB 23200.8、GB/T 5009.146、NY/T 761
13	甲胺磷	0.05	杀虫剂	NY/T 761、GB/T 5009.103
14	甲拌磷	0.01	杀虫剂	GB 23200.8

（续）

序号	农药中文名	最大残留限量（mg/kg）	农药主要用途	检测方法
15	甲基对硫磷	0.02	杀虫剂	NY/T 761
16	甲基硫环磷	0.03*	杀虫剂	NY/T 761
17	甲基异柳磷	0.01*	杀虫剂	GB/T 5009.144
18	甲氰菊酯	5	杀虫剂	NY/T 761
19	甲霜灵和精甲霜灵	5	杀菌剂	GB 23200.8、GB/T 20769
20	久效磷	0.03	杀虫剂	NY/T 761
21	抗蚜威	3	杀虫剂	GB 23200.8、NY/T 1379、SN/T 0134
22	克百威	0.02	杀虫剂	NY/T 761
23	邻苯基苯酚	10	杀菌剂	GB 23200.8
24	磷胺	0.05	杀虫剂	NY/T 761
25	硫环磷	0.03	杀虫剂	NY/T 761
26	硫线磷	0.005	杀虫剂	GB/T 20769
27	氯虫苯甲酰胺	0.5*	杀虫剂	无指定
28	氯菊酯	2	杀虫剂	NY/T 761
29	氯唑磷	0.01	杀虫剂	GB/T 20769
30	嘧霉胺	7	杀菌剂	GB 23200.9、GB/T 20769
31	灭多威	0.2	杀虫剂	NY/T 761
32	灭线磷	0.02	杀线虫剂	NY/T 761
33	内吸磷	0.02	杀虫/杀螨剂	GB/T 20769
34	杀虫脒	0.01	杀虫剂	GB/T 20769
35	杀螟硫磷	0.5*	杀虫剂	GB/T 14553、GB/T 20769、NY/T 761
36	杀线威	5	杀虫剂	NY/T 1453、SN/T 0134
37	水胺硫磷	0.02	杀虫剂	GB/T 5009.20
38	特丁硫磷	0.01	杀虫剂	NY/T 761、NY/T 1379
39	涕灭威	0.02	杀虫剂	NY/T 761
40	辛硫磷	0.05	杀虫剂	GB/T 5009.102、GB/T 20769
41	氧乐果	0.02	杀虫剂	NY/T 761、NY/T 1379
42	乙酰甲胺磷	0.5	杀虫剂	NY/T 761
43	蝇毒磷	0.05	杀虫剂	GB 23200.8

（续）

序号	农药中文名	最大残留限量（mg/kg）	农药主要用途	检测方法
44	增效醚	5	增效剂	GB 23200.8
45	治螟磷	0.01	杀虫剂	NY/T 761、GB 23200.8
46	艾氏剂	0.05	杀虫剂	NY/T 761、GB/T 5009.19
47	滴滴涕	0.05	杀虫剂	NY/T 761、GB/T 5009.19
48	狄氏剂	0.02	杀虫剂	NY/T 761、GB/T 5009.19
49	毒杀芬	0.05*	杀虫剂	YC/T 180
50	六六六	0.05	杀虫剂	NY/T 761、GB/T 5009.19
51	氯丹	0.02	杀虫剂	GB/T 5009.19
52	灭蚁灵	0.01	杀虫剂	GB/T 5009.19
53	七氯	0.01	杀虫剂	NY/T 761、GB/T 5009.19
54	异狄氏剂	0.05	杀虫剂	NY/T 761、GB/T 5009.19
55	苯丁锡	5	杀螨剂	SN 0592
56	除虫脲	1	杀虫剂	GB/T 5009.147、NY/T 1720
57	丁硫克百威	0.1	杀虫剂	GB 23200.13
58	毒死蜱	2	杀虫剂	GB 23200.8、NY/T 761、SN/T 2158
59	多菌灵	0.5	杀菌剂	GB/T 20769、NY/T 1453
60	噁唑菌酮	1	杀菌剂	GB/T 20769
61	氟虫脲	0.5	杀虫剂	NY/T 1720、GB/T 5009.145
62	乐果	2*	杀虫剂	GB/T 5009.145、GB/T 20769、NY/T 761
63	联苯菊酯	0.05	杀虫/杀螨剂	GB/T 5009.146、NY/T 761、SN/T 1969
64	氯氰菊酯和高效氯氰菊酯	2	杀虫剂	GB/T 5009.146、GB 23200.8、NY/T 761
65	马拉硫磷	4	杀虫剂	GB 23200.8、GB/T 20769、NY/T 761
66	醚菌酯	0.5	杀菌剂	GB 23200.8、GB/T 20769
67	炔螨特	5	杀螨剂	NY/T 1652
68	噻菌灵	10	杀菌剂	GB/T 20769、NY/T 1453、NY/T 1680

（续）

序号	农药中文名	最大残留限量（mg/kg）	农药主要用途	检测方法
69	噻螨酮	0.5	杀螨剂	GB 23200.8、GB/T 20769
70	噻嗪酮	0.5	杀虫剂	GB 23200.8、GB/T 20769
71	三氯杀螨醇	1	杀螨剂	NY/T 761
72	三唑锡	0.2	杀螨剂	SN/T 0150、SN/T 1990
73	双甲脒	0.5	杀螨剂	GB/T 5009.143
74	四螨嗪	0.5	杀螨剂	GB/T 20769、GB 23200.47
75	溴螨酯	2	杀螨剂	GB 23200.8、SN 0192
76	溴氰菊酯	0.05	杀虫剂	NY/T 761
77	亚胺硫磷	5	杀虫剂	GB/T 5009.131、NY/T 761
78	抑霉唑	5	杀菌剂	GB 23200.8、GB/T 20769
79	保棉磷	1	杀虫剂	NY/T 761
80	2，4-滴和2，4-滴钠盐	1	除草剂	NY/T 1434
81	阿维菌素	0.01	杀虫剂	GB 23200.20、GB 23200.19
82	百草枯	0.02*	除草剂	无指定
83	草甘膦	0.1	除草剂	GB/T 23750、NY/T 1096、SN/T 1923
84	啶虫脒	2	杀虫剂	GB/T 23584、GB/T 20769
85	螺虫乙酯	0.5*	杀虫剂	无指定
86	氯氟氰菊酯和高效氯氟氰菊酯	0.2	杀虫剂	GB/T 5009.146、NY/T 761
87	咪鲜胺和咪鲜胺锰盐	10	杀菌剂	NY/T 1456
88	氰戊菊酯和S-氰戊菊酯	0.2	杀虫剂	GB 23200.8、NY/T 761
89	杀扑磷	0.05	杀虫剂	GB/T 14553、NY/T 761、GB 23200.8

4.4 柑橘

柑橘中农药最大残留限量见表4-4。

表 4-4　柑橘中农药最大残留限量

序号	农药中文名	最大残留限量（mg/kg）	农药主要用途	检测方法
1	倍硫磷	0.05	杀虫剂	GB 23200.8、NY/T 761
2	苯线磷	0.02	杀虫剂	GB/T 5009.145、GB 23200.8
3	吡丙醚	0.5	杀虫剂	GB 23200.8
4	虫酰肼	2	杀虫剂	GB/T 20769
5	敌百虫	0.2	杀虫剂	GB/T 20769、NY/T 761
6	敌敌畏	0.2	杀虫剂	NY/T 761、GB 23200.8、GB/T 5009.20
7	地虫硫磷	0.01	杀虫剂	GB 23200.8
8	对硫磷	0.01	杀虫剂	GB/T 5009.145
9	多杀霉素	0.3	杀虫剂	GB/T 20769
10	氟吡禾灵	0.02	除草剂	GB/T 20769
11	氟虫腈	0.02	杀虫剂	NY/T 1379
12	氟氯氰菊酯和高效氟氯氰菊酯	0.3	杀虫剂	GB 23200.8、GB/T 5009.146、NY/T 761
13	甲胺磷	0.05	杀虫剂	NY/T 761、GB/T 5009.103
14	甲拌磷	0.01	杀虫剂	GB 23200.8
15	甲基对硫磷	0.02	杀虫剂	NY/T 761
16	甲基硫环磷	0.03*	杀虫剂	NY/T 761
17	甲基异柳磷	0.01*	杀虫剂	GB/T 5009.144
18	甲氰菊酯	5	杀虫剂	NY/T 761
19	甲霜灵和精甲霜灵	5	杀菌剂	GB 23200.8、GB/T 20769
20	久效磷	0.03	杀虫剂	NY/T 761
21	抗蚜威	3	杀虫剂	GB 23200.8、NY/T 1379、SN/T 0134
22	克百威	0.02	杀虫剂	NY/T 761
23	邻苯基苯酚	10	杀菌剂	GB 23200.8
24	磷胺	0.05	杀虫剂	NY/T 761
25	硫环磷	0.03	杀虫剂	NY/T 761
26	硫线磷	0.005	杀虫剂	GB/T 20769
27	氯虫苯甲酰胺	0.5*	杀虫剂	无指定

（续）

序号	农药中文名	最大残留限量 （mg/kg）	农药 主要用途	检测方法
28	氯菊酯	2	杀虫剂	NY/T 761
29	氯唑磷	0.01	杀虫剂	GB/T 20769
30	嘧霉胺	7	杀菌剂	GB 23200.9、GB/T 20769
31	灭多威	0.2	杀虫剂	NY/T 761
32	灭线磷	0.02	杀线虫剂	NY/T 761
33	内吸磷	0.02	杀虫/杀螨剂	GB/T 20769
34	杀虫脒	0.01	杀虫剂	GB/T 20769
35	杀螟硫磷	0.5*	杀虫剂	GB/T 14553、GB/T 20769、NY/T 761
36	杀线威	5	杀虫剂	NY/T 1453、SN/T 0134
37	水胺硫磷	0.02	杀虫剂	GB/T 5009.20
38	特丁硫磷	0.01	杀虫剂	NY/T 761、NY/T 1379
39	涕灭威	0.02	杀虫剂	NY/T 761
40	辛硫磷	0.05	杀虫剂	GB/T 5009.102、GB/T 20769
41	氧乐果	0.02	杀虫剂	NY/T 761、NY/T 1379
42	乙酰甲胺磷	0.5	杀虫剂	NY/T 761
43	蝇毒磷	0.05	杀虫剂	GB 23200.8
44	增效醚	5	增效剂	GB 23200.8
45	治螟磷	0.01	杀虫剂	NY/T 761、GB 23200.8
46	艾氏剂	0.05	杀虫剂	NY/T 761、GB/T 5009.19
47	滴滴涕	0.05	杀虫剂	NY/T 761、GB/T 5009.19
48	狄氏剂	0.02	杀虫剂	NY/T 761、GB/T 5009.19
49	毒杀芬	0.05*	杀虫剂	YC/T 180
50	六六六	0.05	杀虫剂	NY/T 761、GB/T 5009.19
51	氯丹	0.02	杀虫剂	GB/T 5009.19
52	灭蚁灵	0.01	杀虫剂	GB/T 5009.19
53	七氯	0.01	杀虫剂	NY/T 761、GB/T 5009.19
54	异狄氏剂	0.05	杀虫剂	NY/T 761、GB/T 5009.19
55	2，4-滴和2，4-滴钠盐	0.1	除草剂	NY/T 1434
56	2甲4氯（钠）	0.1	除草剂	GB/T 20769

（续）

序号	农药中文名	最大残留限量（mg/kg）	农药主要用途	检测方法
57	阿维菌素	0.02	杀虫剂	GB 23200.20、GB 23200.19
58	百草枯	0.2*	除草剂	无指定
59	百菌清	1	杀菌剂	NY/T 761、GB/T 5009.105
60	苯丁锡	1	杀螨剂	SN 0592
61	苯菌灵	5*	杀菌剂	GB/T 23380、NY/T 1680、SN/T 0162
62	苯硫威	0.5*	杀螨剂	GB 23200.8
63	苯螨特	0.3*	杀螨剂	GB/T 20769
64	苯醚甲环唑	0.2	杀菌剂	GB/T 5009.218、GB 23200.8、GB 23200.49
65	苯嘧磺草胺	0.05*	除草剂	无指定
66	吡虫啉	1	杀虫剂	GB/T 23379、GB/T 20769、NY/T 1275
67	丙炔氟草胺	0.05	除草剂	GB 23200.8
68	丙森锌	3	杀菌剂	SN 0157
69	丙溴磷	0.2	杀菌剂	GB 23200.8、NY/T 761、SN/T 2234
70	草铵膦	0.5*	除草剂	无指定
71	草甘膦	0.5	除草剂	GB/T 23750、NY/T 1096、SN/T 1923
72	除虫脲	1	杀虫剂	GB/T 5009.147、NY/T 1720
73	春雷霉素	0.1*	杀菌剂	无指定
74	哒螨灵	2	杀螨剂	GB/T 20769
75	代森联	3	杀菌剂	SN 0157
76	代森锰锌	3	杀菌剂	SN 0157
77	代森锌	3	杀菌剂	SN 0157
78	单甲脒和单甲脒盐酸盐	0.5	杀虫剂	GB/T 5009.160
79	稻丰散	1	杀虫剂	GB/T 5009.20、GB 23200.8、GB/T 20769
80	丁硫克百威	1	杀虫剂	GB 23200.13

（续）

序号	农药中文名	最大残留限量 （mg/kg）	农药 主要用途	检测方法
81	丁醚脲	0.2*	杀虫剂/杀螨剂	无指定
82	啶虫脒	0.5	杀虫剂	GB/T 23584、GB/T 20769
83	毒死蜱	1	杀虫剂	GB 23200.8、NY/T 761、SN/T 2158
84	多菌灵	5	杀菌剂	GB/T 20769、NY/T 1453
85	噁唑菌酮	1	杀菌剂	GB/T 20769
86	氟苯脲	0.5	杀虫剂	NY/T 1453
87	氟虫脲	0.5	杀虫剂	NY/T 1720
88	氟啶虫胺腈	2*	杀虫剂	无指定
89	氟啶脲	0.5	杀虫剂	GB 23200.8、SN/T 2095
90	复硝酚钠	0.1*	植物生长调节剂	无指定
91	腈菌唑	5	杀菌剂	GB/T 20769、GB 23200.8、NY/T 1455
92	克菌丹	5	杀菌剂	GB 23200.8、SN 0654
93	喹硫磷	0.5*	杀虫剂	NY/T 761
94	乐果	2*	杀虫剂	GB/T 5009.145、GB/T 20769、NY/T 761
95	联苯肼酯	0.7	杀螨剂	GB/T 20769、GB 23200.8
96	联苯菊酯	0.05	杀虫/杀螨剂	NY/T 761、SN/T 1969
97	螺虫乙酯	1*	杀虫剂	无指定
98	螺螨酯	0.5	杀螨剂	GB 23200.8、GB/T 20769
99	氯氟氰菊酯和高效氯氟氰菊酯	0.2	杀虫剂	GB/T 5009.146、NY/T 761
100	氯氰菊酯和高效氯氰菊酯	1	杀虫剂	GB/T 5009.146、GB 23200.8、NY/T 761
101	氯噻啉	0.2*	杀虫剂	无指定
102	马拉硫磷	2	杀虫剂	GB 23200.8、GB/T 20769、NY/T 761
103	咪鲜胺和咪鲜胺锰盐	5	杀菌剂	NY/T 1456
104	嘧菌酯	1	杀菌剂	GB/T 20769、NY/T 1453、SN/T 1976

（续）

序号	农药中文名	最大残留限量（mg/kg）	农药主要用途	检测方法
105	氰戊菊酯和 S-氰戊菊酯	1	杀虫剂	GB 23200.8、NY/T 761
106	炔螨特	5	杀螨剂	NY/T 1652
107	噻菌灵	10	杀菌剂	GB/T 20769、NY/T 1453、NY/T 1680
108	噻螨酮	0.5	杀螨剂	GB 23200.8、GB/T 20769
109	噻嗪酮	0.5	杀虫剂	GB 23200.8、GB/T 20769
110	噻唑锌	0.5*	杀菌剂	无指定
111	三氯杀螨醇	1	杀螨剂	NY/T 761
112	三唑磷	0.2	杀虫剂	NY/T 761
113	三唑酮	1	杀菌剂	NY/T 761、GB/T 20769、GB 23200.8
114	三唑锡	2	杀螨剂	SN/T 0150、SN/T 1990
115	杀铃脲	0.05	杀虫剂	GB/T 20769、NY/T 1720
116	杀螟丹	3	杀虫剂	GB/T 20769
117	杀扑磷	2	杀虫剂	GB/T 14553、NY/T 761、GB 23200.8
118	双胍三辛烷基苯磺酸盐	3*	杀菌剂	无指定
119	双甲脒	0.5	杀螨剂	GB/T 5009.143
120	四螨嗪	0.5	杀螨剂	GB/T 20769、GB 23200.47
121	肟菌酯	0.5	杀菌剂	GB/T 20769、GB 23200.8
122	戊唑醇	2	杀菌剂	GB 23200.8、GB/T 20769
123	烯啶虫胺	0.5*	杀虫剂	GB/T 20769
124	烯唑醇	1	杀菌剂	GB/T 20769、GB/T 5009.201、SN/T 1114
125	溴螨酯	2	杀螨剂	GB 23200.8、SN 0192
126	溴氰菊酯	0.05	杀虫剂	NY/T 761
127	亚胺硫磷	5	杀虫剂	GB/T 5009.131、NY/T 761
128	亚胺唑	1*	杀菌剂	无指定
129	烟碱	0.2	杀虫剂	GB/T 20769、SN/T 2397
130	乙螨唑	0.5	杀螨剂	GB 23200.8

（续）

序号	农药中文名	最大残留限量 （mg/kg）	农药 主要用途	检测方法
131	抑霉唑	5	杀菌剂	GB 23200.8、GB/T 20769
132	唑螨酯	0.2	杀螨剂	GB 23200.8、GB/T 20769、GB 23200.29
133	保棉磷	1	杀虫剂	NY/T 761

4.5 苹果

苹果中农药最大残留限量见表4-5。

表4-5 苹果中农药最大残留限量

序号	农药中文名	最大残留限量 （mg/kg）	农药 主要用途	检测方法
1	2，4-滴和2，4-滴钠盐	0.01	除草剂	NY/T 1434
2	倍硫磷	0.05	杀虫剂	GB 23200.8、NY/T 761
3	苯线磷	0.02	杀虫剂	GB/T 5009.145、GB 23200.8
4	虫酰肼	1	杀虫剂	GB/T 20769
5	敌百虫	0.2	杀虫剂	GB/T 20769、NY/T 761
6	地虫硫磷	0.01	杀虫剂	GB 23200.8
7	对硫磷	0.01	杀虫剂	GB/T 5009.145
8	多果定	5*	杀菌剂	无指定
9	二嗪磷	0.3	杀虫剂	GB/T 5009.107、GB/T 20769、NY/T 761
10	伏杀硫磷	2	杀虫剂	GB 23200.8、NY/T 761
11	氟苯脲	1	杀虫剂	NY/T 1453
12	氟吡禾灵	0.02	除草剂	GB/T 20769
13	氟虫腈	0.02	杀虫剂	NY/T 1379
14	氟酰脲	3	杀虫剂	GB 23200.34
15	甲胺磷	0.05	杀虫剂	NY/T 761、GB/T 5009.103
16	甲拌磷	0.01	杀虫剂	GB 23200.8
17	甲苯氟磺胺	5	杀菌剂	GB 23200.8
18	甲基对硫磷	0.01	杀虫剂	NY/T 761

（续）

序号	农药中文名	最大残留限量（mg/kg）	农药主要用途	检测方法
19	甲基硫环磷	0.03*	杀虫剂	NY/T 761
20	甲基异柳磷	0.01*	杀虫剂	GB/T 5009.144
21	甲氰菊酯	5	杀虫剂	NY/T 761
22	甲霜灵和精甲霜灵	1	杀菌剂	GB 23200.8、GB/T 20769
23	腈苯唑	0.1	杀菌剂	GB 23200.8、GB/T 20769
24	久效磷	0.03	杀虫剂	NY/T 761、GB 23200.8
25	抗蚜威	1	杀虫剂	GB 23200.8、NY/T 1379、SN/T 0134
26	克百威	0.02	杀虫剂	NY/T 76
27	联苯三唑醇	2	杀菌剂	GB 23200.8、GB/T 20769
28	磷胺	0.05	杀虫剂	NY/T 761
29	硫环磷	0.03	杀虫剂	NY/T 761
30	硫线磷	0.02	杀虫剂	GB/T 20769
31	螺虫乙酯	0.7*	杀虫剂	无指定
32	氯菊酯	2	杀虫剂	NY/T 761
33	氯唑磷	0.01	杀虫剂	GB/T 20769
34	灭多威	0.2	杀虫剂	NY/T 761
35	灭线磷	0.02	杀线虫剂	NY/T 761
36	内吸磷	0.02	杀虫/杀螨剂	GB/T 20769
37	噻虫啉	0.7	杀虫剂	GB/T 20769、GB 23200.8
38	噻菌灵	3	杀菌剂	GB/T 20769、NY/T 1453、NY/T 1680
39	杀草强	0.05	除草剂	SN/T 1737.6
40	杀虫脒	0.01	杀虫剂	GB/T 20769
41	杀螟硫磷	0.5*	杀虫剂	GB/T 14553、GB/T 20769、NY/T 761
42	杀扑磷	0.05	杀虫剂	GB/T 14553、NY/T 761、GB 23200.8
43	水胺硫磷	0.01	杀虫剂	GB/T 5009.20
44	特丁硫磷	0.01	杀虫剂	NY/T 761、NY/T 1379
45	涕灭威	0.02	杀虫剂	NY/T 761

（续）

序号	农药中文名	最大残留限量（mg/kg）	农药主要用途	检测方法
46	戊菌唑	0.2	杀菌剂	GB 23200.8、GB/T 20769
47	亚胺硫磷	3	杀虫剂	GB/T 5009.131、NY/T 761
48	氧乐果	0.02	杀虫剂	NY/T 761、NY/T 1379
49	乙酰甲胺磷	0.5	杀虫剂	NY/T 761
50	抑霉唑	5	杀菌剂	GB 23200.8、GB/T 20769
51	蝇毒磷	0.05	杀虫剂	GB 23200.8
52	治螟磷	0.01	杀虫剂	NY/T 761、GB 23200.8
53	艾氏剂	0.05	杀虫剂	NY/T 761、GB/T 5009.19
54	滴滴涕	0.05	杀虫剂	NY/T 761、GB/T 5009.19
55	狄氏剂	0.02	杀虫剂	NY/T 761、GB/T 5009.19
56	毒杀芬	0.05*	杀虫剂	YC/T 180
57	六六六	0.05	杀虫剂	NY/T 761、GB/T 5009.19
58	氯丹	0.02	杀虫剂	GB/T 5009.19
59	灭蚁灵	0.01	杀虫剂	GB/T 5009.19
60	七氯	0.01	杀虫剂	NY/T 761、GB/T 5009.19
61	异狄氏剂	0.05	杀虫剂	NY/T 761、GB/T 5009.19
62	2甲4氯（钠）	0.05	除草剂	GB/T 20769
63	阿维菌素	0.02	杀虫剂	GB 23200.20、GB 23200.19
64	百草枯	0.05*	除草剂	无指定
65	百菌清	1	杀菌剂	NY/T 761、GB/T 5009.105
66	保棉磷	2	杀虫剂	NY/T 761
67	苯丁锡	5	杀螨剂	SN 0592
68	苯氟磺胺	5	杀菌剂	SN/T 2320
69	苯菌灵	5*	杀菌剂	GB/T 23380、NY/T 1680、SN/T 0162
70	苯醚甲环唑	0.5	杀菌剂	GB/T 5009.218、GB 23200.8、GB 23200.49
71	吡草醚	0.03	除草剂	GB 23200.8、NY/T 1379
72	吡虫啉	0.5	杀虫剂	GB/T 23379、GB/T 20769、NY/T 1275
73	吡唑醚菌酯	0.5	杀菌剂	GB 23200.8、GB/T 20769

（续）

序号	农药中文名	最大残留限量（mg/kg）	农药主要用途	检测方法
74	丙环唑	0.1	杀菌剂	GB/T 20769、GB 23200.8
75	丙森锌	5	杀菌剂	SN 0157
76	丙溴磷	0.05	杀虫剂	GB 23200.8、NY/T 761、SN/T 2234
77	草甘膦	0.5	除草剂	GB/T 23750、NY/T 1096、SN/T 1923
78	除虫脲	2	杀虫剂	GB/T 5009.147、NY/T 1720
79	哒螨灵	2	杀螨剂	GB/T 20769
80	代森铵	5	杀菌剂	SN 0157
81	代森联	5	杀菌剂	SN 0157
82	代森锰锌	5	杀菌剂	SN 0157
83	代森锌	5	杀菌剂	SN 0157
84	单甲脒和单甲脒盐酸盐	0.5	杀虫剂	GB/T 5009.160
85	敌草快	0.1	除草剂	GB/T 5009.221
86	敌敌畏	0.1	杀虫剂	NY/T 761、GB 23200.8、GB/T 5009.20
87	敌螨普	0.2*	杀菌剂	无指定
88	丁硫克百威	0.2	杀虫剂	GB 23200.13
89	丁醚脲	0.2*	杀虫剂/杀螨剂	无指定
90	丁香菌酯	0.2*	杀菌剂	无指定
91	啶虫脒	0.8	杀虫剂	GB/T 23584、GB/T 20769
92	啶酰菌胺	2	杀菌剂	GB/T 20769
93	毒死蜱	1	杀虫剂	GB 23200.8、NY/T 761、SN/T 2158
94	多菌灵	5	杀菌剂	GB/T 20769、NY/T 1453
95	多抗霉素	0.5*	杀菌剂	无指定
96	多杀霉素	0.1	杀虫剂	GB/T 20769
97	多效唑	0.5	植物生长调节剂	GB 23200.8、GB/T 20770、GB/T 20769
98	噁唑菌酮	0.2	杀菌剂	GB/T 20769
99	二苯胺	5	杀菌剂	GB 23200.8

（续）

序号	农药中文名	最大残留限量（mg/kg）	农药主要用途	检测方法
100	二氰蒽醌	5	杀菌剂	GB/T 20769
101	氟虫脲	1	杀虫剂	NY/T 1720
102	氟啶虫酰胺	1*	杀虫剂	无指定
103	氟硅唑	0.2	杀菌剂	GB 23200.8、GB/T 20769、GB 23200.53
104	氟环唑	0.5	杀菌剂	GB 23200.8、GB/T 20769
105	氟氯氰菊酯和高效氟氯氰菊酯	0.5	杀虫剂	GB 23200.8、GB/T 5009.146、NY/T 761
106	氟氰戊菊酯	0.5	杀虫剂	NY/T 761
107	福美双	5	杀菌剂	SN 0157
108	福美锌	5	杀菌剂	SN/T 1541
109	己唑醇	0.5	杀菌剂	GB 23200.8、GB/T 20769
110	甲基硫菌灵	5	杀菌剂	GB/T 20769、NY/T 1680
111	甲氧虫酰肼	3	杀虫剂	GB/T 20769
112	腈菌唑	0.5	杀菌剂	GB/T 20769、GB 23200.8、NY/T 1455
113	克菌丹	15	杀菌剂	GB 23200.8、SN 0654
114	喹啉铜	2*	杀菌剂	无指定
115	乐果	1*	杀虫剂	GB/T 5009.145、GB/T 20769、NY/T 761
116	联苯肼酯	0.2	杀螨剂	GB/T 20769、GB 23200.8
117	联苯菊酯	0.5	杀虫/杀螨剂	GB/T 5009.146、NY/T 761、SN/T 1969
118	硫丹	0.05	杀虫剂	NY/T 761
119	螺螨酯	0.5	杀螨剂	GB 23200.8、GB/T 20769
120	氯苯嘧啶醇	0.3	杀菌剂	GB/T 20769、GB 23200.8
121	氯虫苯甲酰胺	2*	杀虫剂	无指定
122	氯氟氰菊酯和高效氯氟氰菊酯	0.2	杀虫剂	GB/T 5009.146、NY/T 761
123	氯氰菊酯和高效氯氰菊酯	2	杀虫剂	GB/T 5009.146、GB 23200.8、NY/T 761

（续）

序号	农药中文名	最大残留限量 （mg/kg）	农药 主要用途	检测方法
124	马拉硫磷	2	杀虫剂	GB 23200.8、GB/T 20769、 NY/T 761
125	咪鲜胺和咪鲜胺锰盐	2	杀菌剂	NY/T 1456
126	醚菊酯	0.6	杀虫剂	GB 23200.8
127	醚菌酯	0.2	杀菌剂	GB 23200.8、GB/T 20769
128	灭菌丹	10	杀菌剂	SN/T 2320、GB/T 20769
129	萘乙酸和萘乙酸钠	0.1	植物生长调节剂	SN 0346、SN/T 2228
130	宁南霉素	1*	杀菌剂	无指定
131	嗪氨灵	2	杀菌剂	SN 0695
132	氰戊菊酯和S-氰戊菊酯	1	杀虫剂	GB 23200.8、NY/T 761
133	炔螨特	5	杀螨剂	NY/T 1652
134	噻螨酮	0.5	杀螨剂	GB 23200.8、GB/T 20769
135	三氯杀螨醇	1	杀螨剂	NY/T 761
136	三氯杀螨砜	2	杀螨剂	NY/T 1379
137	三乙膦酸铝	30*	杀菌剂	无指定
138	三唑醇	1	杀菌剂	GB 23200.8
139	三唑磷	0.2	杀虫剂	NY/T 761
140	三唑酮	1	杀菌剂	NY/T 761、GB/T 20769、GB 23200.8
141	三唑锡	0.5	杀螨剂	SN/T 0150、SN/T 1990
142	杀虫单	1*	杀虫剂	无指定
143	杀虫双	0.1*	杀虫剂	无指定
144	杀铃脲	0.1	杀虫剂	GB/T 20769、NY/T 1720
145	双胍三辛烷基苯磺酸	2*	杀菌剂	无指定
146	双甲脒	0.5	杀螨剂	GB/T 5009.143
147	四螨嗪	0.5	杀螨剂	GB/T 20769、GB 23200.47
148	肟菌酯	0.7	杀菌剂	GB/T 20769、GB 23200.8
149	戊唑醇	2	杀菌剂	GB 23200.8、GB/T 20769
150	烯唑醇	0.2	杀菌剂	GB/T 20769、GB/T 5009.201、 SN/T 1114
151	辛菌胺	0.1*	杀菌剂	无指定

（续）

序号	农药中文名	最大残留限量（mg/kg）	农药主要用途	检测方法
152	溴菌腈	0.2*	杀菌剂	无指定
153	溴螨酯	2	杀螨剂	GB 23200.8、SN 0192
154	溴氰菊酯	0.1	杀虫剂	NY/T 761
155	蚜灭磷	1	杀虫剂	GB/T 20769
156	亚胺唑	1*	杀菌剂	无指定
157	乙蒜素	0.2*	杀菌剂	无指定
158	乙烯利	5	植物生长调节剂	GB 23200.16
159	异菌脲	5	杀菌剂	GB 23200.8、NY/T 761、NY/T 1277
160	唑螨酯	0.3	杀螨剂	GB 23200.8、GB/T 20769、GB 23200.29
161	嘧霉胺	7	杀菌剂	GB 23200.9、GB/T 20769
162	辛硫磷	0.05	杀虫剂	GB/T 5009.102、GB/T 20769

4.6 梨

梨中农药最大残留限量见表4-6。

表4-6 梨中农药最大残留限量

序号	农药中文名	最大残留限量（mg/kg）	农药主要用途	检测方法
1	2，4-滴和2，4-滴钠盐	0.01	除草剂	NY/T 1434
2	倍硫磷	0.05	杀虫剂	GB 23200.8、NY/T 761
3	苯线磷	0.02	杀虫剂	GB/T 5009.145、GB 23200.8
4	虫酰肼	1	杀虫剂	GB/T 20769
5	敌百虫	0.2	杀虫剂	GB/T 20769、NY/T 761
6	地虫硫磷	0.01	杀虫剂	GB 23200.8
7	对硫磷	0.01	杀虫剂	GB/T 5009.145
8	多果定	5*	杀菌剂	无指定
9	二嗪磷	0.3	杀虫剂	GB/T 5009.107、GB/T 20769、NY/T 761

（续）

序号	农药中文名	最大残留限量（mg/kg）	农药主要用途	检测方法
10	伏杀硫磷	2	杀虫剂	GB 23200.8、NY/T 761
11	氟苯脲	1	杀虫剂	NY/T 1453
12	氟吡禾灵	0.02	除草剂	GB/T 20769
13	氟虫腈	0.02	杀虫剂	NY/T 1379
14	氟酰脲	3	杀虫剂	GB 23200.34
15	甲胺磷	0.05	杀虫剂	NY/T 761、GB/T 5009.103
16	甲拌磷	0.01	杀虫剂	GB 23200.8
17	甲苯氟磺胺	5	杀菌剂	GB 23200.8
18	甲基对硫磷	0.01	杀虫剂	NY/T 761
19	甲基硫环磷	0.03*	杀虫剂	NY/T 761
20	甲基异柳磷	0.01*	杀虫剂	GB/T 5009.144
21	甲氰菊酯	5	杀虫剂	NY/T 761
22	甲霜灵和精甲霜灵	1	杀菌剂	GB 23200.8、GB/T 20769
23	腈苯唑	0.1	杀菌剂	GB 23200.8、GB/T 20769
24	久效磷	0.03	杀虫剂	NY/T 761、GB 23200.8
25	抗蚜威	1	杀虫剂	GB 23200.8、NY/T 1379、SN/T 0134
26	克百威	0.02	杀虫剂	NY/T 76
27	联苯三唑醇	2	杀菌剂	GB 23200.8、GB/T 20769
28	磷胺	0.05	杀虫剂	NY/T 761
29	硫环磷	0.03	杀虫剂	NY/T 761
30	硫线磷	0.02	杀虫剂	GB/T 20769
31	螺虫乙酯	0.7*	杀虫剂	无指定
32	氯菊酯	2	杀虫剂	NY/T 761
33	氯唑磷	0.01	杀虫剂	GB/T 20769
34	灭多威	0.2	杀虫剂	NY/T 761
35	灭线磷	0.02	杀线虫剂	NY/T 761
36	内吸磷	0.02	杀虫/杀螨剂	GB/T 20769
37	噻虫啉	0.7	杀虫剂	GB/T 20769、GB 23200.8
38	噻菌灵	3	杀菌剂	GB/T 20769、NY/T 1453、NY/T 1680

（续）

序号	农药中文名	最大残留限量（mg/kg）	农药主要用途	检测方法
39	杀草强	0.05	除草剂	SN/T 1737.6
40	杀虫脒	0.01	杀虫剂	GB/T 20769
41	杀螟硫磷	0.5*	杀虫剂	GB/T 14553、GB/T 20769、NY/T 761
42	杀扑磷	0.05	杀虫剂	GB/T 14553、NY/T 761、GB 23200.8
43	水胺硫磷	0.01	杀虫剂	GB/T 5009.20
44	特丁硫磷	0.01	杀虫剂	NY/T 761、NY/T 1379
45	涕灭威	0.02	杀虫剂	NY/T 761
46	戊菌唑	0.2	杀菌剂	GB 23200.8、GB/T 20769
47	亚胺硫磷	3	杀虫剂	GB/T 5009.131、NY/T 761
48	氧乐果	0.02	杀虫剂	NY/T 761、NY/T 1379
49	乙酰甲胺磷	0.5	杀虫剂	NY/T 761
50	抑霉唑	5	杀菌剂	GB 23200.8、GB/T 20769
51	蝇毒磷	0.05	杀虫剂	GB 23200.8
52	治螟磷	0.01	杀虫剂	NY/T 761、GB 23200.8
53	艾氏剂	0.05	杀虫剂	NY/T 761、GB/T 5009.19
54	滴滴涕	0.05	杀虫剂	NY/T 761、GB/T 5009.19
55	狄氏剂	0.02	杀虫剂	NY/T 761、GB/T 5009.19
56	毒杀芬	0.05*	杀虫剂	YC/T 180
57	六六六	0.05	杀虫剂	NY/T 761、GB/T 5009.19
58	氯丹	0.02	杀虫剂	GB/T 5009.19
59	灭蚁灵	0.01	杀虫剂	GB/T 5009.19
60	七氯	0.01	杀虫剂	NY/T 761、GB/T 5009.19
61	异狄氏剂	0.05	杀虫剂	NY/T 761、GB/T 5009.19
62	阿维菌素	0.02	杀虫剂	GB 23200.20、GB/T 5009.19
63	百菌清	1	杀菌剂	NY/T 761、GB/T 5009.105
64	保棉磷	2	杀虫剂	NY/T 761
65	苯丁锡	5	杀螨剂	SN 0592
66	苯氟磺胺	5	杀菌剂	SN/T 2320

（续）

序号	农药中文名	最大残留限量（mg/kg）	农药主要用途	检测方法
67	苯菌灵	3*	杀菌剂	GB/T 23380、NY/T 1680、SN/T 0162
68	苯醚甲环唑	0.5	杀菌剂	GB/T 5009.218、GB 23200.8、GB 23200.49
69	吡虫啉	0.5	杀虫剂	GB/T 23379、GB/T 20769、NY/T 1275
70	丙森锌	5	杀菌剂	SN 0157
71	除虫脲	1	杀虫剂	GB/T 5009.147、NY/T 1720
72	代森锰锌	5	杀菌剂	SN 0157
73	单甲脒和单甲脒盐酸盐	0.5	杀虫剂	GB/T 5009.160
74	毒死蜱	1	杀虫剂	GB 23200.8、NY/T 761、SN/T 2158
75	多菌灵	3	杀菌剂	GB/T 20769、NY/T 1453
76	多抗霉素	0.1*	杀菌剂	无指定
77	噁唑菌酮	0.2	杀菌剂	GB/T 20769
78	二苯胺	5	杀菌剂	GB 23200.8
79	二氰蒽醌	2	杀菌剂	GB/T 20769
80	氟虫脲	1	杀虫剂	NY/T 1720
81	氟硅唑	0.2	杀菌剂	GB 23200.8、GB/T 20769、GB 23200.53
82	氟菌唑	0.5*	杀菌剂	NY/T 1453
83	氟氯氰菊酯和高效氟氯氰菊酯	0.1	杀虫剂	GB 23200.8、GB/T 5009.146、NY/T 761
84	氟氰戊菊酯	0.5	杀虫剂	NY/T 761
85	己唑醇	0.5	杀菌剂	GB 23200.8、GB/T 20769
86	甲氨基阿维菌素苯甲酸盐	0.02*	杀虫剂	GB/T 20769
87	甲基硫菌灵	3	杀菌剂	GB/T 20769、NY/T 1680
88	腈菌唑	0.5	杀菌剂	GB/T 20769、GB 23200.8、NY/T 1455
89	克菌丹	15	杀菌剂	GB 23200.8、SN 0654
90	苦参碱	5*	杀虫剂	无指定

（续）

序号	农药中文名	最大残留限量 （mg/kg）	农药 主要用途	检测方法
91	乐果	1*	杀虫剂	GB/T 5009.145、GB/T 20769、NY/T 761
92	联苯菊酯	0.5	杀虫/杀螨剂	GB/T 5009.146、NY/T 761、SN/T 1969
93	邻苯基苯酚	20	杀菌剂	GB 23200.8
94	硫丹	0.05	杀虫剂	NY/T 761
95	氯苯嘧啶醇	0.3	杀菌剂	GB/T 20769、GB 23200.8
96	氯氟氰菊酯和高效氯氟氰菊酯	0.2	杀虫剂	GB/T 5009.146、NY/T 761
97	氯氰菊酯和高效氯氰菊酯	2	杀虫剂	GB/T 5009.146、GB 23200.8、NY/T 761
98	马拉硫磷	2	杀虫剂	GB 23200.8、GB/T 20769、NY/T 761
99	醚菊酯	0.6	杀虫剂	GB 23200.8
100	嘧菌环胺	1	杀菌剂	GB/T 20769、GB 23200.8
101	嘧霉胺	1	杀菌剂	GB 23200.9、GB/T 20769
102	氰戊菊酯和S-氰戊菊酯	1	杀虫剂	GB 23200.8、NY/T 761
103	炔螨特	5	杀螨剂	NY/T 1652
104	噻螨酮	0.5	杀螨剂	GB 23200.8、GB/T 20769
105	三氯杀螨醇	1	杀螨剂	NY/T 761
106	三唑酮	0.5	杀菌剂	NY/T 761、GB/T 20769、GB 23200.8
107	三唑锡	0.2	杀螨剂	SN/T 0150、SN/T 1990
108	双甲脒	0.5	杀螨剂	GB/T 5009.143
109	四螨嗪	0.5	杀螨剂	GB/T 20769、GB 23200.47
110	戊唑醇	0.5	杀菌剂	GB 23200.8、GB/T 20769
111	烯唑醇	0.1	杀菌剂	GB/T 20769、GB/T 5009.201、SN/T 1114
112	辛硫磷	0.05	杀虫剂	GB/T 5009.102、GB/T 20769
113	溴螨酯	2	杀螨剂	GB 23200.8、SN 0192
114	溴氰菊酯	0.1	杀虫剂	NY/T 761

（续）

序号	农药中文名	最大残留限量 （mg/kg）	农药 主要用途	检测方法
115	蚜灭磷	1	杀虫剂	GB/T 20769
116	亚砜磷	0.05	杀虫剂	NY/T 761
117	乙氧喹啉	3	杀菌剂	GB/T 5009.129、SN 0287
118	异菌脲	5	杀菌剂	GB 23200.8、NY/T 761
119	百草枯	0.01*	除草剂	无指定
120	草甘膦	0.1	除草剂	GB/T 23750、NY/T 1096、SN/T 1923
121	代森联	5	杀菌剂	SN 0157
122	敌敌畏	0.2	杀虫剂	NY/T 761、GB 23200.8、GB/T 5009.20
123	啶虫脒	2	杀虫剂	GB/T 23584、GB/T 20769
124	联苯肼酯	0.7	杀螨剂	GB/T 20769、GB 23200.8
125	氯虫苯甲酰胺	0.4*	杀虫剂	无指定
126	醚菌酯	0.2	杀菌剂	GB 23200.8、GB/T 20769

4.7 枇杷

枇杷中农药最大残留限量见表 4-7。

表 4-7 枇杷中农药最大残留限量

序号	农药中文名	最大残留限量 （mg/kg）	农药 主要用途	检测方法
1	2，4-滴和 2，4-滴钠盐	0.01	除草剂	NY/T 1434
2	倍硫磷	0.05	杀虫剂	GB 23200.8、NY/T 761
3	苯线磷	0.02	杀虫剂	GB/T 5009.145、GB 23200.8
4	虫酰肼	1	杀虫剂	GB/T 20769
5	敌百虫	0.2	杀虫剂	GB/T 20769、NY/T 761
6	地虫硫磷	0.01	杀虫剂	GB 23200.8
7	对硫磷	0.01	杀虫剂	GB/T 5009.145
8	多果定	5*	杀菌剂	无指定
9	二嗪磷	0.3	杀虫剂	GB/T 5009.107、GB/T 20769、NY/T 761

（续）

序号	农药中文名	最大残留限量（mg/kg）	农药主要用途	检测方法
10	伏杀硫磷	2	杀虫剂	GB 23200.8、NY/T 761
11	氟苯脲	1	杀虫剂	NY/T 1453
12	氟吡禾灵	0.02	除草剂	GB/T 20769
13	氟虫腈	0.02	杀虫剂	NY/T 1379
14	氟酰脲	3	杀虫剂	GB 23200.34
15	甲胺磷	0.05	杀虫剂	NY/T 761、GB/T 5009.103
16	甲拌磷	0.01	杀虫剂	GB 23200.8
17	甲苯氟磺胺	5	杀菌剂	GB 23200.8
18	甲基对硫磷	0.01	杀虫剂	NY/T 761
19	甲基硫环磷	0.03*	杀虫剂	NY/T 761
20	甲基异柳磷	0.01*	杀虫剂	GB/T 5009.144
21	甲氰菊酯	5	杀虫剂	NY/T 761
22	甲霜灵和精甲霜灵	1	杀菌剂	GB 23200.8、GB/T 20769
23	腈苯唑	0.1	杀菌剂	GB 23200.8、GB/T 20769
24	久效磷	0.03	杀虫剂	NY/T 761、GB 23200.8
25	抗蚜威	1	杀虫剂	GB 23200.8、NY/T 1379、SN/T 0134
26	克百威	0.02	杀虫剂	NY/T 76
27	联苯三唑醇	2	杀菌剂	GB 23200.8、GB/T 20769
28	磷胺	0.05	杀虫剂	NY/T 761
29	硫环磷	0.03	杀虫剂	NY/T 761
30	硫线磷	0.02	杀虫剂	GB/T 20769
31	螺虫乙酯	0.7*	杀虫剂	无指定
32	氯菊酯	2	杀虫剂	NY/T 761
33	氯唑磷	0.01	杀虫剂	GB/T 20769
34	灭多威	0.2	杀虫剂	NY/T 761
35	灭线磷	0.02	杀线虫剂	NY/T 761
36	内吸磷	0.02	杀虫/杀螨剂	GB/T 20769
37	噻虫啉	0.7	杀虫剂	GB/T 20769、GB 23200.8
38	噻菌灵	3	杀菌剂	GB/T 20769、NY/T 1453、NY/T 1680

（续）

序号	农药中文名	最大残留限量（mg/kg）	农药主要用途	检测方法
39	杀草强	0.05	除草剂	SN/T 1737.6
40	杀虫脒	0.01	杀虫剂	GB/T 20769
41	杀螟硫磷	0.5*	杀虫剂	GB/T 14553、GB/T 20769、NY/T 761
42	杀扑磷	0.05	杀虫剂	GB/T 14553、NY/T 761、GB 23200.8
43	水胺硫磷	0.01	杀虫剂	GB/T 5009.20
44	特丁硫磷	0.01	杀虫剂	NY/T 761、NY/T 1379
45	涕灭威	0.02	杀虫剂	NY/T 761
46	戊菌唑	0.2	杀菌剂	GB 23200.8、GB/T 20769
47	亚胺硫磷	3	杀虫剂	GB/T 5009.131、NY/T 761
48	氧乐果	0.02	杀虫剂	NY/T 761、NY/T 1379
49	乙酰甲胺磷	0.5	杀虫剂	NY/T 761
50	抑霉唑	5	杀菌剂	GB 23200.8、GB/T 20769
51	蝇毒磷	0.05	杀虫剂	GB 23200.8
52	治螟磷	0.01	杀虫剂	NY/T 761、GB 23200.8
53	艾氏剂	0.05	杀虫剂	NY/T 761、GB/T 5009.19
54	滴滴涕	0.05	杀虫剂	NY/T 761、GB/T 5009.19
55	狄氏剂	0.02	杀虫剂	NY/T 761、GB/T 5009.19
56	毒杀芬	0.05*	杀虫剂	YC/T 180
57	六六六	0.05	杀虫剂	NY/T 761、GB/T 5009.19
58	氯丹	0.02	杀虫剂	GB/T 5009.19
59	灭蚁灵	0.01	杀虫剂	GB/T 5009.19
60	七氯	0.01	杀虫剂	NY/T 761、GB/T 5009.19
61	异狄氏剂	0.05	杀虫剂	NY/T 761、GB/T 5009.19
62	氯吡脲	0.05	植物生长调节剂	GB/T 20770
63	保棉磷	1	杀虫剂	NY/T 761
64	嘧霉胺	7	杀菌剂	GB 23200.9、GB/T 20769
65	辛硫磷	0.05	杀虫剂	GB/T 5009.102、GB/T 20769
66	百草枯	0.01*	除草剂	无指定

（续）

序号	农药中文名	最大残留限量 （mg/kg）	农药 主要用途	检测方法
67	草甘膦	0.1	除草剂	GB/T 23750、NY/T 1096、 SN/T 1923
68	代森联	5	杀菌剂	SN 0157
69	敌敌畏	0.2	杀虫剂	NY/T 761、GB 23200.8、GB/ T 5009.20
70	啶虫脒	2	杀虫剂	GB/T 23584、GB/T 20769
71	联苯肼酯	0.7	杀螨剂	GB/T 20769、GB 23200.8
72	氯虫苯甲酰胺	0.4*	杀虫剂	无指定
73	醚菌酯	0.2	杀菌剂	GB 23200.8、GB/T 20769
74	苯丁锡	5	杀螨剂	SN 0592
75	苯醚甲环唑	0.5	杀菌剂	GB/T 5009.218、GB 23200.8、 GB 23200.49
76	除虫脲	5	杀虫剂	GB/T 5009.147、NY/T 1720
77	多菌灵	3	杀菌剂	GB/T 20769、NY/T 1453
78	氟硅唑	0.3	杀菌剂	GB 23200.8、GB/T 20769、GB 23200.53
79	腈菌唑	0.5	杀菌剂	GB/T 20769、GB 23200.8、 NY/T 1455
80	克菌丹	15	杀菌剂	GB 23200.8、SN 0654
81	氯苯嘧啶醇	0.3	杀菌剂	GB/T 20769、GB 23200.8
82	氯氟氰菊酯和高效氯氟氰 菊酯	0.2	杀虫剂	GB/T 5009.146、NY/T 761
83	氰戊菊酯和S-氰戊菊酯	0.2	杀虫剂	GB 23200.8、NY/T 761
84	噻螨酮	0.4	杀螨剂	GB 23200.8、GB/T 20769
85	双甲脒	0.5	杀螨剂	GB/T 5009.143
86	四螨嗪	0.5	杀螨剂	GB/T 20769、GB 23200.47
87	戊唑醇	0.5	杀菌剂	GB 23200.8、GB/T 20769
88	溴螨酯	2	杀螨剂	GB 23200.8、SN 0192

4.8 桃

桃中农药最大残留限量见表 4-8。

表 4-8 桃中农药最大残留限量

序号	农药中文名	最大残留限量 （mg/kg）	农药 主要用途	检测方法
1	2，4-滴和 2，4-滴钠盐	0.05	除草剂	NY/T 1434
2	百草枯	0.01*	除草剂	无指定
3	苯线磷	0.02	杀虫剂	GB/T 5009.145、GB 23200.8
4	草甘膦	0.1	除草剂	GB/T 23750、NY/T 1096、 SN/T 1923
5	地虫硫磷	0.01	杀虫剂	GB 23200.8
6	啶虫脒	2	杀虫剂	GB/T 23584、GB/T 20769
7	对硫磷	0.01	杀虫剂	GB/T 5009.145
8	多杀霉素	0.2	杀虫剂	GB/T 20769
9	伏杀硫磷	2	杀虫剂	GB 23200.8、NY/T 761
10	氟吡禾灵	0.02	除草剂	GB/T 20769
11	氟虫腈	0.02	杀虫剂	NY/T 1379
12	氟酰脲	7	杀虫剂	GB 23200.34
13	甲胺磷	0.05	杀虫剂	NY/T 761、GB/T 5009.103
14	甲拌磷	0.01	杀虫剂	GB 23200.8
15	甲基对硫磷	0.02	杀虫剂	NY/T 761
16	甲基硫环磷	0.03*	杀虫剂	NY/T 761
17	甲基异柳磷	0.01*	杀虫剂	GB/T 5009.144
18	甲氰菊酯	5	杀虫剂	NY/T 761
19	久效磷	0.03	杀虫剂	NY/T 761
20	克百威	0.02	杀虫剂	NY/T 761
21	联苯肼酯	2	杀螨剂	GB/T 20769、GB 23200.8
22	磷胺	0.05	杀虫剂	NY/T 761
23	硫环磷	0.03	杀虫剂	NY/T 761
24	硫线磷	0.02	杀虫剂	GB/T 20769
25	螺虫乙酯	3*	杀虫剂	无指定
26	氯虫苯甲酰胺	1*	杀虫剂	无指定

（续）

序号	农药中文名	最大残留限量（mg/kg）	农药主要用途	检测方法
27	氯菊酯	2	杀虫剂	NY/T 761
28	氯唑磷	0.01	杀虫剂	GB/T 20769
29	嘧菌环胺	2	杀菌剂	GB/T 20769、GB 23200.8
30	灭多威	0.2	杀虫剂	NY/T 761
31	灭线磷	0.02	杀线虫剂	NY/T 761
32	内吸磷	0.02	杀虫/杀螨剂	GB/T 20769
33	噻虫啉	0.5	杀虫剂	GB/T 20769、GB 23200.8
34	杀草强	0.05	除草剂	SN/T 1737.6
35	杀虫脒	0.01	杀虫剂	GB/T 20769
36	杀螟硫磷	0.5*	杀虫剂	GB/T 14553、GB/T 20769、NY/T 761
37	杀扑磷	0.05	杀虫剂	GB/T 14553、NY/T 761、GB 23200.8
38	水胺硫磷	0.05	杀虫剂	GB/T 5009.20
39	特丁硫磷	0.01	杀虫剂	NY/T 761、NY/T 1379
40	涕灭威	0.02	杀虫剂	NY/T 761
41	辛硫磷	0.05	杀虫剂	GB/T 5009.102、GB/T 20769
42	溴氰菊酯	0.05	杀虫剂	NY/T 761
43	氧乐果	0.02	杀虫剂	NY/T 761、NY/T 1379
44	乙酰甲胺磷	0.5	杀虫剂	NY/T 761
45	蝇毒磷	0.05	杀虫剂	GB 23200.8
46	治螟磷	0.01	杀虫剂	NY/T 761、GB 23200.8
47	艾氏剂	0.05	杀虫剂	NY/T 761、GB 5009.19
48	滴滴涕	0.05	杀虫剂	NY/T 761、GB 5009.19
49	狄氏剂	0.02	杀虫剂	NY/T 761、GB 5009.19
50	毒杀芬	0.05*	杀虫剂	YC/T 180
51	六六六	0.05	杀虫剂	NY/T 761、GB/T 5009.19
52	氯丹	0.02	杀虫剂	GB/T 5009.19
53	灭蚁灵	0.01	杀虫剂	GB/T 5009.19
54	七氯	0.01	杀虫剂	NY/T 761、GB/T 5009.19
55	异狄氏剂	0.05	杀虫剂	NY/T 761、GB/T 5009.19

（续）

序号	农药中文名	最大残留限量（mg/kg）	农药主要用途	检测方法
56	保棉磷	2	杀虫剂	NY/T 761
57	苯丁锡	7	杀螨剂	SN 0592
58	苯氟磺胺	5	杀菌剂	SN/T 2320
59	苯醚甲环唑	0.5	杀菌剂	GB/T 5009.218、GB 23200.8、GB 23200.49
60	吡唑醚菌酯	1	杀菌剂	GB 23200.8、GB/T 20769
61	虫酰肼	0.5	杀虫剂	GB/T 20769
62	代森联	5	杀菌剂	SN 0157
63	敌敌畏	0.1	杀虫剂	NY/T 761、GB 23200.8、GB/T 5009.20
64	敌螨普	0.1*	杀菌剂	无指定
65	多果定	5*	杀菌剂	无指定
66	多菌灵	2	杀菌剂	GB/T 20769、NY/T 1453
67	二嗪磷	0.2	杀虫剂	GB/T 5009.107、GB/T 20769、NY/T 761
68	氟硅唑	0.2	杀菌剂	GB 23200.8、GB/T 20769、GB 23200.53
69	环酰菌胺	10*	杀菌剂	无指定
70	腈苯唑	0.5	杀菌剂	GB 23200.8、GB/T 20769
71	抗蚜威	0.5	杀虫剂	GB 23200.8、NY/T 1379、SN/T 0134
72	克菌丹	20	杀菌剂	GB 23200.8、SN 0654
73	乐果	2*	杀虫剂	GB/T 5009.145、GB/T 20769、NY/T 761
74	联苯三唑醇	1	杀菌剂	GB 23200.8、GB/T 20769
75	氯苯嘧啶醇	0.5	杀菌剂	GB/T 20769、GB 23200.8
76	氯氟氰菊酯和高效氯氟氰菊酯	0.5	杀虫剂	GB/T 5009.146、NY/T 761
77	氯氰菊酯和高效氯氰菊酯	1	杀虫剂	GB/T 5009.146、GB 23200.8、NY/T 761
78	氯硝胺	7	杀菌剂	GB 23200.8、GB/T 20769

（续）

序号	农药中文名	最大残留限量（mg/kg）	农药主要用途	检测方法
79	马拉硫磷	6	杀虫剂	GB 23200.8、GB/T 20769、NY/T 761
80	醚菊酯	0.6	杀虫剂	GB 23200.8
81	嘧霉胺	4	杀菌剂	GB 23200.9、GB/T 20769
82	嗪氨灵	5	杀菌剂	SN 0695
83	氰戊菊酯和 S-氰戊菊酯	1	杀虫剂	GB 23200.8、NY/T 761
84	双甲脒	0.5	杀螨剂	GB/T 5009.143
85	戊菌唑	0.1	杀菌剂	GB 23200.8、GB/T 20769
86	戊唑醇	2	杀菌剂	GB 23200.8、GB/T 20769
87	亚胺硫磷	10	杀虫剂	GB/T 5009.131、NY/T 761
88	敌百虫	0.2	杀虫剂	GB/T 20769、NY/T 761
89	噻螨酮	0.3	杀螨剂	GB 23200.8、GB/T 20769
90	四螨嗪	0.5	杀螨剂	GB/T 20769、GB 23200.47
91	腈菌唑	2	杀菌剂	GB/T 20769、GB 23200.8、NY/T 1455
92	倍硫磷	0.05	杀虫剂	GB 23200.8、NY/T 761
93	丙森锌	7	杀菌剂	SN 0157

4.9　油桃

油桃中农药最大残留限量见表 4-9。

表 4-9　油桃中农药最大残留限量

序号	农药中文名	最大残留限量（mg/kg）	农药主要用途	检测方法
1	2，4-滴和 2，4-滴钠盐	0.05	除草剂	NY/T 1434
2	百草枯	0.01*	除草剂	无指定
3	苯线磷	0.02	杀虫剂	GB/T 5009.145、GB 23200.8
4	草甘膦	0.1	除草剂	GB/T 23750、NY/T 1096、SN/T 1923
5	地虫硫磷	0.01	杀虫剂	GB 23200.8
6	啶虫脒	2	杀虫剂	GB/T 23584、GB/T 20769

（续）

序号	农药中文名	最大残留限量（mg/kg）	农药主要用途	检测方法
7	对硫磷	0.01	杀虫剂	GB/T 5009.145
8	多杀霉素	0.2	杀虫剂	GB/T 20769
9	伏杀硫磷	2	杀虫剂	GB 23200.8、NY/T 761
10	氟吡禾灵	0.02	除草剂	GB/T 20769
11	氟虫腈	0.02	杀虫剂	NY/T 1379
12	氟酰脲	7	杀虫剂	GB 23200.34
13	甲胺磷	0.05	杀虫剂	NY/T 761、GB/T 5009.103
14	甲拌磷	0.01	杀虫剂	GB 23200.8
15	甲基对硫磷	0.02	杀虫剂	NY/T 761
16	甲基硫环磷	0.03*	杀虫剂	NY/T 761
17	甲基异柳磷	0.01*	杀虫剂	GB/T 5009.144
18	甲氰菊酯	5	杀虫剂	NY/T 761
19	久效磷	0.03	杀虫剂	NY/T 761
20	克百威	0.02	杀虫剂	NY/T 761
21	联苯肼酯	2	杀螨剂	GB/T 20769、GB 23200.8
22	磷胺	0.05	杀虫剂	NY/T 761
23	硫环磷	0.03	杀虫剂	NY/T 761
24	硫线磷	0.02	杀虫剂	GB/T 20769
25	螺虫乙酯	3*	杀虫剂	无指定
26	氯虫苯甲酰胺	1*	杀虫剂	无指定
27	氯菊酯	2	杀虫剂	NY/T 761
28	氯唑磷	0.01	杀虫剂	GB/T 20769
29	嘧菌环胺	2	杀菌剂	GB/T 20769、GB 23200.8
30	灭多威	0.2	杀虫剂	NY/T 761
31	灭线磷	0.02	杀线虫剂	NY/T 761
32	内吸磷	0.02	杀虫/杀螨剂	GB/T 20769
33	噻虫啉	0.5	杀虫剂	GB/T 20769、GB 23200.8
34	杀草强	0.05	除草剂	SN/T 1737.6
35	杀虫脒	0.01	杀虫剂	GB/T 20769
36	杀螟硫磷	0.5*	杀虫剂	GB/T 14553、GB/T 20769、NY/T 761

（续）

序号	农药中文名	最大残留限量（mg/kg）	农药主要用途	检测方法
37	杀扑磷	0.05	杀虫剂	GB/T 14553、NY/T 761、GB 23200.8
38	水胺硫磷	0.05	杀虫剂	GB/T 5009.20
39	特丁硫磷	0.01	杀虫剂	NY/T 761、NY/T 1379
40	涕灭威	0.02	杀虫剂	NY/T 761
41	辛硫磷	0.05	杀虫剂	GB/T 5009.102、GB/T 20769
42	溴氰菊酯	0.05	杀虫剂	NY/T 761
43	氧乐果	0.02	杀虫剂	NY/T 761、NY/T 1379
44	乙酰甲胺磷	0.5	杀虫剂	NY/T 761
45	蝇毒磷	0.05	杀虫剂	GB 23200.8
46	治螟磷	0.01	杀虫剂	NY/T 761、GB 23200.8
47	艾氏剂	0.05	杀虫剂	NY/T 761、GB/T 5009.19
48	滴滴涕	0.05	杀虫剂	NY/T 761、GB/T 5009.19
49	狄氏剂	0.02	杀虫剂	NY/T 761、GB/T 5009.19
50	毒杀芬	0.05*	杀虫剂	YC/T 180
51	六六六	0.05	杀虫剂	NY/T 761、GB/T 5009.19
52	氯丹	0.02	杀虫剂	GB/T 5009.19
53	灭蚁灵	0.01	杀虫剂	GB/T 5009.19
54	七氯	0.01	杀虫剂	NY/T 761、GB/T 5009.19
55	异狄氏剂	0.05	杀虫剂	NY/T 761、GB/T 5009.19
56	保棉磷	2	杀虫剂	NY/T 761
57	苯醚甲环唑	0.5	杀菌剂	GB/T 5009.218、GB 23200.8、GB 23200.49
58	虫酰肼	0.5	杀虫剂	GB/T 20769
59	多果定	5*	杀菌剂	无指定
60	多菌灵	2	杀菌剂	GB/T 20769、NY/T 1453
61	氟硅唑	0.2	杀菌剂	GB 23200.8、GB/T 20769、GB 23200.53
62	环酰菌胺	10*	杀菌剂	无指定
63	抗蚜威	0.5	杀虫剂	GB 23200.8、NY/T 1379、SN/T 0134

（续）

序号	农药中文名	最大残留限量（mg/kg）	农药主要用途	检测方法
64	克菌丹	3	杀菌剂	GB 23200.8、SN 0654
65	乐果	2*	杀虫剂	GB/T 5009.145、GB/T 20769、NY/T 761
66	联苯三唑醇	1	杀菌剂	GB 23200.8、GB/T 20769
67	氯氟氰菊酯和高效氯氟氰菊酯	0.5	杀虫剂	GB/T 5009.146、NY/T 761
68	氯硝胺	7	杀菌剂	GB 23200.8、GB/T 20769
69	马拉硫磷	6	杀虫剂	GB 23200.8、GB/T 20769、NY/T 761
70	醚菊酯	0.6	杀虫剂	GB 23200.8
71	嘧霉胺	4	杀菌剂	GB 23200.9、GB/T 20769
72	戊菌唑	0.1	杀菌剂	GB 23200.8、GB/T 20769
73	戊唑醇	2	杀菌剂	GB 23200.8、GB/T 20769
74	亚胺硫磷	10	杀虫剂	GB/T 5009.131、NY/T 761
75	敌百虫	0.2	杀虫剂	GB/T 20769、NY/T 761
76	噻螨酮	0.3	杀螨剂	GB 23200.8、GB/T 20769
77	四螨嗪	0.5	杀螨剂	GB/T 20769、GB 23200.47
78	腈菌唑	2	杀菌剂	GB/T 20769、GB 23200.8、NY/T 1455
79	敌敌畏	0.2	杀虫剂	NY/T 761、GB 23200.8、GB/T 5009.20
80	氯氰菊酯和高效氯氰菊酯	2	杀虫剂	GB/T 5009.146、GB 23200.8、NY/T 761
81	氰戊菊酯和 S-氰戊菊酯	0.2	杀虫剂	GB 23200.8、NY/T 761
82	倍硫磷	0.05	杀虫剂	GB 23200.8、NY/T 761
83	丙森锌	7	杀菌剂	SN 0157

4.10 杏

杏中农药最大残留限量见表 4-10。

表 4-10　杏中农药最大残留限量

序号	农药中文名	最大残留限量（mg/kg）	农药主要用途	检测方法
1	2，4-滴和2，4-滴钠盐	0.05	除草剂	NY/T 1434
2	百草枯	0.01*	除草剂	无指定
3	苯线磷	0.02	杀虫剂	GB/T 5009.145、GB 23200.8
4	草甘膦	0.1	除草剂	GB/T 23750、NY/T 1096、SN/T 1923
5	地虫硫磷	0.01	杀虫剂	GB 23200.8
6	啶虫脒	2	杀虫剂	GB/T 23584、GB/T 20769
7	对硫磷	0.01	杀虫剂	GB/T 5009.145
8	多杀霉素	0.2	杀虫剂	GB/T 20769
9	伏杀硫磷	2	杀虫剂	GB 23200.8、NY/T 761
10	氟吡禾灵	0.02	除草剂	GB/T 20769
11	氟虫腈	0.02	杀虫剂	NY/T 1379
12	氟酰脲	7	杀虫剂	GB 23200.34
13	甲胺磷	0.05	杀虫剂	NY/T 761、GB/T 5009.103
14	甲拌磷	0.01	杀虫剂	GB 23200.8
15	甲基对硫磷	0.02	杀虫剂	NY/T 761
16	甲基硫环磷	0.03*	杀虫剂	NY/T 761
17	甲基异柳磷	0.01*	杀虫剂	GB/T 5009.144
18	甲氰菊酯	5	杀虫剂	NY/T 761
19	久效磷	0.03	杀虫剂	NY/T 761
20	克百威	0.02	杀虫剂	NY/T 761
21	联苯肼酯	2	杀螨剂	GB/T 20769、GB 23200.8
22	磷胺	0.05	杀虫剂	NY/T 761
23	硫环磷	0.03	杀虫剂	NY/T 761
24	硫线磷	0.02	杀虫剂	GB/T 20769
25	螺虫乙酯	3*	杀虫剂	无指定
26	氯虫苯甲酰胺	1*	杀虫剂	无指定
27	氯菊酯	2	杀虫剂	NY/T 761
28	氯唑磷	0.01	杀虫剂	GB/T 20769
29	嘧菌环胺	2	杀菌剂	GB/T 20769、GB 23200.8
30	灭多威	0.2	杀虫剂	NY/T 761

（续）

序号	农药中文名	最大残留限量 （mg/kg）	农药 主要用途	检测方法
31	灭线磷	0.02	杀线虫剂	NY/T 761
32	内吸磷	0.02	杀虫/杀螨剂	GB/T 20769
33	噻虫啉	0.5	杀虫剂	GB/T 20769、GB 23200.8
34	杀草强	0.05	除草剂	SN/T 1737.6
35	杀虫脒	0.01	杀虫剂	GB/T 20769
36	杀螟硫磷	0.5*	杀虫剂	GB/T 14553、GB/T 20769、NY/T 761
37	杀扑磷	0.05	杀虫剂	GB/T 14553、NY/T 761、GB 23200.8
38	水胺硫磷	0.05	杀虫剂	GB/T 5009.20
39	特丁硫磷	0.01	杀虫剂	NY/T 761、NY/T 1379
40	涕灭威	0.02	杀虫剂	NY/T 761
41	辛硫磷	0.05	杀虫剂	GB/T 5009.102、GB/T 20769
42	溴氰菊酯	0.05	杀虫剂	NY/T 761
43	氧乐果	0.02	杀虫剂	NY/T 761、NY/T 1379
44	乙酰甲胺磷	0.5	杀虫剂	NY/T 761
45	蝇毒磷	0.05	杀虫剂	GB 23200.8
46	治螟磷	0.01	杀虫剂	NY/T 761、GB 23200.8
47	艾氏剂	0.05	杀虫剂	NY/T 761、GB/T 5009.19
48	滴滴涕	0.05	杀虫剂	NY/T 761、GB/T 5009.19
49	狄氏剂	0.02	杀虫剂	NY/T 761、GB/T 5009.19
50	毒杀芬	0.05*	杀虫剂	YC/T 180
51	六六六	0.05	杀虫剂	NY/T 761、GB/T 5009.19
52	氯丹	0.02	杀虫剂	GB/T 5009.19
53	灭蚁灵	0.01	杀虫剂	GB/T 5009.19
54	七氯	0.01	杀虫剂	NY/T 761、GB/T 5009.19
55	异狄氏剂	0.05	杀虫剂	NY/T 761、GB/T 5009.19
56	多菌灵	2	杀菌剂	GB/T 20769、NY/T 1453
57	氟硅唑	0.2	杀菌剂	GB 23200.8、GB/T 20769、GB 23200.53
58	环酰菌胺	10*	杀菌剂	无指定

（续）

序号	农药中文名	最大残留限量（mg/kg）	农药主要用途	检测方法
59	腈苯唑	0.5	杀菌剂	GB 23200.8、GB/T 20769
60	抗蚜威	0.5	杀虫剂	GB 23200.8、NY/T 1379、SN/T 0134
61	乐果	2*	杀虫剂	GB/T 5009.145、GB/T 20769、NY/T 761
62	联苯三唑醇	1	杀菌剂	GB 23200.8、GB/T 20769
63	氯氟氰菊酯和高效氯氟氰菊酯	0.5	杀虫剂	GB/T 5009.146、NY/T 761
64	马拉硫磷	6	杀虫剂	GB 23200.8、GB/T 20769、NY/T 761
65	嘧霉胺	3	杀菌剂	GB 23200.9、GB/T 20769
66	戊唑醇	2	杀菌剂	GB 23200.8、GB/T 20769
67	亚胺硫磷	10	杀虫剂	GB/T 5009.131、NY/T 761
68	保棉磷	1	杀虫剂	NY/T 761
69	敌百虫	0.2	杀虫剂	GB/T 20769、NY/T 761
70	噻螨酮	0.3	杀螨剂	GB 23200.8、GB/T 20769
71	四螨嗪	0.5	杀螨剂	GB/T 20769、GB 23200.47
72	腈菌唑	2	杀菌剂	GB/T 20769、GB 23200.8、NY/T 1455
73	敌敌畏	0.2	杀虫剂	NY/T 761、GB 23200.8、GB/T 5009.20
74	氯氰菊酯和高效氯氰菊酯	2	杀虫剂	GB/T 5009.146、GB 23200.8、NY/T 761
75	氰戊菊酯和S-氰戊菊酯	0.2	杀虫剂	GB 23200.8、NY/T 761
76	倍硫磷	0.05	杀虫剂	GB 23200.8、NY/T 761
77	丙森锌	7	杀菌剂	SN 0157

4.11　枣（鲜）

枣（鲜）中农药最大残留限量见表4-11。

表 4-11 枣 (鲜) 中农药最大残留限量

序号	农药中文名	最大残留限量 (mg/kg)	农药主要用途	检测方法
1	2, 4-滴和 2, 4-滴钠盐	0.05	除草剂	NY/T 1434
2	百草枯	0.01*	除草剂	无指定
3	苯线磷	0.02	杀虫剂	GB/T 5009.145、GB 23200.8
4	草甘膦	0.1	除草剂	GB/T 23750、NY/T 1096、SN/T 1923
5	地虫硫磷	0.01	杀虫剂	GB 23200.8
6	啶虫脒	2	杀虫剂	GB/T 23584、GB/T 20769
7	对硫磷	0.01	杀虫剂	GB/T 5009.145
8	多杀霉素	0.2	杀虫剂	GB/T 20769
9	伏杀硫磷	2	杀虫剂	GB 23200.8、NY/T 761
10	氟吡禾灵	0.02	除草剂	GB/T 20769
11	氟虫腈	0.02	杀虫剂	NY/T 1379
12	氟酰脲	7	杀虫剂	GB 23200.34
13	甲胺磷	0.05	杀虫剂	NY/T 761、GB/T 5009.103
14	甲拌磷	0.01	杀虫剂	GB 23200.8
15	甲基对硫磷	0.02	杀虫剂	NY/T 761
16	甲基硫环磷	0.03*	杀虫剂	NY/T 761
17	甲基异柳磷	0.01*	杀虫剂	GB/T 5009.144
18	甲氰菊酯	5	杀虫剂	NY/T 761
19	久效磷	0.03	杀虫剂	NY/T 761
20	克百威	0.02	杀虫剂	NY/T 761
21	联苯肼酯	2	杀螨剂	GB/T 20769、GB 23200.8
22	磷胺	0.05	杀虫剂	NY/T 761
23	硫环磷	0.03	杀虫剂	NY/T 761
24	硫线磷	0.02	杀虫剂	GB/T 20769
25	螺虫乙酯	3*	杀虫剂	无指定
26	氯虫苯甲酰胺	1*	杀虫剂	无指定
27	氯菊酯	2	杀虫剂	NY/T 761
28	氯唑磷	0.01	杀虫剂	GB/T 20769
29	嘧菌环胺	2	杀菌剂	GB/T 20769、GB 23200.8
30	灭多威	0.2	杀虫剂	NY/T 761

序号	农药中文名	最大残留限量（mg/kg）	农药主要用途	检测方法
31	灭线磷	0.02	杀线虫剂	NY/T 761
32	内吸磷	0.02	杀虫/杀螨剂	GB/T 20769
33	噻虫啉	0.5	杀虫剂	GB/T 20769、GB 23200.8
34	杀草强	0.05	除草剂	SN/T 1737.6
35	杀虫脒	0.01	杀虫剂	GB/T 20769
36	杀螟硫磷	0.5*	杀虫剂	GB/T 14553、GB/T 20769、NY/T 761
37	杀扑磷	0.05	杀虫剂	GB/T 14553、NY/T 761、GB 23200.8
38	水胺硫磷	0.05	杀虫剂	GB/T 5009.20
39	特丁硫磷	0.01	杀虫剂	NY/T 761、NY/T 1379
40	涕灭威	0.02	杀虫剂	NY/T 761
41	辛硫磷	0.05	杀虫剂	GB/T 5009.102、GB/T 20769
42	溴氰菊酯	0.05	杀虫剂	NY/T 761
43	氧乐果	0.02	杀虫剂	NY/T 761、NY/T 1379
44	乙酰甲胺磷	0.5	杀虫剂	NY/T 761
45	蝇毒磷	0.05	杀虫剂	GB 23200.8
46	治螟磷	0.01	杀虫剂	NY/T 761、GB 23200.8
47	艾氏剂	0.05	杀虫剂	NY/T 761、GB/T 5009.19
48	滴滴涕	0.05	杀虫剂	NY/T 761、GB/T 5009.19
49	狄氏剂	0.02	杀虫剂	NY/T 761、GB/T 5009.19
50	毒杀芬	0.05*	杀虫剂	YC/T 180
51	六六六	0.05	杀虫剂	NY/T 761、GB/T 5009.19
52	氯丹	0.02	杀虫剂	GB/T 5009.19
53	灭蚁灵	0.01	杀虫剂	GB/T 5009.19
54	七氯	0.01	杀虫剂	NY/T 761、GB/T 5009.19
55	异狄氏剂	0.05	杀虫剂	NY/T 761、GB/T 5009.19
56	代森锰锌	2	杀菌剂	SN 0157
57	敌百虫	0.3	杀虫剂	GB/T 20769、NY/T 761
58	啶氧菌酯	5	杀菌剂	GB/T 20769
59	多菌灵	0.5	杀菌剂	GB/T 20769、NY/T 1453

（续）

序号	农药中文名	最大残留限量（mg/kg）	农药主要用途	检测方法
60	抗蚜威	0.5	杀虫剂	GB 23200.8、NY/T 1379、SN/T 0134
61	乐果	2*	杀虫剂	GB/T 5009.145、GB/T 20769、NY/T 761
62	马拉硫磷	6	杀虫剂	GB 23200.8、GB/T 20769、NY/T 761
63	嘧菌酯	2	杀菌剂	GB/T 20769、NY/T 1453、SN/T 1976
64	噻螨酮	2	杀螨剂	GB 23200.8、GB/T 20769
65	四螨嗪	1	杀螨剂	GB/T 20769、GB 23200.47
66	保棉磷	1	杀虫剂	NY/T 761
67	腈菌唑	2	杀菌剂	GB/T 20769、GB 23200.8、NY/T 1455
68	敌敌畏	0.2	杀虫剂	NY/T 761、GB 23200.8、GB/T 5009.20
69	氯氰菊酯和高效氯氰菊酯	2	杀虫剂	GB/T 5009.146、GB 23200.8、NY/T 761
70	氰戊菊酯和S-氰戊菊酯	0.2	杀虫剂	GB 23200.8、NY/T 761
71	倍硫磷	0.05	杀虫剂	GB 23200.8、NY/T 761
72	丙森锌	7	杀菌剂	SN 0157

4.12　李子

李子中农药最大残留限量见表 4-12。

表 4-12　李子中农药最大残留限量

序号	农药中文名	最大残留限量（mg/kg）	农药主要用途	检测方法
1	2，4-滴和2，4-滴钠盐	0.05	除草剂	NY/T 1434
2	百草枯	0.01*	除草剂	无指定
3	苯线磷	0.02	杀虫剂	GB/T 5009.145、GB 23200.8
4	草甘膦	0.1	除草剂	GB/T 23750、NY/T 1096、SN/T 1923

（续）

序号	农药中文名	最大残留限量 （mg/kg）	农药 主要用途	检测方法
5	地虫硫磷	0.01	杀虫剂	GB 23200.8
6	啶虫脒	2	杀虫剂	GB/T 23584、GB/T 20769
7	对硫磷	0.01	杀虫剂	GB/T 5009.145
8	多杀霉素	0.2	杀虫剂	GB/T 20769
9	伏杀硫磷	2	杀虫剂	GB 23200.8、NY/T 761
10	氟吡禾灵	0.02	除草剂	GB/T 20769
11	氟虫腈	0.02	杀虫剂	NY/T 1379
12	氟酰脲	7	杀虫剂	GB 23200.34
13	甲胺磷	0.05	杀虫剂	NY/T 761、GB/T 5009.103
14	甲拌磷	0.01	杀虫剂	GB 23200.8
15	甲基对硫磷	0.02	杀虫剂	NY/T 761
16	甲基硫环磷	0.03*	杀虫剂	NY/T 761
17	甲基异柳磷	0.01*	杀虫剂	GB/T 5009.144
18	甲氰菊酯	5	杀虫剂	NY/T 761
19	久效磷	0.03	杀虫剂	NY/T 761
20	克百威	0.02	杀虫剂	NY/T 761
21	联苯肼酯	2	杀螨剂	GB/T 20769、GB 23200.8
22	磷胺	0.05	杀虫剂	NY/T 761
23	硫环磷	0.03	杀虫剂	NY/T 761
24	硫线磷	0.02	杀虫剂	GB/T 20769
25	螺虫乙酯	3*	杀虫剂	无指定
26	氯虫苯甲酰胺	1*	杀虫剂	无指定
27	氯菊酯	2	杀虫剂	NY/T 761
28	氯唑磷	0.01	杀虫剂	GB/T 20769
29	嘧菌环胺	2	杀菌剂	GB/T 20769、GB 23200.8
30	灭多威	0.2	杀虫剂	NY/T 761
31	灭线磷	0.02	杀线虫剂	NY/T 761
32	内吸磷	0.02	杀虫/杀螨剂	GB/T 20769
33	噻虫啉	0.5	杀虫剂	GB/T 20769、GB 23200.8
34	杀草强	0.05	除草剂	SN/T 1737.6
35	杀虫脒	0.01	杀虫剂	GB/T 20769

（续）

序号	农药中文名	最大残留限量（mg/kg）	农药主要用途	检测方法
36	杀螟硫磷	0.5*	杀虫剂	GB/T 14553、GB/T 20769、NY/T 761
37	杀扑磷	0.05	杀虫剂	GB/T 14553、NY/T 761、GB 23200.8
38	水胺硫磷	0.05	杀虫剂	GB/T 5009.20
39	特丁硫磷	0.01	杀虫剂	NY/T 761、NY/T 1379
40	涕灭威	0.02	杀虫剂	NY/T 761
41	辛硫磷	0.05	杀虫剂	GB/T 5009.102、GB/T 20769
42	溴氰菊酯	0.05	杀虫剂	NY/T 761
43	氧乐果	0.02	杀虫剂	NY/T 761、NY/T 1379
44	乙酰甲胺磷	0.5	杀虫剂	NY/T 761
45	蝇毒磷	0.05	杀虫剂	GB 23200.8
46	治螟磷	0.01	杀虫剂	NY/T 761、GB 23200.8
47	艾氏剂	0.05	杀虫剂	NY/T 761、GB/T 5009.19
48	滴滴涕	0.05	杀虫剂	NY/T 761、GB/T 5009.19
49	狄氏剂	0.02	杀虫剂	NY/T 761、GB/T 5009.19
50	毒杀芬	0.05*	杀虫剂	YC/T 180
51	六六六	0.05	杀虫剂	NY/T 761、GB/T 5009.19
52	氯丹	0.02	杀虫剂	GB/T 5009.19
53	灭蚁灵	0.01	杀虫剂	GB/T 5009.19
54	七氯	0.01	杀虫剂	NY/T 761、GB/T 5009.19
55	异狄氏剂	0.05	杀虫剂	NY/T 761、GB/T 5009.19
56	保棉磷	2	杀虫剂	NY/T 761
57	苯丁锡	3	杀螨剂	SN 0592
58	苯醚甲环唑	0.2	杀菌剂	GB/T 5009.218、GB 23200.8、GB 23200.49
59	多菌灵	0.5	杀菌剂	GB/T 20769、NY/T 1453
60	二嗪磷	1	杀虫剂	GB/T 5009.107、GB/T 20769、NY/T 761
61	氟苯脲	0.1	杀虫剂	NY/T 1453

（续）

序号	农药中文名	最大残留限量（mg/kg）	农药主要用途	检测方法
62	环酰菌胺	1*	杀菌剂	无指定
63	腈菌唑	0.2	杀菌剂	GB/T 20769、GB 23200.8、NY/T 1455
64	抗蚜威	0.5	杀虫剂	GB 23200.8、NY/T 1379、SN/T 0134
65	克菌丹	10	杀菌剂	GB 23200.8、SN 0654
66	乐果	2*	杀虫剂	GB/T 5009.145、GB/T 20769、NY/T 761
67	联苯三唑醇	2	杀菌剂	GB 23200.8、GB/T 20769
68	氯氟氰菊酯和高效氯氟氰菊酯	0.2	杀虫剂	GB/T 5009.146、NY/T 761
69	马拉硫磷	6	杀虫剂	GB 23200.8、GB/T 20769、NY/T 761
70	嘧霉胺	2	杀菌剂	GB 23200.9、GB/T 20769
71	嗪氨灵	2	杀菌剂	SN 0695
72	戊唑醇	1	杀菌剂	GB 23200.8、GB/T 20769
73	溴螨酯	2	杀螨剂	GB 23200.8、SN 0192
74	敌百虫	0.2	杀虫剂	GB/T 20769、NY/T 761
75	噻螨酮	0.3	杀螨剂	GB 23200.8、GB/T 20769
76	四螨嗪	0.5	杀螨剂	GB/T 20769、GB 23200.47
77	敌敌畏	0.2	杀虫剂	NY/T 761、GB 23200.8、GB/T 5009.20
78	氯氰菊酯和高效氯氰菊酯	2	杀虫剂	GB/T 5009.146、GB 23200.8、NY/T 761
79	氰戊菊酯和S-氰戊菊酯	0.2	杀虫剂	GB 23200.8、NY/T 761
80	倍硫磷	0.05	杀虫剂	GB 23200.8、NY/T 761
81	丙森锌	7	杀菌剂	SN 0157

4.13 樱桃

樱桃中农药最大残留限量见表4-13。

表 4 - 13 樱桃中农药最大残留限量

序号	农药中文名	最大残留限量（mg/kg）	农药主要用途	检测方法
1	2，4-滴和 2，4-滴钠盐	0.05	除草剂	NY/T 1434
2	百草枯	0.01*	除草剂	无指定
3	苯线磷	0.02	杀虫剂	GB/T 5009.145、GB 23200.8
4	草甘膦	0.1	除草剂	GB/T 23750、NY/T 1096、SN/T 1923
5	地虫硫磷	0.01	杀虫剂	GB 23200.8
6	啶虫脒	2	杀虫剂	GB/T 23584、GB/T 20769
7	对硫磷	0.01	杀虫剂	GB/T 5009.145
8	多杀霉素	0.2	杀虫剂	GB/T 20769
9	伏杀硫磷	2	杀虫剂	GB 23200.8、NY/T 761
10	氟吡禾灵	0.02	除草剂	GB/T 20769
11	氟虫腈	0.02	杀虫剂	NY/T 1379
12	氟酰脲	7	杀虫剂	GB 23200.34
13	甲胺磷	0.05	杀虫剂	NY/T 761、GB/T 5009.103
14	甲拌磷	0.01	杀虫剂	GB 23200.8
15	甲基对硫磷	0.02	杀虫剂	NY/T 761
16	甲基硫环磷	0.03*	杀虫剂	NY/T 761
17	甲基异柳磷	0.01*	杀虫剂	GB/T 5009.144
18	甲氰菊酯	5	杀虫剂	NY/T 761
19	久效磷	0.03	杀虫剂	NY/T 761
20	克百威	0.02	杀虫剂	NY/T 761
21	联苯肼酯	2	杀螨剂	GB/T 20769、GB 23200.8
22	磷胺	0.05	杀虫剂	NY/T 761
23	硫环磷	0.03	杀虫剂	NY/T 761
24	硫线磷	0.02	杀虫剂	GB/T 20769
25	螺虫乙酯	3*	杀虫剂	无指定
26	氯虫苯甲酰胺	1*	杀虫剂	无指定
27	氯菊酯	2	杀虫剂	NY/T 761
28	氯唑磷	0.01	杀虫剂	GB/T 20769
29	嘧菌环胺	2	杀菌剂	GB/T 20769、GB 23200.8
30	灭多威	0.2	杀虫剂	NY/T 761

（续）

序号	农药中文名	最大残留限量 （mg/kg）	农药 主要用途	检测方法
31	灭线磷	0.02	杀线虫剂	NY/T 761
32	内吸磷	0.02	杀虫/杀螨剂	GB/T 20769
33	噻虫啉	0.5	杀虫剂	GB/T 20769、GB 23200.8
34	杀草强	0.05	除草剂	SN/T 1737.6
35	杀虫脒	0.01	杀虫剂	GB/T 20769
36	杀螟硫磷	0.5*	杀虫剂	GB/T 14553、GB/T 20769、NY/T 761
37	杀扑磷	0.05	杀虫剂	GB/T 14553、NY/T 761、GB 23200.8
38	水胺硫磷	0.05	杀虫剂	GB/T 5009.20
39	特丁硫磷	0.01	杀虫剂	NY/T 761、NY/T 1379
40	涕灭威	0.02	杀虫剂	NY/T 761
41	辛硫磷	0.05	杀虫剂	GB/T 5009.102、GB/T 20769
42	溴氰菊酯	0.05	杀虫剂	NY/T 761
43	氧乐果	0.02	杀虫剂	NY/T 761、NY/T 1379
44	乙酰甲胺磷	0.5	杀虫剂	NY/T 761
45	蝇毒磷	0.05	杀虫剂	GB 23200.8
46	治螟磷	0.01	杀虫剂	NY/T 761、GB 23200.8
47	艾氏剂	0.05	杀虫剂	NY/T 761、GB/T 5009.19
48	滴滴涕	0.05	杀虫剂	NY/T 761、GB/T 5009.19
49	狄氏剂	0.02	杀虫剂	NY/T 761、GB/T 5009.19
50	毒杀芬	0.05*	杀虫剂	YC/T 180
51	六六六	0.05	杀虫剂	NY/T 761、GB/T 5009.19
52	氯丹	0.02	杀虫剂	GB/T 5009.19
53	灭蚁灵	0.01	杀虫剂	GB/T 5009.19
54	七氯	0.01	杀虫剂	NY/T 761、GB/T 5009.19
55	异狄氏剂	0.05	杀虫剂	NY/T 761、GB/T 5009.19
56	保棉磷	2	杀虫剂	NY/T 761
57	倍硫磷	2	杀虫剂	GB 23200.8、NY/T 761
58	苯丁锡	10	杀螨剂	SN 0592

（续）

序号	农药中文名	最大残留限量（mg/kg）	农药主要用途	检测方法
59	苯醚甲环唑	0.2	杀菌剂	GB/T 5009.218、GB 23200.8、GB 23200.49
60	丙森锌	0.2	杀菌剂	SN 0157
61	多果定	3*	杀菌剂	无指定
62	多菌灵	0.5	杀菌剂	GB/T 20769、NY/T 1453
63	二嗪磷	1	杀虫剂	GB/T 5009.107、GB/T 20769、NY/T 761
64	环酰菌胺	7*	杀菌剂	无指定
65	腈苯唑	1	杀菌剂	GB 23200.8、GB/T 20769
66	抗蚜威	0.5	杀虫剂	GB 23200.8、NY/T 1379、SN/T 0134
67	克菌丹	25	杀菌剂	GB 23200.8、SN 0654
68	喹氧灵	0.4*	杀菌剂	无指定
69	乐果	2*	杀虫剂	GB/T 5009.145、GB/T 20769、NY/T 761
70	联苯三唑醇	1	杀菌剂	GB 23200.8、GB/T 20769
71	氯苯嘧啶醇	1	杀菌剂	GB/T 20769、GB 23200.8
72	氯氟氰菊酯和高效氯氟氰菊酯	0.3	杀虫剂	GB/T 5009.146、NY/T 761
73	马拉硫磷	6	杀虫剂	GB 23200.8、GB/T 20769、NY/T 761
74	嘧霉胺	4	杀菌剂	GB 23200.9、GB/T 20769
75	嗪氨灵	2	杀菌剂	SN 0695
76	双甲脒	0.5	杀螨剂	GB/T 5009.143
77	戊唑醇	4	杀菌剂	GB 23200.8、GB/T 20769
78	乙烯利	10	植物生长调节剂	GB 23200.16
79	敌百虫	0.2	杀虫剂	GB/T 20769、NY/T 761
80	噻螨酮	0.3	杀螨剂	GB 23200.8、GB/T 20769
81	四螨嗪	0.5	杀螨剂	GB/T 20769、GB 23200.47
82	腈菌唑	2	杀菌剂	GB/T 20769、GB 23200.8、NY/T 1455

（续）

序号	农药中文名	最大残留限量 （mg/kg）	农药 主要用途	检测方法
83	敌敌畏	0.2	杀虫剂	NY/T 761、GB 23200.8、GB/T 5009.20
84	氯氰菊酯和高效氯氰菊酯	2	杀虫剂	GB/T 5009.146、GB 23200.8、NY/T 761
85	氰戊菊酯和 S-氰戊菊酯	0.2	杀虫剂	GB 23200.8、NY/T 761

4.14 青梅

青梅中农药最大残留限量见表 4-14。

表 4-14 青梅中农药最大残留限量

序号	农药中文名	最大残留限量 （mg/kg）	农药 主要用途	检测方法
1	2,4-滴和 2,4-滴钠盐	0.05	除草剂	NY/T 1434
2	百草枯	0.01*	除草剂	无指定
3	苯线磷	0.02	杀虫剂	GB/T 5009.145、GB 23200.8
4	草甘膦	0.1	除草剂	GB/T 23750、NY/T 1096、SN/T 1923
5	地虫硫磷	0.01	杀虫剂	GB 23200.8
6	啶虫脒	2	杀虫剂	GB/T 23584、GB/T 20769
7	对硫磷	0.01	杀虫剂	GB/T 5009.145
8	多杀霉素	0.2	杀虫剂	GB/T 20769
9	伏杀硫磷	2	杀虫剂	GB 23200.8、NY/T 761
10	氟吡禾灵	0.02	除草剂	GB/T 20769
11	氟虫腈	0.02	杀虫剂	NY/T 1379
12	氟酰脲	7	杀虫剂	GB 23200.34
13	甲胺磷	0.05	杀虫剂	NY/T 761、GB/T 5009.103
14	甲拌磷	0.01	杀虫剂	GB 23200.8
15	甲基对硫磷	0.02	杀虫剂	NY/T 761
16	甲基硫环磷	0.03*	杀虫剂	NY/T 761
17	甲基异柳磷	0.01*	杀虫剂	GB/T 5009.144

（续）

序号	农药中文名	最大残留限量 （mg/kg）	农药 主要用途	检测方法
18	甲氰菊酯	5	杀虫剂	NY/T 761
19	久效磷	0.03	杀虫剂	NY/T 761
20	克百威	0.02	杀虫剂	NY/T 761
21	联苯肼酯	2	杀螨剂	GB/T 20769、GB 23200.8
22	磷胺	0.05	杀虫剂	NY/T 761
23	硫环磷	0.03	杀虫剂	NY/T 761
24	硫线磷	0.02	杀虫剂	GB/T 20769
25	螺虫乙酯	3*	杀虫剂	无指定
26	氯虫苯甲酰胺	1*	杀虫剂	无指定
27	氯菊酯	2	杀虫剂	NY/T 761
28	氯唑磷	0.01	杀虫剂	GB/T 20769
29	嘧菌环胺	2	杀菌剂	GB/T 20769、GB 23200.8
30	灭多威	0.2	杀虫剂	NY/T 761
31	灭线磷	0.02	杀线虫剂	NY/T 761
32	内吸磷	0.02	杀虫/杀螨剂	GB/T 20769
33	噻虫啉	0.5	杀虫剂	GB/T 20769、GB 23200.8
34	杀草强	0.05	除草剂	SN/T 1737.6
35	杀虫脒	0.01	杀虫剂	GB/T 20769
36	杀螟硫磷	0.5*	杀虫剂	GB/T 14553、GB/T 20769、NY/T 761
37	杀扑磷	0.05	杀虫剂	GB/T 14553、NY/T 761、GB 23200.8
38	水胺硫磷	0.05	杀虫剂	GB/T 5009.20
39	特丁硫磷	0.01	杀虫剂	NY/T 761、NY/T 1379
40	涕灭威	0.02	杀虫剂	NY/T 761
41	辛硫磷	0.05	杀虫剂	GB/T 5009.102、GB/T 20769
42	溴氰菊酯	0.05	杀虫剂	NY/T 761
43	氧乐果	0.02	杀虫剂	NY/T 761、NY/T 1379

（续）

序号	农药中文名	最大残留限量（mg/kg）	农药主要用途	检测方法
44	乙酰甲胺磷	0.5	杀虫剂	NY/T 761
45	蝇毒磷	0.05	杀虫剂	GB 23200.8
46	治螟磷	0.01	杀虫剂	NY/T 761、GB 23200.8
47	艾氏剂	0.05	杀虫剂	NY/T 761、GB/T 5009.19
48	滴滴涕	0.05	杀虫剂	NY/T 761、GB/T 5009.19
49	狄氏剂	0.02	杀虫剂	NY/T 761、GB/T 5009.19
50	毒杀芬	0.05*	杀虫剂	YC/T 180
51	六六六	0.05	杀虫剂	NY/T 761、GB/T 5009.19
52	氯丹	0.02	杀虫剂	GB/T 5009.19
53	灭蚁灵	0.01	杀虫剂	GB/T 5009.19
54	七氯	0.01	杀虫剂	NY/T 761、GB/T 5009.19
55	异狄氏剂	0.05	杀虫剂	NY/T 761、GB/T 5009.19
56	亚胺唑	3*	杀菌剂	无指定
57	保棉磷	1	杀虫剂	NY/T 761
58	敌百虫	0.2	杀虫剂	GB/T 20769、NY/T 761
59	噻螨酮	0.3	杀螨剂	GB 23200.8、GB/T 20769
60	四螨嗪	0.5	杀螨剂	GB/T 20769、GB 23200.47
61	腈菌唑	2	杀菌剂	GB/T 20769、GB 23200.8、NY/T 1455
62	敌敌畏	0.2	杀虫剂	NY/T 761、GB 23200.8、GB/T 5009.20
63	氯氰菊酯和高效氯氰菊酯	2	杀虫剂	GB/T 5009.146、GB 23200.8、NY/T 761
64	氰戊菊酯和S-氰戊菊酯	0.2	杀虫剂	GB 23200.8、NY/T 761
65	倍硫磷	0.05	杀虫剂	GB 23200.8、NY/T 761
66	丙森锌	7	杀菌剂	SN 0157

4.15　枸杞

枸杞中农药最大残留限量见表4－15。

表 4-15　枸杞中农药最大残留限量

序号	农药中文名	最大残留限量（mg/kg）	农药主要用途	检测方法
1	倍硫磷	0.05	杀虫剂	GB 23200.8、NY/T 761
2	苯线磷	0.02	杀虫剂	GB/T 5009.145、GB 23200.8
3	草甘膦	0.1	除草剂	GB/T 23750、NY/T 1096、SN/T 1923
4	敌百虫	0.2	杀虫剂	GB/T 20769、NY/T 761
5	敌敌畏	0.2	杀虫剂	NY/T 761、GB 23200.8、GB/T 5009.20
6	地虫硫磷	0.01	杀虫剂	GB 23200.8
7	啶虫脒	2	杀虫剂	GB/T 23584、GB/T 20769
8	对硫磷	0.01	杀虫剂	GB/T 5009.145
9	氟虫腈	0.02	杀虫剂	NY/T 1379
10	甲胺磷	0.05	杀虫剂	NY/T 761、GB/T 5009.103
11	甲拌磷	0.01	杀虫剂	GB 23200.8
12	甲基对硫磷	0.02	杀虫剂	NY/T 761
13	甲基硫环磷	0.03*	杀虫剂	NY/T 761
14	甲基异柳磷	0.01*	杀虫剂	GB/T 5009.144
15	久效磷	0.03	杀虫剂	NY/T 761
16	克百威	0.02	杀虫剂	NY/T 761
17	磷胺	0.05	杀虫剂	NY/T 761
18	硫环磷	0.03	杀虫剂	NY/T 761
19	硫线磷	0.02	杀虫剂	GB/T 20769
20	氯唑磷	0.01	杀虫剂	GB/T 20769
21	灭多威	0.2	杀虫剂	NY/T 761
22	灭线磷	0.02	杀线虫剂	NY/T 761
23	内吸磷	0.02	杀虫/杀螨剂	GB/T 20769
24	氰戊菊酯和S-氰戊菊酯	0.2	杀虫剂	GB 23200.8、NY/T 761
25	杀虫脒	0.01	杀虫剂	GB/T 20769
26	杀螟硫磷	0.5*	杀虫剂	GB/T 14553、GB/T 20769、NY/T 761
27	杀扑磷	0.05	杀虫剂	GB/T 14553、NY/T 761、GB 23200.8

序号	农药中文名	最大残留限量（mg/kg）	农药主要用途	检测方法
28	水胺硫磷	0.05	杀虫剂	GB/T 5009.20
29	特丁硫磷	0.01	杀虫剂	NY/T 761、NY/T 1379
30	涕灭威	0.02	杀虫剂	NY/T 761
31	辛硫磷	0.05	杀虫剂	GB/T 5009.102、GB/T 20769
32	氧乐果	0.02	杀虫剂	NY/T 761、NY/T 1379
33	蝇毒磷	0.05	杀虫剂	GB 23200.8
34	治螟磷	0.01	杀虫剂	NY/T 761、GB 23200.8
35	艾氏剂	0.05	杀虫剂	NY/T 761、GB/T 5009.19
36	滴滴涕	0.05	杀虫剂	NY/T 761、GB/T 5009.19
37	狄氏剂	0.02	杀虫剂	NY/T 761、GB/T 5009.19
38	毒杀芬	0.05*	杀虫剂	YC/T 180
39	六六六	0.05	杀虫剂	NY/T 761、GB/T 5009.19
40	氯丹	0.02	杀虫剂	GB/T 5009.19
41	灭蚁灵	0.01	杀虫剂	GB/T 5009.19
42	七氯	0.01	杀虫剂	NY/T 761、GB/T 5009.19
43	异狄氏剂	0.05	杀虫剂	NY/T 761、GB/T 5009.19
44	2，4-滴和2，4-滴钠盐	0.1	除草剂	NY/T 1434
45	百草枯	0.01*	除草剂	无指定
46	抗蚜威	1	杀虫剂	GB 23200.8、NY/T 1379、SN/T 0134
47	氯虫苯甲酰胺	1*	杀虫剂	无指定
48	氯氟氰菊酯和高效氯氟氰菊酯	0.2	杀虫剂	GB/T 5009.146、NY/T 761
49	吡虫啉	1	杀虫剂	GB/T 23379、GB/T 20769、NY/T 1275
50	氯氰菊酯和高效氯氰菊酯	2	杀虫剂	GB/T 5009.146、GB 23200.8、NY/T 761
51	保棉磷	1	杀虫剂	NY/T 761
52	甲氰菊酯	5	杀虫剂	NY/T 761
53	乙酰甲胺磷	0.5	杀虫剂	NY/T 761
54	噻虫啉	1	杀虫剂	GB/T 20769、GB 23200.8
55	氯菊酯	2	杀虫剂	NY/T 761

4.16 黑莓

黑莓中农药最大残留限量见表 4 - 16。

表 4 - 16 黑莓中农药最大残留限量

序号	农药中文名	最大残留限量（mg/kg）	农药主要用途	检测方法
1	倍硫磷	0.05	杀虫剂	GB 23200.8、NY/T 761
2	苯线磷	0.02	杀虫剂	GB/T 5009.145、GB 23200.8
3	草甘膦	0.1	除草剂	GB/T 23750、NY/T 1096、SN/T 1923
4	敌百虫	0.2	杀虫剂	GB/T 20769、NY/T 761
5	敌敌畏	0.2	杀虫剂	NY/T 761、GB 23200.8、GB/T 5009.20
6	地虫硫磷	0.01	杀虫剂	GB 23200.8
7	啶虫脒	2	杀虫剂	GB/T 23584、GB/T 20769
8	对硫磷	0.01	杀虫剂	GB/T 5009.145
9	氟虫腈	0.02	杀虫剂	NY/T 1379
10	甲胺磷	0.05	杀虫剂	NY/T 761、GB/T 5009.103
11	甲拌磷	0.01	杀虫剂	GB 23200.8
12	甲基对硫磷	0.02	杀虫剂	NY/T 761
13	甲基硫环磷	0.03*	杀虫剂	NY/T 761
14	甲基异柳磷	0.01*	杀虫剂	GB/T 5009.144
15	久效磷	0.03	杀虫剂	NY/T 761
16	克百威	0.02	杀虫剂	NY/T 761
17	磷胺	0.05	杀虫剂	NY/T 761
18	硫环磷	0.03	杀虫剂	NY/T 761
19	硫线磷	0.02	杀虫剂	GB/T 20769
20	氯唑磷	0.01	杀虫剂	GB/T 20769
21	灭多威	0.2	杀虫剂	NY/T 761
22	灭线磷	0.02	杀线虫剂	NY/T 761
23	内吸磷	0.02	杀虫/杀螨剂	GB/T 20769
24	氰戊菊酯和 S-氰戊菊酯	0.2	杀虫剂	GB 23200.8、NY/T 761
25	杀虫脒	0.01	杀虫剂	GB/T 20769

（续）

序号	农药中文名	最大残留限量（mg/kg）	农药主要用途	检测方法
26	杀螟硫磷	0.5*	杀虫剂	GB/T 14553、GB/T 20769、NY/T 761
27	杀扑磷	0.05	杀虫剂	GB/T 14553、NY/T 761、GB 23200.8
28	水胺硫磷	0.05	杀虫剂	GB/T 5009.20
29	特丁硫磷	0.01	杀虫剂	NY/T 761、NY/T 1379
30	涕灭威	0.02	杀虫剂	NY/T 761
31	辛硫磷	0.05	杀虫剂	GB/T 5009.102、GB/T 20769
32	氧乐果	0.02	杀虫剂	NY/T 761、NY/T 1379
33	蝇毒磷	0.05	杀虫剂	GB 23200.8
34	治螟磷	0.01	杀虫剂	NY/T 761、GB 23200.8
35	艾氏剂	0.05	杀虫剂	NY/T 761、GB/T 5009.19
36	滴滴涕	0.05	杀虫剂	NY/T 761、GB/T 5009.19
37	狄氏剂	0.02	杀虫剂	NY/T 761、GB/T 5009.19
38	毒杀芬	0.05*	杀虫剂	YC/T 180
39	六六六	0.05	杀虫剂	NY/T 761、GB/T 5009.19
40	氯丹	0.02	杀虫剂	GB/T 5009.19
41	灭蚁灵	0.01	杀虫剂	GB/T 5009.19
42	七氯	0.01	杀虫剂	NY/T 761、GB/T 5009.19
43	异狄氏剂	0.05	杀虫剂	NY/T 761、GB/T 5009.19
44	2，4-滴和2，4-滴钠盐	0.1	除草剂	NY/T 1434
45	百草枯	0.01*	除草剂	无指定
46	抗蚜威	1	杀虫剂	GB 23200.8、NY/T 1379、SN/T 0134
47	氯虫苯甲酰胺	1*	杀虫剂	无指定
48	氯氟氰菊酯和高效氯氟氰菊酯	0.2	杀虫剂	GB/T 5009.146、NY/T 761
49	代森锰锌	5	杀菌剂	SN 0157
50	多菌灵	0.5	杀菌剂	GB/T 20769、NY/T 1453
51	多杀霉素	1	杀虫剂	GB/T 20769

（续）

序号	农药中文名	最大残留限量 （mg/kg）	农药 主要用途	检测方法
52	二嗪磷	0.1	杀虫剂	GB/T 5009.107、GB/T 20769、NY/T 761
53	环酰菌胺	15*	杀菌剂	无指定
54	甲苯氟磺胺	5	杀菌剂	GB 23200.8
55	联苯肼酯	7	杀螨剂	GB/T 20769、GB 23200.8
56	联苯菊酯	1	杀虫/杀螨剂	GB/T 5009.146、NY/T 761、SN/T 1969
57	氯菊酯	1	杀虫剂	NY/T 761
58	保棉磷	1	杀虫剂	NY/T 761
59	甲氰菊酯	5	杀虫剂	NY/T 761
60	乙酰甲胺磷	0.5	杀虫剂	NY/T 761
61	噻虫啉	1	杀虫剂	GB/T 20769、GB 23200.8

4.17　蓝莓

蓝莓中农药最大残留限量见表 4-17。

表 4-17　蓝莓中农药最大残留限量

序号	农药中文名	最大残留限量 （mg/kg）	农药 主要用途	检测方法
1	倍硫磷	0.05	杀虫剂	GB 23200.8、NY/T 761
2	苯线磷	0.02	杀虫剂	GB/T 5009.145、GB 23200.8
3	草甘膦	0.1	除草剂	GB/T 23750、NY/T 1096、SN/T 1923
4	敌百虫	0.2	杀虫剂	GB/T 20769、NY/T 761
5	敌敌畏	0.2	杀虫剂	NY/T 761、GB 23200.8、GB/T 5009.20
6	地虫硫磷	0.01	杀虫剂	GB 23200.8
7	啶虫脒	2	杀虫剂	GB/T 23584、GB/T 20769
8	对硫磷	0.01	杀虫剂	GB/T 5009.145
9	氟虫腈	0.02	杀虫剂	NY/T 1379

（续）

序号	农药中文名	最大残留限量（mg/kg）	农药主要用途	检测方法
10	甲胺磷	0.05	杀虫剂	NY/T 761、GB/T 5009.103
11	甲拌磷	0.01	杀虫剂	GB 23200.8
12	甲基对硫磷	0.02	杀虫剂	NY/T 761
13	甲基硫环磷	0.03*	杀虫剂	NY/T 761
14	甲基异柳磷	0.01*	杀虫剂	GB/T 5009.144
15	久效磷	0.03	杀虫剂	NY/T 761
16	克百威	0.02	杀虫剂	NY/T 761
17	磷胺	0.05	杀虫剂	NY/T 761
18	硫环磷	0.03	杀虫剂	NY/T 761
19	硫线磷	0.02	杀虫剂	GB/T 20769
20	氯唑磷	0.01	杀虫剂	GB/T 20769
21	灭多威	0.2	杀虫剂	NY/T 761
22	灭线磷	0.02	杀线虫剂	NY/T 761
23	内吸磷	0.02	杀虫/杀螨剂	GB/T 20769
24	氰戊菊酯和 S-氰戊菊酯	0.2	杀虫剂	GB 23200.8、NY/T 761
25	杀虫脒	0.01	杀虫剂	GB/T 20769
26	杀螟硫磷	0.5*	杀虫剂	GB/T 14553、GB/T 20769、NY/T 761
27	杀扑磷	0.05	杀虫剂	GB/T 14553、NY/T 761、GB 23200.8
28	水胺硫磷	0.05	杀虫剂	GB/T 5009.20
29	特丁硫磷	0.01	杀虫剂	NY/T 761、NY/T 1379
30	涕灭威	0.02	杀虫剂	NY/T 761
31	辛硫磷	0.05	杀虫剂	GB/T 5009.102、GB/T 20769
32	氧乐果	0.02	杀虫剂	NY/T 761、NY/T 1379
33	蝇毒磷	0.05	杀虫剂	GB 23200.8
34	治螟磷	0.01	杀虫剂	NY/T 761、GB 23200.8
35	艾氏剂	0.05	杀虫剂	NY/T 761、GB/T 5009.19
36	滴滴涕	0.05	杀虫剂	NY/T 761、GB/T 5009.19
37	狄氏剂	0.02	杀虫剂	NY/T 761、GB/T 5009.19
38	毒杀芬	0.05*	杀虫剂	YC/T 180

（续）

序号	农药中文名	最大残留限量（mg/kg）	农药主要用途	检测方法
39	六六六	0.05	杀虫剂	NY/T 761、GB/T 5009.19
40	氯丹	0.02	杀虫剂	GB/T 5009.19
41	灭蚁灵	0.01	杀虫剂	GB/T 5009.19
42	七氯	0.01	杀虫剂	NY/T 761、GB/T 5009.19
43	异狄氏剂	0.05	杀虫剂	NY/T 761、GB/T 5009.19
44	2，4-滴和2，4-滴钠盐	0.1	除草剂	NY/T 1434
45	百草枯	0.01*	除草剂	无指定
46	抗蚜威	1	杀虫剂	GB 23200.8、NY/T 1379、SN/T 0134
47	氯虫苯甲酰胺	1*	杀虫剂	无指定
48	氯氟氰菊酯和高效氯氟氰菊酯	0.2	杀虫剂	GB/T 5009.146、NY/T 761
49	保棉磷	5	杀虫剂	NY/T 761
50	虫酰肼	3	杀虫剂	GB/T 20769
51	多杀霉素	0.4	杀虫剂	GB/T 20769
52	氟酰脲	7	杀虫剂	GB 23200.34
53	环酰菌胺	5*	杀菌剂	无指定
54	克菌丹	20	杀菌剂	GB 23200.8、SN 0654
55	马拉硫磷	10	杀虫剂	GB 23200.8、GB/T 20769、NY/T 761
56	嗪氨灵	1	杀菌剂	SN 0695
57	亚胺硫磷	10	杀虫剂	GB/T 5009.131、NY/T 761
58	乙烯利	20	植物生长调节剂	GB 23200.16
59	甲氰菊酯	5	杀虫剂	NY/T 761
60	乙酰甲胺磷	0.5	杀虫剂	NY/T 761
61	噻虫啉	1	杀虫剂	GB/T 20769、GB 23200.8
62	氯菊酯	2	杀虫剂	NY/T 761

4.18　越橘

越橘中农药最大残留限量见表4-18。

表 4-18 越橘中农药最大残留限量

序号	农药中文名	最大残留限量（mg/kg）	农药主要用途	检测方法
1	倍硫磷	0.05	杀虫剂	GB 23200.8、NY/T 761
2	苯线磷	0.02	杀虫剂	GB/T 5009.145、GB 23200.8
3	草甘膦	0.1	除草剂	GB/T 23750、NY/T 1096、SN/T 1923
4	敌百虫	0.2	杀虫剂	GB/T 20769、NY/T 761
5	敌敌畏	0.2	杀虫剂	NY/T 761、GB 23200.8、GB/T 5009.20
6	地虫硫磷	0.01	杀虫剂	GB 23200.8
7	啶虫脒	2	杀虫剂	GB/T 23584、GB/T 20769
8	对硫磷	0.01	杀虫剂	GB/T 5009.145
9	氟虫腈	0.02	杀虫剂	NY/T 1379
10	甲胺磷	0.05	杀虫剂	NY/T 761、GB/T 5009.103
11	甲拌磷	0.01	杀虫剂	GB 23200.8
12	甲基对硫磷	0.02	杀虫剂	NY/T 761
13	甲基硫环磷	0.03*	杀虫剂	NY/T 761
14	甲基异柳磷	0.01*	杀虫剂	GB/T 5009.144
15	久效磷	0.03	杀虫剂	NY/T 761
16	克百威	0.02	杀虫剂	NY/T 761
17	磷胺	0.05	杀虫剂	NY/T 761
18	硫环磷	0.03	杀虫剂	NY/T 761
19	硫线磷	0.02	杀虫剂	GB/T 20769
20	氯唑磷	0.01	杀虫剂	GB/T 20769
21	灭多威	0.2	杀虫剂	NY/T 761
22	灭线磷	0.02	杀线虫剂	NY/T 761
23	内吸磷	0.02	杀虫/杀螨剂	GB/T 20769
24	氰戊菊酯和S-氰戊菊酯	0.2	杀虫剂	GB 23200.8、NY/T 761
25	杀虫脒	0.01	杀虫剂	GB/T 20769
26	杀螟硫磷	0.5*	杀虫剂	GB/T 14553、GB/T 20769、NY/T 761
27	杀扑磷	0.05	杀虫剂	GB/T 14553、NY/T 761、GB 23200.8

（续）

序号	农药中文名	最大残留限量 （mg/kg）	农药 主要用途	检测方法
28	水胺硫磷	0.05	杀虫剂	GB/T 5009.20
29	特丁硫磷	0.01	杀虫剂	NY/T 761、NY/T 1379
30	涕灭威	0.02	杀虫剂	NY/T 761
31	辛硫磷	0.05	杀虫剂	GB/T 5009.102、GB/T 20769
32	氧乐果	0.02	杀虫剂	NY/T 761、NY/T 1379
33	蝇毒磷	0.05	杀虫剂	GB 23200.8
34	治螟磷	0.01	杀虫剂	NY/T 761、GB 23200.8
35	艾氏剂	0.05	杀虫剂	NY/T 761、GB/T 5009.19
36	滴滴涕	0.05	杀虫剂	NY/T 761、GB/T 5009.19
37	狄氏剂	0.02	杀虫剂	NY/T 761、GB/T 5009.19
38	毒杀芬	0.05*	杀虫剂	YC/T 180
39	六六六	0.05	杀虫剂	NY/T 761、GB/T 5009.19
40	氯丹	0.02	杀虫剂	GB/T 5009.19
41	灭蚁灵	0.01	杀虫剂	GB/T 5009.19
42	七氯	0.01	杀虫剂	NY/T 761、GB/T 5009.19
43	异狄氏剂	0.05	杀虫剂	NY/T 761、GB/T 5009.19
44	2，4-滴和2，4-滴钠盐	0.1	除草剂	NY/T 1434
45	百草枯	0.01*	除草剂	无指定
46	抗蚜威	1	杀虫剂	GB 23200.8、NY/T 1379、SN/T 0134
47	氯虫苯甲酰胺	1*	杀虫剂	无指定
48	氯氟氰菊酯和高效氯氟氰菊酯	0.2	杀虫剂	GB/T 5009.146、NY/T 761
49	保棉磷	0.1	杀虫剂	NY/T 761
50	丙环唑	0.3	杀菌剂	GB/T 20769、GB 23200.8
51	虫酰肼	0.5	杀虫剂	GB/T 20769
52	多杀霉素	0.02	杀虫剂	GB/T 20769
53	二嗪磷	0.2	杀虫剂	GB/T 5009.107、GB/T 20769、NY/T 761
54	环酰菌胺	5*	杀菌剂	无指定

（续）

序号	农药中文名	最大残留限量 （mg/kg）	农药 主要用途	检测方法
55	乙酰甲胺磷	0.5	杀虫剂	NY/T 761
56	甲氰菊酯	5	杀虫剂	NY/T 761
57	噻虫啉	1	杀虫剂	GB/T 20769、GB 23200.8
58	氯菊酯	2	杀虫剂	NY/T 761

4.19　加仑子（黑）

加仑子（黑）中农药最大残留限量见表 4 - 19。

表 4 - 19　加仑子（黑）中农药最大残留限量

序号	农药中文名	最大残留限量 （mg/kg）	农药 主要用途	检测方法
1	倍硫磷	0.05	杀虫剂	GB 23200.8、NY/T 761
2	苯线磷	0.02	杀虫剂	GB/T 5009.145、GB 23200.8
3	草甘膦	0.1	除草剂	GB/T 23750、NY/T 1096、 SN/T 1923
4	敌百虫	0.2	杀虫剂	GB/T 20769、NY/T 761
5	敌敌畏	0.2	杀虫剂	NY/T 761、GB 23200.8、GB/ T 5009.20
6	地虫硫磷	0.01	杀虫剂	GB 23200.8
7	啶虫脒	2	杀虫剂	GB/T 23584、GB/T 20769
8	对硫磷	0.01	杀虫剂	GB/T 5009.145
9	氟虫腈	0.02	杀虫剂	NY/T 1379
10	甲胺磷	0.05	杀虫剂	NY/T 761、GB/T 5009.103
11	甲拌磷	0.01	杀虫剂	GB 23200.8
12	甲基对硫磷	0.02	杀虫剂	NY/T 761
13	甲基硫环磷	0.03*	杀虫剂	NY/T 761
14	甲基异柳磷	0.01*	杀虫剂	GB/T 5009.144
15	久效磷	0.03	杀虫剂	NY/T 761
16	克百威	0.02	杀虫剂	NY/T 761
17	磷胺	0.05	杀虫剂	NY/T 761

（续）

序号	农药中文名	最大残留限量（mg/kg）	农药主要用途	检测方法
18	硫环磷	0.03	杀虫剂	NY/T 761
19	硫线磷	0.02	杀虫剂	GB/T 20769
20	氯唑磷	0.01	杀虫剂	GB/T 20769
21	灭多威	0.2	杀虫剂	NY/T 761
22	灭线磷	0.02	杀线虫剂	NY/T 761
23	内吸磷	0.02	杀虫/杀螨剂	GB/T 20769
24	氰戊菊酯和S-氰戊菊酯	0.2	杀虫剂	GB 23200.8、NY/T 761
25	杀虫脒	0.01	杀虫剂	GB/T 20769
26	杀螟硫磷	0.5*	杀虫剂	GB/T 14553、GB/T 20769、NY/T 761
27	杀扑磷	0.05	杀虫剂	GB/T 14553、NY/T 761、GB 23200.8
28	水胺硫磷	0.05	杀虫剂	GB/T 5009.20
29	特丁硫磷	0.01	杀虫剂	NY/T 761、NY/T 1379
30	涕灭威	0.02	杀虫剂	NY/T 761
31	辛硫磷	0.05	杀虫剂	GB/T 5009.102、GB/T 20769
32	氧乐果	0.02	杀虫剂	NY/T 761、NY/T 1379
33	蝇毒磷	0.05	杀虫剂	GB 23200.8
34	治螟磷	0.01	杀虫剂	NY/T 761、GB 23200.8
35	艾氏剂	0.05	杀虫剂	NY/T 761、GB/T 5009.19
36	滴滴涕	0.05	杀虫剂	NY/T 761、GB/T 5009.19
37	狄氏剂	0.02	杀虫剂	NY/T 761、GB/T 5009.19
38	毒杀芬	0.05*	杀虫剂	YC/T 180
39	六六六	0.05	杀虫剂	NY/T 761、GB/T 5009.19
40	氯丹	0.02	杀虫剂	GB/T 5009.19
41	灭蚁灵	0.01	杀虫剂	GB/T 5009.19
42	七氯	0.01	杀虫剂	NY/T 761、GB/T 5009.19
43	异狄氏剂	0.05	杀虫剂	NY/T 761、GB/T 5009.19
44	2,4-滴和2,4-滴钠盐	0.1	除草剂	NY/T 1434
45	百草枯	0.01*	除草剂	无指定

（续）

序号	农药中文名	最大残留限量（mg/kg）	农药主要用途	检测方法
46	抗蚜威	1	杀虫剂	GB 23200.8、NY/T 1379、SN/T 0134
47	氯虫苯甲酰胺	1*	杀虫剂	无指定
48	氯氟氰菊酯和高效氯氟氰菊酯	0.2	杀虫剂	GB/T 5009.146、NY/T 761
49	苯氟磺胺	15	杀菌剂	SN/T 2320
50	代森联	10	杀菌剂	SN 0157
51	二嗪磷	0.2	杀虫剂	GB/T 5009.107、GB/T 20769、NY/T 761
52	环酰菌胺	5*	杀菌剂	无指定
53	甲苯氟磺胺	0.5	杀菌剂	GB 23200.8
54	氯菊酯	2	杀虫剂	NY/T 761
55	嗪氨灵	1	杀菌剂	SN 0695
56	三环锡	0.1	杀螨剂	SN/T 1990
57	三唑醇	0.7	杀菌剂	GB 23200.8
58	三唑酮	0.7	杀菌剂	NY/T 761、GB/T 20769、GB 23200.8
59	三唑锡	0.1	杀螨剂	SN/T 0150、SN/T 1990
60	四螨嗪	0.2	杀螨剂	GB/T 20769、GB 23200.47
61	喹氧灵	1*	杀菌剂	无指定
62	保棉磷	1	杀虫剂	NY/T 761
63	甲氰菊酯	5	杀虫剂	NY/T 761
64	乙酰甲胺磷	0.5	杀虫剂	NY/T 761
65	噻虫啉	1	杀虫剂	GB/T 20769、GB 23200.8
66	氯菊酯	2	杀虫剂	NY/T 761

4.20 加仑子（黑、红、白）

加仑子（黑、红、白）中农药最大残留限量见表 4-20。

表 4－20　加仑子（黑、红、白）中农药最大残留限量

序号	农药中文名	最大残留限量（mg/kg）	农药主要用途	检测方法
1	倍硫磷	0.05	杀虫剂	GB 23200.8、NY/T 761
2	苯线磷	0.02	杀虫剂	GB/T 5009.145、GB 23200.8
3	草甘膦	0.1	除草剂	GB/T 23750、NY/T 1096、SN/T 1923
4	敌百虫	0.2	杀虫剂	GB/T 20769、NY/T 761
5	敌敌畏	0.2	杀虫剂	NY/T 761、GB 23200.8、GB/T 5009.20
6	地虫硫磷	0.01	杀虫剂	GB 23200.8
7	啶虫脒	2	杀虫剂	GB/T 23584、GB/T 20769
8	对硫磷	0.01	杀虫剂	GB/T 5009.145
9	氟虫腈	0.02	杀虫剂	NY/T 1379
10	甲胺磷	0.05	杀虫剂	NY/T 761、GB/T 5009.103
11	甲拌磷	0.01	杀虫剂	GB 23200.8
12	甲基对硫磷	0.02	杀虫剂	NY/T 761
13	甲基硫环磷	0.03*	杀虫剂	NY/T 761
14	甲基异柳磷	0.01*	杀虫剂	GB/T 5009.144
15	久效磷	0.03	杀虫剂	NY/T 761
16	克百威	0.02	杀虫剂	NY/T 761
17	磷胺	0.05	杀虫剂	NY/T 761
18	硫环磷	0.03	杀虫剂	NY/T 761
19	硫线磷	0.02	杀虫剂	GB/T 20769
20	氯唑磷	0.01	杀虫剂	GB/T 20769
21	灭多威	0.2	杀虫剂	NY/T 761
22	灭线磷	0.02	杀线虫剂	NY/T 761
23	内吸磷	0.02	杀虫/杀螨剂	GB/T 20769
24	氰戊菊酯和 S-氰戊菊酯	0.2	杀虫剂	GB 23200.8、NY/T 761
25	杀虫脒	0.01	杀虫剂	GB/T 20769
26	杀螟硫磷	0.5*	杀虫剂	GB/T 14553、GB/T 20769、NY/T 761
27	杀扑磷	0.05	杀虫剂	GB/T 14553、NY/T 761、GB 23200.8

（续）

序号	农药中文名	最大残留限量 （mg/kg）	农药 主要用途	检测方法
28	水胺硫磷	0.05	杀虫剂	GB/T 5009.20
29	特丁硫磷	0.01	杀虫剂	NY/T 761、NY/T 1379
30	涕灭威	0.02	杀虫剂	NY/T 761
31	辛硫磷	0.05	杀虫剂	GB/T 5009.102、GB/T 20769
32	氧乐果	0.02	杀虫剂	NY/T 761、NY/T 1379
33	蝇毒磷	0.05	杀虫剂	GB 23200.8
34	治螟磷	0.01	杀虫剂	NY/T 761、GB 23200.8
35	艾氏剂	0.05	杀虫剂	NY/T 761、GB/T 5009.19
36	滴滴涕	0.05	杀虫剂	NY/T 761、GB/T 5009.19
37	狄氏剂	0.02	杀虫剂	NY/T 761、GB/T 5009.19
38	毒杀芬	0.05*	杀虫剂	YC/T 180
39	六六六	0.05	杀虫剂	NY/T 761、GB/T 5009.19
40	氯丹	0.02	杀虫剂	GB/T 5009.19
41	灭蚁灵	0.01	杀虫剂	GB/T 5009.19
42	七氯	0.01	杀虫剂	NY/T 761、GB/T 5009.19
43	异狄氏剂	0.05	杀虫剂	NY/T 761、GB/T 5009.19
44	2,4-滴和2,4-滴钠盐	0.1	除草剂	NY/T 1434
45	百草枯	0.01*	除草剂	无指定
46	抗蚜威	1	杀虫剂	GB 23200.8、NY/T 1379、SN/T 0134
47	氯虫苯甲酰胺	1*	杀虫剂	无指定
48	氯氟氰菊酯和高效氯氟氰菊酯	0.2	杀虫剂	GB/T 5009.146、NY/T 761
49	苯氟磺胺	15	杀菌剂	SN/T 2320
50	代森联	10	杀菌剂	SN 0157
51	二嗪磷	0.2	杀虫剂	GB/T 5009.107、GB/T 20769、NY/T 761
52	环酰菌胺	5*	杀菌剂	无指定
53	甲苯氟磺胺	0.5	杀菌剂	GB 23200.8
54	氯菊酯	2	杀虫剂	NY/T 761
55	嗪氨灵	1	杀菌剂	SN 0695

（续）

序号	农药中文名	最大残留限量（mg/kg）	农药主要用途	检测方法
56	三环锡	0.1	杀螨剂	SN/T 1990
57	三唑醇	0.7	杀菌剂	GB 23200.8
58	三唑酮	0.7	杀菌剂	NY/T 761、GB/T 20769、GB 23200.8
59	三唑锡	0.1	杀螨剂	SN/T 0150、SN/T 1990
60	四螨嗪	0.2	杀螨剂	GB/T 20769、GB 23200.47
61	保棉磷	1	杀虫剂	NY/T 761
62	甲氰菊酯	5	杀虫剂	NY/T 761
63	乙酰甲胺磷	0.5	杀虫剂	NY/T 761
64	噻虫啉	1	杀虫剂	GB/T 20769、GB 23200.8

4.21 悬钩子

悬钩子中农药最大残留限量见表 4-21。

表 4-21 悬钩子中农药最大残留限量

序号	农药中文名	最大残留限量（mg/kg）	农药主要用途	检测方法
1	倍硫磷	0.05	杀虫剂	GB 23200.8、NY/T 761
2	苯线磷	0.02	杀虫剂	GB/T 5009.145、GB 23200.8
3	草甘膦	0.1	除草剂	GB/T 23750、NY/T 1096、SN/T 1923
4	敌百虫	0.2	杀虫剂	GB/T 20769、NY/T 761
5	敌敌畏	0.2	杀虫剂	NY/T 761、GB 23200.8、GB/T 5009.20
6	地虫硫磷	0.01	杀虫剂	GB 23200.8
7	啶虫脒	2	杀虫剂	GB/T 23584、GB/T 20769
8	对硫磷	0.01	杀虫剂	GB/T 5009.145
9	氟虫腈	0.02	杀虫剂	NY/T 1379
10	甲胺磷	0.05	杀虫剂	NY/T 761、GB/T 5009.103
11	甲拌磷	0.01	杀虫剂	GB 23200.8

（续）

序号	农药中文名	最大残留限量 （mg/kg）	农药 主要用途	检测方法
12	甲基对硫磷	0.02	杀虫剂	NY/T 761
13	甲基硫环磷	0.03*	杀虫剂	NY/T 761
14	甲基异柳磷	0.01*	杀虫剂	GB/T 5009.144
15	久效磷	0.03	杀虫剂	NY/T 761
16	克百威	0.02	杀虫剂	NY/T 761
17	磷胺	0.05	杀虫剂	NY/T 761
18	硫环磷	0.03	杀虫剂	NY/T 761
19	硫线磷	0.02	杀虫剂	GB/T 20769
20	氯唑磷	0.01	杀虫剂	GB/T 20769
21	灭多威	0.2	杀虫剂	NY/T 761
22	灭线磷	0.02	杀线虫剂	NY/T 761
23	内吸磷	0.02	杀虫/杀螨剂	GB/T 20769
24	氰戊菊酯和S-氰戊菊酯	0.2	杀虫剂	GB 23200.8、NY/T 761
25	杀虫脒	0.01	杀虫剂	GB/T 20769
26	杀螟硫磷	0.5*	杀虫剂	GB/T 14553、GB/T 20769、 NY/T 761
27	杀扑磷	0.05	杀虫剂	GB/T 14553、NY/T 761、GB 23200.8
28	水胺硫磷	0.05	杀虫剂	GB/T 5009.20
29	特丁硫磷	0.01	杀虫剂	NY/T 761、NY/T 1379
30	涕灭威	0.02	杀虫剂	NY/T 761
31	辛硫磷	0.05	杀虫剂	GB/T 5009.102、GB/T 20769
32	氧乐果	0.02	杀虫剂	NY/T 761、NY/T 1379
33	蝇毒磷	0.05	杀虫剂	GB 23200.8
34	治螟磷	0.01	杀虫剂	NY/T 761、GB 23200.8
35	艾氏剂	0.05	杀虫剂	NY/T 761、GB/T 5009.19
36	滴滴涕	0.05	杀虫剂	NY/T 761、GB/T 5009.19
37	狄氏剂	0.02	杀虫剂	NY/T 761、GB/T 5009.19
38	毒杀芬	0.05*	杀虫剂	YC/T 180
39	六六六	0.05	杀虫剂	NY/T 761、GB/T 5009.19
40	氯丹	0.02	杀虫剂	GB/T 5009.19

（续）

序号	农药中文名	最大残留限量 （mg/kg）	农药 主要用途	检测方法
41	灭蚁灵	0.01	杀虫剂	GB/T 5009.19
42	七氯	0.01	杀虫剂	NY/T 761、GB/T 5009.19
43	异狄氏剂	0.05	杀虫剂	NY/T 761、GB/T 5009.19
44	2，4-滴和2，4-滴钠盐	0.1	除草剂	NY/T 1434
45	百草枯	0.01*	除草剂	无指定
46	抗蚜威	1	杀虫剂	GB 23200.8、NY/T 1379、SN/T 0134
47	氯虫苯甲酰胺	1*	杀虫剂	无指定
48	氯氟氰菊酯和高效氯氟氰菊酯	0.2	杀虫剂	GB/T 5009.146、NY/T 761
49	苯氟磺胺	7	杀菌剂	SN/T 2320
50	环酰菌胺	5*	杀菌剂	无指定
51	氯菊酯	2	杀虫剂	NY/T 761
52	嗪氨灵	1	杀菌剂	SN 0695
53	保棉磷	1	杀虫剂	NY/T 761
54	甲氰菊酯	5	杀虫剂	NY/T 761
55	乙酰甲胺磷	0.5	杀虫剂	NY/T 761
56	噻虫啉	1	杀虫剂	GB/T 20769、GB 23200.8

4.22 醋栗

醋栗中农药最大残留限量见表4-22。

表4-22 醋栗中农药最大残留限量

序号	农药中文名	最大残留限量 （mg/kg）	农药 主要用途	检测方法
1	倍硫磷	0.05	杀虫剂	GB 23200.8、NY/T 761
2	苯线磷	0.02	杀虫剂	GB/T 5009.145、GB 23200.8
3	草甘膦	0.1	除草剂	GB/T 23750、NY/T 1096、SN/T 1923
4	敌百虫	0.2	杀虫剂	GB/T 20769、NY/T 761

（续）

序号	农药中文名	最大残留限量 （mg/kg）	农药 主要用途	检测方法
5	敌敌畏	0.2	杀虫剂	NY/T 761、GB 23200.8、GB/T 5009.20
6	地虫硫磷	0.01	杀虫剂	GB 23200.8
7	啶虫脒	2	杀虫剂	GB/T 23584、GB/T 20769
8	对硫磷	0.01	杀虫剂	GB/T 5009.145
9	氟虫腈	0.02	杀虫剂	NY/T 1379
10	甲胺磷	0.05	杀虫剂	NY/T 761、GB/T 5009.103
11	甲拌磷	0.01	杀虫剂	GB 23200.8
12	甲基对硫磷	0.02	杀虫剂	NY/T 761
13	甲基硫环磷	0.03*	杀虫剂	NY/T 761
14	甲基异柳磷	0.01*	杀虫剂	GB/T 5009.144
15	久效磷	0.03	杀虫剂	NY/T 761
16	克百威	0.02	杀虫剂	NY/T 761
17	磷胺	0.05	杀虫剂	NY/T 761
18	硫环磷	0.03	杀虫剂	NY/T 761
19	硫线磷	0.02	杀虫剂	GB/T 20769
20	氯唑磷	0.01	杀虫剂	GB/T 20769
21	灭多威	0.2	杀虫剂	NY/T 761
22	灭线磷	0.02	杀线虫剂	NY/T 761
23	内吸磷	0.02	杀虫/杀螨剂	GB/T 20769
24	氰戊菊酯和S-氰戊菊酯	0.2	杀虫剂	GB 23200.8、NY/T 761
25	杀虫脒	0.01	杀虫剂	GB/T 20769
26	杀螟硫磷	0.5*	杀虫剂	GB/T 14553、GB/T 20769、NY/T 761
27	杀扑磷	0.05	杀虫剂	GB/T 14553、NY/T 761、GB 23200.8
28	水胺硫磷	0.05	杀虫剂	GB/T 5009.20
29	特丁硫磷	0.01	杀虫剂	NY/T 761、NY/T 1379
30	涕灭威	0.02	杀虫剂	NY/T 761
31	辛硫磷	0.05	杀虫剂	GB/T 5009.102、GB/T 20769

（续）

序号	农药中文名	最大残留限量（mg/kg）	农药主要用途	检测方法
32	氧乐果	0.02	杀虫剂	NY/T 761、NY/T 1379
33	蝇毒磷	0.05	杀虫剂	GB 23200.8
34	治螟磷	0.01	杀虫剂	NY/T 761、GB 23200.8
35	艾氏剂	0.05	杀虫剂	NY/T 761、GB/T 5009.19
36	滴滴涕	0.05	杀虫剂	NY/T 761、GB/T 5009.19
37	狄氏剂	0.02	杀虫剂	NY/T 761、GB/T 5009.19
38	毒杀芬	0.05*	杀虫剂	YC/T 180
39	六六六	0.05	杀虫剂	NY/T 761、GB/T 5009.19
40	氯丹	0.02	杀虫剂	GB/T 5009.19
41	灭蚁灵	0.01	杀虫剂	GB/T 5009.19
42	七氯	0.01	杀虫剂	NY/T 761、GB/T 5009.19
43	异狄氏剂	0.05	杀虫剂	NY/T 761、GB/T 5009.19
44	2，4-滴和2，4-滴钠盐	0.1	除草剂	NY/T 1434
45	百草枯	0.01*	除草剂	无指定
46	抗蚜威	1	杀虫剂	GB 23200.8、NY/T 1379、SN/T 0134
47	氯虫苯甲酰胺	1*	杀虫剂	无指定
48	氯氟氰菊酯和高效氯氟氰菊酯	0.2	杀虫剂	GB/T 5009.146、NY/T 761
49	代森锰锌	5	杀菌剂	SN 0157
50	多菌灵	0.5	杀菌剂	GB/T 20769、NY/T 1453
51	保棉磷	1	杀虫剂	NY/T 761
52	甲氰菊酯	5	杀虫剂	NY/T 761
53	乙酰甲胺磷	0.5	杀虫剂	NY/T 761
54	噻虫啉	1	杀虫剂	GB/T 20769、GB 23200.8
55	氯菊酯	2	杀虫剂	NY/T 761

4.23　醋栗（红、黑）

醋栗（红、黑）中农药最大残留限量见表4-23。

表4-23　醋栗（红、黑）中农药最大残留限量

序号	农药中文名	最大残留限量（mg/kg）	农药主要用途	检测方法
1	倍硫磷	0.05	杀虫剂	GB 23200.8、NY/T 761
2	苯线磷	0.02	杀虫剂	GB/T 5009.145、GB 23200.8
3	草甘膦	0.1	除草剂	GB/T 23750、NY/T 1096、SN/T 1923
4	敌百虫	0.2	杀虫剂	GB/T 20769、NY/T 761
5	敌敌畏	0.2	杀虫剂	NY/T 761、GB 23200.8、GB/T 5009.20
6	地虫硫磷	0.01	杀虫剂	GB 23200.8
7	啶虫脒	2	杀虫剂	GB/T 23584、GB/T 20769
8	对硫磷	0.01	杀虫剂	GB/T 5009.145
9	氟虫腈	0.02	杀虫剂	NY/T 1379
10	甲胺磷	0.05	杀虫剂	NY/T 761、GB/T 5009.103
11	甲拌磷	0.01	杀虫剂	GB 23200.8
12	甲基对硫磷	0.02	杀虫剂	NY/T 761
13	甲基硫环磷	0.03*	杀虫剂	NY/T 761
14	甲基异柳磷	0.01*	杀虫剂	GB/T 5009.144
15	久效磷	0.03	杀虫剂	NY/T 761
16	克百威	0.02	杀虫剂	NY/T 761
17	磷胺	0.05	杀虫剂	NY/T 761
18	硫环磷	0.03	杀虫剂	NY/T 761
19	硫线磷	0.02	杀虫剂	GB/T 20769
20	氯唑磷	0.01	杀虫剂	GB/T 20769
21	灭多威	0.2	杀虫剂	NY/T 761
22	灭线磷	0.02	杀线虫剂	NY/T 761
23	内吸磷	0.02	杀虫/杀螨剂	GB/T 20769
24	氰戊菊酯和S-氰戊菊酯	0.2	杀虫剂	GB 23200.8、NY/T 761
25	杀虫脒	0.01	杀虫剂	GB/T 20769
26	杀螟硫磷	0.5*	杀虫剂	GB/T 14553、GB/T 20769、NY/T 761
27	杀扑磷	0.05	杀虫剂	GB/T 14553、NY/T 761、GB 23200.8

（续）

序号	农药中文名	最大残留限量（mg/kg）	农药主要用途	检测方法
28	水胺硫磷	0.05	杀虫剂	GB/T 5009.20
29	特丁硫磷	0.01	杀虫剂	NY/T 761、NY/T 1379
30	涕灭威	0.02	杀虫剂	NY/T 761
31	辛硫磷	0.05	杀虫剂	GB/T 5009.102、GB/T 20769
32	氧乐果	0.02	杀虫剂	NY/T 761、NY/T 1379
33	蝇毒磷	0.05	杀虫剂	GB 23200.8
34	治螟磷	0.01	杀虫剂	NY/T 761、GB 23200.8
35	艾氏剂	0.05	杀虫剂	NY/T 761、GB/T 5009.19
36	滴滴涕	0.05	杀虫剂	NY/T 761、GB/T 5009.19
37	狄氏剂	0.02	杀虫剂	NY/T 761、GB/T 5009.19
38	毒杀芬	0.05*	杀虫剂	YC/T 180
39	六六六	0.05	杀虫剂	NY/T 761、GB/T 5009.19
40	氯丹	0.02	杀虫剂	GB/T 5009.19
41	灭蚁灵	0.01	杀虫剂	GB/T 5009.19
42	七氯	0.01	杀虫剂	NY/T 761、GB/T 5009.19
43	异狄氏剂	0.05	杀虫剂	NY/T 761、GB/T 5009.19
44	2，4-滴和2，4-滴钠盐	0.1	除草剂	NY/T 1434
45	百草枯	0.01*	除草剂	无指定
46	抗蚜威	1	杀虫剂	GB 23200.8、NY/T 1379、SN/T 0134
47	氯虫苯甲酰胺	1*	杀虫剂	无指定
48	氯氟氰菊酯和高效氯氟氰菊酯	0.2	杀虫剂	GB/T 5009.146、NY/T 761
49	苯氟磺胺	15	杀菌剂	SN/T 2320
50	虫酰肼	2	杀虫剂	GB/T 20769
51	多杀霉素	1	杀虫剂	GB/T 20769
52	二嗪磷	0.2	杀虫剂	GB/T 5009.107、GB/T 20769、NY/T 761
53	环酰菌胺	15*	杀菌剂	无指定

（续）

序号	农药中文名	最大残留限量（mg/kg）	农药主要用途	检测方法
54	甲苯氟磺胺	5	杀菌剂	GB 23200.8
55	甲霜灵和精甲霜灵	0.2	杀菌剂	GB 23200.8、GB/T 20769
56	克菌丹	20	杀菌剂	GB 23200.8、SN 0654
57	联苯肼酯	7	杀螨剂	GB/T 20769、GB 23200.8
58	联苯菊酯	1	杀虫/杀螨剂	GB/T 5009.146、NY/T 761、SN/T 1969
59	氯菊酯	1	杀虫剂	NY/T 761
60	嘧菌环胺	0.5	杀菌剂	GB/T 20769、GB 23200.8
61	抑霉唑	2	杀菌剂	GB 23200.8、GB/T 20769
62	保棉磷	1	杀虫剂	NY/T 761
63	甲氰菊酯	5	杀虫剂	NY/T 761
64	乙酰甲胺磷	0.5	杀虫剂	NY/T 761
65	噻虫啉	1	杀虫剂	GB/T 20769、GB 23200.8

4.24 桑葚

桑葚中农药最大残留限量见表 4-24。

表 4-24 桑葚中农药最大残留限量

序号	农药中文名	最大残留限量（mg/kg）	农药主要用途	检测方法
1	倍硫磷	0.05	杀虫剂	GB 23200.8、NY/T 761
2	苯线磷	0.02	杀虫剂	GB/T 5009.145、GB 23200.8
3	草甘膦	0.1	除草剂	GB/T 23750、NY/T 1096、SN/T 1923
4	敌百虫	0.2	杀虫剂	GB/T 20769、NY/T 761
5	敌敌畏	0.2	杀虫剂	NY/T 761、GB 23200.8、GB/T 5009.20
6	地虫硫磷	0.01	杀虫剂	GB 23200.8
7	啶虫脒	2	杀虫剂	GB/T 23584、GB/T 20769
8	对硫磷	0.01	杀虫剂	GB/T 5009.145

（续）

序号	农药中文名	最大残留限量（mg/kg）	农药主要用途	检测方法
9	氟虫腈	0.02	杀虫剂	NY/T 1379
10	甲胺磷	0.05	杀虫剂	NY/T 761、GB/T 5009.103
11	甲拌磷	0.01	杀虫剂	GB 23200.8
12	甲基对硫磷	0.02	杀虫剂	NY/T 761
13	甲基硫环磷	0.03*	杀虫剂	NY/T 761
14	甲基异柳磷	0.01*	杀虫剂	GB/T 5009.144
15	久效磷	0.03	杀虫剂	NY/T 761
16	克百威	0.02	杀虫剂	NY/T 761
17	磷胺	0.05	杀虫剂	NY/T 761
18	硫环磷	0.03	杀虫剂	NY/T 761
19	硫线磷	0.02	杀虫剂	GB/T 20769
20	氯唑磷	0.01	杀虫剂	GB/T 20769
21	灭多威	0.2	杀虫剂	NY/T 761
22	灭线磷	0.02	杀线虫剂	NY/T 761
23	内吸磷	0.02	杀虫/杀螨剂	GB/T 20769
24	氰戊菊酯和 S-氰戊菊酯	0.2	杀虫剂	GB 23200.8、NY/T 761
25	杀虫脒	0.01	杀虫剂	GB/T 20769
26	杀螟硫磷	0.5*	杀虫剂	GB/T 14553、GB/T 20769、NY/T 761
27	杀扑磷	0.05	杀虫剂	GB/T 14553、NY/T 761、GB 23200.8
28	水胺硫磷	0.05	杀虫剂	GB/T 5009.20
29	特丁硫磷	0.01	杀虫剂	NY/T 761、NY/T 1379
30	涕灭威	0.02	杀虫剂	NY/T 761
31	辛硫磷	0.05	杀虫剂	GB/T 5009.102、GB/T 20769
32	氧乐果	0.02	杀虫剂	NY/T 761、NY/T 1379
33	蝇毒磷	0.05	杀虫剂	GB 23200.8
34	治螟磷	0.01	杀虫剂	NY/T 761、GB 23200.8
35	艾氏剂	0.05	杀虫剂	NY/T 761、GB/T 5009.19
36	滴滴涕	0.05	杀虫剂	NY/T 761、GB/T 5009.19
37	狄氏剂	0.02	杀虫剂	NY/T 761、GB/T 5009.19

（续）

序号	农药中文名	最大残留限量 （mg/kg）	农药 主要用途	检测方法
38	毒杀芬	0.05*	杀虫剂	YC/T 180
39	六六六	0.05	杀虫剂	NY/T 761、GB/T 5009.19
40	氯丹	0.02	杀虫剂	GB/T 5009.19
41	灭蚁灵	0.01	杀虫剂	GB/T 5009.19
42	七氯	0.01	杀虫剂	NY/T 761、GB/T 5009.19
43	异狄氏剂	0.05	杀虫剂	NY/T 761、GB/T 5009.19
44	2，4-滴和2，4-滴钠盐	0.1	除草剂	NY/T 1434
45	百草枯	0.01*	除草剂	无指定
46	抗蚜威	1	杀虫剂	GB 23200.8、NY/T 1379、SN/T 0134
47	氯虫苯甲酰胺	1*	杀虫剂	无指定
48	氯氟氰菊酯和高效氯氟氰菊酯	0.2	杀虫剂	GB/T 5009.146、NY/T 761
49	环酰菌胺	5*	杀菌剂	无指定
50	戊唑醇	1.5	杀菌剂	GB 23200.8、GB/T 20769
51	保棉磷	1	杀虫剂	NY/T 761
52	甲氰菊酯	5	杀虫剂	NY/T 761
53	乙酰甲胺磷	0.5	杀虫剂	NY/T 761
54	噻虫啉	1	杀虫剂	GB/T 20769、GB 23200.8
55	氯菊酯	2	杀虫剂	NY/T 761

4.25 唐棣

唐棣中农药最大残留限量见表4-25。

表4-25 唐棣中农药最大残留限量

序号	农药中文名	最大残留限量 （mg/kg）	农药 主要用途	检测方法
1	倍硫磷	0.05	杀虫剂	GB 23200.8、NY/T 761
2	苯线磷	0.02	杀虫剂	GB/T 5009.145、GB 23200.8
3	草甘膦	0.1	除草剂	GB/T 23750、NY/T 1096、SN/T 1923

（续）

序号	农药中文名	最大残留限量（mg/kg）	农药主要用途	检测方法
4	敌百虫	0.2	杀虫剂	GB/T 20769、NY/T 761
5	敌敌畏	0.2	杀虫剂	NY/T 761、GB 23200.8、GB/T 5009.20
6	地虫硫磷	0.01	杀虫剂	GB 23200.8
7	啶虫脒	2	杀虫剂	GB/T 23584、GB/T 20769
8	对硫磷	0.01	杀虫剂	GB/T 5009.145
9	氟虫腈	0.02	杀虫剂	NY/T 1379
10	甲胺磷	0.05	杀虫剂	NY/T 761、GB/T 5009.103
11	甲拌磷	0.01	杀虫剂	GB 23200.8
12	甲基对硫磷	0.02	杀虫剂	NY/T 761
13	甲基硫环磷	0.03*	杀虫剂	NY/T 761
14	甲基异柳磷	0.01*	杀虫剂	GB/T 5009.144
15	久效磷	0.03	杀虫剂	NY/T 761
16	克百威	0.02	杀虫剂	NY/T 761
17	磷胺	0.05	杀虫剂	NY/T 761
18	硫环磷	0.03	杀虫剂	NY/T 761
19	硫线磷	0.02	杀虫剂	GB/T 20769
20	氯唑磷	0.01	杀虫剂	GB/T 20769
21	灭多威	0.2	杀虫剂	NY/T 761
22	灭线磷	0.02	杀线虫剂	NY/T 761
23	内吸磷	0.02	杀虫/杀螨剂	GB/T 20769
24	氰戊菊酯和S-氰戊菊酯	0.2	杀虫剂	GB 23200.8、NY/T 761
25	杀虫脒	0.01	杀虫剂	GB/T 20769
26	杀螟硫磷	0.5*	杀虫剂	GB/T 14553、GB/T 20769、NY/T 761
27	杀扑磷	0.05	杀虫剂	GB/T 14553、NY/T 761、GB 23200.8
28	水胺硫磷	0.05	杀虫剂	GB/T 5009.20
29	特丁硫磷	0.01	杀虫剂	NY/T 761、NY/T 1379
30	涕灭威	0.02	杀虫剂	NY/T 761
31	辛硫磷	0.05	杀虫剂	GB/T 5009.102、GB/T 20769

（续）

序号	农药中文名	最大残留限量（mg/kg）	农药主要用途	检测方法
32	氧乐果	0.02	杀虫剂	NY/T 761、NY/T 1379
33	蝇毒磷	0.05	杀虫剂	GB 23200.8
34	治螟磷	0.01	杀虫剂	NY/T 761、GB 23200.8
35	艾氏剂	0.05	杀虫剂	NY/T 761、GB/T 5009.19
36	滴滴涕	0.05	杀虫剂	NY/T 761、GB/T 5009.19
37	狄氏剂	0.02	杀虫剂	NY/T 761、GB/T 5009.19
38	毒杀芬	0.05*	杀虫剂	YC/T 180
39	六六六	0.05	杀虫剂	NY/T 761、GB/T 5009.19
40	氯丹	0.02	杀虫剂	GB/T 5009.19
41	灭蚁灵	0.01	杀虫剂	GB/T 5009.19
42	七氯	0.01	杀虫剂	NY/T 761、GB/T 5009.19
43	异狄氏剂	0.05	杀虫剂	NY/T 761、GB/T 5009.19
44	2，4-滴和2，4-滴钠盐	0.1	除草剂	NY/T 1434
45	百草枯	0.01*	除草剂	无指定
46	抗蚜威	1	杀虫剂	GB 23200.8、NY/T 1379、SN/T 0134
47	氯虫苯甲酰胺	1*	杀虫剂	无指定
48	氯氟氰菊酯和高效氯氟氰菊酯	0.2	杀虫剂	GB/T 5009.146、NY/T 761
49	环酰菌胺	5*	杀菌剂	无指定
50	保棉磷	1	杀虫剂	NY/T 761
51	甲氰菊酯	5	杀虫剂	NY/T 761
52	乙酰甲胺磷	0.5	杀虫剂	NY/T 761
53	噻虫啉	1	杀虫剂	GB/T 20769、GB 23200.8
54	氯菊酯	2	杀虫剂	NY/T 761

4.26 露莓（包括波森莓和罗甘莓）

露莓（包括波森莓和罗甘莓）中农药最大残留限量见表4-26。

表 4-26　露莓（包括波森莓和罗甘莓）中农药最大残留限量

序号	农药中文名	最大残留限量（mg/kg）	农药主要用途	检测方法
1	倍硫磷	0.05	杀虫剂	GB 23200.8、NY/T 761
2	苯线磷	0.02	杀虫剂	GB/T 5009.145、GB 23200.8
3	草甘膦	0.1	除草剂	GB/T 23750、NY/T 1096、SN/T 1923
4	敌百虫	0.2	杀虫剂	GB/T 20769、NY/T 761
5	敌敌畏	0.2	杀虫剂	NY/T 761、GB 23200.8、GB/T 5009.20
6	地虫硫磷	0.01	杀虫剂	GB 23200.8
7	啶虫脒	2	杀虫剂	GB/T 23584、GB/T 20769
8	对硫磷	0.01	杀虫剂	GB/T 5009.145
9	氟虫腈	0.02	杀虫剂	NY/T 1379
10	甲胺磷	0.05	杀虫剂	NY/T 761、GB/T 5009.103
11	甲拌磷	0.01	杀虫剂	GB 23200.8
12	甲基对硫磷	0.02	杀虫剂	NY/T 761
13	甲基硫环磷	0.03*	杀虫剂	NY/T 761
14	甲基异柳磷	0.01*	杀虫剂	GB/T 5009.144
15	久效磷	0.03	杀虫剂	NY/T 761
16	克百威	0.02	杀虫剂	NY/T 761
17	磷胺	0.05	杀虫剂	NY/T 761
18	硫环磷	0.03	杀虫剂	NY/T 761
19	硫线磷	0.02	杀虫剂	GB/T 20769
20	氯唑磷	0.01	杀虫剂	GB/T 20769
21	灭多威	0.2	杀虫剂	NY/T 761
22	灭线磷	0.02	杀线虫剂	NY/T 761
23	内吸磷	0.02	杀虫/杀螨剂	GB/T 20769
24	氰戊菊酯和 S-氰戊菊酯	0.2	杀虫剂	GB 23200.8、NY/T 761
25	杀虫脒	0.01	杀虫剂	GB/T 20769
26	杀螟硫磷	0.5*	杀虫剂	GB/T 14553、GB/T 20769、NY/T 761
27	杀扑磷	0.05	杀虫剂	GB/T 14553、NY/T 761、GB 23200.8

（续）

序号	农药中文名	最大残留限量（mg/kg）	农药主要用途	检测方法
28	水胺硫磷	0.05	杀虫剂	GB/T 5009.20
29	特丁硫磷	0.01	杀虫剂	NY/T 761、NY/T 1379
30	涕灭威	0.02	杀虫剂	NY/T 761
31	辛硫磷	0.05	杀虫剂	GB/T 5009.102、GB/T 20769
32	氧乐果	0.02	杀虫剂	NY/T 761、NY/T 1379
33	蝇毒磷	0.05	杀虫剂	GB 23200.8
34	治螟磷	0.01	杀虫剂	NY/T 761、GB 23200.8
35	艾氏剂	0.05	杀虫剂	NY/T 761、GB/T 5009.19
36	滴滴涕	0.05	杀虫剂	NY/T 761、GB/T 5009.19
37	狄氏剂	0.02	杀虫剂	NY/T 761、GB/T 5009.19
38	毒杀芬	0.05*	杀虫剂	YC/T 180
39	六六六	0.05	杀虫剂	NY/T 761、GB/T 5009.19
40	氯丹	0.02	杀虫剂	GB/T 5009.19
41	灭蚁灵	0.01	杀虫剂	GB/T 5009.19
42	七氯	0.01	杀虫剂	NY/T 761、GB/T 5009.19
43	异狄氏剂	0.05	杀虫剂	NY/T 761、GB/T 5009.19
44	2，4-滴和2，4-滴钠盐	0.1	除草剂	NY/T 1434
45	百草枯	0.01*	除草剂	无指定
46	抗蚜威	1	杀虫剂	GB 23200.8、NY/T 1379、SN/T 0134
47	氯虫苯甲酰胺	1*	杀虫剂	无指定
48	氯氟氰菊酯和高效氯氟氰菊酯	0.2	杀虫剂	GB/T 5009.146、NY/T 761
49	多杀霉素	1	杀虫剂	GB/T 20769
50	环酰菌胺	15*	杀菌剂	无指定
51	联苯肼酯	7	杀螨剂	GB/T 20769、GB 23200.8
52	联苯菊酯	1	杀虫/杀螨剂	GB/T 5009.146、NY/T 761、SN/T 1969
53	氯菊酯	1	杀虫剂	NY/T 761
54	保棉磷	1	杀虫剂	NY/T 761

（续）

序号	农药中文名	最大残留限量（mg/kg）	农药主要用途	检测方法
55	甲氰菊酯	5	杀虫剂	NY/T 761
56	乙酰甲胺磷	0.5	杀虫剂	NY/T 761
57	噻虫啉	1	杀虫剂	GB/T 20769、GB 23200.8

4.27　波森莓

波森莓中农药最大残留限量见表4-27。

表4-27　波森莓中农药最大残留限量

序号	农药中文名	最大残留限量（mg/kg）	农药主要用途	检测方法
1	倍硫磷	0.05	杀虫剂	GB 23200.8、NY/T 761
2	苯线磷	0.02	杀虫剂	GB/T 5009.145、GB 23200.8
3	草甘膦	0.1	除草剂	GB/T 23750、NY/T 1096、SN/T 1923
4	敌百虫	0.2	杀虫剂	GB/T 20769、NY/T 761
5	敌敌畏	0.2	杀虫剂	NY/T 761、GB 23200.8、GB/T 5009.20
6	地虫硫磷	0.01	杀虫剂	GB 23200.8
7	啶虫脒	2	杀虫剂	GB/T 23584、GB/T 20769
8	对硫磷	0.01	杀虫剂	GB/T 5009.145
9	氟虫腈	0.02	杀虫剂	NY/T 1379
10	甲胺磷	0.05	杀虫剂	NY/T 761、GB/T 5009.103
11	甲拌磷	0.01	杀虫剂	GB 23200.8
12	甲基对硫磷	0.02	杀虫剂	NY/T 761
13	甲基硫环磷	0.03*	杀虫剂	NY/T 761
14	甲基异柳磷	0.01*	杀虫剂	GB/T 5009.144
15	久效磷	0.03	杀虫剂	NY/T 761
16	克百威	0.02	杀虫剂	NY/T 761
17	磷胺	0.05	杀虫剂	NY/T 761
18	硫环磷	0.03	杀虫剂	NY/T 761

（续）

序号	农药中文名	最大残留限量（mg/kg）	农药主要用途	检测方法
19	硫线磷	0.02	杀虫剂	GB/T 20769
20	氯唑磷	0.01	杀虫剂	GB/T 20769
21	灭多威	0.2	杀虫剂	NY/T 761
22	灭线磷	0.02	杀线虫剂	NY/T 761
23	内吸磷	0.02	杀虫/杀螨剂	GB/T 20769
24	氰戊菊酯和S-氰戊菊酯	0.2	杀虫剂	GB 23200.8、NY/T 761
25	杀虫脒	0.01	杀虫剂	GB/T 20769
26	杀螟硫磷	0.5*	杀虫剂	GB/T 14553、GB/T 20769、NY/T 761
27	杀扑磷	0.05	杀虫剂	GB/T 14553、NY/T 761、GB 23200.8
28	水胺硫磷	0.05	杀虫剂	GB/T 5009.20
29	特丁硫磷	0.01	杀虫剂	NY/T 761、NY/T 1379
30	涕灭威	0.02	杀虫剂	NY/T 761
31	辛硫磷	0.05	杀虫剂	GB/T 5009.102、GB/T 20769
32	氧乐果	0.02	杀虫剂	NY/T 761、NY/T 1379
33	蝇毒磷	0.05	杀虫剂	GB 23200.8
34	治螟磷	0.01	杀虫剂	NY/T 761、GB 23200.8
35	艾氏剂	0.05	杀虫剂	NY/T 761、GB/T 5009.19
36	滴滴涕	0.05	杀虫剂	NY/T 761、GB/T 5009.19
37	狄氏剂	0.02	杀虫剂	NY/T 761、GB/T 5009.19
38	毒杀芬	0.05*	杀虫剂	YC/T 180
39	六六六	0.05	杀虫剂	NY/T 761、GB/T 5009.19
40	氯丹	0.02	杀虫剂	GB/T 5009.19
41	灭蚁灵	0.01	杀虫剂	GB/T 5009.19
42	七氯	0.01	杀虫剂	NY/T 761、GB/T 5009.19
43	异狄氏剂	0.05	杀虫剂	NY/T 761、GB/T 5009.19
44	2，4-滴和2，4-滴钠盐	0.1	除草剂	NY/T 1434
45	百草枯	0.01*	除草剂	无指定
46	抗蚜威	1	杀虫剂	GB 23200.8、NY/T 1379、SN/T 0134

（续）

序号	农药中文名	最大残留限量（mg/kg）	农药主要用途	检测方法
47	氯虫苯甲酰胺	1*	杀虫剂	无指定
48	氯氟氰菊酯和高效氯氟氰菊酯	0.2	杀虫剂	GB/T 5009.146、NY/T 761
49	多杀霉素	1	杀虫剂	GB/T 20769
50	环酰菌胺	15*	杀菌剂	无指定
51	联苯肼酯	7	杀螨剂	GB/T 20769、GB 23200.8
52	联苯菊酯	1	杀虫/杀螨剂	GB/T 5009.146、NY/T 761、SN/T 1969
53	氯菊酯	1	杀虫剂	NY/T 761
54	二嗪磷	0.1	杀虫剂	GB/T 5009.107、GB/T 20769、NY/T 761
55	保棉磷	1	杀虫剂	NY/T 761
56	甲氰菊酯	5	杀虫剂	NY/T 761
57	乙酰甲胺磷	0.5	杀虫剂	NY/T 761
58	噻虫啉	1	杀虫剂	GB/T 20769、GB 23200.8
59	氯菊酯	2	杀虫剂	NY/T 761

4.28 葡萄

葡萄中农药最大残留限量见表4-28。

表4-28 葡萄中农药最大残留限量

序号	农药中文名	最大残留限量（mg/kg）	农药主要用途	检测方法
1	倍硫磷	0.05	杀虫剂	GB 23200.8、NY/T 761
2	苯线磷	0.02	杀虫剂	GB/T 5009.145、GB 23200.8
3	草甘膦	0.1	除草剂	GB/T 23750、NY/T 1096、SN/T 1923
4	敌百虫	0.2	杀虫剂	GB/T 20769、NY/T 761
5	敌敌畏	0.2	杀虫剂	NY/T 761、GB 23200.8、GB/T 5009.20

（续）

序号	农药中文名	最大残留限量（mg/kg）	农药主要用途	检测方法
6	地虫硫磷	0.01	杀虫剂	GB 23200.8
7	啶虫脒	2	杀虫剂	GB/T 23584、GB/T 20769
8	对硫磷	0.01	杀虫剂	GB/T 5009.145
9	氟虫腈	0.02	杀虫剂	NY/T 1379
10	甲胺磷	0.05	杀虫剂	NY/T 761、GB/T 5009.103
11	甲拌磷	0.01	杀虫剂	GB 23200.8
12	甲基对硫磷	0.02	杀虫剂	NY/T 761
13	甲基硫环磷	0.03*	杀虫剂	NY/T 761
14	甲基异柳磷	0.01*	杀虫剂	GB/T 5009.144
15	久效磷	0.03	杀虫剂	NY/T 761
16	克百威	0.02	杀虫剂	NY/T 761
17	磷胺	0.05	杀虫剂	NY/T 761
18	硫环磷	0.03	杀虫剂	NY/T 761
19	硫线磷	0.02	杀虫剂	GB/T 20769
20	氯唑磷	0.01	杀虫剂	GB/T 20769
21	灭多威	0.2	杀虫剂	NY/T 761
22	灭线磷	0.02	杀线虫剂	NY/T 761
23	内吸磷	0.02	杀虫/杀螨剂	GB/T 20769
24	氰戊菊酯和 S-氰戊菊酯	0.2	杀虫剂	GB 23200.8、NY/T 761
25	杀虫脒	0.01	杀虫剂	GB/T 20769
26	杀螟硫磷	0.5*	杀虫剂	GB/T 14553、GB/T 20769、NY/T 761
27	杀扑磷	0.05	杀虫剂	GB/T 14553、NY/T 761、GB 23200.8
28	水胺硫磷	0.05	杀虫剂	GB/T 5009.20
29	特丁硫磷	0.01	杀虫剂	NY/T 761、NY/T 1379
30	涕灭威	0.02	杀虫剂	NY/T 761
31	辛硫磷	0.05	杀虫剂	GB/T 5009.102、GB/T 20769
32	氧乐果	0.02	杀虫剂	NY/T 761、NY/T 1379
33	蝇毒磷	0.05	杀虫剂	GB 23200.8
34	治螟磷	0.01	杀虫剂	NY/T 761、GB 23200.8

（续）

序号	农药中文名	最大残留限量（mg/kg）	农药主要用途	检测方法
35	艾氏剂	0.05	杀虫剂	NY/T 761、GB/T 5009.19
36	滴滴涕	0.05	杀虫剂	NY/T 761、GB/T 5009.19
37	狄氏剂	0.02	杀虫剂	NY/T 761、GB/T 5009.19
38	毒杀芬	0.05*	杀虫剂	YC/T 180
39	六六六	0.05	杀虫剂	NY/T 761、GB/T 5009.19
40	氯丹	0.02	杀虫剂	GB/T 5009.19
41	灭蚁灵	0.01	杀虫剂	GB/T 5009.19
42	七氯	0.01	杀虫剂	NY/T 761、GB/T 5009.19
43	异狄氏剂	0.05	杀虫剂	NY/T 761、GB/T 5009.19
44	2,4-滴和2,4-滴钠盐	0.1	除草剂	NY/T 1434
45	百草枯	0.01*	除草剂	无指定
46	抗蚜威	1	杀虫剂	GB 23200.8、NY/T 1379、SN/T 0134
47	氯虫苯甲酰胺	1*	杀虫剂	无指定
48	氯氟氰菊酯和高效氯氟氰菊酯	0.2	杀虫剂	GB/T 5009.146、NY/T 761
49	百菌清	0.5	杀菌剂	NY/T 761、GB/T 5009.105
50	苯丁锡	5	杀螨剂	SN 0592
51	苯氟磺胺	15	杀菌剂	SN/T 2320
52	苯醚甲环唑	0.5	杀菌剂	GB/T 5009.218、GB 23200.8、GB 23200.49
53	苯霜灵	0.3	杀菌剂	GB 23200.8、GB/T 20769
54	苯酰菌胺	5	杀菌剂	GB 23200.8、GB/T 20769
55	吡唑醚菌酯	2	杀菌剂	GB 23200.8、GB/T 20769
56	丙森锌	5	杀菌剂	SN 0157
57	虫酰肼	2	杀虫剂	GB/T 20769
58	代森联	5	杀菌剂	SN 0157
59	代森锰锌	5	杀菌剂	SN 0157
60	单氰胺	0.05*	植物生长调节剂	无指定
61	敌螨普	0.5*	杀菌剂	无指定
62	啶酰菌胺	5	杀菌剂	GB/T 20769

（续）

序号	农药中文名	最大残留限量（mg/kg）	农药主要用途	检测方法
63	多菌灵	3	杀菌剂	GB/T 20769、NY/T 1453
64	多杀霉素	0.5	杀虫剂	GB/T 20769
65	氟吡禾灵	0.02	除草剂	GB/T 20769
66	氟硅唑	0.5	杀菌剂	GB 23200.8、GB/T 20769、GB 23200.53
67	氟环唑	0.5	杀菌剂	GB 23200.8、GB/T 20769
68	氟吗啉	5*	杀菌剂	无指定
69	腐霉利	5	杀菌剂	GB 23200.8、NY/T 761
70	环酰菌胺	15*	杀菌剂	无指定
71	己唑醇	0.1	杀菌剂	GB 23200.8、GB/T 20769
72	甲苯氟磺胺	3	杀菌剂	GB 23200.8
73	甲基硫菌灵	3	杀菌剂	GB/T 20769、NY/T 1680
74	甲氰菊酯	5	杀虫剂	NY/T 761
75	甲霜灵和精甲霜灵	1	杀菌剂	GB 23200.8、GB/T 20769
76	腈苯唑	1	杀菌剂	GB 23200.8、GB/T 20769
77	腈菌唑	1	杀菌剂	GB/T 20769、GB 23200.8、NY/T 1455
78	克菌丹	5	杀菌剂	GB 23200.8、SN 0654
79	喹氧灵	2*	杀菌剂	无指定
80	联苯肼酯	0.7	杀螨剂	GB/T 20769、GB 23200.8
81	螺虫乙酯	2*	杀虫剂	无指定
82	氯苯嘧啶醇	0.3	杀菌剂	GB/T 20769、GB 23200.8
83	氯吡脲	0.05	植物生长调节剂	GB/T 20770
84	氯菊酯	2	杀虫剂	NY/T 761
85	氯氰菊酯和高效氯氰菊酯	0.2	杀虫剂	GB/T 5009.146、GB 23200.8、NY/T 761
86	氯硝胺	7	杀菌剂	GB 23200.8、GB/T 20769
87	马拉硫磷	8	杀虫剂	GB 23200.8、GB/T 20769、NY/T 761
88	咪鲜胺和咪鲜胺锰盐	2	杀菌剂	NY/T 1456
89	嘧菌环胺	20	杀菌剂	GB/T 20769、GB 23200.8

（续）

序号	农药中文名	最大残留限量（mg/kg）	农药主要用途	检测方法
90	嘧菌酯	5	杀菌剂	GB/T 20769、NY/T 1453、SN/T 1976
91	嘧霉胺	4	杀菌剂	GB 23200.9、GB/T 20769
92	灭菌丹	10	杀菌剂	SN/T 2320、GB/T 20769
93	萘乙酸和萘乙酸钠	0.1	植物生长调节剂	SN 0346、SN/T 2228
94	氰霜唑	1*	杀菌剂	GB 23200.14
95	噻苯隆	0.05*	植物生长调节剂	无指定
96	噻菌灵	5	杀菌剂	GB/T 20769、NY/T 1453、NY/T 1680
97	噻螨酮	1	杀螨剂	GB 23200.8、GB/T 20769
98	三环锡	0.3	杀螨剂	SN/T 1990
99	三乙膦酸铝	10*	杀菌剂	无指定
100	三唑锡	0.3	杀螨剂	SN/T 0150、SN/T 1990
101	杀草强	0.05	除草剂	SN/T 1737.6
102	双胍三辛烷基苯磺酸盐	1*	杀菌剂	无指定
103	双炔酰菌胺	2*	杀菌剂	无指定
104	霜霉威和霜霉威盐酸	2	杀菌剂	GB/T 20769
105	霜脲氰	0.5	杀菌剂	GB/T 20769
106	四螨嗪	2	杀螨剂	GB/T 20769、GB 23200.47
107	戊菌唑	0.2	杀菌剂	GB 23200.8、GB/T 20769
108	戊唑醇	2	杀菌剂	GB 23200.8、GB/T 20769
109	烯酰吗啉	5	杀菌剂	GB/T 20769
110	烯唑醇	0.2	杀菌剂	GB/T 20769、GB/T 5009.201、SN/T 1114
111	溴螨酯	2	杀螨剂	GB 23200.8、SN 0192
112	溴氰菊酯	0.2	杀虫剂	NY/T 761
113	亚胺硫磷	10	杀虫剂	GB/T 5009.131、NY/T 761
114	亚胺唑	3*	杀菌剂	无指定
115	乙烯利	1	植物生长调节剂	GB 23200.16
116	异菌脲	10	杀菌剂	GB 23200.8、NY/T 761、NY/T 1277

（续）

序号	农药中文名	最大残留限量（mg/kg）	农药主要用途	检测方法
117	唑嘧菌胺	2*	杀菌剂	无指定
118	保棉磷	1	杀虫剂	NY/T 761
119	乙酰甲胺磷	0.5	杀虫剂	NY/T 761
120	噻虫啉	1	杀虫剂	GB/T 20769、GB 23200.8

4.29 猕猴桃

猕猴桃中农药最大残留限量见表4-29。

表4-29 猕猴桃中农药最大残留限量

序号	农药中文名	最大残留限量（mg/kg）	农药主要用途	检测方法
1	倍硫磷	0.05	杀虫剂	GB 23200.8、NY/T 761
2	苯线磷	0.02	杀虫剂	GB/T 5009.145、GB 23200.8
3	草甘膦	0.1	除草剂	GB/T 23750、NY/T 1096、SN/T 1923
4	敌百虫	0.2	杀虫剂	GB/T 20769、NY/T 761
5	敌敌畏	0.2	杀虫剂	NY/T 761、GB 23200.8、GB/T 5009.20
6	地虫硫磷	0.01	杀虫剂	GB 23200.8
7	啶虫脒	2	杀虫剂	GB/T 23584、GB/T 20769
8	对硫磷	0.01	杀虫剂	GB/T 5009.145
9	氟虫腈	0.02	杀虫剂	NY/T 1379
10	甲胺磷	0.05	杀虫剂	NY/T 761、GB/T 5009.103
11	甲拌磷	0.01	杀虫剂	GB 23200.8
12	甲基对硫磷	0.02	杀虫剂	NY/T 761
13	甲基硫环磷	0.03*	杀虫剂	NY/T 761
14	甲基异柳磷	0.01*	杀虫剂	GB/T 5009.144
15	久效磷	0.03	杀虫剂	NY/T 761
16	克百威	0.02	杀虫剂	NY/T 761
17	磷胺	0.05	杀虫剂	NY/T 761

（续）

序号	农药中文名	最大残留限量 （mg/kg）	农药 主要用途	检测方法
18	硫环磷	0.03	杀虫剂	NY/T 761
19	硫线磷	0.02	杀虫剂	GB/T 20769
20	氯唑磷	0.01	杀虫剂	GB/T 20769
21	灭多威	0.2	杀虫剂	NY/T 761
22	灭线磷	0.02	杀线虫剂	NY/T 761
23	内吸磷	0.02	杀虫/杀螨剂	GB/T 20769
24	氰戊菊酯和S-氰戊菊酯	0.2	杀虫剂	GB 23200.8、NY/T 761
25	杀虫脒	0.01	杀虫剂	GB/T 20769
26	杀螟硫磷	0.5*	杀虫剂	GB/T 14553、GB/T 20769、NY/T 761
27	杀扑磷	0.05	杀虫剂	GB/T 14553、NY/T 761、GB 23200.8
28	水胺硫磷	0.05	杀虫剂	GB/T 5009.20
29	特丁硫磷	0.01	杀虫剂	NY/T 761、NY/T 1379
30	涕灭威	0.02	杀虫剂	NY/T 761
31	辛硫磷	0.05	杀虫剂	GB/T 5009.102、GB/T 20769
32	氧乐果	0.02	杀虫剂	NY/T 761、NY/T 1379
33	蝇毒磷	0.05	杀虫剂	GB 23200.8
34	治螟磷	0.01	杀虫剂	NY/T 761、GB 23200.8
35	艾氏剂	0.05	杀虫剂	NY/T 761、GB/T 5009.19
36	滴滴涕	0.05	杀虫剂	NY/T 761、GB/T 5009.19
37	狄氏剂	0.02	杀虫剂	NY/T 761、GB/T 5009.19
38	毒杀芬	0.05*	杀虫剂	YC/T 180
39	六六六	0.05	杀虫剂	NY/T 761、GB/T 5009.19
40	氯丹	0.02	杀虫剂	GB/T 5009.19
41	灭蚁灵	0.01	杀虫剂	GB/T 5009.19
42	七氯	0.01	杀虫剂	NY/T 761、GB/T 5009.19
43	异狄氏剂	0.05	杀虫剂	NY/T 761、GB/T 5009.19
44	2，4-滴和2，4-滴钠盐	0.1	除草剂	NY/T 1434
45	百草枯	0.01*	除草剂	无指定

（续）

序号	农药中文名	最大残留限量 （mg/kg）	农药 主要用途	检测方法
46	抗蚜威	1	杀虫剂	GB 23200.8、NY/T 1379、SN/T 0134
47	氯虫苯甲酰胺	1*	杀虫剂	无指定
48	氯氟氰菊酯和高效氯氟氰菊酯	0.2	杀虫剂	GB/T 5009.146、NY/T 761
49	虫酰肼	0.5	杀虫剂	GB/T 20769
50	代森锰锌	2	杀菌剂	SN 0157
51	多菌灵	0.5	杀菌剂	GB/T 20769、NY/T 1453
52	多杀霉素	0.05	杀虫剂	GB/T 20769
53	环酰菌胺	15*	杀菌剂	无指定
54	螺虫乙酯	0.02*	杀菌剂	无指定
55	氯吡脲	0.05	植物生长调节剂	GB/T 20770
56	氯菊酯	2	杀虫剂	NY/T 761
57	噻虫啉	0.2	杀虫剂	GB/T 20769、GB 23200.8
58	溴氰菊酯	0.05	杀虫剂	NY/T 761
59	乙烯利	2	植物生长调节剂	GB 23200.16
60	保棉磷	1	杀虫剂	NY/T 761
61	甲氰菊酯	5	杀虫剂	NY/T 761
62	乙酰甲胺磷	0.5	杀虫剂	NY/T 761

4.30 西番莲

西番莲中农药最大残留限量见表4-30。

表4-30 西番莲中农药最大残留限量

序号	农药中文名	最大残留限量 （mg/kg）	农药 主要用途	检测方法
1	倍硫磷	0.05	杀虫剂	GB 23200.8、NY/T 761
2	苯线磷	0.02	杀虫剂	GB/T 5009.145、GB 23200.8
3	草甘膦	0.1	除草剂	GB/T 23750、NY/T 1096、SN/T 1923
4	敌百虫	0.2	杀虫剂	GB/T 20769、NY/T 761

（续）

序号	农药中文名	最大残留限量（mg/kg）	农药主要用途	检测方法
5	敌敌畏	0.2	杀虫剂	NY/T 761、GB 23200.8、GB/T 5009.20
6	地虫硫磷	0.01	杀虫剂	GB 23200.8
7	啶虫脒	2	杀虫剂	GB/T 23584、GB/T 20769
8	对硫磷	0.01	杀虫剂	GB/T 5009.145
9	氟虫腈	0.02	杀虫剂	NY/T 1379
10	甲胺磷	0.05	杀虫剂	NY/T 761、GB/T 5009.103
11	甲拌磷	0.01	杀虫剂	GB 23200.8
12	甲基对硫磷	0.02	杀虫剂	NY/T 761
13	甲基硫环磷	0.03*	杀虫剂	NY/T 761
14	甲基异柳磷	0.01*	杀虫剂	GB/T 5009.144
15	久效磷	0.03	杀虫剂	NY/T 761
16	克百威	0.02	杀虫剂	NY/T 761
17	磷胺	0.05	杀虫剂	NY/T 761
18	硫环磷	0.03	杀虫剂	NY/T 761
19	硫线磷	0.02	杀虫剂	GB/T 20769
20	氯唑磷	0.01	杀虫剂	GB/T 20769
21	灭多威	0.2	杀虫剂	NY/T 761
22	灭线磷	0.02	杀线虫剂	NY/T 761
23	内吸磷	0.02	杀虫/杀螨剂	GB/T 20769
24	氰戊菊酯和S-氰戊菊酯	0.2	杀虫剂	GB 23200.8、NY/T 761
25	杀虫脒	0.01	杀虫剂	GB/T 20769
26	杀螟硫磷	0.5*	杀虫剂	GB/T 14553、GB/T 20769、NY/T 761
27	杀扑磷	0.05	杀虫剂	GB/T 14553、NY/T 761、GB 23200.8
28	水胺硫磷	0.05	杀虫剂	GB/T 5009.20
29	特丁硫磷	0.01	杀虫剂	NY/T 761、NY/T 1379
30	涕灭威	0.02	杀虫剂	NY/T 761
31	辛硫磷	0.05	杀虫剂	GB/T 5009.102、GB/T 20769
32	氧乐果	0.02	杀虫剂	NY/T 761、NY/T 1379

（续）

序号	农药中文名	最大残留限量（mg/kg）	农药主要用途	检测方法
33	蝇毒磷	0.05	杀虫剂	GB 23200.8
34	治螟磷	0.01	杀虫剂	NY/T 761、GB 23200.8
35	艾氏剂	0.05	杀虫剂	NY/T 761、GB/T 5009.19
36	滴滴涕	0.05	杀虫剂	NY/T 761、GB/T 5009.19
37	狄氏剂	0.02	杀虫剂	NY/T 761、GB/T 5009.19
38	毒杀芬	0.05*	杀虫剂	YC/T 180
39	六六六	0.05	杀虫剂	NY/T 761、GB/T 5009.19
40	氯丹	0.02	杀虫剂	GB/T 5009.19
41	灭蚁灵	0.01	杀虫剂	GB/T 5009.19
42	七氯	0.01	杀虫剂	NY/T 761、GB/T 5009.19
43	异狄氏剂	0.05	杀虫剂	NY/T 761、GB/T 5009.19
44	2，4-滴和2，4-滴钠盐	0.1	除草剂	NY/T 1434
45	百草枯	0.01*	除草剂	无指定
46	抗蚜威	1	杀虫剂	GB 23200.8、NY/T 1379、SN/T 0134
47	氯虫苯甲酰胺	1*	杀虫剂	无指定
48	氯氟氰菊酯和高效氯氟氰菊酯	0.2	杀虫剂	GB/T 5009.146、NY/T 761
49	苯醚甲环唑	0.05	杀菌剂	GB/T 5009.218、GB 23200.8、GB 23200.49
50	多杀霉素	0.7	杀虫剂	GB/T 20769
51	戊唑醇	0.1	杀菌剂	GB 23200.8、GB/T 20769
52	保棉磷	1	杀虫剂	NY/T 761
53	甲氰菊酯	5	杀虫剂	NY/T 761
54	乙酰甲胺磷	0.5	杀虫剂	NY/T 761
55	噻虫啉	1	杀虫剂	GB/T 20769、GB 23200.8
56	氯菊酯	2	杀虫剂	NY/T 761

4.31 草莓

草莓中农药最大残留限量见表 4-31。

表 4-31 草莓中农药最大残留限量

序号	农药中文名	最大残留限量 （mg/kg）	农药 主要用途	检测方法
1	倍硫磷	0.05	杀虫剂	GB 23200.8、NY/T 761
2	苯线磷	0.02	杀虫剂	GB/T 5009.145、GB 23200.8
3	草甘膦	0.1	除草剂	GB/T 23750、NY/T 1096、 SN/T 1923
4	敌百虫	0.2	杀虫剂	GB/T 20769、NY/T 761
5	敌敌畏	0.2	杀虫剂	NY/T 761、GB 23200.8、GB/ T 5009.20
6	地虫硫磷	0.01	杀虫剂	GB 23200.8
7	啶虫脒	2	杀虫剂	GB/T 23584、GB/T 20769
8	对硫磷	0.01	杀虫剂	GB/T 5009.145
9	氟虫腈	0.02	杀虫剂	NY/T 1379
10	甲胺磷	0.05	杀虫剂	NY/T 761、GB/T 5009.103
11	甲拌磷	0.01	杀虫剂	GB 23200.8
12	甲基对硫磷	0.02	杀虫剂	NY/T 761
13	甲基硫环磷	0.03*	杀虫剂	NY/T 761
14	甲基异柳磷	0.01*	杀虫剂	GB/T 5009.144
15	久效磷	0.03	杀虫剂	NY/T 761
16	克百威	0.02	杀虫剂	NY/T 761
17	磷胺	0.05	杀虫剂	NY/T 761
18	硫环磷	0.03	杀虫剂	NY/T 761
19	硫线磷	0.02	杀虫剂	GB/T 20769
20	氯唑磷	0.01	杀虫剂	GB/T 20769
21	灭多威	0.2	杀虫剂	NY/T 761
22	灭线磷	0.02	杀线虫剂	NY/T 761
23	内吸磷	0.02	杀虫/杀螨剂	GB/T 20769
24	氰戊菊酯和S-氰戊菊酯	0.2	杀虫剂	GB 23200.8、NY/T 761
25	杀虫脒	0.01	杀虫剂	GB/T 20769
26	杀螟硫磷	0.5*	杀虫剂	GB/T 14553、GB/T 20769、 NY/T 761
27	杀扑磷	0.05	杀虫剂	GB/T 14553、NY/T 761、GB 23200.8

（续）

序号	农药中文名	最大残留限量（mg/kg）	农药主要用途	检测方法
28	水胺硫磷	0.05	杀虫剂	GB/T 5009.20
29	特丁硫磷	0.01	杀虫剂	NY/T 761、NY/T 1379
30	涕灭威	0.02	杀虫剂	NY/T 761
31	辛硫磷	0.05	杀虫剂	GB/T 5009.102、GB/T 20769
32	氧乐果	0.02	杀虫剂	NY/T 761、NY/T 1379
33	蝇毒磷	0.05	杀虫剂	GB 23200.8
34	治螟磷	0.01	杀虫剂	NY/T 761、GB 23200.8
35	艾氏剂	0.05	杀虫剂	NY/T 761、GB/T 5009.19
36	滴滴涕	0.05	杀虫剂	NY/T 761、GB/T 5009.19
37	狄氏剂	0.02	杀虫剂	NY/T 761、GB/T 5009.19
38	毒杀芬	0.05*	杀虫剂	YC/T 180
39	六六六	0.05	杀虫剂	NY/T 761、GB/T 5009.19
40	氯丹	0.02	杀虫剂	GB/T 5009.19
41	灭蚁灵	0.01	杀虫剂	GB/T 5009.19
42	七氯	0.01	杀虫剂	NY/T 761、GB/T 5009.19
43	异狄氏剂	0.05	杀虫剂	NY/T 761、GB/T 5009.19
44	2，4-滴和2，4-滴钠盐	0.1	除草剂	NY/T 1434
45	百草枯	0.01*	除草剂	无指定
46	抗蚜威	1	杀虫剂	GB 23200.8、NY/T 1379、SN/T 0134
47	氯虫苯甲酰胺	1*	杀虫剂	无指定
48	氯氟氰菊酯和高效氯氟氰菊酯	0.2	杀虫剂	GB/T 5009.146、NY/T 761
49	阿维菌素	0.02	杀虫剂	GB 23200.20、GB 23200.19
50	苯丁锡	10	杀螨剂	SN 0592
51	苯氟磺胺	10	杀菌剂	SN/T 2320
52	代森锰锌	5	杀菌剂	SN 0157
53	敌螨普	0.5*	杀菌剂	无指定
54	啶酰菌胺	3	杀菌剂	GB/T 20769
55	多菌灵	0.5	杀菌剂	GB/T 20769、NY/T 1453

（续）

序号	农药中文名	最大残留限量（mg/kg）	农药主要用途	检测方法
56	二嗪磷	0.1	杀虫剂	GB/T 5009.107、GB/T 20769、NY/T 761
57	粉唑醇	1	杀菌剂	GB/T 20769
58	氟酰脲	0.5	杀虫剂	GB 23200.34
59	腐霉利	10	杀菌剂	GB 23200.8、NY/T 761
60	环酰菌胺	10*	杀菌剂	无指定
61	甲苯氟磺胺	5	杀菌剂	GB 23200.8
62	甲硫威	1	杀软体动物剂	GB/T 20769
63	腈菌唑	1	杀菌剂	GB/T 20769、GB 23200.8、NY/T 1455
64	克菌丹	15	杀菌剂	GB 23200.8、SN 0654
65	喹氧灵	1*	杀菌剂	无指定
66	联苯肼酯	2	杀螨剂	GB/T 20769、GB 23200.8
67	联苯菊酯	1	杀虫/杀螨剂	GB/T 5009.146、NY/T 761、SN/T 1969
68	氯苯嘧啶醇	1	杀菌剂	GB/T 20769、GB 23200.8
69	氯化苦	0.05*	熏蒸剂	GB/T 5009.36
70	氯菊酯	1	杀虫剂	NY/T 761
71	氯氰菊酯和高效氯氰菊酯	0.07	杀虫剂	GB/T 5009.146、GB 23200.8、NY/T 761
72	马拉硫磷	1	杀虫剂	GB 23200.8、GB/T 20769、NY/T 761
73	醚菌酯	2	杀菌剂	GB 23200.8、GB/T 20769
74	嘧菌环胺	2	杀菌剂	GB/T 20769、GB 23200.8
75	嘧霉胺	3	杀菌剂	GB 23200.9、GB/T 20769
76	灭菌丹	5	杀菌剂	SN/T 2320、GB/T 20769
77	嗪氨灵	1	杀菌剂	SN 0695
78	噻螨酮	0.5	杀螨剂	GB 23200.8、GB/T 20769
79	三唑醇	0.7	杀菌剂	GB 23200.8
80	三唑酮	0.7	杀菌剂	NY/T 761、GB/T 20769、GB 23200.8

（续）

序号	农药中文名	最大残留限量 （mg/kg）	农药 主要用途	检测方法
81	四螨嗪	2	杀螨剂	GB/T 20769、GB 23200.47
82	戊菌唑	0.1	杀菌剂	GB 23200.8、GB/T 20769
83	烯酰吗啉	0.05	杀菌剂	GB/T 20769
84	溴甲烷	30*	熏蒸剂	无指定
85	溴螨酯	2	杀螨剂	GB 23200.8、SN 0192
86	溴氰菊酯	0.2	杀虫剂	NY/T 761
87	抑霉唑	2	杀菌剂	GB 23200.8、GB/T 20769
88	保棉磷	1	杀虫剂	NY/T 761
89	甲氰菊酯	5	杀虫剂	NY/T 761
90	乙酰甲胺磷	0.5	杀虫剂	NY/T 761
91	噻虫啉	1	杀虫剂	GB/T 20769、GB 23200.8

4.32　柿

柿中农药最大残留限量见表 4-32。

表 4-32　柿中农药最大残留限量

序号	农药中文名	最大残留限量 （mg/kg）	农药 主要用途	检测方法
1	苯线磷	0.02	杀虫剂	GB/T 5009.145、GB 23200.8
2	草甘膦	0.1	除草剂	GB/T 23750、NY/T 1096、SN/T 1923
3	敌敌畏	0.2	杀虫剂	NY/T 761、GB 23200.8、GB/T 5009.20
4	地虫硫磷	0.01	杀虫剂	GB 23200.8
5	啶虫脒	2	杀虫剂	GB/T 23584、GB/T 20769
6	对硫磷	0.01	杀虫剂	GB/T 5009.145
7	氟虫腈	0.02	杀虫剂	NY/T 1379
8	甲胺磷	0.05	杀虫剂	NY/T 761、GB/T 5009.103
9	甲拌磷	0.01	杀虫剂	GB 23200.8
10	甲基对硫磷	0.02	杀虫剂	NY/T 761

（续）

序号	农药中文名	最大残留限量（mg/kg）	农药主要用途	检测方法
11	甲基硫环磷	0.03*	杀虫剂	NY/T 761
12	甲基异柳磷	0.01*	杀虫剂	GB/T 5009.144
13	甲氰菊酯	5	杀虫剂	NY/T 761
14	久效磷	0.03	杀虫剂	NY/T 761
15	克百威	0.02	杀虫剂	NY/T 761
16	磷胺	0.05	杀虫剂	NY/T 761
17	硫环磷	0.03	杀虫剂	NY/T 761
18	硫线磷	0.02	杀虫剂	GB/T 20769
19	氯唑磷	0.01	杀虫剂	GB/T 20769
20	灭多威	0.2	杀虫剂	NY/T 761
21	灭线磷	0.02	杀线虫剂	NY/T 761
22	内吸磷	0.02	杀虫/杀螨剂	GB/T 20769
23	氰戊菊酯和S-氰戊菊	0.2	杀虫剂	GB 23200.8、NY/T 761
24	杀虫脒	0.01	杀虫剂	GB/T 20769
25	杀螟硫磷	0.5*	杀虫剂	GB/T 14553、GB/T 20769、NY/T 761
26	杀扑磷	0.05	杀虫剂	GB/T 14553、NY/T 761、GB 23200.8
27	水胺硫磷	0.05	杀虫剂	GB/T 5009.20
28	特丁硫磷	0.01	杀虫剂	NY/T 761、NY/T 1379
29	涕灭威	0.02	杀虫剂	NY/T 761
30	辛硫磷	0.05	杀虫剂	GB/T 5009.102、GB/T 20769
31	氧乐果	0.02	杀虫剂	NY/T 761、NY/T 1379
32	乙酰甲胺磷	0.5	杀虫剂	NY/T 761
33	蝇毒磷	0.05	杀虫剂	GB 23200.8
34	治螟磷	0.01	杀虫剂	NY/T 761、GB 23200.8
35	艾氏剂	0.05	杀虫剂	NY/T 761、GB/T 5009.19
36	滴滴涕	0.05	杀虫剂	NY/T 761、GB/T 5009.19
37	狄氏剂	0.02	杀虫剂	NY/T 761、GB/T 5009.19
38	毒杀芬	0.05*	杀虫剂	YC/T 180
39	六六六	0.05	杀虫剂	NY/T 761、GB/T 5009.19

（续）

序号	农药中文名	最大残留限量 （mg/kg）	农药 主要用途	检测方法
40	氯丹	0.02	杀虫剂	GB/T 5009.19
41	灭蚁灵	0.01	杀虫剂	GB/T 5009.19
42	七氯	0.01	杀虫剂	NY/T 761、GB/T 5009.19
43	异狄氏剂	0.05	杀虫剂	NY/T 761、GB/T 5009.19
44	抑霉唑	2	杀菌剂	GB 23200.8、GB/T 20769
45	保棉磷	1	杀虫剂	NY/T 761
46	倍硫磷	0.05	杀虫剂	GB 23200.8、NY/T 761
47	氯菊酯	2	杀虫剂	NY/T 761
48	敌百虫	0.2	杀虫剂	GB/T 20769、NY/T 761

4.33 橄榄

橄榄中农药最大残留限量见表 4-33。

表 4-33 橄榄中农药最大残留限量

序号	农药中文名	最大残留限量 （mg/kg）	农药 主要用途	检测方法
1	苯线磷	0.02	杀虫剂	GB/T 5009.145、GB 23200.8
2	草甘膦	0.1	除草剂	GB/T 23750、NY/T 1096、SN/T 1923
3	敌敌畏	0.2	杀虫剂	NY/T 761、GB 23200.8、GB/T 5009.20
4	地虫硫磷	0.01	杀虫剂	GB 23200.8
5	啶虫脒	2	杀虫剂	GB/T 23584、GB/T 20769
6	对硫磷	0.01	杀虫剂	GB/T 5009.145
7	氟虫腈	0.02	杀虫剂	NY/T 1379
8	甲胺磷	0.05	杀虫剂	NY/T 761、GB/T 5009.103
9	甲拌磷	0.01	杀虫剂	GB 23200.8
10	甲基对硫磷	0.02	杀虫剂	NY/T 761
11	甲基硫环磷	0.03*	杀虫剂	NY/T 761
12	甲基异柳磷	0.01*	杀虫剂	GB/T 5009.144

（续）

序号	农药中文名	最大残留限量（mg/kg）	农药主要用途	检测方法
13	甲氰菊酯	5	杀虫剂	NY/T 761
14	久效磷	0.03	杀虫剂	NY/T 761
15	克百威	0.02	杀虫剂	NY/T 761
16	磷胺	0.05	杀虫剂	NY/T 761
17	硫环磷	0.03	杀虫剂	NY/T 761
18	硫线磷	0.02	杀虫剂	GB/T 20769
19	氯唑磷	0.01	杀虫剂	GB/T 20769
20	灭多威	0.2	杀虫剂	NY/T 761
21	灭线磷	0.02	杀线虫剂	NY/T 761
22	内吸磷	0.02	杀虫/杀螨剂	GB/T 20769
23	氰戊菊酯和S-氰戊菊	0.2	杀虫剂	GB 23200.8、NY/T 761
24	杀虫脒	0.01	杀虫剂	GB/T 20769
25	杀螟硫磷	0.5*	杀虫剂	GB/T 14553、GB/T 20769、NY/T 761
26	杀扑磷	0.05	杀虫剂	GB/T 14553、NY/T 761、GB 23200.8
27	水胺硫磷	0.05	杀虫剂	GB/T 5009.20
28	特丁硫磷	0.01	杀虫剂	NY/T 761、NY/T 1379
29	涕灭威	0.02	杀虫剂	NY/T 761
30	辛硫磷	0.05	杀虫剂	GB/T 5009.102、GB/T 20769
31	氧乐果	0.02	杀虫剂	NY/T 761、NY/T 1379
32	乙酰甲胺磷	0.5	杀虫剂	NY/T 761
33	蝇毒磷	0.05	杀虫剂	GB 23200.8
34	治螟磷	0.01	杀虫剂	NY/T 761、GB 23200.8
35	艾氏剂	0.05	杀虫剂	NY/T 761、GB/T 5009.19
36	滴滴涕	0.05	杀虫剂	NY/T 761、GB/T 5009.19
37	狄氏剂	0.02	杀虫剂	NY/T 761、GB/T 5009.19
38	毒杀芬	0.05*	杀虫剂	YC/T 180
39	六六六	0.05	杀虫剂	NY/T 761、GB/T 5009.19
40	氯丹	0.02	杀虫剂	GB/T 5009.19
41	灭蚁灵	0.01	杀虫剂	GB/T 5009.19

（续）

序号	农药中文名	最大残留限量 （mg/kg）	农药 主要用途	检测方法
42	七氯	0.01	杀虫剂	NY/T 761、GB/T 5009.19
43	异狄氏剂	0.05	杀虫剂	NY/T 761、GB/T 5009.19
44	百草枯	0.1*	除草剂	无指定
45	倍硫磷	1	杀虫剂	GB 23200.8、NY/T 761
46	苯醚甲环唑	2	杀菌剂	GB/T 5009.218、GB 23200.8、 GB 23200.49
47	多菌灵	0.5	杀菌剂	GB/T 20769、NY/T 1453
48	氯氟氰菊酯和高效氯氟氰 菊酯	1	杀虫剂	GB/T 5009.146、NY/T 761
49	氯菊酯	1	杀虫剂	NY/T 761
50	氯氰菊酯和高效氯氰菊酯	0.05	杀虫剂	GB/T 5009.146、GB 23200.8、 NY/T 761
51	醚菌酯	0.2	杀菌剂	GB 23200.8、GB/T 20769
52	戊唑醇	0.05	杀菌剂	GB 23200.8、GB/T 20769
53	溴氰菊酯	1	杀虫剂	NY/T 761
54	保棉磷	1	杀虫剂	NY/T 761
55	敌百虫	0.2	杀虫剂	GB/T 20769、NY/T 761

4.34 无花果

无花果中农药最大残留限量见表 4-34。

表 4-34 无花果中农药最大残留限量

序号	农药中文名	最大残留限量 （mg/kg）	农药 主要用途	检测方法
1	苯线磷	0.02	杀虫剂	GB/T 5009.145、GB 23200.8
2	草甘膦	0.1	除草剂	GB/T 23750、NY/T 1096、 SN/T 1923
3	敌敌畏	0.2	杀虫剂	NY/T 761、GB 23200.8、GB/ T 5009.20
4	地虫硫磷	0.01	杀虫剂	GB 23200.8

（续）

序号	农药中文名	最大残留限量（mg/kg）	农药主要用途	检测方法
5	啶虫脒	2	杀虫剂	GB/T 23584、GB/T 20769
6	对硫磷	0.01	杀虫剂	GB/T 5009.145
7	氟虫腈	0.02	杀虫剂	NY/T 1379
8	甲胺磷	0.05	杀虫剂	NY/T 761、GB/T 5009.103
9	甲拌磷	0.01	杀虫剂	GB 23200.8
10	甲基对硫磷	0.02	杀虫剂	NY/T 761
11	甲基硫环磷	0.03*	杀虫剂	NY/T 761
12	甲基异柳磷	0.01*	杀虫剂	GB/T 5009.144
13	甲氰菊酯	5	杀虫剂	NY/T 761
14	久效磷	0.03	杀虫剂	NY/T 761
15	克百威	0.02	杀虫剂	NY/T 761
16	磷胺	0.05	杀虫剂	NY/T 761
17	硫环磷	0.03	杀虫剂	NY/T 761
18	硫线磷	0.02	杀虫剂	GB/T 20769
19	氯唑磷	0.01	杀虫剂	GB/T 20769
20	灭多威	0.2	杀虫剂	NY/T 761
21	灭线磷	0.02	杀线虫剂	NY/T 761
22	内吸磷	0.02	杀虫/杀螨剂	GB/T 20769
23	氰戊菊酯和 S-氰戊菊	0.2	杀虫剂	GB 23200.8、NY/T 761
24	杀虫脒	0.01	杀虫剂	GB/T 20769
25	杀螟硫磷	0.5*	杀虫剂	GB/T 14553、GB/T 20769、NY/T 761
26	杀扑磷	0.05	杀虫剂	GB/T 14553、NY/T 761、GB 23200.8
27	水胺硫磷	0.05	杀虫剂	GB/T 5009.20
28	特丁硫磷	0.01	杀虫剂	NY/T 761、NY/T 1379
29	涕灭威	0.02	杀虫剂	NY/T 761
30	辛硫磷	0.05	杀虫剂	GB/T 5009.102、GB/T 20769
31	氧乐果	0.02	杀虫剂	NY/T 761、NY/T 1379
32	乙酰甲胺磷	0.5	杀虫剂	NY/T 761
33	蝇毒磷	0.05	杀虫剂	GB 23200.8

（续）

序号	农药中文名	最大残留限量 （mg/kg）	农药 主要用途	检测方法
34	治螟磷	0.01	杀虫剂	NY/T 761、GB 23200.8
35	艾氏剂	0.05	杀虫剂	NY/T 761、GB/T 5009.19
36	滴滴涕	0.05	杀虫剂	NY/T 761、GB/T 5009.19
37	狄氏剂	0.02	杀虫剂	NY/T 761、GB/T 5009.19
38	毒杀芬	0.05*	杀虫剂	YC/T 180
39	六六六	0.05	杀虫剂	NY/T 761、GB/T 5009.19
40	氯丹	0.02	杀虫剂	GB/T 5009.19
41	灭蚁灵	0.01	杀虫剂	GB/T 5009.19
42	七氯	0.01	杀虫剂	NY/T 761、GB/T 5009.19
43	异狄氏剂	0.05	杀虫剂	NY/T 761、GB/T 5009.19
44	多菌灵	0.5	杀菌剂	GB/T 20769、NY/T 1453
45	保棉磷	1	杀虫剂	NY/T 761
46	倍硫磷	0.05	杀虫剂	GB 23200.8、NY/T 761
47	氯菊酯	2	杀虫剂	NY/T 761
48	敌百虫	0.2	杀虫剂	GB/T 20769、NY/T 761

4.35 杨桃

杨桃中农药最大残留限量见表 4-35。

表 4-35 杨桃中农药最大残留限量

序号	农药中文名	最大残留限量 （mg/kg）	农药 主要用途	检测方法
1	苯线磷	0.02	杀虫剂	GB/T 5009.145、GB 23200.8
2	草甘膦	0.1	除草剂	GB/T 23750、NY/T 1096、SN/T 1923
3	敌敌畏	0.2	杀虫剂	NY/T 761、GB 23200.8、GB/T 5009.20
4	地虫硫磷	0.01	杀虫剂	GB 23200.8
5	啶虫脒	2	杀虫剂	GB/T 23584、GB/T 20769
6	对硫磷	0.01	杀虫剂	GB/T 5009.145
7	氟虫腈	0.02	杀虫剂	NY/T 1379

（续）

序号	农药中文名	最大残留限量 （mg/kg）	农药 主要用途	检测方法
8	甲胺磷	0.05	杀虫剂	NY/T 761、GB/T 5009.103
9	甲拌磷	0.01	杀虫剂	GB 23200.8
10	甲基对硫磷	0.02	杀虫剂	NY/T 761
11	甲基硫环磷	0.03*	杀虫剂	NY/T 761
12	甲基异柳磷	0.01*	杀虫剂	GB/T 5009.144
13	甲氰菊酯	5	杀虫剂	NY/T 761
14	久效磷	0.03	杀虫剂	NY/T 761
15	克百威	0.02	杀虫剂	NY/T 761
16	磷胺	0.05	杀虫剂	NY/T 761
17	硫环磷	0.03	杀虫剂	NY/T 761
18	硫线磷	0.02	杀虫剂	GB/T 20769
19	氯唑磷	0.01	杀虫剂	GB/T 20769
20	灭多威	0.2	杀虫剂	NY/T 761
21	灭线磷	0.02	杀线虫剂	NY/T 761
22	内吸磷	0.02	杀虫/杀螨剂	GB/T 20769
23	氰戊菊酯和 S-氰戊菊	0.2	杀虫剂	GB 23200.8、NY/T 761
24	杀虫脒	0.01	杀虫剂	GB/T 20769
25	杀螟硫磷	0.5*	杀虫剂	GB/T 14553、GB/T 20769、NY/T 761
26	杀扑磷	0.05	杀虫剂	GB/T 14553、NY/T 761、GB 23200.8
27	水胺硫磷	0.05	杀虫剂	GB/T 5009.20
28	特丁硫磷	0.01	杀虫剂	NY/T 761、NY/T 1379
29	涕灭威	0.02	杀虫剂	NY/T 761
30	辛硫磷	0.05	杀虫剂	GB/T 5009.102、GB/T 20769
31	氧乐果	0.02	杀虫剂	NY/T 761、NY/T 1379
32	乙酰甲胺磷	0.5	杀虫剂	NY/T 761
33	蝇毒磷	0.05	杀虫剂	GB 23200.8
34	治螟磷	0.01	杀虫剂	NY/T 761、GB 23200.8
35	艾氏剂	0.05	杀虫剂	NY/T 761、GB/T 5009.19

（续）

序号	农药中文名	最大残留限量 （mg/kg）	农药 主要用途	检测方法
36	滴滴涕	0.05	杀虫剂	NY/T 761、GB/T 5009.19
37	狄氏剂	0.02	杀虫剂	NY/T 761、GB/T 5009.19
38	毒杀芬	0.05*	杀虫剂	YC/T 180
39	六六六	0.05	杀虫剂	NY/T 761、GB/T 5009.19
40	氯丹	0.02	杀虫剂	GB/T 5009.19
41	灭蚁灵	0.01	杀虫剂	GB/T 5009.19
42	七氯	0.01	杀虫剂	NY/T 761、GB/T 5009.19
43	异狄氏剂	0.05	杀虫剂	NY/T 761、GB/T 5009.19
44	氯氰菊酯和高效氯氰菊酯	0.2	杀虫剂	GB/T 5009.146、GB 23200.8、 NY/T 761
45	保棉磷	1	杀虫剂	NY/T 761
46	倍硫磷	0.05	杀虫剂	GB 23200.8、NY/T 761
47	氯菊酯	2	杀虫剂	NY/T 761
48	敌百虫	0.2	杀虫剂	GB/T 20769、NY/T 761

4.36 荔枝

荔枝中农药最大残留限量见表 4 - 36。

表 4 - 36 荔枝中农药最大残留限量

序号	农药中文名	最大残留限量 （mg/kg）	农药 主要用途	检测方法
1	苯线磷	0.02	杀虫剂	GB/T 5009.145、GB 23200.8
2	草甘膦	0.1	除草剂	GB/T 23750、NY/T 1096、 SN/T 1923
3	敌敌畏	0.2	杀虫剂	NY/T 761、GB 23200.8、GB/ T 5009.20
4	地虫硫磷	0.01	杀虫剂	GB 23200.8
5	啶虫脒	2	杀虫剂	GB/T 23584、GB/T 20769
6	对硫磷	0.01	杀虫剂	GB/T 5009.145
7	氟虫腈	0.02	杀虫剂	NY/T 1379

（续）

序号	农药中文名	最大残留限量（mg/kg）	农药主要用途	检测方法
8	甲胺磷	0.05	杀虫剂	NY/T 761、GB/T 5009.103
9	甲拌磷	0.01	杀虫剂	GB 23200.8
10	甲基对硫磷	0.02	杀虫剂	NY/T 761
11	甲基硫环磷	0.03*	杀虫剂	NY/T 761
12	甲基异柳磷	0.01*	杀虫剂	GB/T 5009.144
13	甲氰菊酯	5	杀虫剂	NY/T 761
14	久效磷	0.03	杀虫剂	NY/T 761
15	克百威	0.02	杀虫剂	NY/T 761
16	磷胺	0.05	杀虫剂	NY/T 761
17	硫环磷	0.03	杀虫剂	NY/T 761
18	硫线磷	0.02	杀虫剂	GB/T 20769
19	氯唑磷	0.01	杀虫剂	GB/T 20769
20	灭多威	0.2	杀虫剂	NY/T 761
21	灭线磷	0.02	杀线虫剂	NY/T 761
22	内吸磷	0.02	杀虫/杀螨剂	GB/T 20769
23	氰戊菊酯和S-氰戊菊	0.2	杀虫剂	GB 23200.8、NY/T 761
24	杀虫脒	0.01	杀虫剂	GB/T 20769
25	杀螟硫磷	0.5*	杀虫剂	GB/T 14553、GB/T 20769、NY/T 761
26	杀扑磷	0.05	杀虫剂	GB/T 14553、NY/T 761、GB 23200.8
27	水胺硫磷	0.05	杀虫剂	GB/T 5009.20
28	特丁硫磷	0.01	杀虫剂	NY/T 761、NY/T 1379
29	涕灭威	0.02	杀虫剂	NY/T 761
30	辛硫磷	0.05	杀虫剂	GB/T 5009.102、GB/T 20769
31	氧乐果	0.02	杀虫剂	NY/T 761、NY/T 1379
32	乙酰甲胺磷	0.5	杀虫剂	NY/T 761
33	蝇毒磷	0.05	杀虫剂	GB 23200.8
34	治螟磷	0.01	杀虫剂	NY/T 761、GB 23200.8
35	艾氏剂	0.05	杀虫剂	NY/T 761、GB/T 5009.19
36	滴滴涕	0.05	杀虫剂	NY/T 761、GB/T 5009.19

（续）

序号	农药中文名	最大残留限量（mg/kg）	农药主要用途	检测方法
37	狄氏剂	0.02	杀虫剂	NY/T 761、GB/T 5009.19
38	毒杀芬	0.05*	杀虫剂	YC/T 180
39	六六六	0.05	杀虫剂	NY/T 761、GB/T 5009.19
40	氯丹	0.02	杀虫剂	GB/T 5009.19
41	灭蚁灵	0.01	杀虫剂	GB/T 5009.19
42	七氯	0.01	杀虫剂	NY/T 761、GB/T 5009.19
43	异狄氏剂	0.05	杀虫剂	NY/T 761、GB/T 5009.19
44	百菌清	0.2	杀菌剂	NY/T 761、GB/T 5009.105
45	苯醚甲环唑	0.5	杀菌剂	GB/T 5009.218、GB 23200.8、GB 23200.49
46	吡唑醚菌酯	0.1	杀菌剂	GB 23200.8、GB/T 20769
47	春雷霉素	0.05*	杀菌剂	无指定
48	代森锰锌	5	杀菌剂	SN 0157
49	敌百虫	0.2	杀虫剂	GB/T 20769、NY/T 761
50	毒死蜱	1	杀虫剂	GB 23200.8、NY/T 761、SN/T 2158
51	多菌灵	0.5	杀菌剂	GB/T 20769、NY/T 1453
52	多效唑	0.5	植物生长调节剂	GB 23200.8、GB/T 20770、GB/T 20769
53	氟吗啉	0.1*	杀菌剂	无指定
54	甲霜灵和精甲霜灵	0.5	杀菌剂	GB 23200.8、GB/T 20769
55	腈菌唑	0.5	杀菌剂	GB/T 20769、GB 23200.8、NY/T 1455
56	硫丹	0.05	杀虫剂	NY/T 761
57	螺虫乙酯	15*	杀虫剂	无指定
58	氯氟氰菊酯和高效氯氟氰菊酯	0.1	杀虫剂	GB/T 5009.146、NY/T 761
59	氯氰菊酯和高效氯氰菊酯	0.5	杀虫剂	GB/T 5009.146、GB 23200.8、NY/T 761
60	马拉硫磷	0.5	杀虫剂	GB 23200.8、GB/T 20769、NY/T 761

（续）

序号	农药中文名	最大残留限量（mg/kg）	农药主要用途	检测方法
61	咪鲜胺和咪鲜胺锰盐	2	杀菌剂	NY/T 1456
62	嘧菌酯	0.5	杀菌剂	GB/T 20769、NY/T 1453、SN/T 1976
63	萘乙酸和萘乙酸钠	0.05	植物生长调节剂	SN 0346、SN/T 2228
64	氰霜唑	0.02*	杀菌剂	GB 23200.14
65	三乙膦酸铝	1*	杀菌剂	无指定
66	三唑磷	0.2	杀虫剂	NY/T 761
67	三唑酮	0.05	杀菌剂	NY/T 761、GB/T 20769、GB 23200.8
68	双炔酰菌胺	0.2*	杀菌剂	无指定
69	霜脲氰	0.1	杀菌剂	GB/T 20769
70	溴氰菊酯	0.05	杀虫剂	NY/T 761
71	乙烯利	2	植物生长调节剂	GB 23200.16
72	保棉磷	1	杀虫剂	NY/T 761
73	倍硫磷	0.05	杀虫剂	GB 23200.8、NY/T 761
74	氯菊酯	2	杀虫剂	NY/T 761
75	百草枯	0.01*	除草剂	无指定

4.37 龙眼

龙眼中农药最大残留限量见表4-37。

表4-37 龙眼中农药最大残留限量

序号	农药中文名	最大残留限量（mg/kg）	农药主要用途	检测方法
1	苯线磷	0.02	杀虫剂	GB/T 5009.145、GB 23200.8
2	草甘膦	0.1	除草剂	GB/T 23750、NY/T 1096、SN/T 1923
3	敌敌畏	0.2	杀虫剂	NY/T 761、GB 23200.8、GB/T 5009.20
4	地虫硫磷	0.01	杀虫剂	GB 23200.8
5	啶虫脒	2	杀虫剂	GB/T 23584、GB/T 20769

（续）

序号	农药中文名	最大残留限量（mg/kg）	农药主要用途	检测方法
6	对硫磷	0.01	杀虫剂	GB/T 5009.145
7	氟虫腈	0.02	杀虫剂	NY/T 1379
8	甲胺磷	0.05	杀虫剂	NY/T 761、GB/T 5009.103
9	甲拌磷	0.01	杀虫剂	GB 23200.8
10	甲基对硫磷	0.02	杀虫剂	NY/T 761
11	甲基硫环磷	0.03*	杀虫剂	NY/T 761
12	甲基异柳磷	0.01*	杀虫剂	GB/T 5009.144
13	甲氰菊酯	5	杀虫剂	NY/T 761
14	久效磷	0.03	杀虫剂	NY/T 761
15	克百威	0.02	杀虫剂	NY/T 761
16	磷胺	0.05	杀虫剂	NY/T 761
17	硫环磷	0.03	杀虫剂	NY/T 761
18	硫线磷	0.02	杀虫剂	GB/T 20769
19	氯唑磷	0.01	杀虫剂	GB/T 20769
20	灭多威	0.2	杀虫剂	NY/T 761
21	灭线磷	0.02	杀线虫剂	NY/T 761
22	内吸磷	0.02	杀虫/杀螨剂	GB/T 20769
23	氰戊菊酯和S-氰戊菊	0.2	杀虫剂	GB 23200.8、NY/T 761
24	杀虫脒	0.01	杀虫剂	GB/T 20769
25	杀螟硫磷	0.5*	杀虫剂	GB/T 14553、GB/T 20769、NY/T 761
26	杀扑磷	0.05	杀虫剂	GB/T 14553、NY/T 761、GB 23200.8
27	水胺硫磷	0.05	杀虫剂	GB/T 5009.20
28	特丁硫磷	0.01	杀虫剂	NY/T 761、NY/T 1379
29	涕灭威	0.02	杀虫剂	NY/T 761
30	辛硫磷	0.05	杀虫剂	GB/T 5009.102、GB/T 20769
31	氧乐果	0.02	杀虫剂	NY/T 761、NY/T 1379
32	乙酰甲胺磷	0.5	杀虫剂	NY/T 761
33	蝇毒磷	0.05	杀虫剂	GB 23200.8
34	治螟磷	0.01	杀虫剂	NY/T 761、GB 23200.8

（续）

序号	农药中文名	最大残留限量（mg/kg）	农药主要用途	检测方法
35	艾氏剂	0.05	杀虫剂	NY/T 761、GB/T 5009.19
36	滴滴涕	0.05	杀虫剂	NY/T 761、GB/T 5009.19
37	狄氏剂	0.02	杀虫剂	NY/T 761、GB/T 5009.19
38	毒杀芬	0.05*	杀虫剂	YC/T 180
39	六六六	0.05	杀虫剂	NY/T 761、GB/T 5009.19
40	氯丹	0.02	杀虫剂	GB/T 5009.19
41	灭蚁灵	0.01	杀虫剂	GB/T 5009.19
42	七氯	0.01	杀虫剂	NY/T 761、GB/T 5009.19
43	异狄氏剂	0.05	杀虫剂	NY/T 761、GB/T 5009.19
44	毒死蜱	1	杀虫剂	GB 23200.8、NY/T 761、SN/T 2158
45	氯氰菊酯和高效氯氰菊酯	0.5	杀虫剂	GB/T 5009.146、GB 23200.8、NY/T 761
46	咪鲜胺和咪鲜胺锰盐	5	杀菌剂	NY/T 1456
47	保棉磷	1	杀虫剂	NY/T 761
48	倍硫磷	0.05	杀虫剂	GB 23200.8、NY/T 761
49	氯菊酯	2	杀虫剂	NY/T 761
50	敌百虫	0.2	杀虫剂	GB/T 20769、NY/T 761
51	百草枯	0.01*	除草剂	无指定

4.38　芒果

芒果中农药最大残留限量见表 4-38。

表 4-38　芒果中农药最大残留限量

序号	农药中文名	最大残留限量（mg/kg）	农药主要用途	检测方法
1	苯线磷	0.02	杀虫剂	GB/T 5009.145、GB 23200.8
2	草甘膦	0.1	除草剂	GB/T 23750、NY/T 1096、SN/T 1923
3	敌敌畏	0.2	杀虫剂	NY/T 761、GB 23200.8、GB/T 5009.20

（续）

序号	农药中文名	最大残留限量（mg/kg）	农药主要用途	检测方法
4	地虫硫磷	0.01	杀虫剂	GB 23200.8
5	啶虫脒	2	杀虫剂	GB/T 23584、GB/T 20769
6	对硫磷	0.01	杀虫剂	GB/T 5009.145
7	氟虫腈	0.02	杀虫剂	NY/T 1379
8	甲胺磷	0.05	杀虫剂	NY/T 761、GB/T 5009.103
9	甲拌磷	0.01	杀虫剂	GB 23200.8
10	甲基对硫磷	0.02	杀虫剂	NY/T 761
11	甲基硫环磷	0.03*	杀虫剂	NY/T 761
12	甲基异柳磷	0.01*	杀虫剂	GB/T 5009.144
13	甲氰菊酯	5	杀虫剂	NY/T 761
14	久效磷	0.03	杀虫剂	NY/T 761
15	克百威	0.02	杀虫剂	NY/T 761
16	磷胺	0.05	杀虫剂	NY/T 761
17	硫环磷	0.03	杀虫剂	NY/T 761
18	硫线磷	0.02	杀虫剂	GB/T 20769
19	氯唑磷	0.01	杀虫剂	GB/T 20769
20	灭多威	0.2	杀虫剂	NY/T 761
21	灭线磷	0.02	杀线虫剂	NY/T 761
22	内吸磷	0.02	杀虫/杀螨剂	GB/T 20769
23	氰戊菊酯和S-氰戊菊	0.2	杀虫剂	GB 23200.8、NY/T 761
24	杀虫脒	0.01	杀虫剂	GB/T 20769
25	杀螟硫磷	0.5*	杀虫剂	GB/T 14553、GB/T 20769、NY/T 761
26	杀扑磷	0.05	杀虫剂	GB/T 14553、NY/T 761、GB 23200.8
27	水胺硫磷	0.05	杀虫剂	GB/T 5009.20
28	特丁硫磷	0.01	杀虫剂	NY/T 761、NY/T 1379
29	涕灭威	0.02	杀虫剂	NY/T 761
30	辛硫磷	0.05	杀虫剂	GB/T 5009.102、GB/T 20769
31	氧乐果	0.02	杀虫剂	NY/T 761、NY/T 1379
32	乙酰甲胺磷	0.5	杀虫剂	NY/T 761

（续）

序号	农药中文名	最大残留限量（mg/kg）	农药主要用途	检测方法
33	蝇毒磷	0.05	杀虫剂	GB 23200.8
34	治螟磷	0.01	杀虫剂	NY/T 761、GB 23200.8
35	艾氏剂	0.05	杀虫剂	NY/T 761、GB/T 5009.19
36	滴滴涕	0.05	杀虫剂	NY/T 761、GB/T 5009.19
37	狄氏剂	0.02	杀虫剂	NY/T 761、GB/T 5009.19
38	毒杀芬	0.05*	杀虫剂	YC/T 180
39	六六六	0.05	杀虫剂	NY/T 761、GB/T 5009.19
40	氯丹	0.02	杀虫剂	GB/T 5009.19
41	灭蚁灵	0.01	杀虫剂	GB/T 5009.19
42	七氯	0.01	杀虫剂	NY/T 761、GB/T 5009.19
43	异狄氏剂	0.05	杀虫剂	NY/T 761、GB/T 5009.19
44	苯醚甲环唑	0.07	杀菌剂	GB/T 5009.218、GB 23200.8、GB 23200.49
45	吡唑醚菌酯	0.05	杀菌剂	GB 23200.8、GB/T 20769
46	丙溴磷	0.2	杀虫剂	GB 23200.8、NY/T 761、SN/T 2234
47	代森锰锌	2	杀菌剂	SN 0157
48	多菌灵	0.5	杀菌剂	GB/T 20769、NY/T 1453
49	多效唑	0.05	植物生长调节剂	GB 23200.8、GB/T 20770、GB/T 20769
50	螺虫乙酯	0.3*	杀虫剂	无指定
51	氯氟氰菊酯和高效氯氟氰菊酯	0.2	杀虫剂	GB/T 5009.146、NY/T 761
52	氯氰菊酯和高效氯氰菊酯	0.7	杀虫剂	GB/T 5009.146、GB 23200.8、NY/T 761
53	咪鲜胺和咪鲜胺锰盐	2	杀菌剂	NY/T 1456
54	嘧菌环胺	2	杀菌剂	GB/T 20769、GB 23200.8
55	嘧菌酯	1	杀菌剂	GB/T 20769、NY/T 1453、SN/T 1976
56	噻菌灵	5	杀菌剂	GB/T 20769、NY/T 1453、NY/T 1680

（续）

序号	农药中文名	最大残留限量 （mg/kg）	农药 主要用途	检测方法
57	戊唑醇	0.05	杀菌剂	GB 23200.8、GB/T 20769
58	溴氰菊酯	0.05	杀虫剂	NY/T 761
59	乙烯利	2	植物生长调节剂	GB 23200.16
60	保棉磷	1	杀虫剂	NY/T 761
61	倍硫磷	0.05	杀虫剂	GB 23200.8、NY/T 761
62	氯菊酯	2	杀虫剂	NY/T 761
63	敌百虫	0.2	杀虫剂	GB/T 20769、NY/T 761
64	百草枯	0.01*	除草剂	无指定

4.39 鳄梨

鳄梨中农药最大残留限量见表4-39。

表4-39 鳄梨中农药最大残留限量

序号	农药中文名	最大残留限量 （mg/kg）	农药 主要用途	检测方法
1	苯线磷	0.02	杀虫剂	GB/T 5009.145、GB 23200.8
2	草甘膦	0.1	除草剂	GB/T 23750、NY/T 1096、 SN/T 1923
3	敌敌畏	0.2	杀虫剂	NY/T 761、GB 23200.8、GB/ T 5009.20
4	地虫硫磷	0.01	杀虫剂	GB 23200.8
5	啶虫脒	2	杀虫剂	GB/T 23584、GB/T 20769
6	对硫磷	0.01	杀虫剂	GB/T 5009.145
7	氟虫腈	0.02	杀虫剂	NY/T 1379
8	甲胺磷	0.05	杀虫剂	NY/T 761、GB/T 5009.103
9	甲拌磷	0.01	杀虫剂	GB 23200.8
10	甲基对硫磷	0.02	杀虫剂	NY/T 761
11	甲基硫环磷	0.03*	杀虫剂	NY/T 761
12	甲基异柳磷	0.01*	杀虫剂	GB/T 5009.144
13	甲氰菊酯	5	杀虫剂	NY/T 761

（续）

序号	农药中文名	最大残留限量（mg/kg）	农药主要用途	检测方法
14	久效磷	0.03	杀虫剂	NY/T 761
15	克百威	0.02	杀虫剂	NY/T 761
16	磷胺	0.05	杀虫剂	NY/T 761
17	硫环磷	0.03	杀虫剂	NY/T 761
18	硫线磷	0.02	杀虫剂	GB/T 20769
19	氯唑磷	0.01	杀虫剂	GB/T 20769
20	灭多威	0.2	杀虫剂	NY/T 761
21	灭线磷	0.02	杀线虫剂	NY/T 761
22	内吸磷	0.02	杀虫/杀螨剂	GB/T 20769
23	氰戊菊酯和S-氰戊菊	0.2	杀虫剂	GB 23200.8、NY/T 761
24	杀虫脒	0.01	杀虫剂	GB/T 20769
25	杀螟硫磷	0.5*	杀虫剂	GB/T 14553、GB/T 20769、NY/T 761
26	杀扑磷	0.05	杀虫剂	GB/T 14553、NY/T 761、GB 23200.8
27	水胺硫磷	0.05	杀虫剂	GB/T 5009.20
28	特丁硫磷	0.01	杀虫剂	NY/T 761、NY/T 1379
29	涕灭威	0.02	杀虫剂	NY/T 761
30	辛硫磷	0.05	杀虫剂	GB/T 5009.102、GB/T 20769
31	氧乐果	0.02	杀虫剂	NY/T 761、NY/T 1379
32	乙酰甲胺磷	0.5	杀虫剂	NY/T 761
33	蝇毒磷	0.05	杀虫剂	GB 23200.8
34	治螟磷	0.01	杀虫剂	NY/T 761、GB 23200.8
35	艾氏剂	0.05	杀虫剂	NY/T 761、GB/T 5009.19
36	滴滴涕	0.05	杀虫剂	NY/T 761、GB/T 5009.19
37	狄氏剂	0.02	杀虫剂	NY/T 761、GB/T 5009.19
38	毒杀芬	0.05*	杀虫剂	YC/T 180
39	六六六	0.05	杀虫剂	NY/T 761、GB/T 5009.19
40	氯丹	0.02	杀虫剂	GB/T 5009.19
41	灭蚁灵	0.01	杀虫剂	GB/T 5009.19

序号	农药中文名	最大残留限量（mg/kg）	农药主要用途	检测方法
42	七氯	0.01	杀虫剂	NY/T 761、GB/T 5009.19
43	异狄氏剂	0.05	杀虫剂	NY/T 761、GB/T 5009.19
44	虫酰肼	1	杀虫剂	GB/T 20769
45	甲霜灵和精甲霜灵	0.2	杀菌剂	GB 23200.8、GB/T 20769
46	噻菌灵	15	杀菌剂	GB/T 20769、NY/T 1453、NY/T 1680
47	保棉磷	1	杀虫剂	NY/T 761
48	倍硫磷	0.05	杀虫剂	GB 23200.8、NY/T 761
49	氯菊酯	2	杀虫剂	NY/T 761
50	敌百虫	0.2	杀虫剂	GB/T 20769、NY/T 761
51	百草枯	0.01*	除草剂	无指定
52	咪鲜胺和咪鲜胺锰盐	7	杀菌剂	NY/T 1456

4.40　山竹

山竹中农药最大残留限量见表 4 - 40。

表 4 - 40　山竹中农药最大残留限量

序号	农药中文名	最大残留限量（mg/kg）	农药主要用途	检测方法
1	苯线磷	0.02	杀虫剂	GB/T 5009.145、GB 23200.8
2	草甘膦	0.1	除草剂	GB/T 23750、NY/T 1096、SN/T 1923
3	敌敌畏	0.2	杀虫剂	NY/T 761、GB 23200.8、GB/T 5009.20
4	地虫硫磷	0.01	杀虫剂	GB 23200.8
5	啶虫脒	2	杀虫剂	GB/T 23584、GB/T 20769
6	对硫磷	0.01	杀虫剂	GB/T 5009.145
7	氟虫腈	0.02	杀虫剂	NY/T 1379
8	甲胺磷	0.05	杀虫剂	NY/T 761、GB/T 5009.103
9	甲拌磷	0.01	杀虫剂	GB 23200.8

（续）

序号	农药中文名	最大残留限量（mg/kg）	农药主要用途	检测方法
10	甲基对硫磷	0.02	杀虫剂	NY/T 761
11	甲基硫环磷	0.03*	杀虫剂	NY/T 761
12	甲基异柳磷	0.01*	杀虫剂	GB/T 5009.144
13	甲氰菊酯	5	杀虫剂	NY/T 761
14	久效磷	0.03	杀虫剂	NY/T 761
15	克百威	0.02	杀虫剂	NY/T 761
16	磷胺	0.05	杀虫剂	NY/T 761
17	硫环磷	0.03	杀虫剂	NY/T 761
18	硫线磷	0.02	杀虫剂	GB/T 20769
19	氯唑磷	0.01	杀虫剂	GB/T 20769
20	灭多威	0.2	杀虫剂	NY/T 761
21	灭线磷	0.02	杀线虫剂	NY/T 761
22	内吸磷	0.02	杀虫/杀螨剂	GB/T 20769
23	氰戊菊酯和 S-氰戊菊	0.2	杀虫剂	GB 23200.8、NY/T 761
24	杀虫脒	0.01	杀虫剂	GB/T 20769
25	杀螟硫磷	0.5*	杀虫剂	GB/T 14553、GB/T 20769、NY/T 761
26	杀扑磷	0.05	杀虫剂	GB/T 14553、NY/T 761、GB 23200.8
27	水胺硫磷	0.05	杀虫剂	GB/T 5009.20
28	特丁硫磷	0.01	杀虫剂	NY/T 761、NY/T 1379
29	涕灭威	0.02	杀虫剂	NY/T 761
30	辛硫磷	0.05	杀虫剂	GB/T 5009.102、GB/T 20769
31	氧乐果	0.02	杀虫剂	NY/T 761、NY/T 1379
32	乙酰甲胺磷	0.5	杀虫剂	NY/T 761
33	蝇毒磷	0.05	杀虫剂	GB 23200.8
34	治螟磷	0.01	杀虫剂	NY/T 761、GB 23200.8
35	艾氏剂	0.05	杀虫剂	NY/T 761、GB/T 5009.19
36	滴滴涕	0.05	杀虫剂	NY/T 761、GB/T 5009.19
37	狄氏剂	0.02	杀虫剂	NY/T 761、GB/T 5009.19
38	毒杀芬	0.05*	杀虫剂	YC/T 180

（续）

序号	农药中文名	最大残留限量（mg/kg）	农药主要用途	检测方法
39	六六六	0.05	杀虫剂	NY/T 761、GB/T 5009.19
40	氯丹	0.02	杀虫剂	GB/T 5009.19
41	灭蚁灵	0.01	杀虫剂	GB/T 5009.19
42	七氯	0.01	杀虫剂	NY/T 761、GB/T 5009.19
43	异狄氏剂	0.05	杀虫剂	NY/T 761、GB/T 5009.19
44	丙溴磷	10	杀虫剂	GB 23200.8、NY/T 761、SN/T 2234
45	保棉磷	1	杀虫剂	NY/T 761
46	倍硫磷	0.05	杀虫剂	GB 23200.8、NY/T 761
47	氯菊酯	2	杀虫剂	NY/T 761
48	敌百虫	0.2	杀虫剂	GB/T 20769、NY/T 761
49	百草枯	0.01*	除草剂	无指定
50	咪鲜胺和咪鲜胺锰盐	7	杀菌剂	NY/T 1456

4.41 香蕉

香蕉中农药最大残留限量见表 4-41。

表 4-41 香蕉中农药最大残留限量

序号	农药中文名	最大残留限量（mg/kg）	农药主要用途	检测方法
1	苯线磷	0.02	杀虫剂	GB/T 5009.145、GB 23200.8
2	草甘膦	0.1	除草剂	GB/T 23750、NY/T 1096、SN/T 1923
3	敌敌畏	0.2	杀虫剂	NY/T 761、GB 23200.8、GB/T 5009.20
4	地虫硫磷	0.01	杀虫剂	GB 23200.8
5	啶虫脒	2	杀虫剂	GB/T 23584、GB/T 20769
6	对硫磷	0.01	杀虫剂	GB/T 5009.145
7	氟虫腈	0.02	杀虫剂	NY/T 1379
8	甲胺磷	0.05	杀虫剂	NY/T 761、GB/T 5009.103

（续）

序号	农药中文名	最大残留限量（mg/kg）	农药主要用途	检测方法
9	甲拌磷	0.01	杀虫剂	GB 23200.8
10	甲基对硫磷	0.02	杀虫剂	NY/T 761
11	甲基硫环磷	0.03*	杀虫剂	NY/T 761
12	甲基异柳磷	0.01*	杀虫剂	GB/T 5009.144
13	甲氰菊酯	5	杀虫剂	NY/T 761
14	久效磷	0.03	杀虫剂	NY/T 761
15	克百威	0.02	杀虫剂	NY/T 761
16	磷胺	0.05	杀虫剂	NY/T 761
17	硫环磷	0.03	杀虫剂	NY/T 761
18	硫线磷	0.02	杀虫剂	GB/T 20769
19	氯唑磷	0.01	杀虫剂	GB/T 20769
20	灭多威	0.2	杀虫剂	NY/T 761
21	灭线磷	0.02	杀线虫剂	NY/T 761
22	内吸磷	0.02	杀虫/杀螨剂	GB/T 20769
23	氰戊菊酯和S-氰戊菊	0.2	杀虫剂	GB 23200.8、NY/T 761
24	杀虫脒	0.01	杀虫剂	GB/T 20769
25	杀螟硫磷	0.5*	杀虫剂	GB/T 14553、GB/T 20769、NY/T 761
26	杀扑磷	0.05	杀虫剂	GB/T 14553、NY/T 761、GB 23200.8
27	水胺硫磷	0.05	杀虫剂	GB/T 5009.20
28	特丁硫磷	0.01	杀虫剂	NY/T 761、NY/T 1379
29	涕灭威	0.02	杀虫剂	NY/T 761
30	辛硫磷	0.05	杀虫剂	GB/T 5009.102、GB/T 20769
31	氧乐果	0.02	杀虫剂	NY/T 761、NY/T 1379
32	乙酰甲胺磷	0.5	杀虫剂	NY/T 761
33	蝇毒磷	0.05	杀虫剂	GB 23200.8
34	治螟磷	0.01	杀虫剂	NY/T 761、GB 23200.8
35	艾氏剂	0.05	杀虫剂	NY/T 761、GB/T 5009.19
36	滴滴涕	0.05	杀虫剂	NY/T 761、GB/T 5009.19
37	狄氏剂	0.02	杀虫剂	NY/T 761、GB/T 5009.19

（续）

序号	农药中文名	最大残留限量 （mg/kg）	农药 主要用途	检测方法
38	毒杀芬	0.05*	杀虫剂	YC/T 180
39	六六六	0.05	杀虫剂	NY/T 761、GB/T 5009.19
40	氯丹	0.02	杀虫剂	GB/T 5009.19
41	灭蚁灵	0.01	杀虫剂	GB/T 5009.19
42	七氯	0.01	杀虫剂	NY/T 761、GB/T 5009.19
43	异狄氏剂	0.05	杀虫剂	NY/T 761、GB/T 5009.19
44	百草枯	0.02*	除草剂	无指定
45	百菌清	0.2	杀菌剂	NY/T 761、GB/T 5009.105
46	苯丁锡	10	杀螨剂	SN 0592
47	苯菌灵	2*	杀菌剂	GB/T 23380、NY/T 1680、 SN/T 0162
48	苯醚甲环唑	1	杀菌剂	GB/T 5009.218、GB 23200.8、 GB 23200.49
49	吡唑醚菌酯	0.02	杀菌剂	GB 23200.8、GB/T 20769
50	丙环唑	1	杀菌剂	GB/T 20769、GB 23200.8
51	丙硫多菌灵	0.2*	杀菌剂	无指定
52	草铵膦	0.2*	除草剂	无指定
53	代森锰锌	1	杀菌剂	SN 0157
54	丁苯吗啉	2	杀菌剂	GB/T 20770、GB 23200.37
55	多菌灵	2	杀菌剂	GB/T 20769、NY/T 1453
56	噁唑菌酮	0.5	杀菌剂	GB/T 20769
57	氟吡禾灵	0.02	除草剂	GB/T 20769
58	氟硅唑	1	杀菌剂	GB 23200.8、GB/T 20769、GB 23200.53
59	氟环唑	3	杀菌剂	GB 23200.8、GB/T 20769
60	福美双	1	杀菌剂	SN 0157
61	腈苯唑	0.05	杀菌剂	GB 23200.8、GB/T 20769
62	腈菌唑	2	杀菌剂	GB/T 20769、GB 23200.8、 NY/T 1455

（续）

序号	农药中文名	最大残留限量（mg/kg）	农药主要用途	检测方法
63	联苯菊酯	0.1	杀虫/杀螨剂	GB/T 5009.146、NY/T 761、SN/T 1969
64	联苯三唑醇	0.5	杀菌剂	GB 23200.8、GB/T 20769
65	氯苯嘧啶醇	0.2	杀菌剂	GB/T 20769、GB 23200.8
66	咪鲜胺和咪鲜胺锰盐	5	杀菌剂	NY/T 1456
67	嘧菌酯	2	杀菌剂	GB/T 20769、NY/T 1453、SN/T 1976
68	嘧霉胺	0.1	杀菌剂	GB 23200.9、GB/T 20769
69	宁南霉素	0.5*	杀菌剂	无指定
70	噻菌灵	5	杀菌剂	GB/T 20769、NY/T 1453、NY/T 1680
71	三唑醇	1	杀菌剂	GB 23200.8
72	三唑酮	1	杀菌剂	NY/T 761、GB/T 20769、GB 23200.8
73	肟菌酯	0.1	杀菌剂	GB/T 20769、GB 23200.8
74	戊唑醇	3	杀菌剂	GB 23200.8、GB/T 20769
75	烯唑醇	2	杀菌剂	GB/T 20769、GB/T 5009.201、SN/T 1114
76	溴氰菊酯	0.05	杀虫剂	NY/T 761
77	乙烯利	2	植物生长调节剂	GB 23200.16
78	异菌脲	10	杀菌剂	GB 23200.8、NY/T 761、NY/T 1277
79	保棉磷	1	杀虫剂	NY/T 761
80	倍硫磷	0.05	杀虫剂	GB 23200.8、NY/T 761
81	氯菊酯	2	杀虫剂	NY/T 761
82	敌百虫	0.2	杀虫剂	GB/T 20769、NY/T 761

4.42　番木瓜

番木瓜中农药最大残留限量见表 4-42。

表 4－42　番木瓜中农药最大残留限量

序号	农药中文名	最大残留限量（mg/kg）	农药主要用途	检测方法
1	苯线磷	0.02	杀虫剂	GB/T 5009.145、GB 23200.8
2	草甘膦	0.1	除草剂	GB/T 23750、NY/T 1096、SN/T 1923
3	敌敌畏	0.2	杀虫剂	NY/T 761、GB 23200.8、GB/T 5009.20
4	地虫硫磷	0.01	杀虫剂	GB 23200.8
5	啶虫脒	2	杀虫剂	GB/T 23584、GB/T 20769
6	对硫磷	0.01	杀虫剂	GB/T 5009.145
7	氟虫腈	0.02	杀虫剂	NY/T 1379
8	甲胺磷	0.05	杀虫剂	NY/T 761、GB/T 5009.103
9	甲拌磷	0.01	杀虫剂	GB 23200.8
10	甲基对硫磷	0.02	杀虫剂	NY/T 761
11	甲基硫环磷	0.03*	杀虫剂	NY/T 761
12	甲基异柳磷	0.01*	杀虫剂	GB/T 5009.144
13	甲氰菊酯	5	杀虫剂	NY/T 761
14	久效磷	0.03	杀虫剂	NY/T 761
15	克百威	0.02	杀虫剂	NY/T 761
16	磷胺	0.05	杀虫剂	NY/T 761
17	硫环磷	0.03	杀虫剂	NY/T 761
18	硫线磷	0.02	杀虫剂	GB/T 20769
19	氯唑磷	0.01	杀虫剂	GB/T 20769
20	灭多威	0.2	杀虫剂	NY/T 761
21	灭线磷	0.02	杀线虫剂	NY/T 761
22	内吸磷	0.02	杀虫/杀螨剂	GB/T 20769
23	氰戊菊酯和 S-氰戊菊	0.2	杀虫剂	GB 23200.8、NY/T 761
24	杀虫脒	0.01	杀虫剂	GB/T 20769
25	杀螟硫磷	0.5*	杀虫剂	GB/T 14553、GB/T 20769、NY/T 761
26	杀扑磷	0.05	杀虫剂	GB/T 14553、NY/T 761、GB 23200.8
27	水胺硫磷	0.05	杀虫剂	GB/T 5009.20

（续）

序号	农药中文名	最大残留限量 （mg/kg）	农药 主要用途	检测方法
28	特丁硫磷	0.01	杀虫剂	NY/T 761、NY/T 1379
29	涕灭威	0.02	杀虫剂	NY/T 761
30	辛硫磷	0.05	杀虫剂	GB/T 5009.102、GB/T 20769
31	氧乐果	0.02	杀虫剂	NY/T 761、NY/T 1379
32	乙酰甲胺磷	0.5	杀虫剂	NY/T 761
33	蝇毒磷	0.05	杀虫剂	GB 23200.8
34	治螟磷	0.01	杀虫剂	NY/T 761、GB 23200.8
35	艾氏剂	0.05	杀虫剂	NY/T 761、GB/T 5009.19
36	滴滴涕	0.05	杀虫剂	NY/T 761、GB/T 5009.19
37	狄氏剂	0.02	杀虫剂	NY/T 761、GB/T 5009.19
38	毒杀芬	0.05*	杀虫剂	YC/T 180
39	六六六	0.05	杀虫剂	NY/T 761、GB/T 5009.19
40	氯丹	0.02	杀虫剂	GB/T 5009.19
41	灭蚁灵	0.01	杀虫剂	GB/T 5009.19
42	七氯	0.01	杀虫剂	NY/T 761、GB/T 5009.19
43	异狄氏剂	0.05	杀虫剂	NY/T 761、GB/T 5009.19
44	苯醚甲环唑	0.2	杀菌剂	GB/T 5009.218、GB 23200.8、GB 23200.49
45	草铵膦	0.2*	除草剂	无指定
46	螺虫乙酯	0.4*	杀虫剂	无指定
47	氯氰菊酯和高效氯氰菊酯	0.5	杀虫剂	GB/T 5009.146、GB 23200.8、NY/T 761
48	噻菌灵	10	杀菌剂	GB/T 20769、NY/T 1453、NY/T 1680
49	戊唑醇	2	杀菌剂	GB 23200.8、GB/T 20769
50	保棉磷	1	杀虫剂	NY/T 761
51	倍硫磷	0.05	杀虫剂	GB 23200.8、NY/T 761
52	氯菊酯	2	杀虫剂	NY/T 761
53	敌百虫	0.2	杀虫剂	GB/T 20769、NY/T 761
54	百草枯	0.01*	除草剂	无指定
55	咪鲜胺和咪鲜胺锰盐	7	杀菌剂	NY/T 1456

4.43　菠萝

菠萝中农药最大残留限量见表 4 - 43。

表 4 - 43　菠萝中农药最大残留限量

序号	农药中文名	最大残留限量 （mg/kg）	农药 主要用途	检测方法
1	苯线磷	0.02	杀虫剂	GB/T 5009.145、GB 23200.8
2	草甘膦	0.1	除草剂	GB/T 23750、NY/T 1096、SN/T 1923
3	敌敌畏	0.2	杀虫剂	NY/T 761、GB 23200.8、GB/T 5009.20
4	地虫硫磷	0.01	杀虫剂	GB 23200.8
5	啶虫脒	2	杀虫剂	GB/T 23584、GB/T 20769
6	对硫磷	0.01	杀虫剂	GB/T 5009.145
7	氟虫腈	0.02	杀虫剂	NY/T 1379
8	甲胺磷	0.05	杀虫剂	NY/T 761、GB/T 5009.103
9	甲拌磷	0.01	杀虫剂	GB 23200.8
10	甲基对硫磷	0.02	杀虫剂	NY/T 761
11	甲基硫环磷	0.03*	杀虫剂	NY/T 761
12	甲基异柳磷	0.01*	杀虫剂	GB/T 5009.144
13	甲氰菊酯	5	杀虫剂	NY/T 761
14	久效磷	0.03	杀虫剂	NY/T 761
15	克百威	0.02	杀虫剂	NY/T 761
16	磷胺	0.05	杀虫剂	NY/T 761
17	硫环磷	0.03	杀虫剂	NY/T 761
18	硫线磷	0.02	杀虫剂	GB/T 20769
19	氯唑磷	0.01	杀虫剂	GB/T 20769
20	灭多威	0.2	杀虫剂	NY/T 761
21	灭线磷	0.02	杀线虫剂	NY/T 761
22	内吸磷	0.02	杀虫/杀螨剂	GB/T 20769
23	氰戊菊酯和 S-氰戊菊	0.2	杀虫剂	GB 23200.8、NY/T 761
24	杀虫脒	0.01	杀虫剂	GB/T 20769
25	杀螟硫磷	0.5*	杀虫剂	GB/T 14553、GB/T 20769、NY/T 761

（续）

序号	农药中文名	最大残留限量（mg/kg）	农药主要用途	检测方法
26	杀扑磷	0.05	杀虫剂	GB/T 14553、NY/T 761、GB 23200.8
27	水胺硫磷	0.05	杀虫剂	GB/T 5009.20
28	特丁硫磷	0.01	杀虫剂	NY/T 761、NY/T 1379
29	涕灭威	0.02	杀虫剂	NY/T 761
30	辛硫磷	0.05	杀虫剂	GB/T 5009.102、GB/T 20769
31	氧乐果	0.02	杀虫剂	NY/T 761、NY/T 1379
32	乙酰甲胺磷	0.5	杀虫剂	NY/T 761
33	蝇毒磷	0.05	杀虫剂	GB 23200.8
34	治螟磷	0.01	杀虫剂	NY/T 761、GB 23200.8
35	艾氏剂	0.05	杀虫剂	NY/T 761、GB/T 5009.19
36	滴滴涕	0.05	杀虫剂	NY/T 761、GB/T 5009.19
37	狄氏剂	0.02	杀虫剂	NY/T 761、GB/T 5009.19
38	毒杀芬	0.05*	杀虫剂	YC/T 180
39	六六六	0.05	杀虫剂	NY/T 761、GB/T 5009.19
40	氯丹	0.02	杀虫剂	GB/T 5009.19
41	灭蚁灵	0.01	杀虫剂	GB/T 5009.19
42	七氯	0.01	杀虫剂	NY/T 761、GB/T 5009.19
43	异狄氏剂	0.05	杀虫剂	NY/T 761、GB/T 5009.19
44	丙环唑	0.02	杀菌剂	GB/T 20769、GB 23200.8
45	代森锰锌	2	杀菌剂	SN 0157
46	多菌灵	0.5	杀菌剂	GB/T 20769、NY/T 1453
47	二嗪磷	0.1	杀虫剂	GB/T 5009.107、GB/T 20769、NY/T 761
48	三唑醇	5	杀菌剂	GB 23200.8
49	三唑酮	5	杀菌剂	NY/T 761、GB/T 20769、GB 23200.8
50	烯酰吗啉	0.01	杀菌剂	GB/T 20769
51	溴氰菊酯	0.05	杀虫剂	NY/T 761
52	乙烯利	2	植物生长调节剂	GB 23200.16

（续）

序号	农药中文名	最大残留限量（mg/kg）	农药主要用途	检测方法
53	莠灭净	0.2	除草剂	GB 23200.8
54	保棉磷	1	杀虫剂	NY/T 761
55	倍硫磷	0.05	杀虫剂	GB 23200.8、NY/T 761
56	氯菊酯	2	杀虫剂	NY/T 761
57	敌百虫	0.2	杀虫剂	GB/T 20769、NY/T 761
58	百草枯	0.01*	除草剂	无指定
59	咪鲜胺和咪鲜胺锰盐	7	杀菌剂	NY/T 1456

4.44　榴莲

榴莲中农药最大残留限量见表 4 - 44。

表 4 - 44　榴莲中农药最大残留限量

序号	农药中文名	最大残留限量（mg/kg）	农药主要用途	检测方法
1	苯线磷	0.02	杀虫剂	GB/T 5009.145、GB 23200.8
2	草甘膦	0.1	除草剂	GB/T 23750、NY/T 1096、SN/T 1923
3	敌敌畏	0.2	杀虫剂	NY/T 761、GB 23200.8、GB/T 5009.20
4	地虫硫磷	0.01	杀虫剂	GB 23200.8
5	啶虫脒	2	杀虫剂	GB/T 23584、GB/T 20769
6	对硫磷	0.01	杀虫剂	GB/T 5009.145
7	氟虫腈	0.02	杀虫剂	NY/T 1379
8	甲胺磷	0.05	杀虫剂	NY/T 761、GB/T 5009.103
9	甲拌磷	0.01	杀虫剂	GB 23200.8
10	甲基对硫磷	0.02	杀虫剂	NY/T 761
11	甲基硫环磷	0.03*	杀虫剂	NY/T 761
12	甲基异柳磷	0.01*	杀虫剂	GB/T 5009.144
13	甲氰菊酯	5	杀虫剂	NY/T 761
14	久效磷	0.03	杀虫剂	NY/T 761

（续）

序号	农药中文名	最大残留限量（mg/kg）	农药主要用途	检测方法
15	克百威	0.02	杀虫剂	NY/T 761
16	磷胺	0.05	杀虫剂	NY/T 761
17	硫环磷	0.03	杀虫剂	NY/T 761
18	硫线磷	0.02	杀虫剂	GB/T 20769
19	氯唑磷	0.01	杀虫剂	GB/T 20769
20	灭多威	0.2	杀虫剂	NY/T 761
21	灭线磷	0.02	杀线虫剂	NY/T 761
22	内吸磷	0.02	杀虫/杀螨剂	GB/T 20769
23	氰戊菊酯和S-氰戊菊	0.2	杀虫剂	GB 23200.8、NY/T 761
24	杀虫脒	0.01	杀虫剂	GB/T 20769
25	杀螟硫磷	0.5*	杀虫剂	GB/T 14553、GB/T 20769、NY/T 761
26	杀扑磷	0.05	杀虫剂	GB/T 14553、NY/T 761、GB 23200.8
27	水胺硫磷	0.05	杀虫剂	GB/T 5009.20
28	特丁硫磷	0.01	杀虫剂	NY/T 761、NY/T 1379
29	涕灭威	0.02	杀虫剂	NY/T 761
30	辛硫磷	0.05	杀虫剂	GB/T 5009.102、GB/T 20769
31	氧乐果	0.02	杀虫剂	NY/T 761、NY/T 1379
32	乙酰甲胺磷	0.5	杀虫剂	NY/T 761
33	蝇毒磷	0.05	杀虫剂	GB 23200.8
34	治螟磷	0.01	杀虫剂	NY/T 761、GB 23200.8
35	艾氏剂	0.05	杀虫剂	NY/T 761、GB/T 5009.19
36	滴滴涕	0.05	杀虫剂	NY/T 761、GB/T 5009.19
37	狄氏剂	0.02	杀虫剂	NY/T 761、GB/T 5009.19
38	毒杀芬	0.05*	杀虫剂	YC/T 180
39	六六六	0.05	杀虫剂	NY/T 761、GB/T 5009.19
40	氯丹	0.02	杀虫剂	GB/T 5009.19
41	灭蚁灵	0.01	杀虫剂	GB/T 5009.19
42	七氯	0.01	杀虫剂	NY/T 761、GB/T 5009.19

（续）

序号	农药中文名	最大残留限量 （mg/kg）	农药 主要用途	检测方法
43	异狄氏剂	0.05	杀虫剂	NY/T 761、GB/T 5009.19
44	氯氰菊酯和高效氯氰菊酯	1	杀虫剂	GB/T 5009.146、GB 23200.8、NY/T 761
45	保棉磷	1	杀虫剂	NY/T 761
46	倍硫磷	0.05	杀虫剂	GB 23200.8、NY/T 761
47	氯菊酯	2	杀虫剂	NY/T 761
48	敌百虫	0.2	杀虫剂	GB/T 20769、NY/T 761
49	百草枯	0.01*	除草剂	无指定
50	咪鲜胺和咪鲜胺锰盐	7	杀菌剂	NY/T 1456

4.45　西瓜

西瓜中农药最大残留限量见表 4 - 45。

表 4 - 45　西瓜中农药最大残留限量

序号	农药中文名	最大残留限量 （mg/kg）	农药 主要用途	检测方法
1	百草枯	0.02*	除草剂	无指定
2	倍硫磷	0.05	杀虫剂	GB 23200.8、NY/T 761
3	苯酰菌胺	2	杀菌剂	GB 23200.8、GB/T 20769
4	苯线磷	0.02	杀虫剂	GB/T 5009.145、GB 23200.8
5	草甘膦	0.1	除草剂	GB/T 23750、NY/T 1096、SN/T 1923
6	敌百虫	0.2	杀虫剂	GB/T 20769、NY/T 761
7	敌敌畏	0.2	杀虫剂	NY/T 761、GB 23200.8、GB/T 5009.20
8	地虫硫磷	0.01	杀虫剂	GB 23200.8
9	啶虫脒	2	杀虫剂	GB/T 23584、GB/T 20769
10	对硫磷	0.01	杀虫剂	GB/T 5009.145
11	多杀霉素	0.2	杀虫剂	GB/T 20769
12	氟虫腈	0.02	杀虫剂	NY/T 1379

（续）

序号	农药中文名	最大残留限量（mg/kg）	农药主要用途	检测方法
13	甲胺磷	0.05	杀虫剂	NY/T 761、GB/T 5009.103
14	甲拌磷	0.01	杀虫剂	GB 23200.8
15	甲基对硫磷	0.02	杀虫剂	NY/T 761
16	甲基硫环磷	0.03*	杀虫剂	NY/T 761
17	甲基异柳磷	0.01*	杀虫剂	GB/T 5009.144
18	甲氰菊酯	5	杀虫剂	NY/T 761
19	久效磷	0.03	杀虫剂	NY/T 761
20	克百威	0.02	杀虫剂	NY/T 761
21	联苯肼酯	0.5	杀螨剂	GB/T 20769、GB 23200.8
22	磷胺	0.05	杀虫剂	NY/T 761
23	硫丹	0.05	杀虫剂	NY/T 761
24	硫环磷	0.03	杀虫剂	NY/T 761
25	螺虫乙酯	0.2*	杀虫剂	无指定
26	氯虫苯甲酰胺	0.3*	杀虫剂	无指定
27	氯氟氰菊酯和高效氯氟氰菊酯	0.05	杀虫剂	GB/T 5009.146、NY/T 761
28	氯菊酯	2	杀虫剂	NY/T 761
29	氯氰菊酯和高效氯氰菊酯	0.07	杀虫剂	GB/T 5009.146、GB 23200.8、NY/T 761
30	氯唑磷	0.01	杀虫剂	GB/T 20769
31	灭多威	0.2	杀虫剂	NY/T 761
32	灭线磷	0.02	杀线虫剂	NY/T 761
33	内吸磷	0.02	杀虫/杀螨剂	GB/T 20769
34	嗪氨灵	0.5	杀菌剂	SN 0695
35	氰戊菊酯和 S-氰戊菊酯	0.2	杀虫剂	GB 23200.8、NY/T 761
36	噻螨酮	0.05	杀螨剂	GB 23200.8、GB/T 20769
37	三唑醇	0.2	杀菌剂	GB 23200.8
38	三唑酮	0.2	杀菌剂	NY/T 761、GB/T 20769、GB 23200.8
39	杀虫脒	0.01	杀虫剂	GB/T 20769

（续）

序号	农药中文名	最大残留限量（mg/kg）	农药主要用途	检测方法
40	杀螟硫磷	0.5*	杀虫剂	GB/T 14553、GB/T 20769、NY/T 761
41	杀扑磷	0.05	杀虫剂	GB/T 14553、NY/T 761、GB 23200.8
42	霜霉威和霜霉威盐酸盐	5	杀菌剂	GB/T 20769
43	水胺硫磷	0.05	杀虫剂	GB/T 5009.20
44	特丁硫磷	0.01	杀虫剂	NY/T 761、NY/T 1379
45	涕灭威	0.02	杀虫剂	NY/T 761
46	辛硫磷	0.05	杀虫剂	GB/T 5009.102、GB/T 20769
47	氧乐果	0.02	杀虫剂	NY/T 761、NY/T 1379
48	乙酰甲胺磷	0.5	杀虫剂	NY/T 761
49	蝇毒磷	0.05	杀虫剂	GB 23200.8
50	增效醚	1	增效剂	GB 23200.8
51	治螟磷	0.01	杀虫剂	NY/T 761、GB 23200.8
52	艾氏剂	0.05	杀虫剂	NY/T 761、GB/T 5009.19
53	滴滴涕	0.05	杀虫剂	NY/T 761、GB/T 5009.19
54	狄氏剂	0.02	杀虫剂	NY/T 761、GB/T 5009.19
55	毒杀芬	0.05*	杀虫剂	YC/T 180
56	六六六	0.05	杀虫剂	NY/T 761、GB/T 5009.19
57	氯丹	0.02	杀虫剂	GB/T 5009.19
58	灭蚁灵	0.01	杀虫剂	GB/T 5009.19
59	七氯	0.01	杀虫剂	NY/T 761、GB/T 5009.19
60	异狄氏剂	0.05	杀虫剂	NY/T 761、GB/T 5009.19
61	阿维菌素	0.02	杀虫剂	GB 23200.20、GB 23200.19
62	百菌清	5	杀菌剂	NY/T 761、GB/T 5009.105
63	保棉磷	0.2	杀虫剂	NY/T 761
64	苯醚甲环唑	0.1	杀菌剂	GB/T 5009.218、GB 23200.8、GB 23200.49
65	苯霜灵	0.1	杀菌剂	GB 23200.8、GB/T 20769
66	吡唑醚菌酯	0.5	杀菌剂	GB 23200.8、GB/T 20769

（续）

序号	农药中文名	最大残留限量（mg/kg）	农药主要用途	检测方法
67	丙森锌	1	杀菌剂	SN 0157
68	代森联	1	杀菌剂	SN 0157
69	代森锰锌	1	杀菌剂	SN 0157
70	代森锌	1	杀菌剂	SN 0157
71	稻瘟灵	0.1	杀菌剂	SN/T 2229
72	啶氧菌酯	0.05	杀菌剂	GB/T 20769
73	多菌灵	2	杀菌剂	GB/T 20769、NY/T 1453
74	噁霉灵	0.5*	杀菌剂	无指定
75	氟吡菌胺	0.1*	杀菌剂	无指定
76	甲基硫菌灵	2	杀菌剂	GB/T 20769、NY/T 1680
77	甲霜灵和精甲霜灵	0.2	杀菌剂	GB 23200.8、GB/T 20769
78	氯吡脲	0.1	植物生长调节剂	GB/T 20770
79	咪鲜胺和咪鲜胺锰盐	0.1	杀菌剂	NY/T 1456
80	嘧菌酯	1	杀菌剂	GB/T 20769、NY/T 1453、SN/T 1976
81	氰霜唑	0.5*	杀菌剂	GB 23200.14
82	噻虫嗪	0.2	杀虫剂	GB/T 20769、GB 23200.8
83	噻唑磷	0.1	杀线虫剂	GB/T 20769
84	双胍三辛烷基苯磺酸盐	0.2*	杀菌剂	无指定
85	双炔酰菌胺	0.2*	杀菌剂	无指定
86	肟菌酯	0.2	杀菌剂	GB/T 20769、GB 23200.8
87	五氯硝基苯	0.02	杀菌剂	无指定
88	仲丁灵	0.1	除草剂	GB 23200.69、GB/T 20769
89	烯酰吗啉	0.5	杀菌剂	GB/T 20769
90	敌螨普	0.05*	杀菌剂	无指定
91	抗蚜威	1	杀虫剂	GB 23200.8、NY/T 1379、SN/T 0134
92	保棉磷	0.2	杀虫剂	NY/T 761

4.46 哈密瓜

哈密瓜中农药最大残留限量见表 4-46。

表 4-46 哈密瓜中农药最大残留限量

序号	农药中文名	最大残留限量 （mg/kg）	农药 主要用途	检测方法
1	百草枯	0.02*	除草剂	无指定
2	倍硫磷	0.05	杀虫剂	GB 23200.8、NY/T 761
3	苯酰菌胺	2	杀菌剂	GB 23200.8、GB/T 20769
4	苯线磷	0.02	杀虫剂	GB/T 5009.145、GB 23200.8
5	草甘膦	0.1	除草剂	GB/T 23750、NY/T 1096、 SN/T 1923
6	敌百虫	0.2	杀虫剂	GB/T 20769、NY/T 761
7	敌敌畏	0.2	杀虫剂	NY/T 761、GB 23200.8、GB/ T 5009.20
8	地虫硫磷	0.01	杀虫剂	GB 23200.8
9	啶虫脒	2	杀虫剂	GB/T 23584、GB/T 20769
10	对硫磷	0.01	杀虫剂	GB/T 5009.145
11	多杀霉素	0.2	杀虫剂	GB/T 20769
12	氟虫腈	0.02	杀虫剂	NY/T 1379
13	甲胺磷	0.05	杀虫剂	NY/T 761、GB/T 5009.103
14	甲拌磷	0.01	杀虫剂	GB 23200.8
15	甲基对硫磷	0.02	杀虫剂	NY/T 761
16	甲基硫环磷	0.03*	杀虫剂	NY/T 761
17	甲基异柳磷	0.01*	杀虫剂	GB/T 5009.144
18	甲氰菊酯	5	杀虫剂	NY/T 761
19	久效磷	0.03	杀虫剂	NY/T 761
20	克百威	0.02	杀虫剂	NY/T 761
21	联苯肼酯	0.5	杀螨剂	GB/T 20769、GB 23200.8
22	磷胺	0.05	杀虫剂	NY/T 761
23	硫丹	0.05	杀虫剂	NY/T 761
24	硫环磷	0.03	杀虫剂	NY/T 761
25	螺虫乙酯	0.2*	杀虫剂	无指定

（续）

序号	农药中文名	最大残留限量（mg/kg）	农药主要用途	检测方法
26	氯虫苯甲酰胺	0.3*	杀虫剂	无指定
27	氯氟氰菊酯和高效氯氟氰菊酯	0.05	杀虫剂	GB/T 5009.146、NY/T 761
28	氯菊酯	2	杀虫剂	NY/T 761
29	氯氰菊酯和高效氯氰菊酯	0.07	杀虫剂	GB/T 5009.146、GB 23200.8、NY/T 761
30	氯唑磷	0.01	杀虫剂	GB/T 20769
31	灭多威	0.2	杀虫剂	NY/T 761
32	灭线磷	0.02	杀线虫剂	NY/T 761
33	内吸磷	0.02	杀虫/杀螨剂	GB/T 20769
34	嗪氨灵	0.5	杀菌剂	SN 0695
35	氰戊菊酯和S-氰戊菊酯	0.2	杀虫剂	GB 23200.8、NY/T 761
36	噻螨酮	0.05	杀螨剂	GB 23200.8、GB/T 20769
37	三唑醇	0.2	杀菌剂	GB 23200.8
38	三唑酮	0.2	杀菌剂	NY/T 761、GB/T 20769、GB 23200.8
39	杀虫脒	0.01	杀虫剂	GB/T 20769
40	杀螟硫磷	0.5*	杀虫剂	GB/T 14553、GB/T 20769、NY/T 761
41	杀扑磷	0.05	杀虫剂	GB/T 14553、NY/T 761、GB 23200.8
42	霜霉威和霜霉威盐酸盐	5	杀菌剂	GB/T 20769
43	水胺硫磷	0.05	杀虫剂	GB/T 5009.20
44	特丁硫磷	0.01	杀虫剂	NY/T 761、NY/T 1379
45	涕灭威	0.02	杀虫剂	NY/T 761
46	辛硫磷	0.05	杀虫剂	GB/T 5009.102、GB/T 20769
47	氧乐果	0.02	杀虫剂	NY/T 761、NY/T 1379
48	乙酰甲胺磷	0.5	杀虫剂	NY/T 761
49	蝇毒磷	0.05	杀虫剂	GB 23200.8
50	增效醚	1	增效剂	GB 23200.8
51	治螟磷	0.01	杀虫剂	NY/T 761、GB 23200.8

（续）

序号	农药中文名	最大残留限量 （mg/kg）	农药 主要用途	检测方法
52	艾氏剂	0.05	杀虫剂	NY/T 761、GB/T 5009.19
53	滴滴涕	0.05	杀虫剂	NY/T 761、GB/T 5009.19
54	狄氏剂	0.02	杀虫剂	NY/T 761、GB/T 5009.19
55	毒杀芬	0.05*	杀虫剂	YC/T 180
56	六六六	0.05	杀虫剂	NY/T 761、GB/T 5009.19
57	氯丹	0.02	杀虫剂	GB/T 5009.19
58	灭蚁灵	0.01	杀虫剂	GB/T 5009.19
59	七氯	0.01	杀虫剂	NY/T 761、GB/T 5009.19
60	异狄氏剂	0.05	杀虫剂	NY/T 761、GB/T 5009.19
61	代森联	0.5	杀菌剂	SN 0157
62	保棉磷	0.2	杀虫剂	NY/T 761
63	苯霜灵	0.3	杀菌剂	GB 23200.8、GB/T 20769
64	敌螨普	0.5*	杀菌剂	无指定
65	甲硫威	0.2	杀软体动物剂	GB/T 20769
66	甲霜灵和精甲霜灵	0.2	杀菌剂	GB 23200.8、GB/T 20769
67	腈苯唑	0.2	杀菌剂	GB 23200.8、GB/T 20769
68	抗蚜威	0.2	杀虫剂	GB 23200.8、NY/T 1379、SN/T 0134
69	克菌丹	10	杀菌剂	GB 23200.8、SN 0654
70	喹氧灵	0.1*	杀菌剂	无指定
71	氯苯嘧啶醇	0.05	杀菌剂	GB/T 20769、GB 23200.8
72	灭菌丹	3	杀菌剂	SN/T 2320、GB/T 20769
73	噻虫啉	0.2	杀虫剂	GB/T 20769、GB 23200.8
74	杀线威	2	杀虫剂	NY/T 1453、SN/T 0134
75	双炔酰菌胺	0.5*	杀菌剂	无指定
76	四螨嗪	0.1	杀螨剂	GB/T 20769、GB 23200.47
77	戊菌唑	0.1	杀菌剂	GB 23200.8、GB/T 20769
78	戊唑醇	0.15	杀菌剂	GB 23200.8、GB/T 20769
79	溴螨酯	0.5	杀螨剂	GB 23200.8、SN 0192
80	抑霉唑	2	杀菌剂	GB 23200.8、GB/T 20769

（续）

序号	农药中文名	最大残留限量 （mg/kg）	农药 主要用途	检测方法
81	二嗪磷	0.2	杀虫剂	GB/T 5009.107、GB/T 20769、 NY/T 761
82	乙烯利	1	植物生长调节剂	GB 23200.16
83	烯酰吗啉	0.5	杀菌剂	GB/T 20769
84	阿维菌素	0.01	杀虫剂	GB 23200.20、GB 23200.19

4.47 甜瓜

甜瓜中农药最大残留限量见表 4-47。

表 4-47 甜瓜中农药最大残留限量

序号	农药中文名	最大残留限量 （mg/kg）	农药 主要用途	检测方法
1	百草枯	0.02*	除草剂	无指定
2	倍硫磷	0.05	杀虫剂	GB 23200.8、NY/T 761
3	苯酰菌胺	2	杀菌剂	GB 23200.8、GB/T 20769
4	苯线磷	0.02	杀虫剂	GB/T 5009.145、GB 23200.8
5	草甘膦	0.1	除草剂	GB/T 23750、NY/T 1096、 SN/T 1923
6	敌百虫	0.2	杀虫剂	GB/T 20769、NY/T 761
7	敌敌畏	0.2	杀虫剂	NY/T 761、GB 23200.8、GB/ T 5009.20
8	地虫硫磷	0.01	杀虫剂	GB 23200.8
9	啶虫脒	2	杀虫剂	GB/T 23584、GB/T 20769
10	对硫磷	0.01	杀虫剂	GB/T 5009.145
11	多杀霉素	0.2	杀虫剂	GB/T 20769
12	氟虫腈	0.02	杀虫剂	NY/T 1379
13	甲胺磷	0.05	杀虫剂	NY/T 761、GB/T 5009.103
14	甲拌磷	0.01	杀虫剂	GB 23200.8
15	甲基对硫磷	0.02	杀虫剂	NY/T 761
16	甲基硫环磷	0.03*	杀虫剂	NY/T 761

（续）

序号	农药中文名	最大残留限量（mg/kg）	农药主要用途	检测方法
17	甲基异柳磷	0.01*	杀虫剂	GB/T 5009.144
18	甲氰菊酯	5	杀虫剂	NY/T 761
19	久效磷	0.03	杀虫剂	NY/T 761
20	克百威	0.02	杀虫剂	NY/T 761
21	联苯肼酯	0.5	杀螨剂	GB/T 20769、GB 23200.8
22	磷胺	0.05	杀虫剂	NY/T 761
23	硫丹	0.05	杀虫剂	NY/T 761
24	硫环磷	0.03	杀虫剂	NY/T 761
25	螺虫乙酯	0.2*	杀虫剂	无指定
26	氯虫苯甲酰胺	0.3*	杀虫剂	无指定
27	氯氟氰菊酯和高效氯氟氰菊酯	0.05	杀虫剂	GB/T 5009.146、NY/T 761
28	氯菊酯	2	杀虫剂	NY/T 761
29	氯氰菊酯和高效氯氰菊酯	0.07	杀虫剂	GB/T 5009.146、GB 23200.8、NY/T 761
30	氯唑磷	0.01	杀虫剂	GB/T 20769
31	灭多威	0.2	杀虫剂	NY/T 761
32	灭线磷	0.02	杀线虫剂	NY/T 761
33	内吸磷	0.02	杀虫/杀螨剂	GB/T 20769
34	嗪氨灵	0.5	杀菌剂	SN 0695
35	氰戊菊酯和 S-氰戊菊酯	0.2	杀虫剂	GB 23200.8、NY/T 761
36	噻螨酮	0.05	杀螨剂	GB 23200.8、GB/T 20769
37	三唑醇	0.2	杀菌剂	GB 23200.8
38	三唑酮	0.2	杀菌剂	NY/T 761、GB/T 20769、GB 23200.8
39	杀虫脒	0.01	杀虫剂	GB/T 20769
40	杀螟硫磷	0.5*	杀虫剂	GB/T 14553、GB/T 20769、NY/T 761
41	杀扑磷	0.05	杀虫剂	GB/T 14553、NY/T 761、GB 23200.8
42	霜霉威和霜霉威盐酸盐	5	杀菌剂	GB/T 20769

（续）

序号	农药中文名	最大残留限量 （mg/kg）	农药 主要用途	检测方法
43	水胺硫磷	0.05	杀虫剂	GB/T 5009.20
44	特丁硫磷	0.01	杀虫剂	NY/T 761、NY/T 1379
45	涕灭威	0.02	杀虫剂	NY/T 761
46	辛硫磷	0.05	杀虫剂	GB/T 5009.102、GB/T 20769
47	氧乐果	0.02	杀虫剂	NY/T 761、NY/T 1379
48	乙酰甲胺磷	0.5	杀虫剂	NY/T 761
49	蝇毒磷	0.05	杀虫剂	GB 23200.8
50	增效醚	1	增效剂	GB 23200.8
51	治螟磷	0.01	杀虫剂	NY/T 761、GB 23200.8
52	艾氏剂	0.05	杀虫剂	NY/T 761、GB/T 5009.19
53	滴滴涕	0.05	杀虫剂	NY/T 761、GB/T 5009.19
54	狄氏剂	0.02	杀虫剂	NY/T 761、GB/T 5009.19
55	毒杀芬	0.05*	杀虫剂	YC/T 180
56	六六六	0.05	杀虫剂	NY/T 761、GB/T 5009.19
57	氯丹	0.02	杀虫剂	GB/T 5009.19
58	灭蚁灵	0.01	杀虫剂	GB/T 5009.19
59	七氯	0.01	杀虫剂	NY/T 761、GB/T 5009.19
60	异狄氏剂	0.05	杀虫剂	NY/T 761、GB/T 5009.19
61	代森联	0.5	杀菌剂	SN 0157
62	保棉磷	0.2	杀虫剂	NY/T 761
63	苯霜灵	0.3	杀菌剂	GB 23200.8、GB/T 20769
64	敌螨普	0.5*	杀菌剂	无指定
65	甲硫威	0.2	杀软体动物剂	GB/T 20769
66	甲霜灵和精甲霜灵	0.2	杀菌剂	GB 23200.8、GB/T 20769
67	腈苯唑	0.2	杀菌剂	GB 23200.8、GB/T 20769
68	抗蚜威	0.2	杀虫剂	GB 23200.8、NY/T 1379、SN/ T 0134
69	克菌丹	10	杀菌剂	GB 23200.8、SN 0654
70	喹氧灵	0.1*	杀菌剂	无指定
71	氯苯嘧啶醇	0.05	杀菌剂	GB/T 20769、GB 23200.8
72	灭菌丹	3	杀菌剂	SN/T 2320、GB/T 20769

（续）

序号	农药中文名	最大残留限量 （mg/kg）	农药 主要用途	检测方法
73	噻虫啉	0.2	杀虫剂	GB/T 20769、GB 23200.8
74	杀线威	2	杀虫剂	NY/T 1453、SN/T 0134
75	双炔酰菌胺	0.5*	杀菌剂	无指定
76	四螨嗪	0.1	杀螨剂	GB/T 20769、GB 23200.47
77	戊菌唑	0.1	杀菌剂	GB 23200.8、GB/T 20769
78	戊唑醇	0.15	杀菌剂	GB 23200.8、GB/T 20769
79	溴螨酯	0.5	杀螨剂	GB 23200.8、SN 0192
80	抑霉唑	2	杀菌剂	GB 23200.8、GB/T 20769
81	百菌清	5	杀菌剂	NY/T 761、GB/T 5009.105
82	吡唑醚菌酯	0.5	杀菌剂	GB 23200.8、GB/T 20769
83	啶酰菌胺	3	杀菌剂	GB/T 20769
84	氯吡脲	0.1	植物生长调节剂	GB/T 20770
85	氯化苦	0.05*	熏蒸剂	GB/T 5009.36
86	醚菌酯	1	杀菌剂	GB 23200.8、GB/T 20769
87	噻苯隆	0.05*	植物生长调节剂	无指定
88	烯酰吗啉	0.5	杀菌剂	GB/T 20769
89	阿维菌素	0.01	杀虫剂	GB 23200.20、GB 23200.19

4.48 柑橘脯

柑橘脯中农药最大残留限量见表 4-48。

表 4-48　柑橘脯中农药最大残留限量

序号	农药中文名	最大残留限量 （mg/kg）	农药 主要用途	检测方法
1	磷化氢	0.01	杀虫剂	GB/T 5009.36
2	硫酰氟	0.06*	杀虫剂	无指定
3	增效醚	0.2	增效剂	GB 23200.8
4	苯丁锡	25	杀螨剂	SN 0592
5	氟氯氰菊酯和高效氟氯氰菊酯	2	杀虫剂	GB 23200.8、GB/T 5009.146、NY/T 761
6	邻苯基苯酚	60	杀菌剂	GB 23200.8

4.49 李子干

李子干中农药最大残留限量见表 4 - 49。

表 4 - 49 李子干中农药最大残留限量

序号	农药中文名	最大残留限量（mg/kg）	农药主要用途	检测方法
1	磷化氢	0.01	杀虫剂	GB/T 5009.36
2	硫酰氟	0.06*	杀虫剂	无指定
3	增效醚	0.2	增效剂	GB 23200.8
4	保棉磷	2	杀虫剂	NY/T 761
5	苯丁锡	10	杀螨剂	SN 0592
6	苯醚甲环唑	0.2	杀菌剂	GB/T 5009.218、GB 23200.8、GB 23200.49
7	多菌灵	0.5	杀菌剂	GB/T 20769、NY/T 1453
8	二嗪磷	2	杀虫剂	GB/T 5009.107、GB/T 20769、NY/T 761
9	氟苯脲	0.1	杀虫剂	NY/T 1453
10	氟酰脲	3	杀虫剂	GB 23200.34
11	环酰菌胺	1*	杀菌剂	无指定
12	腈菌唑	0.5	杀菌剂	GB/T 20769、GB 23200.8、NY/T 1455
13	克菌丹	10	杀菌剂	GB 23200.8、SN 0654
14	联苯三唑醇	2	杀菌剂	GB 23200.8、GB/T 20769
15	螺虫乙酯	5*	杀虫剂	无指定
16	氯氟氰菊酯和高效氯氟氰菊酯	0.2	杀虫剂	GB/T 5009.146、NY/T 761
17	嘧菌环胺	5	杀菌剂	GB/T 20769、GB 23200.8
18	嘧霉胺	2	杀菌剂	GB 23200.9、GB/T 20769
19	嗪氨灵	2	杀菌剂	SN 0695
20	噻螨酮	1	杀螨剂	GB 23200.8、GB/T 20769
21	戊唑醇	3	杀菌剂	GB 23200.8、GB/T 20769
22	溴螨酯	2	杀螨剂	GB 23200.8、SN 0192

4.50 葡萄干

葡萄干中农药最大残留限量见表 4 - 50。

表 4 - 50 葡萄干中农药最大残留限量

序号	农药中文名	最大残留限量（mg/kg）	农药主要用途	检测方法
1	磷化氢	0.01	杀虫剂	GB/T 5009.36
2	硫酰氟	0.06*	杀虫剂	无指定
3	增效醚	0.2	增效剂	GB 23200.8
4	苯丁锡	20	杀螨剂	SN 0592
5	苯酰菌胺	15	杀菌剂	GB 23200.8、GB/T 20769
6	虫酰肼	2	杀虫剂	GB/T 20769
7	多杀霉素	1	杀虫剂	GB/T 20769
8	环酰菌胺	25*	杀菌剂	无指定
9	联苯肼酯	2	杀螨剂	GB/T 20769、GB 23200.8
10	螺虫乙酯	4*	杀虫剂	无指定
11	氯苯嘧啶醇	0.2	杀菌剂	GB/T 20769、GB 23200.8
12	氯氟氰菊酯和高效氯氟氰菊酯	0.3	杀虫剂	GB/T 5009.146、NY/T 761
13	氯氰菊酯和高效氯氰菊酯	0.5	杀虫剂	GB/T 5009.146、GB 23200.8、NY/T 761
14	醚菊酯	8	杀虫剂	GB 23200.8
15	灭菌丹	40	杀菌剂	SN/T 2320、GB/T 20769
16	噻螨酮	1	杀螨剂	GB 23200.8、GB/T 20769
17	三唑醇	10	杀菌剂	GB 23200.8
18	三唑酮	10	杀菌剂	NY/T 761、GB/T 20769、GB 23200.8
19	四螨嗪	2	杀螨剂	GB/T 20769、GB 23200.47
20	戊菌唑	0.5	杀菌剂	GB 23200.8、GB/T 20769
21	乙烯利	5	植物生长调节剂	GB 23200.16

4.51 干制无花果

干制无花果中农药最大残留限量见表4-51。

表4-51 干制无花果中农药最大残留限量

序号	农药中文名	最大残留限量 （mg/kg）	农药 主要用途	检测方法
1	磷化氢	0.01	杀虫剂	GB/T 5009.36
2	硫酰氟	0.06*	杀虫剂	无指定
3	增效醚	0.2	增效剂	GB 23200.8
4	乙烯利	10	植物生长调节剂	GB 23200.16

4.52 无花果蜜饯

无花果蜜饯中农药最大残留限量见表4-52。

表4-52 无花果蜜饯中农药最大残留限量

序号	农药中文名	最大残留限量 （mg/kg）	农药 主要用途	检测方法
1	磷化氢	0.01	杀虫剂	GB/T 5009.36
2	硫酰氟	0.06*	杀虫剂	无指定
3	增效醚	0.2	增效剂	GB 23200.8
4	乙烯利	10	植物生长调节剂	GB 23200.16

4.53 杏仁

杏仁中农药最大残留限量见表4-53。

表4-53 杏仁中农药最大残留限量

序号	农药中文名	最大残留限量 （mg/kg）	农药 主要用途	检测方法
1	2,4-滴和2,4-滴钠盐	0.2	除草剂	NY/T 1434
2	百草枯	0.05*	除草剂	无指定
3	苯醚甲环唑	0.03	杀菌剂	GB/T 5009.218、GB 23200.8、GB 23200.49

（续）

序号	农药中文名	最大残留限量（mg/kg）	农药主要用途	检测方法
4	多菌灵	0.1	杀菌剂	GB/T 20770
5	多杀霉素	0.07	杀虫剂	GB/T 20769、NY/T 1379、NY/T 1453
6	腈苯唑	0.01	杀菌剂	GB 23200.9
7	联苯肼酯	0.2	杀螨剂	GB 23200.34
8	磷化氢	0.01	杀虫剂	GB/T 5009.36
9	硫酰氟	3*	杀虫剂	无指定
10	螺虫乙酯	0.5*	杀虫剂	无指定
11	氯虫苯甲酰胺	0.02*	杀虫剂	无指定
12	氯氟氰菊酯和高效氯氟氰菊酯	0.01	杀虫剂	GB/T 5009.146、GB 23200.9、SN/T 2151
13	氯氰菊酯和高效氯氰菊酯	0.05	杀虫剂	GB/T 5009.110、GB/T 5009.146、GB 23200.9
14	噻虫啉	0.02	杀虫剂	GB/T 20770
15	噻螨酮	0.05	杀螨剂	GB 23200.8、GB/T 20769
16	四螨嗪	0.5	杀螨剂	GB/T 20769
17	戊唑醇	0.05	杀菌剂	GB/T 20770
18	亚胺硫磷	0.2	杀虫剂	GB 23200.8、GB/T 20770
19	氯丹	0.02	杀虫剂	GB/T 5009.19
20	阿维菌素	0.01	杀虫剂	GB 23200.19
21	保棉磷	0.05	杀虫剂	SN/T 1739
22	苯丁锡	0.5	杀螨剂	SN 0592
23	虫酰肼	0.05	杀虫剂	GB/T 20770、GB 23200.34
24	伏杀硫磷	0.1	杀虫剂	GB 23200.9、GB/T 20770
25	环酰菌胺	0.02*	杀菌剂	无指定
26	克菌丹	0.3	杀菌剂	GB 23200.8、SN 0654
27	氯菊酯	0.1	杀虫剂	GB/T 5009.146、SN/T 2151
28	嘧菌环胺	0.02	杀菌剂	GB/T 20769、GB 23200.9
29	嘧霉胺	0.2	杀菌剂	GB 23200.9、GB/T 20769

4.54　榛子

榛子中农药最大残留限量见表 4 - 54。

表 4 - 54　榛子中农药最大残留限量

序号	农药中文名	最大残留限量 （mg/kg）	农药 主要用途	检测方法
1	2，4 - 滴和 2，4 - 滴钠盐	0.2	除草剂	NY/T 1434
2	百草枯	0.05*	除草剂	无指定
3	苯醚甲环唑	0.03	杀菌剂	GB/T 5009.218、GB 23200.8、 GB 23200.49
4	多菌灵	0.1	杀菌剂	GB/T 20770
5	多杀霉素	0.07	杀虫剂	GB/T 20769、NY/T 1379、 NY/T 1453
6	腈苯唑	0.01	杀菌剂	GB 23200.9
7	联苯肼酯	0.2	杀螨剂	GB 23200.34
8	磷化氢	0.01	杀虫剂	GB/T 5009.36
9	硫酰氟	3*	杀虫剂	无指定
10	螺虫乙酯	0.5*	杀虫剂	无指定
11	氯虫苯甲酰胺	0.02*	杀虫剂	无指定
12	氯氟氰菊酯和高效氯氟氰 菊酯	0.01	杀虫剂	GB/T 5009.146、GB 23200.9、 SN/T 2151
13	氯氰菊酯和高效氯氰菊酯	0.05	杀虫剂	GB/T 5009.110、GB/T 5009.146、 GB 23200.9
14	噻虫啉	0.02	杀虫剂	GB/T 20770
15	噻螨酮	0.05	杀螨剂	GB 23200.8、GB/T 20769
16	四螨嗪	0.5	杀螨剂	GB/T 20769
17	戊唑醇	0.05	杀菌剂	GB/T 20770
18	亚胺硫磷	0.2	杀虫剂	GB 23200.8、GB/T 20770
19	氯丹	0.02	杀虫剂	GB/T 5009.19
20	伏杀硫磷	0.05	杀虫剂	GB 23200.9、GB/T 20770
21	甲硫威	0.05	杀软体动物剂	SN/T 2560
22	溴氰菊酯	0.02	杀虫剂	GB/T 5009.110、GB 23200.9
23	乙烯利	0.2	植物生长调节剂	GB 23200.16

4.55　开心果

开心果中农药最大残留限量见表 4-55。

表 4-55　开心果中农药最大残留限量

序号	农药中文名	最大残留限量 （mg/kg）	农药 主要用途	检测方法
1	2，4-滴和2，4-滴钠盐	0.2	除草剂	NY/T 1434
2	百草枯	0.05*	除草剂	无指定
3	苯醚甲环唑	0.03	杀菌剂	GB/T 5009.218、GB 23200.8、GB 23200.49
4	多菌灵	0.1	杀菌剂	GB/T 20770
5	多杀霉素	0.07	杀虫剂	GB/T 20769、NY/T 1379、NY/T 1453
6	腈苯唑	0.01	杀菌剂	GB 23200.9
7	联苯肼酯	0.2	杀螨剂	GB 23200.34
8	磷化氢	0.01	杀虫剂	GB/T 5009.36
9	硫酰氟	3*	杀虫剂	无指定
10	螺虫乙酯	0.5*	杀虫剂	无指定
11	氯虫苯甲酰胺	0.02*	杀虫剂	无指定
12	氯氟氰菊酯和高效氯氟氰菊酯	0.01	杀虫剂	GB/T 5009.146、GB 23200.9、SN/T 2151
13	氯氰菊酯和高效氯氰菊酯	0.05	杀虫剂	GB/T 5009.110、GB/T 5009.146、GB 23200.9
14	噻虫啉	0.02	杀虫剂	GB/T 20770
15	噻螨酮	0.05	杀螨剂	GB 23200.8、GB/T 20769
16	四螨嗪	0.5	杀螨剂	GB/T 20769
17	戊唑醇	0.05	杀菌剂	GB/T 20770
18	亚胺硫磷	0.2	杀虫剂	GB 23200.8、GB/T 20770
19	氯丹	0.02	杀虫剂	GB/T 5009.19
20	氯菊酯	0.05	杀虫剂	GB/T 5009.146、SN/T 2151

4.56 核桃

核桃中农药最大残留限量见表 4 - 56。

表 4 - 56 核桃中农药最大残留限量

序号	农药中文名	最大残留限量（mg/kg）	农药主要用途	检测方法
1	2，4 -滴和 2，4 -滴钠盐	0.2	除草剂	NY/T 1434
2	百草枯	0.05*	除草剂	无指定
3	苯醚甲环唑	0.03	杀菌剂	GB/T 5009.218、GB 23200.8、GB 23200.49
4	多菌灵	0.1	杀菌剂	GB/T 20770
5	多杀霉素	0.07	杀虫剂	GB/T 20769、NY/T 1379、NY/T 1453
6	腈苯唑	0.01	杀菌剂	GB 23200.9
7	联苯肼酯	0.2	杀螨剂	GB 23200.34
8	磷化氢	0.01	杀虫剂	GB/T 5009.36
9	硫酰氟	3*	杀虫剂	无指定
10	螺虫乙酯	0.5*	杀虫剂	无指定
11	氯虫苯甲酰胺	0.02*	杀虫剂	无指定
12	氯氟氰菊酯和高效氯氟氰菊酯	0.01	杀虫剂	GB/T 5009.146、GB 23200.9、SN/T 2151
13	氯氰菊酯和高效氯氰菊酯	0.05	杀虫剂	GB/T 5009.110、GB/T 5009.146、GB 23200.9
14	噻虫啉	0.02	杀虫剂	GB/T 20770
15	噻螨酮	0.05	杀螨剂	GB 23200.8、GB/T 20769
16	四螨嗪	0.5	杀螨剂	GB/T 20769
17	戊唑醇	0.05	杀菌剂	GB/T 20770
18	亚胺硫磷	0.2	杀虫剂	GB 23200.8、GB/T 20770
19	氯丹	0.02	杀虫剂	GB/T 5009.19
20	阿维菌素	0.01	杀虫剂	GB 23200.19
21	苯丁锡	0.5	杀螨剂	SN 0592
22	虫酰肼	0.05	杀虫剂	GB/T 20770、GB 23200.34
23	二嗪磷	0.01	杀虫剂	NY/T 761

（续）

序号	农药中文名	最大残留限量 （mg/kg）	农药 主要用途	检测方法
24	伏杀硫磷	0.05	杀虫剂	GB 23200.9、GB/T 20770
25	溴氰菊酯	0.02	杀虫剂	GB/T 5009.110、GB 23200.9
26	乙烯利	0.5	植物生长调节剂	GB 23200.16

4.57　山核桃

山核桃中农药最大残留限量见表4－57。

表4－57　山核桃中农药最大残留限量

序号	农药中文名	最大残留限量 （mg/kg）	农药 主要用途	检测方法
1	2，4-滴和2，4-滴钠盐	0.2	除草剂	NY/T 1434
2	百草枯	0.05*	除草剂	无指定
3	苯醚甲环唑	0.03	杀菌剂	GB/T 5009.218、GB 23200.8、GB 23200.49
4	多菌灵	0.1	杀菌剂	GB/T 20770
5	多杀霉素	0.07	杀虫剂	GB/T 20769、NY/T 1379、NY/T 1453
6	腈苯唑	0.01	杀菌剂	GB 23200.9
7	联苯肼酯	0.2	杀螨剂	GB 23200.34
8	磷化氢	0.01	杀虫剂	GB/T 5009.36
9	硫酰氟	3*	杀虫剂	无指定
10	螺虫乙酯	0.5*	杀虫剂	无指定
11	氯虫苯甲酰胺	0.02*	杀虫剂	无指定
12	氯氟氰菊酯和高效氯氟氰菊酯	0.01	杀虫剂	GB/T 5009.146、GB 23200.9、SN/T 2151
13	氯氰菊酯和高效氯氰菊酯	0.05	杀虫剂	GB/T 5009.110、GB/T 5009.146、GB 23200.9
14	噻虫啉	0.02	杀虫剂	GB/T 20770
15	噻螨酮	0.05	杀螨剂	GB 23200.8、GB/T 20769
16	四螨嗪	0.5	杀螨剂	GB/T 20769

（续）

序号	农药中文名	最大残留限量（mg/kg）	农药主要用途	检测方法
17	戊唑醇	0.05	杀菌剂	GB/T 20770
18	亚胺硫磷	0.2	杀虫剂	GB 23200.8、GB/T 20770
19	氯丹	0.02	杀虫剂	GB/T 5009.19
20	保棉磷	0.3	杀虫剂	SN/T 1739
21	苯丁锡	0.5	杀螨剂	SN 0592
22	丙环唑	0.02	杀菌剂	SN/T 0519
23	虫酰肼	0.01	杀虫剂	GB/T 20770、GB 23200.34
24	氯苯嘧啶醇	0.02	杀菌剂	GB/T 20769、GB 23200.8

5 糖 料 类

5.1 甘蔗

甘蔗中农药最大残留限量见表5-1。

表5-1 甘蔗中农药最大残留限量

序号	农药中文名	最大残留限量（mg/kg）	农药主要用途	检测方法
1	2，4-滴和2，4-滴钠盐	0.05	除草剂	NY/T 1434
2	2甲4氯（钠）	0.05	除草剂	SN/T 2228
3	保棉磷	0.2	杀虫剂	SN/T 1739
4	吡虫啉	0.2	杀虫剂	GB/T 23379
5	丙环唑	0.02	杀菌剂	SN/T 0519
6	草甘膦	2	除草剂	GB/T 23750
7	虫酰肼	1	杀虫剂	GB/T 20770、GB 23200.34
8	敌百虫	0.1	杀虫剂	GB/T 20769
9	敌草快	0.05	除草剂	GB/T 5009.221
10	敌草隆	0.1	除草剂	GB/T 20769
11	地虫硫磷	0.1	杀虫剂	GB 23200.8、GB/T 20769、NY/T 761
12	丁硫克百威	0.1	杀虫剂	GB/T 23205、SN/T 2149
13	毒死蜱	0.05	杀虫剂	NY/T 761
14	氟虫腈	0.02	杀虫剂	NY/T 1379
15	氟酰脲	0.5	杀虫剂	GB 23200.34
16	环嗪酮	0.5	除草剂	GB/T 20769
17	甲拌磷	0.01	杀虫剂	GB/T 5009.20
18	甲磺草胺	0.05*	除草剂	无指定
19	甲基对硫磷	0.02	杀虫剂	NY/T 761
20	甲基硫环磷	0.03*	杀虫剂	NY/T 761
21	甲基异柳磷	0.02*	杀虫剂	GB/T 5009.144
22	久效磷	0.02	杀虫剂	NY/T 761

（续）

序号	农药中文名	最大残留限量 （mg/kg）	农药 主要用途	检测方法
23	克百威	0.1	杀虫剂	NY/T 761
24	硫丹	0.05	杀虫剂	GB/T 5009.19
25	硫线磷	0.005	杀虫剂	SN/T 2147
26	氯虫苯甲酰胺	0.05*	杀虫剂	无指定
27	氯氟氰菊酯和高效氯氟氰菊酯	0.05	杀虫剂	GB/T 5009.146、GB 23200.9、SN/T 2151
28	氯氰菊酯和高效氯氰菊酯	0.2	杀虫剂	GB/T 5009.110、GB/T 5009.146、GB 23200.9
29	灭多威	0.2	杀虫剂	NY/T 761
30	噻虫嗪	0.1	杀虫剂	GB 23200.9
31	噻唑磷	0.05	杀线虫剂	GB/T 20769
32	杀虫单	0.1*	杀虫剂	无指定
33	杀虫双	0.1*	杀虫剂	无指定
34	杀螟丹	0.1	杀虫剂	GB/T 20769
35	水胺硫磷	0.05	杀虫剂	NY/T 761
36	特丁硫磷	0.01	杀虫剂	SN 0522
37	西玛津	0.5	除草剂	GB 23200.8、NY/T 761、NY/T 1379
38	硝磺草酮	0.05	除草剂	GB/T 20769
39	辛硫磷	0.05	杀虫剂	GB/T 5009.102、GB/T 20769
40	氧乐果	0.05	杀虫剂	GB/T 20770、NY/T 761
41	异丙甲草胺和精异丙甲草胺	0.05	除草剂	GB 23200.9
42	异噁草酮	0.1	除草剂	GB 23200.9
43	莠灭净	0.05	除草剂	GB/T 23816
44	莠去津	0.05	除草剂	GB/T 5009.132

5.2 甜菜

甜菜中农药最大残留限量见表 5-2。

表 5－2 甜菜中农药最大残留限量

序号	农药中文名	最大残留限量（mg/kg）	农药主要用途	检测方法
1	苯醚甲环唑	0.2	杀菌剂	GB/T 5009.218、GB 23200.8、GB 23200.49
2	苯嗪草酮	0.1	除草剂	GB/T 20769、GB 23200.34
3	吡氟禾草灵和精吡氟禾草灵	0.5	除草剂	GB/T 5009.142
4	丙环唑	0.02	杀菌剂	SN/T 0519
5	丙硫菌唑	0.3*	杀菌剂	无指定
6	丁苯吗啉	0.05	杀菌剂	GB/T 20770、GB 23200.37
7	丁硫克百威	0.3	杀虫剂	GB/T 23205、SN/T 2149
8	毒死蜱	1	杀虫剂	NY/T 761
9	多菌灵	0.1	杀菌剂	NY/T 1680
10	噁霉灵	0.1*	杀菌剂	无指定
11	二嗪磷	0.1	杀虫剂	NY/T 761
12	氟吡禾灵	0.4	除草剂	GB/T 20769
13	氟虫腈	0.02	杀虫剂	NY/T 1379
14	氟啶脲	0.1	杀虫剂	GB 23200.8
15	氟硅唑	0.05	杀菌剂	GB 23200.8、GB/T 20769、GB 23200.53
16	氟氰戊菊酯	0.05	杀菌剂	GB 23200.9
17	氟酰脲	15	杀虫剂	GB 23200.34
18	禾草灵	0.1	除草剂	SN/T 0687
19	甲基对硫磷	0.02	杀虫剂	NY/T 761
20	甲基硫环磷	0.03*	杀虫剂	NY/T 761
21	甲基异柳磷	0.05*	杀虫剂	GB/T 5009.144
22	甲硫威	0.05	杀软体动物剂	GB/T 20769
23	甲霜灵和精甲霜灵	0.05	杀菌剂	GB 23200.9、GB/T 20770
24	精二甲吩草胺	0.01	除草剂	GB 23200.9、GB/T 20770
25	久效磷	0.02	杀虫剂	NY/T 761
26	克百威	0.1	杀虫剂	NY/T 761
27	喹禾灵和精喹禾灵	0.1	除草剂	GB/T 20770、SN/T 2228

（续）

序号	农药中文名	最大残留限量 （mg/kg）	农药 主要用途	检测方法
28	喹氧灵	0.03*	杀菌剂	无指定
29	乐果	0.5*	杀虫剂	NY/T 761
30	氯菊酯	0.05	杀虫剂	GB/T 5009.146、SN/T 2151
31	氯氰菊酯和高效氯氰菊酯	0.1	杀虫剂	GB/T 5009.110、GB/T 5009.146、GB 23200.9
32	马拉硫磷	0.5	杀虫剂	NY/T 761
33	灭多威	0.2	杀虫剂	NY/T 761
34	氰戊菊酯和S-氰戊菊酯	0.05	杀虫剂	GB/T 5009.110
35	三苯基乙酸锡	0.1*	杀菌剂	无指定
36	三唑醇	0.1	杀菌剂	GB/T 20769
37	三唑酮	0.1	杀菌剂	GB/T 5009.126
38	水胺硫磷	0.05	杀虫剂	NY/T 761
39	特丁硫磷	0.01	杀虫剂	SN 0522
40	甜菜安	0.1*	除草剂	无指定
41	甜菜宁	0.1	除草剂	GB/T 20769
42	五氯硝基苯	0.01	杀菌剂	GB/T 5009.136、GB/T 5009.19
43	烯草酮	0.1	除草剂	GB 23200.8
44	烯禾啶	0.5	除草剂	GB 23200.9、GB/T 20770
45	亚砜磷	0.01	杀虫剂	NY/T 761
46	氧乐果	0.05	杀虫剂	GB/T 20770、NY/T 761
47	异丙甲草胺和精异丙甲草胺	0.1	除草剂	GB 23200.9

6 饮 料 类

6.1 茶叶

茶叶中农药最大残留限量见表 6-1。

表 6-1 茶叶中农药最大残留限量

序号	农药中文名	最大残留限量 （mg/kg）	农药 主要用途	检测方法
1	苯醚甲环唑	10	杀菌剂	GB/T 5009.218、GB 23200.8、GB 23200.49
2	吡虫啉	0.5	杀虫剂	GB/T 23379
3	吡蚜酮	2	杀虫剂	GB 23200.13
4	草铵膦	0.5*	除草剂	无指定
5	草甘膦	1	除草剂	SN/T 1923
6	虫螨腈	20	杀虫剂	GB/T 23204
7	除虫脲	20	杀虫剂	GB/T 5009.147、NY/T 1720
8	哒螨灵	5	杀螨剂	GB/T 23204、SN/T 2432
9	敌百虫	2	杀虫剂	NY/T 761
10	丁醚脲	5*	杀虫剂/杀螨剂	无指定
11	啶虫脒	10	杀虫剂	GB/T 20769
12	多菌灵	5	杀菌剂	GB/T 20769、NY/T 1453
13	氟氯氰菊酯和高效氟氯氰菊酯	1	杀虫剂	SN/T 1117、GB/T 23204
14	氟氰戊菊酯	20	杀虫剂	GB/T 23204
15	甲胺磷	0.05	杀虫剂	NY/T 761、GB/T 20770
16	甲拌磷	0.01	杀虫剂	GB/T 23204
17	甲基对硫磷	0.02	杀虫剂	GB/T 23204
18	甲基硫环磷	0.03*	杀虫剂	NY/T 761
19	甲氰菊酯	5	杀虫剂	GB/T 23376、SN/T 1117
20	克百威	0.05	杀虫剂	GB 23200.13
21	喹螨醚	15	杀螨剂	GB/T 23204、GB 23200.13

（续）

序号	农药中文名	最大残留限量 (mg/kg)	农药主要用途	检测方法
22	联苯菊酯	5	杀虫/杀螨剂	SN/T 1969
23	硫丹	10	杀虫剂	GB/T 5009.19
24	硫环磷	0.03	杀虫剂	GB 23200.13
25	氯氟氰菊酯和高效氯氟氰菊酯	15	杀虫剂	SN/T 1117
26	氯菊酯	20	杀虫剂	GB/T 23204、SN/T 1117
27	氯氰菊酯和高效氯氰菊酯	20	杀虫剂	GB/T 23204、SN/T 1117
28	氯噻啉	3*	杀虫剂	无指定
29	氯唑磷	0.01	杀虫剂	GB/T 23204
30	灭多威	0.2	杀虫剂	NY/T 761
31	灭线磷	0.05	杀线虫剂	GB/T 23204、GB 23200.13
32	内吸磷	0.05	杀虫/杀螨剂	GB/T 23204、GB 23200.13
33	氰戊菊酯和S-氰戊菊酯	0.1	杀虫剂	GB/T 23204
34	噻虫嗪	10	杀虫剂	GB/T 20770
35	噻螨酮	15	杀螨剂	GB 23200.8、GB/T 20769
36	噻嗪酮	10	杀虫剂	GB/T 23376
37	三氯杀螨醇	0.2	杀螨剂	GB/T 5009.176
38	杀螟丹	20	杀虫剂	GB/T 20769
39	杀螟硫磷	0.5*	杀虫剂	GB/T 14553、GB/T 20769、NY/T 761
40	水胺硫磷	0.05	杀虫剂	GB/T 23204
41	特丁硫磷	0.01	杀虫剂	SN 0522
42	辛硫磷	0.2	杀虫剂	GB/T 20769
43	溴氰菊酯	10	杀虫剂	GB/T 5009.110、SN/T 1117
44	氧乐果	0.05	杀虫剂	GB 23200.13
45	乙酰甲胺磷	0.1	杀虫剂	GB/T 5009.103
46	茚虫威	5	杀虫剂	GB 23200.13
47	滴滴涕	0.2	杀虫剂	GB/T 5009.19
48	六六六	0.2	杀虫剂	GB/T 5009.19

6.2 咖啡豆

咖啡豆中农药最大残留限量见表 6-2。

表 6-2　咖啡豆中农药最大残留限量

序号	农药中文名	最大残留限量 （mg/kg）	农药 主要用途	检测方法
1	丙环唑	0.02	杀菌剂	SN/T 0519
2	多菌灵	0.1	杀菌剂	GB/T 20769、NY/T 1453
3	氟吡禾灵	0.02	除草剂	GB/T 20769
4	氯菊酯	0.05	杀虫剂	GB/T 5009.146、SN/T 2151
5	氯氰菊酯和高效氯氰菊酯	0.05	杀虫剂	GB/T 23204、SN/T 1117
6	三唑醇	0.5	杀菌剂	GB/T 20769
7	三唑酮	0.5	杀菌剂	GB/T 20770、GB/T 20769
8	戊唑醇	0.1	杀菌剂	GB/T 20770

6.3 可可豆

可可豆中农药最大残留限量见表 6-3。

表 6-3　可可豆中农药最大残留限量

序号	农药中文名	最大残留限量 （mg/kg）	农药 主要用途	检测方法
1	甲霜灵和精甲霜灵	0.2	杀菌剂	GB 23200.9、GB/T 20770
2	磷化氢	0.01	杀虫剂	GB/T 5009.36

6.4 啤酒花

啤酒花中农药最大残留限量见表 6-4。

表 6-4　啤酒花中农药最大残留限量

序号	农药中文名	最大残留限量 （mg/kg）	农药 主要用途	检测方法
1	阿维菌素	0.1	杀虫剂	GB 23200.19
2	百草枯	0.1*	除草剂	无指定
3	代森联	30	杀菌剂	SN/T 1541
4	二嗪磷	0.5	杀虫剂	NY/T 761
5	甲苯氟磺胺	50	杀菌剂	GB 23200.8

（续）

序号	农药中文名	最大残留限量 （mg/kg）	农药 主要用途	检测方法
6	甲霜灵和精甲霜灵	10	杀菌剂	GB 23200.9、GB/T 20770
7	腈菌唑	2	杀菌剂	GB/T 20769、GB 23200.8、 NY/T 1455
8	喹氧灵	1*	杀菌剂	无指定
9	联苯肼酯	20	杀螨剂	GB 23200.34
10	联苯菊酯	20	杀虫/杀螨剂	SN/T 1969
11	螺虫乙酯	15*	杀虫剂	无指定
12	氯苯嘧啶醇	5	杀菌剂	GB/T 20769、GB 23200.8
13	氯菊酯	50	杀虫剂	GB/T 5009.146、SN/T 2151
14	噻螨酮	3	杀螨剂	GB 23200.8、GB/T 20769
15	戊菌唑	0.5	杀菌剂	GB/T 23204
16	戊唑醇	40	杀菌剂	GB/T 20770
17	烯酰吗啉	80	杀菌剂	GB/T 20769

6.5 番茄汁

番茄汁中农药最大残留限量见表6-5。

表6-5 番茄汁中农药最大残留限量

序号	农药中文名	最大残留限量 （mg/kg）	农药 主要用途	检测方法
1	马拉硫磷	0.01	杀虫剂	GB 23200.8、GB/T 20769、 NY/T 761
2	增效醚	0.3	增效剂	GB 23200.8

6.6 橙汁

橙汁中农药最大残留限量见表6-6。

表6-6 橙汁中农药最大残留限量

序号	农药中文名	最大残留限量 （mg/kg）	农药 主要用途	检测方法
1	邻苯基苯酚	0.5	杀菌剂	GB 23200.8
2	增效醚	0.05	增效剂	GB 23200.8

7 食用菌类

7.1 蘑菇

蘑菇中农药最大残留限量见表 7-1。

表 7-1 蘑菇中农药最大残留限量

序号	农药中文名	最大残留限量（mg/kg）	农药主要用途	检测方法
1	2，4-滴和2，4-滴钠盐	0.1	除草剂	GB/T 5009.175
2	百菌清	5	杀菌剂	NY/T 761、GB/T 5009.105
3	除虫脲	0.3	杀虫剂	GB/T 5009.147、NY/T 1720
4	代森锰锌	1	杀菌剂	SN 0157
5	氟氯氰菊酯和高效氟氯氰菊酯	0.3	杀虫剂	GB 23200.8、GB/T 5009.146、NY/T 761
6	氟氰戊菊酯	0.2	杀虫剂	NY/T 761
7	腐霉利	5	杀菌剂	GB 23200.8、NY/T 761
8	甲氨基阿维菌素苯甲酸盐	0.05*	杀虫剂	GB/T 20769
9	乐果	0.5*	杀虫剂	GB/T 5009.145、GB/T 20769、NY/T 761
10	氯氟氰菊酯和高效氯氟氰菊酯	0.5	杀虫剂	GB/T 5009.146、NY/T 761
11	氯菊酯	0.1	杀虫剂	GB/T 5009.146、SN/T 2151
12	氯氰菊酯和高效氯氰菊酯	0.5	杀虫剂	GB/T 5009.146、GB 23200.8、NY/T 761
13	马拉硫磷	0.5	杀虫剂	GB 23200.8、GB/T 20769、NY/T 761
14	咪鲜胺和咪鲜胺锰盐	2	杀菌剂	NY/T 1456
15	氰戊菊酯和S-氰戊菊酯	0.2	杀虫剂	GB/T 5009.110
16	双甲脒	0.5	杀螨剂	GB/T 5009.143

（续）

序号	农药中文名	最大残留限量 （mg/kg）	农药 主要用途	检测方法
17	五氯硝基苯	0.1	杀菌剂	GB/T 5009.136、GB/T 5009.19
18	溴氰菊酯	0.2	杀虫剂	NY/T 761
19	氟虫腈	0.02	杀虫剂	NY/T 1379

7.2 蘑菇类（鲜）

蘑菇类（鲜）中农药最大残留限量见表 7-2。

表 7-2 蘑菇类（鲜）中农药最大残留限量

序号	农药中文名	最大残留限量 （mg/kg）	农药 主要用途	检测方法
1	2，4-滴和 2，4-滴钠盐	0.1	除草剂	GB/T 5009.175
2	百菌清	5	杀菌剂	NY/T 761、GB/T 5009.105
3	除虫脲	0.3	杀虫剂	GB/T 5009.147、NY/T 1720
4	代森锰锌	1	杀菌剂	SN 0157
5	氟氯氰菊酯和高效氟氯氰菊酯	0.3	杀虫剂	GB 23200.8、GB/T 5009.146、NY/T 761
6	氟氰戊菊酯	0.2	杀虫剂	NY/T 761
7	腐霉利	5	杀菌剂	GB 23200.8、NY/T 761
8	甲氨基阿维菌素苯甲酸盐	0.05*	杀虫剂	GB/T 20769
9	乐果	0.5*	杀虫剂	GB/T 5009.145、GB/T 20769、NY/T 761
10	氯氟氰菊酯和高效氯氟氰菊酯	0.5	杀虫剂	GB/T 5009.146、NY/T 761
11	氯菊酯	0.1	杀虫剂	GB/T 5009.146、SN/T 2151
12	氯氰菊酯和高效氯氰菊酯	0.5	杀虫剂	GB/T 5009.146、GB 23200.8、NY/T 761
13	马拉硫磷	0.5	杀虫剂	GB 23200.8、GB/T 20769、NY/T 761
14	咪鲜胺和咪鲜胺锰盐	2	杀菌剂	NY/T 1456
15	氰戊菊酯和 S-氰戊菊酯	0.2	杀虫剂	GB/T 5009.110
16	双甲脒	0.5	杀螨剂	GB/T 5009.143
17	五氯硝基苯	0.1	杀菌剂	GB/T 5009.136、GB/T 5009.19
18	溴氰菊酯	0.2	杀虫剂	NY/T 761

7.3 香菇（鲜）

香菇（鲜）中农药最大残留限量见表7-3。

表7-3 香菇（鲜）中农药最大残留限量

序号	农药中文名	最大残留限量（mg/kg）	农药主要用途	检测方法
1	2，4-滴和2，4-滴钠盐	0.1	除草剂	GB/T 5009.175
2	百菌清	5	杀菌剂	NY/T 761、GB/T 5009.105
3	除虫脲	0.3	杀虫剂	GB/T 5009.147、NY/T 1720
4	代森锰锌	1	杀菌剂	SN 0157
5	氟氯氰菊酯和高效氟氯氰菊酯	0.3	杀虫剂	GB 23200.8、GB/T 5009.146、NY/T 761
6	氟氰戊菊酯	0.2	杀虫剂	NY/T 761
7	腐霉利	5	杀菌剂	GB 23200.8、NY/T 761
8	甲氨基阿维菌素苯甲酸盐	0.05*	杀虫剂	GB/T 20769
9	乐果	0.5*	杀虫剂	GB/T 5009.145、GB/T 20769、NY/T 761
10	氯氟氰菊酯和高效氯氟氰菊酯	0.5	杀虫剂	GB/T 5009.146、NY/T 761
11	氯菊酯	0.1	杀虫剂	GB/T 5009.146、SN/T 2151
12	氯氰菊酯和高效氯氰菊酯	0.5	杀虫剂	GB/T 5009.146、GB 23200.8、NY/T 761
13	马拉硫磷	0.5	杀虫剂	GB 23200.8、GB/T 20769、NY/T 761
14	咪鲜胺和咪鲜胺锰盐	2	杀菌剂	NY/T 1456
15	氰戊菊酯和S-氰戊菊酯	0.2	杀虫剂	GB/T 5009.110
16	双甲脒	0.5	杀螨剂	GB/T 5009.143
17	五氯硝基苯	0.1	杀菌剂	GB/T 5009.136、GB/T 5009.19
18	溴氰菊酯	0.2	杀虫剂	NY/T 761
19	噻菌灵	5	杀菌剂	GB/T 20769、NY/T 1453、NY/T 1680

8 调味料类

8.1 薄荷

薄荷中农药最大残留限量见表 8-1。

表 8-1　薄荷中农药最大残留限量

序号	农药中文名	最大残留限量（mg/kg）	农药主要用途	检测方法
1	磷化氢	0.01	杀虫剂	GB/T 5009.36
2	乙烯菌核利	0.05	杀菌剂	GB 23200.9、NY/T 761
3	虫酰肼	20	杀虫剂	GB/T 20770、GB 23200.34
4	联苯肼酯	40	杀螨剂	GB 23200.34
5	氯虫苯甲酰胺	15*	杀虫剂	无指定
6	保棉磷	0.5	杀虫剂	SN/T 1739
7	乙酰甲胺磷	0.2	杀虫剂	SN/T 1950
8	氯菊酯	0.05	杀虫剂	GB/T 5009.146、SN/T 2151

8.2 干辣椒

干辣椒中农药最大残留限量见表 8-2。

表 8-2　干辣椒中农药最大残留限量

序号	农药中文名	最大残留限量（mg/kg）	农药主要用途	检测方法
1	磷化氢	0.01	杀虫剂	GB/T 5009.36
2	乙烯菌核利	0.05	杀菌剂	GB 23200.9、NY/T 761
3	阿维菌素	0.2	杀虫剂	GB 23200.19
4	保棉磷	10	杀虫剂	SN/T 1739
5	苯氟磺胺	20	杀菌剂	SN/T 2320
6	丙溴磷	20	杀虫剂	GB 23200.8、NY/T 761、SN/T 2234

（续）

序号	农药中文名	最大残留限量（mg/kg）	农药主要用途	检测方法
7	虫酰肼	10	杀虫剂	GB/T 20770、GB 23200.34
8	敌螨普	2*	杀菌剂	无指定
9	多菌灵	20	杀菌剂	GB/T 20770
10	二嗪磷	0.5	杀虫剂	NY/T 761
11	氟氯氰菊酯和高效氟氯氰菊酯	1	杀虫剂	GB 23200.8、GB/T 5009.146、NY/T 761
12	甲苯氟磺胺	20	杀菌剂	GB 23200.8
13	甲氰菊酯	10	杀虫剂	SN/T 2233、GB 23200.8
14	抗蚜威	20	杀虫剂	GB/T 20770、GB 23200.9
15	喹氧灵	10*	杀菌剂	无指定
16	联苯菊酯	5	杀虫/杀螨剂	GB 23200.8、SN/T 1969
17	螺虫乙酯	15*	杀虫剂	无指定
18	氯苯嘧啶醇	5	杀菌剂	GB/T 20769、GB 23200.8
19	氯氟氰菊酯和高效氯氟氰菊酯	3	杀虫剂	GB/T 5009.146、GB 23200.9、SN/T 2151
20	氯菊酯	10	杀虫剂	GB/T 5009.146、SN/T 2151
21	氯氰菊酯和高效氯氰菊酯	10	杀虫剂	GB/T 5009.110、GB/T 5009.146、GB 23200.9
22	三环锡	5	杀螨剂	SN/T 1990
23	三唑醇	5	杀菌剂	GB/T 20769、GB 23200.8
24	三唑酮	5	杀菌剂	GB/T 20770、GB/T 20769
25	霜霉威和霜霉威盐酸盐	10	杀菌剂	SN 0685
26	五氯硝基苯	0.1	杀菌剂	GB/T 5009.136、GB/T 5009.19
27	戊唑醇	10	杀菌剂	GB 23200.8、GB/T 20769
26	乙烯利	50	植物生长调节剂	GB 23200.16
28	乙酰甲胺磷	50	杀虫剂	SN/T 1950
29	增效醚	20	增效剂	GB 23200.34

8.3　胡椒

胡椒中农药最大残留限量见表 8-3。

表 8-3 胡椒中农药最大残留限量

序号	农药中文名	最大残留限量（mg/kg）	农药主要用途	检测方法
1	磷化氢	0.01	杀虫剂	GB/T 5009.36
2	乙烯菌核利	0.05	杀菌剂	GB 23200.9、NY/T 761
3	二嗪磷	0.1	杀虫剂	NY/T 761
4	伏杀硫磷	2	杀虫剂	GB 23200.9、GB/T 20770
5	甲基嘧啶磷	0.5	杀虫剂	GB 23200.8
6	氯氰菊酯和高效氯氰菊酯	0.1	杀虫剂	GB/T 5009.110、GB/T 5009.146、GB 23200.9
7	马拉硫磷	1	杀虫剂	GB/T 5009.20、GB/T 5009.145
8	五氯硝基苯	0.02	杀菌剂	GB/T 5009.136、GB/T 5009.19
9	阿维菌素	0.05	杀虫剂	GB 23200.19
10	保棉磷	0.5	杀虫剂	SN/T 1739
11	乙酰甲胺磷	0.2	杀虫剂	SN/T 1950
12	氯菊酯	0.05	杀虫剂	GB/T 5009.146、SN/T 2151

8.4 胡椒（黑、白）

胡椒（黑、白）中农药最大残留限量见表 8-4。

表 8-4 胡椒（黑、白）中农药最大残留限量

序号	农药中文名	最大残留限量（mg/kg）	农药主要用途	检测方法
1	磷化氢	0.01	杀虫剂	GB/T 5009.36
2	乙烯菌核利	0.05	杀菌剂	GB 23200.9、NY/T 761
3	二嗪磷	0.1	杀虫剂	NY/T 761
4	伏杀硫磷	2	杀虫剂	GB 23200.9、GB/T 20770
5	甲基嘧啶磷	0.5	杀虫剂	GB 23200.8
6	氯氰菊酯和高效氯氰菊酯	0.1	杀虫剂	GB/T 5009.110、GB/T 5009.146、GB 23200.9
7	马拉硫磷	1	杀虫剂	GB/T 5009.20、GB/T 5009.145
8	五氯硝基苯	0.02	杀菌剂	GB/T 5009.136、GB/T 5009.19
9	阿维菌素	0.05	杀虫剂	GB 23200.19

（续）

序号	农药中文名	最大残留限量（mg/kg）	农药主要用途	检测方法
10	咪鲜胺和咪鲜胺锰盐	10	杀菌剂	NY/T 1456
11	保棉磷	0.5	杀虫剂	SN/T 1739
12	乙酰甲胺磷	0.2	杀虫剂	SN/T 1950
13	氯菊酯	0.05	杀虫剂	GB/T 5009.146、SN/T 2151

8.5　山葵

山葵中农药最大残留限量见表 8-5。

表 8-5　山葵中农药最大残留限量

序号	农药中文名	最大残留限量（mg/kg）	农药主要用途	检测方法
1	磷化氢	0.01	杀虫剂	GB/T 5009.36
2	乙烯菌核利	0.05	杀菌剂	GB 23200.9、NY/T 761
3	二嗪磷	0.5	杀虫剂	NY/T 761
4	伏杀硫磷	3	杀虫剂	GB 23200.9、GB/T 20770
5	氯氰菊酯和高效氯氰菊酯	0.2	杀虫剂	GB/T 5009.110、GB/T 5009.146、GB 23200.9
6	马拉硫磷	0.5	杀虫剂	GB/T 5009.20、GB/T 5009.145
7	五氯硝基苯	2	杀菌剂	GB/T 5009.136、GB/T 5009.19
8	氯菊酯	0.5	杀虫剂	GB/T 5009.146、SN/T 2151
9	保棉磷	0.5	杀虫剂	SN/T 1739
10	乙酰甲胺磷	0.2	杀虫剂	SN/T 1950

9 药用植物类

9.1 人参

人参中农药最大残留限量见表9-1。

表9-1 人参中农药最大残留限量

序号	农药中文名	最大残留限量 （mg/kg）	农药 主要用途	检测方法
1	苯醚甲环唑	0.5	杀菌剂	GB/T 5009.218、GB 23200.8、GB 23200.49
2	嘧菌酯	1	杀菌剂	GB/T 20770、NY/T 1453、GB 23200.46

9.2 三七块根（干）

三七块根（干）中农药最大残留限量见表9-2。

表9-2 三七块根（干）中农药最大残留限量

序号	农药中文名	最大残留限量 （mg/kg）	农药 主要用途	检测方法
1	苯醚甲环唑	5	杀菌剂	GB/T 5009.218、GB 23200.8、GB 23200.49

9.3 三七须根（干）

三七须根（干）中农药最大残留限量见表9-3。

表9-3 三七须根（干）中农药最大残留限量

序号	农药中文名	最大残留限量 （mg/kg）	农药 主要用途	检测方法
1	苯醚甲环唑	5	杀菌剂	GB/T 5009.218、GB 23200.8、GB 23200.49

9.4 三七花（干）

三七花（干）中农药最大残留限量见表9-4。

表9-4 三七花（干）中农药最大残留限量

序号	农药中文名	最大残留限量（mg/kg）	农药主要用途	检测方法
1	苯醚甲环唑	10	杀菌剂	GB/T 5009.218、GB 23200.8、GB 23200.49

附　　录

附录 1　食品类别及测定部位

食品类别及测定部位见附表 1-1。

附表 1-1　食品类别及测定部位

食品类别	类别说明	测定部位
谷物	稻类 　稻谷等	整粒
	麦类 　小麦、大麦、燕麦、黑麦、小黑麦等	整粒
	旱粮类 　玉米、高粱、粟、稷、薏仁、荞麦等	整粒，鲜食玉米（包括玉米粒和轴）
	杂粮类 　绿豆、豌豆、赤豆、小扁豆、鹰嘴豆等	整粒
	成品粮 　大米粉、小麦粉、全麦粉、玉米糁、玉米粉、高粱米、大麦粉、荞麦粉、莜麦粉、甘薯粉、高粱粉、黑麦粉、黑麦全粉、大米、糙米、麦胚等	
油料和油脂	小型油籽类 　油菜籽、芝麻、亚麻籽、芥菜籽等	整粒
	中型油籽类 　棉籽等	整粒
	大型油籽类 　大豆、花生仁、葵花籽、油茶籽等	整粒
	油脂 　植物毛油：大豆毛油、菜籽毛油、花生毛油、棉籽毛油、玉米毛油、葵花籽毛油等 　植物油：大豆油、菜籽油、花生油、棉籽油、初榨橄榄油、精炼橄榄油、葵花籽油、玉米油等	

（续）

食品类别	类别说明	测定部位
蔬菜 （鳞茎类）	鳞茎葱类 　　大蒜、洋葱、薤等	可食部分
	绿叶葱类 　　韭菜、葱、青蒜、蒜薹、韭葱等	整株
	百合	鳞茎头
蔬菜 （芸薹属类）	结球芸薹属 　　结球甘蓝、球茎甘蓝、抱子甘蓝、赤球甘蓝、羽衣甘蓝等	整棵
	头状花序芸薹属 　　花椰菜、青花菜等	整棵，去除叶
	茎类芸薹属 　　芥蓝、菜薹、茎芥菜等	整棵，去除根
蔬菜 （叶菜类）	绿叶类 　　菠菜、普通白菜（小白菜、小油菜、青菜）、苋菜、蕹菜、茼蒿、大叶茼蒿、叶用莴苣、结球莴苣、莴笋、苦苣、野苣、落葵、油麦菜、叶芥菜、萝卜叶、芜菁叶、菊苣等	整棵，去除根
	叶柄类 　　芹菜、小茴香、球茎茴香等	整棵，去除根
	大白菜	整棵，去除根
蔬菜 （茄果类）	番茄类 　　番茄、樱桃番茄等	全果（去柄）
	其他茄果类 　　茄子、辣椒、甜椒、黄秋葵、酸浆等	全果（去柄）
蔬菜 （瓜类）	黄瓜、腌制用小黄瓜	全瓜（去柄）
	小型瓜类 　　西葫芦、节瓜、苦瓜、丝瓜、线瓜、瓠瓜等	全瓜（去柄）
	大型瓜类 　　冬瓜、南瓜、笋瓜等	全瓜（去柄）
蔬菜 （豆类）	荚可食类 　　豇豆、菜豆、食荚豌豆、四棱豆、扁豆、刀豆、利马豆等	全荚
	荚不可食类 　　菜用大豆、蚕豆、豌豆、菜豆等	全豆（去荚）

（续）

食品类别	类别说明	测定部位
蔬菜 （茎类）	芦笋、朝鲜蓟、大黄等	整棵
蔬菜 （根茎类和 薯芋类）	根茎类 　萝卜、胡萝卜、根甜菜、根芹菜、根芥菜、姜、辣根、芜菁、桔梗等	整棵，去除顶部叶及叶柄
	马铃薯	全薯
	其他薯芋类 　甘薯、山药、牛蒡、木薯、芋、葛、魔芋等	全薯
蔬菜 （水生类）	茎叶类 　水芹、豆瓣菜、茭白、蒲菜等	整棵，茭白去除外皮
	果实类 　菱角、芡实等	全果（去壳）
	根类 　莲藕、荸荠、慈姑等	整棵
蔬菜 （芽菜类）	绿豆芽、黄豆芽、萝卜芽、苜蓿芽、花椒芽、香椿芽等	全部
蔬菜 （其他类）	黄花菜、竹笋、仙人掌、玉米笋等	全部
干制蔬菜	脱水蔬菜、干豇豆、萝卜干等	全部
水果 （柑橘类）	橙、橘、柠檬、柚、柑、佛手柑、金橘等	全果
水果 （仁果类）	苹果、梨、山楂、枇杷、榅桲等	全果（去柄），枇杷参照核果
水果 （核果类）	桃、油桃、杏、枣（鲜）、李子、樱桃、青梅等	全果（去柄和果核），残留量计算应计入果核的重量
水果 （浆果和其他 小型水果）	藤蔓和灌木类 　枸杞、黑莓、蓝莓、覆盆子、越橘、加仑子、悬钩子、醋栗、桑葚、唐棣、露莓（包括波森莓和罗甘莓）等	全果（去柄）
	小型攀缘类 　皮可食：葡萄、树番茄、五味子等 　皮不可食：猕猴桃、西番莲等	全果
	草莓	全果（去柄）

（续）

食品类别	类别说明	测定部位
水果 （热带和亚热带水果）	皮可食 　柿子、杨梅、橄榄、无花果、杨桃、莲雾等	全果（去柄），杨梅、橄榄检测果肉部分，残留量计算应计入果核的重量
	皮不可食 　小型果：荔枝、龙眼、红毛丹等	果肉，残留量计算应计入果核的重量
	中型果：芒果、石榴、鳄梨、番荔枝、番石榴、西榴莲、黄皮、山竹等	全果，鳄梨和芒果去除核，山竹测定果肉，残留量计算应计入果核的重量
	大型果：香蕉、番木瓜、椰子等	香蕉测定全蕉；番木瓜测定去除果核的所有部分，残留量计算应计入果核的重量；椰子测定椰汁和椰肉
	带刺果：菠萝、菠萝蜜、榴莲、火龙果等	菠萝、火龙果去除叶冠部分；菠萝蜜、榴莲测定果肉，残留量计算应计入果核的重量
水果 （瓜果类）	西瓜	全瓜
	甜瓜类 　薄皮甜瓜、网纹甜瓜、哈密瓜、白兰瓜、香瓜等	全瓜
干制水果	柑橘脯、李子干、葡萄干、干制无花果、无花果蜜饯、枣（干）等	全果（测定果肉，残留量计算应计入果核的重量）
坚果	小粒坚果 　杏仁、榛子、腰果、松仁、开心果等	全果（去壳）
	大粒坚果 　核桃、板栗、山核桃、澳洲坚果等	全果（去壳）
糖料	甘蔗	整根甘蔗，去除顶部叶及叶柄
	甜菜	整根甜菜，去除顶部叶及叶柄

（续）

食品类别	类别说明	测定部位
饮料类	茶叶	
	咖啡豆、可可豆	
	啤酒花	
	菊花、玫瑰花等	
	果汁 　蔬菜汁：番茄汁等 　水果汁：橙汁、苹果汁等	
食用菌	蘑菇类 　香菇、金针菇、平菇、茶树菇、竹荪、草菇、羊肚菌、牛肝菌、口蘑、松茸、双孢蘑菇、猴头菇、白灵菇、杏鲍菇等	整棵
	木耳类 　木耳、银耳、金耳、毛木耳、石耳等	整棵
调味料	叶类 　芫荽、薄荷、罗勒、艾蒿、紫苏等	整棵，去除根
	干辣椒	全果（去柄）
	果类调味料 　花椒、胡椒、豆蔻等	全果
	种子类调味料 　芥末、八角茴香等	果实整粒
	根茎类调味料 　桂皮、山葵等	整棵
药用植物	根茎类 　人参、三七、天麻、甘草、半夏、当归等	根、茎部分
	叶及茎秆类 　车前草、鱼腥草、艾、蒿等	茎、叶部分
	花及果实类 　金银花、银杏等	花、果实部分

附录 2　豁免制定食品中最大残留限量标准的农药名单

豁免制定食品中最大残留限量标准的农药名单见附表 2-1。

附表 2-1　豁免制定食品中最大残留限量标准的农药名单

序号	农药中文通用名称	农药英文通用名称
1	苏云金杆菌	*Bacillus thuringiensis*
2	荧光假单胞杆菌	*Pseudomonas fluorescens*
3	枯草芽孢杆菌	*Bacillus subtilis*
4	蜡质芽孢杆菌	*Bacillus cereus*
5	地衣芽孢杆菌	*Bacillus licheniformis*
6	短稳杆菌	*Empedobacter brevis*
7	多黏类芽孢杆菌	*Paenibacillus polymyxa*
8	放射土壤杆菌	*Agrobacterium radibacter*
9	木霉菌	*Trichoderma* spp.
10	白僵菌	*Beauveria* spp.
11	淡紫拟青霉	*Paecilomyces lilacinus*
12	厚孢轮枝菌（厚垣轮枝孢菌）	*Verticillium chlamydosporium*
13	耳霉菌	*Conidioblous thromboides*
14	绿僵菌	*Metarhizium* spp.
15	寡雄腐霉菌	*Pythium oligandrum*
16	菜青虫颗粒体病毒	*Pieris rapae* granulosis virus（PrGV）
17	茶尺蠖核型多角体病毒	*Ectropis oblique* nuclear polyhedrosis virus（EoNPV）
18	松毛虫质型多角体病毒	*Dendrolimus punctatus* cytoplasmic polyhedrosis virus（DpCPV）
19	甜菜夜蛾核型多角体病毒	*Spodoptera exigua* nuclear polyhedrosis virus（SeNPV）
20	黏虫颗粒体病毒	*Pseudaletia unipuncta* granulosis virus（PuGV）
21	小菜蛾颗粒体病毒	*Plutella xylostella* granulosis virus（PxGV）
22	斜纹夜蛾核型多角体病毒	*Spodoptera litura* nuclear polyhedrosis virus（SlNPV）
23	棉铃虫核型多角体病毒	*Helicoverpa armigera* nuclear polyhedrosis virus（HaNPV）
24	苜蓿银纹夜蛾核型多角体病毒	*Autographa californica* nuclear polyhedrosis virus（AcNPV）

（续）

序号	农药中文通用名称	农药英文通用名称
25	三十烷醇	triacontanol
26	诱蝇羧酯	trimedlure
27	聚半乳糖醛酸酶	Polygalacturonase
28	超敏蛋白	harpin protein
29	S-诱抗素	（+）-abscisic acid
30	香菇多糖	fungous proteoglycan
31	几丁聚糖	Chitosan
32	葡聚烯糖	Glucosan
33	氨基寡糖素	oligochitosaccharins

附录 3　农药 ADI 及残留物

农药 ADI 及残留物见附表 3-1。

附表 3-1　农药 ADI 及残留物

序号	农药中文名	农药英文名	农药 ADI (mg/kg bw)	农药残留物
1	2, 4-滴和 2, 4-滴钠盐	2, 4-D 和 2, 4-D Na	0.01	2, 4-滴
2	2, 4-滴丁酯	2, 4-D butylate	0.01	2, 4-滴丁酯
3	2, 4-滴异辛酯	2, 4-D-ethylhexyl	0.01	2, 4-滴异辛酯和 2, 4-滴之和，以 2, 4-滴表示
4	2 甲 4 氯（钠）	MCPA（sodium）	0.1	2 甲 4 氯
5	2 甲 4 氯异辛酯	MCPA-isooctyl	0.1	2 甲 4 氯异辛酯
6	阿维菌素	abamectin	0.002	阿维菌素（B1a 和 B1b 之和）
7	矮壮素	chlormequat	0.05	矮壮素阳离子，以氯化物表示
8	氨氯吡啶酸	picloram	0.3	氨氯吡啶酸
9	胺苯磺隆	ethametsulfuron	0.2	胺苯磺隆
10	胺鲜酯	diethyl aminoethyl hexanoate	0.023	胺鲜酯
11	百草枯	paraquat	0.005	百草枯阳离子，以二氯百草枯表示
12	百菌清	chlorothalonil	0.02	百菌清
13	保棉磷	azinphos-methyl	0.03	保棉磷
14	倍硫磷	fenthion	0.007	倍硫磷及其氧类似物（亚砜、砜化合物）之和，以倍硫磷表示
15	苯丁锡	fenbutatin oxide	0.03	苯丁锡
16	苯氟磺胺	dichlofluanid	0.3	苯氟磺胺
17	苯磺隆	tribenuron-methyl	0.01	苯磺隆
18	苯菌灵	benomyl	0.1	苯菌灵和多菌灵之和，以多菌灵表示
19	苯硫威	fenothiocarb	0.007 5	苯硫威
20	苯螨特	benzoximate	0.15	苯螨特
21	苯醚甲环唑	difenoconazole	0.01	苯醚甲环唑
22	苯嘧磺草胺	saflufenacil	0.05	苯嘧磺草胺

（续）

序号	农药中文名	农药英文名	农药 ADI（mg/kg bw）	农药残留物
23	苯嗪草酮	metamitron	0.03	苯嗪草酮
24	苯噻酰草胺	mefenacet	0.007	苯噻酰草胺
25	苯霜灵	benalaxyl	0.07	苯霜灵
26	苯酰菌胺	zoxamide	0.5	苯酰菌胺
27	苯线磷	fenamiphos	0.000 8	苯线磷及其氧类似物（亚砜、砜化合物）之和，以苯线磷表示
28	苯锈啶	fenpropidin	0.02	苯锈啶
29	吡丙醚	pyriproxyfen	0.1	吡丙醚
30	吡草醚	pyraflufen-ethyl	0.2	吡草醚
31	吡虫啉	imidacloprid	0.06	吡虫啉
32	吡氟禾草灵和精吡氟禾草灵	fluazifop 和 fluazifop-P-butyl	0.007 4	吡氟禾草灵及其代谢物吡氟禾草酸之和，以吡氟禾草灵表示
33	吡氟酰草胺	diflufenican	0.2	吡氟酰草胺
34	吡嘧磺隆	pyrazosulfuron-ethyl	0.043	吡嘧磺隆
35	吡蚜酮	pymetrozine	0.03	吡蚜酮
36	吡唑草胺	metazachlor	0.08	吡唑草胺
37	吡唑醚菌酯	pyraclostrobin	0.03	吡唑醚菌酯
38	卞嘧磺隆	bensulfuron-methyl	0.2	苄嘧磺隆
39	丙草胺	pretilachlor	0.018	丙草胺
40	丙环唑	propiconazole	0.07	丙环唑
41	丙硫多菌灵	albendazole	0.05	丙硫多菌灵
42	丙硫菌唑	prothioconazole	0.05	丙硫菌唑脱硫代谢物，以丙硫菌唑表示
43	丙硫克百威	benfuracarb	0.01	丙硫克百威
44	丙炔噁草酮	oxadiargyl	0.008	丙炔噁草酮
45	丙炔氟草胺	flumioxazin	0.02	丙炔氟草胺
46	丙森锌	propineb	0.007	二硫代氨基甲酸盐（或酯），以二硫化碳表示
47	丙溴磷	profenofos	0.03	丙溴磷
48	草铵膦	glufosinate-ammonium	0.01	草铵膦
49	草除灵	benazolin-ethyl	0.006	草除灵

（续）

序号	农药中文名	农药英文名	农药 ADI（mg/kg bw）	农药残留物
50	草甘膦	glyphosate	1	草甘膦
51	虫螨腈	chlorfenapyr	0.03	虫螨腈
52	虫酰肼	tebufenozide	0.02	虫酰肼
53	除虫菊素	pyrethrins	0.04	除虫菊素Ⅰ与除虫菊素Ⅱ之和
54	除虫脲	diflubenzuron	0.02	除虫脲
55	春雷霉素	kasugamycin	0.113	春雷霉素
56	哒螨灵	pyridaben	0.01	哒螨灵
57	代森铵	amobam	0.03	二硫代氨基甲酸盐（或酯），以二硫化碳表示
58	代森联	metriam	0.03	二硫代氨基甲酸盐（或酯），以二硫化碳表示
59	代森锰锌	mancozeb	0.03	二硫代氨基甲酸盐（或酯），以二硫化碳表示
60	代森锌	zineb	0.03	二硫代氨基甲酸盐（或酯），以二硫化碳表示
61	单甲脒和单甲脒盐酸盐	semiamitraz 和 semiamitraz chloride	0.004	单甲脒
62	单嘧磺隆	monosulfuron	0.12	单嘧磺隆
63	单氰胺	cyanamide	0.002	单氰胺
64	稻丰散	phenthoate	0.003	稻丰散
65	稻瘟灵	isoprothiolane	0.016	稻瘟灵
66	稻瘟酰胺	fenoxanil	0.007	稻瘟酰胺
67	敌百虫	trichlorfon	0.002	敌百虫
68	敌稗	propanil	0.2	敌稗
69	敌草快	diquat	0.006	敌草快阳离子，以二溴化合物表示
70	敌草隆	diuron	0.001	敌草隆
71	敌敌畏	dichlorvos	0.004	敌敌畏
72	敌磺钠	fenaminosulf	0.02	敌磺钠
73	敌菌灵	anilazine	0.1	敌菌灵
74	敌螨普	dinocap	0.008	敌螨普的异构体和敌螨普酚的总量，以敌螨普表示

（续）

序号	农药中文名	农药英文名	农药 ADI (mg/kg bw)	农药残留物
75	敌瘟磷	edifenphos	0.003	敌瘟磷
76	地虫硫磷	fonofos	0.002	地虫硫磷
77	丁苯吗啉	fenpropimorph	0.003	丁苯吗啉
78	丁吡吗啉	pyrimorph	0.01	丁吡吗啉
79	丁草胺	butachlor	0.1	丁草胺
80	丁虫腈	flufiprole	0.008	丁虫腈
81	丁硫克百威	carbosulfan	0.01	丁硫克百威
82	丁醚脲	diafenthiuron	0.003	丁醚脲
83	丁酰肼	daminozide	0.5	丁酰肼和1，1-二甲基联氨之和，以丁酰肼表示
84	丁香菌酯	coumoxystrobin	0.045	丁香菌酯
85	啶虫脒	acetamiprid	0.07	啶虫脒
86	啶菌噁唑	pyrisoxazole	0.1	啶菌噁唑
87	啶酰菌胺	boscalid	0.04	啶酰菌胺
88	啶氧菌酯	picoxystrobin	0.09	啶氧菌酯
89	毒草胺	propachlor	0.54	毒草胺
90	毒死蜱	chlorpyrifos	0.01	毒死蜱
91	对硫磷	parathion	0.004	对硫磷
92	多果定	dodine	0.1	多果定
93	多菌灵	carbendazim	0.03	多菌灵
94	多抗霉素	polyoxins	10	多抗霉素 B
95	多杀霉素	spinosad	0.02	多杀霉素 A 和多杀霉素 D 之和
96	多效唑	paclobutrazol	0.1	多效唑
97	噁草酮	oxadiazon	0.0036	噁草酮
98	噁霉灵	hymexazol	0.2	噁霉灵
99	噁嗪草酮	oxaziclomefone	0.0091	噁嗪草酮
100	噁霜灵	oxadixyl	0.01	噁霜灵
101	噁唑菌酮	famoxadone	0.006	噁唑菌酮
102	噁唑酰草胺	metamifop	0.017	噁唑酰草胺
103	二苯胺	diphenylamine	0.08	二苯胺

（续）

序号	农药中文名	农药英文名	农药 ADI（mg/kg bw）	农药残留物
104	二甲戊灵	pendimethalin	0.03	二甲戊灵
105	二氯吡啶酸	clopyralid	0.15	二氯吡啶酸
106	二氯喹啉酸	quinclorac	0.3	二氯喹啉酸
107	二嗪磷	diazinon	0.005	二嗪磷
108	二氰蒽醌	dithianon	0.01	二氰蒽醌
109	粉唑醇	flutriafol	0.01	粉唑醇
110	砜嘧磺隆	rimsulfuron	0.1	砜嘧磺隆
111	呋虫胺	dinotefuran	0.2	呋虫胺
112	伏杀硫磷	phosalone	0.02	伏杀硫磷
113	氟胺氰菊酯	tau-fluvalinate	0.005	氟胺氰菊酯
114	氟苯虫酰胺	flubendiamide	0.02	氟苯虫酰胺
115	氟苯脲	teflubenzuron	0.01	氟苯脲
116	氟吡禾灵	haloxyfop	0.000 7	氟吡禾灵、氟吡禾灵酯及共轭物之和，以氟吡禾灵表示
117	氟吡磺隆	flucetosulfuron	0.041	氟吡磺隆
118	氟吡甲禾灵和高效氟吡甲禾灵	haloxyfop-methyl 和 haloxyfop-P-methyl	0.000 7	氟吡甲禾灵、氟吡禾灵及其共轭物之和，以氟吡甲禾灵表示
119	氟吡菌胺	fluopicolide	0.08	氟吡菌胺
120	氟吡菌酰胺	fluopyram	0.01	氟吡菌酰胺
121	氟虫腈	fipronil	0.0002	氟虫腈、氟甲腈（MB46513）、MB46136、MB45950 之和，以氟虫腈表示
122	氟虫脲	flufenoxuron	0.04	氟虫脲
123	氟啶胺	fluazinam	0.01	氟啶胺
124	氟啶虫胺腈	sulfoxaflor	0.05	氟啶虫胺腈
125	氟啶虫酰胺	flonicamid	0.025	氟啶虫酰胺
126	氟啶脲	chlorfluazuron	0.005	氟啶脲
127	氟硅唑	flusilazole	0.007	氟硅唑
128	氟环唑	epoxiconazole	0.02	氟环唑
129	氟磺胺草醚	fomesafen	0.002 5	氟磺胺草醚

（续）

序号	农药中文名	农药英文名	农药 ADI (mg/kg bw)	农药残留物
130	氟菌唑	triflumizole	0.035	氟菌唑及其代谢物［4-氯-α，α，α-三氟-N-（1-氨基-2-丙氧基亚乙基）-o-甲苯胺］之和，以氟菌唑表示
131	氟乐灵	trifluralin	0.025	氟乐灵
132	氟铃脲	hexaflumuron	0.02	氟铃脲
133	氟氯氰菊酯和高效氟氯氰菊酯	cyfluthrin 和 beta-cyfluthrin	0.04	氟氯氰菊酯（异构体之和）
134	氟吗啉	flumorph	0.16	氟吗啉
135	氟氰戊菊酯	flucythrinate	0.02	氟氰戊菊酯
136	氟烯草酸	Flumiclorac	1	氟烯草酸
137	氟酰胺	flutolanil	0.09	氟酰胺
138	氟酰脲	novaluron	0.01	氟酰脲
139	氟唑磺隆	flucarbazone-sodium	0.36	氟唑磺隆
140	福美双	thiram	0.01	二硫代氨基甲酸盐（或酯），以二硫化碳表示
141	福美锌	ziram	0.003	二硫代氨基甲酸盐（或酯），以二硫化碳表示
142	腐霉利	procymidone	0.1	腐霉利
143	复硝酚钠	sodium	0.003	5-硝基邻甲氧基苯酚钠、邻硝基苯酚钠和对硝基苯酚钠之和
144	咯菌腈	fludioxonil	0.4	咯菌腈
145	禾草丹	thiobencarb	0.007	禾草丹
146	禾草敌	molinate	0.001	禾草敌
147	禾草灵	diclofop-methyl	0.002 3	禾草灵
148	环丙嘧磺隆	cyclosulfamuron	0.015	环丙嘧磺隆
149	环丙唑醇	cyproconazole	0.02	环丙唑醇
150	环嗪酮	hexazinone	0.05	环嗪酮
151	环酰菌胺	fenhexamid	0.2	环酰菌胺
152	环酯草醚	pyriftalid	0.005 6	环酯草醚

（续）

序号	农药中文名	农药英文名	农药 ADI （mg/kg bw）	农药残留物
153	磺草酮	sulcotrione	0.000 4	磺草酮
154	己唑醇	hexaconazole	0.005	己唑醇
155	甲氨基阿维菌素苯甲酸盐	emamectin benzoate	0.000 5	甲氨基阿维菌素（B1a 和 B1b 之和）
156	甲胺磷	methamidophos	0.004	甲胺磷
157	甲拌磷	phorate	0.000 7	甲拌磷及其氧类似物（亚砜、砜）之和，以甲拌磷表示
158	甲苯氟磺胺	tolylfluanid	0.08	甲苯氟磺胺
159	甲草胺	alachlor	0.01	甲草胺
160	甲磺草胺	sulfentrazone	0.14	甲磺草胺
161	甲磺隆	metsulfuron-methyl	0.25	甲磺隆
162	甲基碘磺隆钠盐	iodosulfuron-methyl-sodium	0.03	甲基碘磺隆钠盐
163	甲基毒死蜱	chlorpyrifos-methyl	0.01	甲基毒死蜱
164	甲基对硫磷	parathion-methyl	0.003	甲基对硫磷
165	甲基二磺隆	mesosulfuron-methyl	1.55	甲基二磺隆
166	甲基立枯磷	tolclofos-methyl	0.07	甲基立枯磷
167	甲基硫环磷	phosfolan-methyl		甲基硫环磷
168	甲基硫菌灵	thiophanate-methyl	0.08	甲基硫菌灵和多菌灵之和，以多菌灵表示
169	甲基嘧啶磷	pirimiphos-methyl	0.03	甲基嘧啶磷
170	甲基异柳磷	isofenphos-methyl	0.003	甲基异柳磷
171	甲硫威	methiocarb	0.02	甲硫威、甲硫威砜和甲硫威亚砜之和，以甲硫威表示
172	甲咪唑烟酸	imazapic	0.7	甲咪唑烟酸
173	甲萘威	carbaryl	0.008	甲萘威
174	甲哌鎓	mepiquat chloride	0.195	甲哌鎓阳离子，以甲哌鎓表示
175	甲氰菊酯	fenpropathrin	0.03	甲氰菊酯
176	甲霜灵和精甲霜灵	metalaxyl 和 metalaxyl-M	0.08	甲霜灵
177	甲羧除草醚	bifenox	0.3	甲羧除草醚

（续）

序号	农药中文名	农药英文名	农药 ADI (mg/kg bw)	农药残留物
178	甲氧虫酰肼	methoxyfenozide	0.1	甲氧虫酰肼
179	甲氧咪草烟	imazamox	9	甲氧咪草烟
180	腈苯唑	fenbuconazole	0.03	腈苯唑
181	腈菌唑	myclobutanil	0.03	腈菌唑
182	精噁唑禾草灵	fenoxaprop-P-ethyl	0.002 5	精噁唑禾草灵
183	精二甲吩草胺	dimethenamid-P	0.07	精二甲吩草胺及其对映体之和
184	井冈霉素	Jinggangmycin	0.1	井冈霉素
185	久效磷	monocrotophos	0.000 6	久效磷
186	抗倒酯	trinexapac-ethyl	0.32	抗倒酯
187	抗蚜威	pirimicarb	0.02	抗蚜威
188	克百威	carbofuran	0.001	克百威及 3 - 羟基克百威之和，以克百威表示
189	克菌丹	captan	0.1	克菌丹
190	苦参碱	matrine	0.1	苦参碱
191	喹禾灵和精喹禾灵	quizalofop 和 quizalofop-P-ethyl	0.000 9	喹禾灵
192	喹啉铜	oxine-copper	0.02	喹啉铜
193	喹硫磷	quinalphos	0.000 5	喹硫磷
194	喹螨醚	fenazaquin	0.005	喹螨醚
195	喹氧灵	quinoxyfen	0.2	喹氧灵
196	乐果	dimethoate	0.002	乐果
197	联苯肼酯	bifenazate	0.01	联苯肼酯
198	联苯菊酯	bifenthrin	0.01	联苯菊酯（异构体之和）
199	联苯三唑醇	bitertanol	0.01	联苯三唑醇
200	邻苯基苯酚	2-phenylphenol	0.4	邻苯基苯酚和邻苯基苯酚钠之和，以邻苯基苯酚表示
201	磷胺	phosphamidon	0.000 5	磷胺
202	磷化铝	aluminium phosphide	0.011	磷化氢
203	磷化镁	megnesium phosphide	0.011	磷化氢
204	磷化氢	hydrogen phosphide	0.011	磷化氢
205	硫丹	endosulfan	0.006	α - 硫丹和 β - 硫丹及硫丹硫酸酯之和

（续）

序号	农药中文名	农药英文名	农药 ADI（mg/kg bw）	农药残留物
206	硫环磷	phosfolan	0.005	硫环磷
207	硫双威	thiodicarb	0.03	硫双威
208	硫酰氟	sulfuryl fluoride	0.01	硫酰氟
209	硫线磷	cadusafos	0.000 5	硫线磷
210	螺虫乙酯	spirotetramat	0.05	螺虫乙酯及其烯醇类代谢产物之和，以螺虫乙酯表示
211	螺螨酯	spirodiclofen	0.01	螺螨酯
212	绿麦隆	chlortoluron	0.04	绿麦隆
213	氯氨吡啶酸	aminopyralid	0.9	氯氨吡啶酸及其能被水解的共轭物，以氯氨吡啶酸表示
214	氯苯胺灵	chlorpropham	0.05	氯苯胺灵
215	氯苯嘧啶醇	fenarimol	0.01	氯苯嘧啶醇
216	氯吡嘧磺隆	halosulfuron-methyl	0.1	氯吡嘧磺隆
217	氯吡脲	forchlorfenuron	0.07	氯吡脲
218	氯虫苯甲酰胺	chlorantraniliprole	2	氯虫苯甲酰胺
219	氯啶菌酯	triclopyricarb	0.05	氯啶菌酯
220	氯氟吡氧乙酸和氯氟吡氧乙酸异辛酯	fluroxypyr 和 fluroxypyr-meptyl	1	氯氟吡氧乙酸
221	氯氟氰菊酯和高效氯氟氰菊酯	cyhalothrin 和 lambda-cyhalothrin	0.02	氯氟氰菊酯（异构体之和）
222	氯化苦	chloropicrin	0.001	氯化苦
223	氯磺隆	chlorsulfuron	0.2	氯磺隆
224	氯菊酯	permethrin	0.05	氯菊酯（异构体之和）
225	氯嘧磺隆	chlorimuron-ethyl	0.09	氯嘧磺隆
226	氯氰菊酯和高效氯氰菊酯	cypermethrin 和 beta-cypermethrin	0.02	氯氰菊酯（异构体之和）
227	氯噻啉	imidaclothiz	0.025	氯噻啉
228	氯硝胺	dicloran	0.01	氯硝胺
229	氯唑磷	isazofos	0.000 05	氯唑磷

（续）

序号	农药中文名	农药英文名	农药 ADI (mg/kg bw)	农药残留物
230	马拉硫磷	malathion	0.3	马拉硫磷
231	麦草畏	dicamba	0.3	麦草畏
232	咪鲜胺和咪鲜胺锰盐	prochloraz 和 prochloraz-manganese chloride complex	0.01	咪鲜胺及其含有 2，4，6-三氯苯酚部分的代谢产物之和，以咪鲜胺表示
233	咪唑喹啉酸	imazaquin	0.25	咪唑喹啉酸
234	咪唑乙烟酸	imazethapyr	2.5	咪唑乙烟酸
235	醚苯磺隆	triasulfuron	0.01	醚苯磺隆
236	醚磺隆	cinosulfuron	0.077	醚磺隆
237	醚菊酯	etofenprox	0.03	醚菊酯
238	醚菌酯	kresoxim-methyl	0.4	醚菌酯
239	嘧苯胺磺隆	orthosulfamuron	0.05	嘧苯胺磺隆
240	嘧啶肟草醚	pyribenzoxim	2.5	嘧啶肟草醚
241	嘧菌环胺	cyprodinil	0.03	嘧菌环胺
242	嘧菌酯	azoxystrobin	0.2	嘧菌酯
243	嘧霉胺	pyrimethanil	0.2	嘧霉胺
244	灭草松	bentazone	0.09	灭草松、6-羟基灭草松及 8-羟基灭草松之和，以灭草松表示
245	灭多威	methomyl	0.02	灭多威
246	灭菌丹	folpet	0.1	灭菌丹
247	灭瘟素	blasticidin-S	0.01	灭瘟素
248	灭线磷	ethoprophos	0.000 4	灭线磷
249	灭锈胺	mepronil	0.05	灭锈胺
250	灭蝇胺	cyromazine	0.06	灭蝇胺
251	灭幼脲	chlorbenzuron	1.25	灭幼脲
252	萘乙酸和萘乙酸钠	1 - naphthylacetic acid 和 sodium 1 - naphthalacitic acid	0.15	萘乙酸
253	内吸磷	demeton	0.000 04	内吸磷
254	宁南霉素	Ningnanmycin	0.24	宁南霉素
255	哌草丹	dimepiperate	0.001	哌草丹

（续）

序号	农药中文名	农药英文名	农药 ADI（mg/kg bw）	农药残留物
256	扑草净	prometryn	0.04	扑草净
257	嗪氨灵	triforine	0.02	嗪氨灵和三氯乙醛之和，以嗪氨灵表示
258	嗪草酸甲酯	fluthiacet-methyl	0.001	嗪草酸甲酯
259	嗪草酮	metribuzin	0.013	嗪草酮
260	氰草津	cyanazine	0.002	氰草津
261	氰氟草酯	cyhalofop-butyl	0.01	氰氟草酯及氰氟草酸之和
262	氰氟虫腙	metaflumizone	0.1	氰氟虫腙
263	氰霜唑	cyazofamid	0.17	氰霜唑及其代谢物 4－氯－5－（4－甲苯基）－1H－咪唑－2 腈之和
264	氰戊菊酯和 S－氰戊菊酯	fenvalerate 和 esfenvalerate	0.02	氰戊菊酯（异构体之和）
265	氰烯菌酯	phenamacril	0.28	氰烯菌酯
266	炔苯酰草胺	propyzamide	0.02	炔苯酰草胺
267	炔草酯	clodinafop-propargyl	0.000 3	炔草酯及炔草酸之和
268	炔螨特	propargite	0.01	炔螨特
269	乳氟禾草灵	lactofen	0.008	乳氟禾草灵
270	噻苯隆	thidiazuron	0.04	噻苯隆
271	噻虫胺	clothianidin	0.1	噻虫胺
272	噻虫啉	thiacloprid	0.01	噻虫啉
273	噻虫嗪	thiamethoxam	0.08	噻虫嗪
274	噻吩磺隆	thifensulfuron-methyl	0.07	噻吩磺隆
275	噻呋酰胺	thifluzamide	0.014	噻呋酰胺
276	噻节因	dimethipin	0.02	噻节因
277	噻菌灵	thiabendazole	0.1	噻菌灵
278	噻螨酮	hexythiazox	0.03	噻螨酮
279	噻霉酮	benziothiazolinone	0.017	噻霉酮
280	噻嗪酮	buprofezin	0.009	噻嗪酮
281	噻唑磷	fosthiazate	0.004	噻唑磷
282	噻唑锌	zinc-thiazole	0.01	噻二唑

（续）

序号	农药中文名	农药英文名	农药ADI（mg/kg bw）	农药残留物
283	三苯基氢氧化锡	fentin hydroxide	0.000 5	三苯基氢氧化锡
284	三苯基乙酸锡	fentin acetate	0.000 5	三苯基乙酸锡
285	三氟羧草醚	acifluorfen	0.013	三氟羧草醚
286	三环锡	cyhexatin	0.003	三环锡
287	三环唑	tricyclazole	0.04	三环唑
288	三氯吡氧乙酸	triclopyr	0.03	三氯吡氧乙酸
289	三氯杀螨醇	dicofol	0.002	三氯杀螨醇（o，p'-异构体和p，p'-异构体之和）
290	三氯杀螨砜	tetradifon	0.02	三氯杀螨砜
291	三乙膦酸铝	fosetyl-aluminium	3	乙基磷酸和亚磷酸及其盐之和，以乙基磷酸表示
292	三唑醇	triadimenol	0.03	三唑酮和三唑醇之和
293	三唑磷	triazophos	0.001	三唑磷
294	三唑酮	triadimefon	0.03	三唑酮和三唑醇之和
295	三唑锡	azocyclotin	0.003	三环锡
296	杀草强	amitrole	0.002	杀草强
297	杀虫单	thiosultap-monosodium	0.01	沙蚕毒素
298	杀虫环	thiocyclam	0.05	杀虫环
299	杀虫脒	chlordimeform	0.001	杀虫脒
300	杀虫双	thiosultap-disodium	0.01	沙蚕毒素
301	杀铃脲	triflumuron	0.014	杀铃脲
302	杀螺胺乙醇胺盐	niclosamide-olamine	1	杀螺胺
303	杀螟丹	cartap	0.1	杀螟丹
304	杀螟硫磷	fenitrothion	0.006	杀螟硫磷
305	杀扑磷	methidathion	0.001	杀扑磷
306	杀线威	oxamyl	0.009	杀线威和杀线威肟之和，以杀线威表示
307	莎稗磷	anilofos	0.001	莎稗磷
308	生物苄呋菊酯	bioresmethrin	0.03	生物苄呋菊酯
309	虱螨脲	lufenuron	0.015	虱螨脲

（续）

序号	农药中文名	农药英文名	农药 ADI（mg/kg bw）	农药残留物
310	双氟磺草胺	florasulam	0.05	双氟磺草胺
311	双胍三辛烷基苯磺酸盐	iminoctadinetris（albesilate）	0.009	双胍辛胺
312	双甲脒	amitraz	0.01	双甲脒及 N-（2，4-二甲苯基）-N′-甲基甲脒之和，以双甲脒表示
313	双炔酰菌胺	mandipropamid	0.2	双炔酰菌胺
314	霜霉威和霜霉威盐酸盐	propamocarb 和 propamocarb hydrochloride	0.4	霜霉威
315	霜脲氰	cymoxanil	0.013	霜脲氰
316	水胺硫磷	isocarbophos	0.003	水胺硫磷
317	四聚乙醛	metaldehyde	0.01	四聚乙醛
318	四氯苯酞	phthalide	0.15	四氯苯酞
319	四氯硝基苯	tecnazene	0.02	四氯硝基苯
320	四螨嗪	clofentezine	0.02	四螨嗪
321	特丁津	Terbuthylazine	0.003	特丁津
322	特丁硫磷	terbufos	0.000 6	特丁硫磷及其氧类似物（亚砜、砜）之和，以特丁硫磷表示
323	涕灭威	aldicarb	0.003	涕灭威及其氧类似物（亚砜、砜）之和，以涕灭威表示
324	甜菜安	desmedipham	0.04	甜菜安
325	甜菜宁	phenmedipham	0.03	甜菜宁
326	调环酸钙	prohexadione-calcium	0.2	调环酸，以调环酸钙表示
327	威百亩	metam-sodium	0.001	威百亩
328	萎锈灵	carboxin	0.008	萎锈灵
329	肟菌酯	trifloxystrobin	0.04	肟菌酯
330	五氟磺草胺	penoxsulam	0.147	五氟磺草胺
331	五氯硝基苯	quintozene	0.01	植物源性食品为五氯硝基苯；动物源性食品为五氯硝基苯、五氯苯胺和五氯苯醚之和

（续）

序号	农药中文名	农药英文名	农药 ADI（mg/kg bw）	农药残留物
332	戊菌唑	penconazole	0.03	戊菌唑
333	戊唑醇	tebuconazole	0.03	戊唑醇
334	西草净	simetryn	0.025	西草净
335	西玛津	simazine	0.018	西玛津
336	烯丙苯噻唑	probenazole	0.07	烯丙苯噻唑
337	烯草酮	clethodim	0.01	烯草酮及代谢物亚砜、砜之和，以烯草酮表示
338	烯啶虫胺	nitenpyram	0.53	烯啶虫胺
339	烯禾啶	sethoxydim	0.14	烯禾啶
340	烯肟菌胺	fenaminstrobin	0.069	烯肟菌胺
341	烯肟菌酯	Enestroburin	0.024	烯肟菌酯
342	烯酰吗啉	dimethomorph	0.2	烯酰吗啉
343	烯效唑	uniconazole	0.02	烯效唑
344	烯唑醇	diniconazole	0.005	烯唑醇
345	酰嘧磺隆	amidosulfuron	0.2	酰嘧磺隆
346	硝磺草酮	mesotrione	0.01	硝磺草酮
347	辛菌胺	xinjunan	0.028	辛菌胺
348	辛硫磷	phoxim	0.004	辛硫磷
349	辛酰溴苯腈	bromoxynil octanoate	0.015	辛酰溴苯腈
350	溴苯腈	bromoxynil	0.01	溴苯腈
351	溴甲烷	methyl	1	溴甲烷
352	溴菌腈	bromothalonil	0.001	溴菌腈
353	溴螨酯	bromopropylate	0.03	溴螨酯
354	溴氰虫酰胺	cyantraniliprole	0.03	溴氰虫酰胺
355	溴氰菊酯	deltamethrin	0.01	溴氰菊酯（异构体之和）
356	蚜灭磷	vamidothion	0.008	蚜灭磷
357	亚胺硫磷	phosmet	0.01	亚胺硫磷
358	亚胺唑	imibenconazole	0.009 8	亚胺唑
359	亚砜磷	oxydemeton-methyl	0.000 3	亚砜磷、甲基内吸磷和砜吸磷之和，以亚砜磷表示

（续）

序号	农药中文名	农药英文名	农药 ADI（mg/kg bw）	农药残留物
360	烟碱	nicotine	0.000 8	烟碱
361	烟嘧磺隆	nicosulfuron	2	烟嘧磺隆
362	氧乐果	omethoate	0.000 3	氧乐果
363	野麦畏	triallate	0.025	野麦畏
364	野燕枯	difenzoquat	0.25	野燕枯
365	依维菌素	ivermectin	0.001	依维菌素
366	乙草胺	acetochlor	0.02	乙草胺
367	乙虫腈	ethiprole	0.005	乙虫腈
368	乙基多杀菌素	spinetoram	0.05	乙基多杀菌素
369	乙硫磷	ethion	0.002	乙硫磷
370	乙螨唑	etoxazole	0.05	乙螨唑
371	乙霉威	diethofencarb	0.004	乙霉威
372	乙嘧酚	ethirimol	0.035	乙嘧酚
373	乙蒜素	ethylicin	0.001	乙蒜素
374	乙羧氟草醚	fluoroglycofen-ethyl	0.01	乙羧氟草醚
375	乙烯菌核利	vinclozolin	0.01	乙烯菌核利及其所有含 3，5-二氯苯胺部分的代谢产物之和，以乙烯菌核利表示
376	乙烯利	ethephon	0.05	乙烯利
377	乙酰甲胺磷	acephate	0.03	乙酰甲胺磷
378	乙氧氟草醚	oxyfluorfen	0.03	乙氧氟草醚
379	乙氧磺隆	ethoxysulfuron	0.04	乙氧磺隆
380	乙氧喹啉	ethoxyquin	0.005	乙氧喹啉
381	异丙草胺	propisochlor	0.013	异丙草胺
382	异丙甲草胺和精异丙甲草胺	metolachlor 和 s-metolachlor	0.1	异丙甲草胺
383	异丙隆	isoproturon	0.015	异丙隆
384	异丙威	isoprocarb	0.002	异丙威
385	异稻瘟净	iprobenfos	0.035	异稻瘟净
386	异噁草酮	clomazone	0.133	异噁草酮

（续）

序号	农药中文名	农药英文名	农药 ADI（mg/kg bw）	农药残留物
387	异菌脲	iprodione	0.06	异菌脲
388	抑霉唑	imazalil	0.03	抑霉唑
389	抑芽丹	maleic	0.3	抑芽丹
390	印楝素	azadirachtin	0.1	印楝素
391	茚虫威	indoxacarb	0.01	茚虫威
392	蝇毒磷	coumaphos	0.000 3	蝇毒磷
393	莠灭净	ametryn	0.072	莠灭净
394	莠去津	atrazine	0.02	莠去津
395	鱼藤酮	rotenone	0.000 4	鱼藤酮
396	增效醚	piperonyl	0.2	增效醚
397	治螟磷	sulfotep	0.001	治螟磷
398	仲丁灵	butralin	0.2	仲丁灵
399	仲丁威	fenobucarb	0.06	仲丁威
400	唑胺菌酯	pyrametostrobin	0.004	唑胺菌酯
401	唑草酮	carfentrazone-ethyl	0.03	唑草酮
402	唑虫酰胺	tolfenpyrad	0.006	唑虫酰胺
403	唑菌酯	pyraoxystrobin	0.001 3	唑菌酯
404	唑啉草酯	pinoxaden	0.3	唑啉草酯
405	唑螨酯	fenpyroximate	0.01	唑螨酯
406	唑嘧磺草胺	flumetsulam	1	唑嘧磺草胺
407	唑嘧菌胺	ametoctradin	10	唑嘧菌胺
408	艾氏剂	aldrin	0.000 1	艾氏剂
409	滴滴涕	DDT	0.01	p,p′-滴滴涕、o,p′-滴滴涕、p,p′-滴滴伊和 p,p′-滴滴滴之和
410	狄氏剂	dieldrin	0.000 1	狄氏剂
411	毒杀芬	camphechlor	0.000 25	毒杀芬
412	林丹	lindane	0.005	林丹
413	六六六	HCH	0.005	α-六六六、β-六六六、γ-六六六和 δ-六六六之和

（续）

序号	农药中文名	农药英文名	农药 ADI（mg/kg bw）	农药残留物
414	氯丹	chlordane	0.000 5	植物源性食品为顺式氯丹、反式氯丹之和；动物源性食品为顺式氯丹、反式氯丹与氧氯丹之和
415	灭蚁灵	mirex	0.000 2	灭蚁灵
416	七氯	heptachlor	0.000 1	七氯与环氧七氯之和
417	异狄氏剂	endrin	0.000 2	异狄氏剂与异狄氏剂醛、酮之和

注：艾氏剂、滴滴涕、狄氏剂、毒杀芬、林丹、六六六、氯丹、灭蚁灵、七氯、异狄氏剂再残留限量应符合 GB 2763—2016 的规定。

附录 4　GB 2763—2016 中列出但未明确农药最大残留限量的食品

附表 4-1 中列出的食品在 GB 2763—2016 中没有明确农药最大残留限量，仅在 GB 2763—2016 附录 A 中列出了其分类，其最大残留限量在上级目录中明确列明的可以采用，否则只作参考，期待今后进行制定。在此书中也将其一一列明，并在此作一说明。

附表 4-1　列出但未明确农药最大残留限量的食品

食品名称	食品名称	食品名称
荞麦	苦瓜	花椒芽
薏仁	线瓜	香椿芽
大米粉	瓠瓜	黄花菜
高粱米	四棱豆	竹笋
大麦粉	菜豆	仙人掌
荞麦粉	大黄	脱水蔬菜
莜麦粉	根芥菜	干豇豆
甘薯粉	辣根	萝卜干
高粱粉	桔梗	橘
油茶籽	牛蒡	柑
葵花籽油	葛	佛手柑
玉米油	魔芋	金橘
蕹	水芹	山楂
赤球甘蓝	豆瓣菜	榅桲
茎芥菜	茭白	覆盆子
苋菜	蒲菜	树番茄
薤菜	菱角	五味子
茼蒿	芡实	杨梅
大叶茼蒿	莲藕	莲雾
苦苣	荸荠	红毛丹
落葵	慈姑	石榴
油麦菜	绿豆芽	番荔枝
小茴香	黄豆芽	番石榴
樱桃番茄	萝卜芽	西榴莲
酸浆	苜蓿芽	黄皮

（续）

食品名称	食品名称	食品名称
椰子	茶树菇	艾蒿
菠萝蜜	竹荪	紫苏
榴莲	草菇	花椒
火龙果	羊肚菌	豆蔻
薄皮甜瓜	牛肝菌	芥末
网纹甜瓜	口蘑	八角茴香
白兰瓜	松茸	桂皮
香瓜	双孢蘑菇	三七
枣（干）	猴头菇	天麻
腰果	白灵菇	甘草
松仁	杏鲍菇	半夏
板栗	木耳	当归
澳洲坚果	银耳	车前草
苹果汁	金耳	鱼腥草
菊花	毛木耳	艾
玫瑰花	石耳	蒿
金针菇	芫荽	金银花
平菇	罗勒	银杏

索　引

图书在版编目（CIP）数据

植物源性食品中农药最大残留限量查询手册：2018
版／欧阳喜辉，刘伟主编．—北京：中国农业出版社，
2018.8（2019.5重印）
基层农产品质量安全检测人员指导用书
ISBN 978－7－109－24079－7

Ⅰ.①植…　Ⅱ.①欧…②刘…　Ⅲ.①食品-农药允
许残留量-中国-手册　Ⅳ.①TS207.5－62

中国版本图书馆CIP数据核字（2018）第078293号

中国农业出版社出版
（北京市朝阳区麦子店街18号楼）
（邮政编码100125）
责任编辑　杨晓改

中农印务有限公司印刷　新华书店北京发行所发行
2018年8月第1版　2019年5月北京第2次印刷

开本：787mm×1092mm　1/16　印张：29.75
字数：730千字
定价：160.00元
（凡本版图书出现印刷、装订错误，请向出版社发行部调换）